11-080 职业技能鉴定指导书

职业标准·试题库

送电线路架设

（第二版）

电力行业职业技能鉴定指导中心 编

电力工程 送变电安装专业

中国电力出版社
CHINA ELECTRIC POWER PRESS

内 容 提 要

本《指导书》是按照劳动和社会保障部制定国家职业标准的要求编写的，其内容主要由职业概况、职业技能培训、职业技能鉴定和鉴定试题库四部分组成，分别对技术等级、工作环境和职业能力特征进行了定性描述；对培训期限、教师、场地设备及培训计划大纲进行了指导性规定。本《指导书》自1999年出版后，对行业内职业技能培训和鉴定工作起到了积极的作用，本书在原《指导书》的基础上进行了修编，补充了内容，修正了错误。

试题库是根据《中华人民共和国国家职业标准》和针对本职业（工种）的工作特点，选编了具有典型性、代表性的理论知识（含技能笔试）试题和技能操作试题，还编制有试卷样例和组卷方案。

《指导书》是职业技能培训和技能鉴定考核命题的依据，可供劳动人事管理人员、职业技能培训及考评人员使用，亦可供电力（水电）类职业技术学校和企业职业学习参考。

图书在版编目（CIP）数据

送电线路架设：11-080 / 电力行业职业技能鉴定指导中心编. —2版. 北京：中国电力出版社，2009.10（2022.7重印）
（职业技能鉴定指导书）
ISBN 978-7-5083-9200-4

Ⅰ. 送… Ⅱ. 电… Ⅲ. 输电线路–架设–职业技能鉴定–教材 Ⅳ. TM726

中国版本图书馆CIP数据核字（2009）第126627号

中国电力出版社出版、发行
（北京市东城区北京站西街19号 100005 http://www.cepp.sgcc.com.cn）
北京雁林吉兆印刷有限公司印刷
各地新华书店经售
*
2003年1月第一版
2009年10月第二版 2022年7月北京第十五次印刷
850毫米×1168毫米 32开本 14.875印张 382千字
印数35001—36000册 定价**45.00**元

电力职业技能鉴定题库建设工作委员会

主　任　徐玉华

副主任　方国元　王新新　史瑞家　杨俊平

陈乃灼　江炳思　李治明　李燕明

程加新

办公室　石宝胜　徐纯毅

委　员（以姓氏笔画为序）

马建军　马振华　马海福　王　玉

王中奥　王向阳　王应永　丘佛田

李　杰　李生权　李宝英　刘树林

吕光全　许佐龙　朱兴林　陈国宏

季　安　吴剑鸣　杨　威　杨文林

杨好忠　杨耀福　张　平　张龙钦

张彩芳　金昌榕　南昌毅　倪　春

高　琦　高应云　奚　珣　徐　林

谌家良　章国顺　董双武　焦银凯

景　敏　路俊海　熊国强

第一版编审人员

编写人员　张少林　杨丙寅　杜景全

审定人员　周传芳　李庆林　王志强

庞守诚　黄汉堂

第二版编审人员

编写人员（修订人员）

张伟军　王　诚　王炳钊

审定人员　吴庆新　郭达明　周永利

说　明

为适应开展电力职业技能培训和实施技能鉴定工作的需要，按照劳动和社会保障部关于制定国家职业标准，加强职业培训教材建设和技能鉴定试题库建设的要求，电力行业职业技能鉴定指导中心统一组织编写了电力职业技能鉴定指导书（以下简称《指导书》）。

《指导书》以电力行业特有工种目录各自成册，于 1999 年陆续出版发行。

《指导书》的出版是一项系统工程，对行业内开展技能培训和鉴定工作起到了积极作用。由于当时历史条件和编写力量所限，《指导书》中的内容已不能适应目前培训和鉴定工作的新要求，因此，电力行业职业技能鉴定指导中心决定对《指导书》进行全面修编，在各网省电力（电网）公司、发电集团和水电工程单位的大力支持下，补充内容，修正错误，使之体现时代特色和要求。

《指导书》主要由职业概况、职业技能培训、职业技能鉴定和鉴定试题库四部分内容组成。其中职业概况包括职业名称、职业定义、职业道德、文化程度、职业等级、职业环境条件、职业能力特征等内容；职业技能培训包括对不同等级的培训期限要求，对培训指导教师的经历、任职条件、资格要求，对培训场地设备条件的要求和培训计划大纲、培训重点、难点以及对学习单元的设计等；职业技能鉴定的依据是《中华人民共和国国家职业标准》，其具体内容不再在本书中重复；鉴定试题库是根据《中华人民共和国国家职业标准》所规定的范围和内容，以实际技能操作为主线，按照选择题、判断题、简答题、计算题、绘图题和论述题六种题型进行选题，并以难易程度组合排列，同时汇集了大量电力生产建设过程中具有普遍代表性和典型性的实际操作试题，构成了各工种的技能鉴定试题库。试题库的深度、广度涵盖了本职业技能鉴定的全部内容。题库之后还附有试卷样例和组卷方案，为实施鉴定命题提供依据。

《指导书》力图实现以下几项功能：劳动人事管理人员可根据《指导书》进行职业介绍，就业咨询服务；培训教学人员可按照《指导书》中的培训大纲组织教学；学员和职工可根据《指导书》要求，制订自学计划，确立发展目标，走自学成才之路。《指导书》对加强职工队伍培养，提高队伍素质，保证职业技能鉴定质量将起到重要作用。

本次修编的《指导书》仍会有不足之处，敬请各使用单位和有关人员及时提出宝贵意见。

电力行业职业技能鉴定指导中心

2008 年 6 月

目 录

1 职业概况

1.1 职业名称

送电线路架设（11—080）。

1.2 职业定义

专门从事送电线路基础施工、杆塔组立、导线和接地线架设等工作的人员。

1.3 职业道德

热爱本职工作，刻苦钻研技术，遵守劳动纪律，爱护工具、设备，安全文明生产，诚实团结协作，严守职责，尊师爱徒。

1.4 文化程度

技工学校或职业学校、大中专院校毕（结）业。

1.5 职业等级

本职业按照国家资格的规定，设为初级（国家五级）、中级（国家四级）、高级（国家三级）、技师（国家二级）、高级技师（国家一级）共五个技术等级。

1.6 职业环境条件

室外流动作业及高处作业。

1.7 职业能力特征

本职业应具有领会、理解和应用技术资料、图纸、文件的能力；具有用精炼的语言进行联系、交流工作的能力；具有准确而有目的地用数字进行运算的能力和识绘图能力。能根据视觉协调眼、手和手指、足及身体其他部位，迅速、准确、协调地做出反应，完成既定操作；能配合或组织相关人员，集体协作完成既定操作，有技术改造创新能力。

2 职业技能培训

2.1 培训期限

2.1.1 初级工：累计学时不少于500标准学时。

2.1.2 中级工：在取得初级职业资格的基础上累计不少于400标准学时。

2.1.3 高级工：在取得中级职业资格的基础上累计不少于400标准学时。

2.1.4 技师：在取得高级职业资格的基础上累计不少于500标准学时。

2.1.5 高级技师：在取得技师资格的基础上累计不少于350标准学时。

2.2 培训教师资格

2.2.1 具有中级以上专业技术职称的工程技术人员和技师可担任初、中级工培训教师。

2.2.2 具有高级专业技术职称的工程技术人员可担任高级工、技师、高级技师的培训教师。

2.3 培训场地设备

2.3.1 具备本职业（工种）理论知识培训的教室和教学设备。配备有：万用表、绝缘电阻表、接地电阻测量仪、测量仪器等；送电线路各种规格金具、绝缘子；送电线路施工的各种工器具、安全工器具、机动绞磨、液压设备等。

2.3.2 具有基本技能训练的实习场所和实际操作训练设备。其中包括：已经架设好的线路，线路部分包含混凝土直线单杆、耐张双杆、直线铁塔、耐张铁塔，导线、地线和光纤复合架空地线（OPGW）。绝缘子包括盘形悬式瓷绝缘子、悬式防污瓷绝缘子、钢化玻璃悬式绝缘子、有机复合绝缘子、地线绝缘子；单串、双串悬式绝缘子组，单串、双串耐张绝缘子组。线路电压等级含 110、220、500kV。线路上具有各种保护金具。

2.3.3 虚拟、模拟仿真设备。

2.3.4 本单位生产现场实际设备。

2.4 培训项目

2.4.1 培训目的：通过培训达到《职业技能鉴定规范》对本职业的知识和技能的要求。

2.4.2 培训方式：以自学和脱产相结合的方式，进行基础知识讲课和技能训练。

2.4.3 培训重点

送电线路有关规程及运行规程：如《110～500kV 架空送电线路施工及验收规范》（GB 50233—2005）、《750kV 架空送电线路施工及验收规范》（GB 50389—2006）、《电力建设安全工作规程 第 2 部分：架空电力线路》（DL 5009.2—2004）、《电业安全工作规程（电力线路部分）》（DL 409—1991）、《电力生产事故调查规定》等。

（1）基础知识包括：

1）电力生产常识、电工、力学、机械制图基础知识。

2）线路施工安全知识。

3）线路基础知识。

4）线路施工技术标准及要求。

5）线路施工知识。

6）紧急救护工作。

（2）施工作业包括：

1）线路复测、基础分坑测量及线路测量。

2）杆塔上的工作。

3）线路材料规格及使用组装。

4）线路材料运输。

5）排杆与焊接。

6）基础安装及浇制。

7）接地安装及检查测量。

8）杆塔组立。

9）导线、地线架设。

10）附件安装。

11）线路施工机械设备的使用维护。

（3）线路技术管理包括：

1）电力施工（生产）的法规。

2）线路施工管理。

3）线路质量管理。

4）线路施工（生产）的安全管理。

5）送电线路工程施工组织及设计。

6）送电线路工程施工预算、决算的编写。

7）送电线路工程施工技术资料及表格的填写。

8）送电线路工程施工验收工作。

2.5 培训大纲

本职业技能培训大纲，以模块组合（MES）—— 模块（MU）——学习单元（LE）的结构模式进行编写（见表 1）；职业技能模块级学习单元对照选择见表 2；学习单元名称见表 3。

表 1

模块序号及名称	单元序号及名称	学习目标	学习内容	学习方式	参考学时
MU1 职业道德	LE1 送电线路架设工守则，电力建设行业职业道德	通过本单元学习后，能掌握送电线路架设人员的职业道德规范，能模范	1. 热爱祖国，热爱本职工作； 2. 遵纪守法，严守岗位职责； 3. 刻苦学习，钻研技术； 4. 吃苦耐劳，团结协作；	自学	4

续表

模块序号及名称	单元序号及名称	学习目标	学习内容	学习方式	参考学时
MU1 职业道德	LE1 送电线路架设工守则，电力建设行业职业道德	自觉地遵守电力建设行为规范的准则	5. 爱护设备、工具，节约材料； 6. 遵守规章制度，安全文明生产； 7. 尊师爱徒，互相关心	自学	4
MU2 安全知识	LE2 《电力建设安全工作规程（第2部分：架空电力线路部分）》（DL 5009.2—2004），《电力建设安全施工管理规定》	通过本单元学习，熟悉线路安全规程，明确电力线路安全工作的重要性，能牢固地树立"安全第一，预防为主、综合治理"的思想，了解线路工作的各种安全规定，并能自觉地遵守	1. 总则； 2. 保证安全的组织措施； 3. 保证安全的技术措施； 4. 一般安全措施； 5. 线路架设过程中跨越带电线路的工作； 6. 紧急救护法	讲课结合自学	12
MU3 基础知识	LE3 电工、电子知识	通过本单元的学习，了解和掌握电工、电子的基本知识	1. 电压、电流、电阻、电感、电抗、电容等的概念； 2. 了解送电线路输送功率的大小、与线路电压等级、输送距离和导线截面的相互关系	讲课结合自学	25
	LE4 力学知识	通过本单元的学习，了解和掌握力学基本知识	1. 了解力的概念及力的合成与分解，物体重心、高度计算的基础知识； 2. 功、功率、机械效率、杠杆、斜面、滑车组等一般知识	讲课结合自学	30
	LE5 识绘图	通过本单元的学习，能够看懂和绘制基本的送电线路图纸	1. 能看懂送电线路基础、杆塔结构和金具绝缘子串图； 2. 能看懂施工技术资料； 3. 了解钢筋混凝土电杆、铁塔、拉线塔按其作用力不同的分类； 4. 送电线路的组成部件； 5. 常用计量单位的换算知识	讲课结合自学	16

续表

模块序号及名称	单元序号及名称	学习目标	学习内容	学习方式	参考学时
MU3 基础知识	LE6 电力生产常识	通过本单元的学习，了解和掌握电力生产过程中的基本知识	电力生产过程中的基本知识	讲课结合自学	4
MU4 基本技能	LE7 常用材料知识	通过本单元的学习，掌握送电线路施工安装常用材料的性能、用途	1. 常用绝缘材料的性能及用途； 2. 常用型材及紧固件的规格型号； 3. 电力金具的型号及用途	讲课与自学，现场实际课结合实际操作	20
	LE8 工器具、测量仪表的使用知识	通过本单元的学习，掌握变电安装常用机械及工器具使用方法及保养	1. 常用机械及小型工器具的正确使用及维护知识； 2. 万用表、绝缘电阻表使用方法	讲课与自学，现场实际课结合实际操作	24
	LE9 经纬仪及其他测绘仪器的使用	通过本单元的学习及实际操作，了解经纬仪的各种功能，能熟练地操作使用经纬仪及其他测绘仪器，看懂线路断面图、路径图、基础平面图、弧垂应力曲线、安装曲线等图纸，完成线路测量、施工定位、弧垂观测工作	1. 看懂线路施工图，测绘仪器使用； 2. 线路的定线测量，复测； 3. 线路平、断面的测量，基础分坑测量，地形高程测量； 4. 杆塔倾斜值测量，交叉跨越距离的测量； 5. 线路弧垂测量	讲课与自学 现场实际讲课 结合实际操作	36
MU5 专业知识	LE10 送电线路基本知识及相关知识	通过本单元的学习，了解线路的工作原理及构造，熟悉送电线路各种部件、材料的作用，了解熟悉相关理论知识	1. 有关的数学知识； 2. 绝缘材料及金属材料的基本知识； 3. 送电线路组成及结构； 4. 送电线路材料型号及规格； 5. 机械制图； 6. 机械基础知识； 7. 内燃机基本原理； 8. 测绘知识及计算； 9. 计算机的有关知识	讲课 结合实际讲课 现场结合实际讲课 自学	80

续表

模块序号及名称	单元序号及名称	学习目标	学习内容	学习方式	参考学时
MU5 专业知识	LE11 线路基础的安装、浇制	通过本单元学习、培训及实际操作，了解线路上各种基础的施工方法与安装方法，熟悉各种基础的施工图纸，熟悉各种基础施工的技术标准及验收规范，能参加完成各种电杆基础的安装，各种铁塔基础的浇制或安装	1. 各种基础施工图纸； 2. 线路基础的有关计算； 3. 各种土质基础坑的开挖及采取的技术措施； 4. 爆破方面的基本知识和安全知识； 5. 基础施工的技术措施； 6. 普通混凝土用碎石或卵石及砂质量标准及检验方法； 7. 基础工程施工及验收规范； 8. 混凝土的浇制及养护； 9. 基础施工机械的使用和保养； 10. 冬雨季混凝土的施工； 11. 接地电阻值的测量	讲课与自学 现场实际课 结合实际操作	24
	LE12 施工机械的使用、维护和检修	通过本单元的学习及实际操作，了解机动绞磨的结构原理，能熟练地操作机动绞磨，完成各种起重及牵引工作，能对机动绞磨，大型张力放线施工机械设备等进行常规保养、故障检修	1. 内燃机的工作原理及各系统的保养、检修； 2. 变速箱的结构、保养、检修； 3. 机动绞磨工作现场的布置； 4. 机动绞磨操作安全措施； 5. 机动绞磨故障的分析与检修； 6. 张力放线机械设备的保养与维护	自学 现场实际讲课 结合实际操作	12

续表

模块序号及名称	单元序号及名称	学习目标	学习内容	学习方式	参考学时
MU5 专业知识	LE13 电杆组立	通过本单元的学习、实际操作，熟悉电杆组立的各道工序、熟悉施工图纸、熟悉工器具的选择、熟悉现场布置、熟悉各种起重方法，能参与各种电杆组立工作，力争能组织指挥起立各种类型的水泥电杆	1. 各种起重工具的计算、检查、选择； 2. 起重机具检修、检查及试验标准； 3. 各种组立电杆方式的应用； 4. 各种组立电杆方式现场的布置； 5. 各种组立电杆方式及作业指导书； 6. 各种拉线的制作、安装； 7. 混凝土电杆的排杆焊接； 8. 组装杆塔	讲课 现场实际操作 结合实际操作	32
	LE14 铁塔组立	通过本单元的学习，能看懂并熟悉各类型的铁塔组装图，能了解铁塔的各种组立方式并根据现场施工条件选取铁塔组立方式，参加或指挥铁塔组立工作	1. 铁塔组装施工图纸； 2. 铁塔组立的各项技术要求； 3. 铁塔组立作业指导书； 4. 铁塔整体组立； 5. 铁塔分段分片组立； 6. 铁塔倒装式组立； 7. 铁塔内外拉线抱杆组塔法； 8. 铁塔组立新工艺； 9. 铁塔组立施工验收方法； 10. 铁塔组立工作施工组织设计编制	讲课 现场实际讲课 结合实际操作	24
	LE15 导线、地线液压连接	通过本单元的学习及实际操作，熟悉导线、地线液压连接施工工艺规程、操作要领、质量检查、安全事项，能熟练地施工并保证施工质量	1. 液压的基本原理； 2. 液压设备的检修、保养； 3. 《架空送电线路导线及地线液压施工工艺规程》（SD J226—1987）； 4. 长圆形搭接管液压操作； 5. 导线直线管液压操作； 6. 导线耐张管液压操作； 7. 钢绞线搭接管，耐张管液压操作； 8. 液压后的质量检查； 9. 液压施工的安全事项	现场实际讲课 结合实际操作	32

续表

模块序号及名称	单元序号及名称	学习目标	学习内容	学习方式	参考学时
MU5 专业知识	LE16 导线、地线架设	通过本单元的学习，了解导线、地线的架设工作，熟悉导线、地线架设的各项技术要求，能胜任甚至能组织指挥导线、地线架设工作	1. 导线、地线架设工作，施工组织、设计编制； 2. 牵引、张力场的选择； 3. 放、紧线段选择，线轴选用及布置； 4. 跨越架的搭设； 5. 导线、地线架设各项技术要求及验收规范； 6. 附件安装； 7. 飞车的使用及安全事项； 8. 瓷绝缘子外观检查	讲课 现场实际讲课 结合实际操作	24
MU6 线路技术管理	LE17 施工安全管理	通过本单元的学习及实际操作，掌握变电安装安全工作规程及安全管理规程	1. 电力建设安全工作规程； 2. 电业安全工作规程（变电所部分）； 3. 电力建设安全施工管理规定； 4. 安全工作票和一、二种工作票管理规定； 5. 施工安全措施，特殊作业安全措施	自学 结合实际操作	10
	LE18 线路施工管理	通过本单元的学习，能对送电线路施工方面的各种资料进行较科学的管理	1. 架设送电线路工程施工质量检查评级标准； 2. 电力生产事故调查规定； 3. 线路图纸资料管理； 4. 线路工作技术培训； 5. 线路反事故措施计划的编制； 6. 计算机辅助管理	讲课 自学 现场实际讲课 结合实际操作	20
	LE19 线路工程概算、预算、决算的编制	通过本单元的学习，能对线路工程造价有较准确的计算，能利用技术、经济手段控制、降低线路施工、改造、检修等工程成本	1. 施工图的熟悉； 2. 线路安装定额； 3. 材料的统计计算； 4. 运输量、土方量的计算； 5. 地形系数计算及套用； 6. 各种取费标准计算； 7. 工程经济分析； 8. 施工项目成本管理	讲课 自学 现场实际讲课 结合实际操作	24

续表

模块序号及名称	单元序号及名称	学习目标	学习内容	学习方式	参考学时
MU6 线路技术管理	LE20 成本管理	通过本单元的学习，掌握施工预算、成本核算	1. 班组施工定额及材料预算； 2. 班组成本核算知识； 3. 施工图预算有关知识； 4. 施工预算编写	讲课 结合实际操作	4
MU7 相关知识	LE21 其他相关知识	通过本单元的学习掌握计算机操作及应用、质量、职业健康安全和环境管理体系标准	1. 计算机基本操作； 2. 应用计算机辅助实施管理； 3. 质量管理和质量保证标准； 4. 职业健康安全管理体系标准； 5. 环境管理体系标准	讲课 结合实际操作	20
	LE22 相关工种	通过本单元的学习和实际操作掌握钳工、起重工、焊工相关知识和基本操作技能	1. 钳工基本知识和操作技能； 2. 起重工基本知识和操作技能； 3. 焊工知识，操作技能	讲课 自学 实际操作	20

表 2　　　　职业技能模块及学习单元对照选择表

模　块		MU1	MU2	MU3	MU4	MU5	MU6	MU7
内　容		职业道德	安全知识	基础知识	基本技能	专业知识	线路技术管理	相关知识
参考学时		4	12	75	80	228	58	40
适用等级		初级 中级 高级 技师 高技	初级 中级 高级 技师 高技	初级 中级 高级 技师 高技	初级 中级 高级 技师 高技	初级 中级 高级 技师 高技	高级 技师 高技	初级 中级 高级 技师 高技
学习单元LE序号选择	初	1	2	3，4，5，6	7，8	10，11，13，16		21，22
	中	1	2	3，4，5	7，8，9	10，11，12，13，14，16		21，22
	高	1	2	3，4	8，9	11，13，14，5，16	17，18，19，20	22
	技师	1	2	4，5	9	12，14，15，16	17，18，19，20	22
	高技	1	2	4，5	9	14，15，16	17，18，19，20	22

表 3　　　　　　　　　　学习单元名称表

单元序号	单　元　名　称
LE1	送电线路架设工守则，电力建设行业职业道德
LE2	《电力建设安全工作规程（架空电力线路部分）》（DL 5009.2—2004），《电力建设安全施工管理规定》
LE3	电工、电子知识
LE4	力学知识
LE5	识绘图
LE6	电力生产常识
LE7	常用材料知识
LE8	工器具、测量仪表的使用知识
LE9	经纬仪及其他测绘仪器的使用
LE10	送电线路基本知识及相关知识
LE11	线路基础的安装、浇制
LE12	施工机械的使用、维护和检修
LE13	电杆组立
LE14	铁塔组立
LE15	导线、地线液压连接
LE16	导线、地线架设
LE17	施工安全管理
LE18	线路施工管理
LE19	线路工程概算、预算、决算的编制
LE20	成本管理
LE21	其他相关知识
LE22	相关工种

3 职业技能鉴定

3.1 鉴定要求

鉴定内容和考核双向细目表按照本职业（工种）《中华人民共和国职业技能鉴定规范·电力行业》执行。

3.2 考评人员

考评人员分考评员和高级考评员。考评员可承担初、中、高级技能等级鉴定；高级考评员可承担初、中、高级技能等级和技师、高级技师资格考评。其任职条件是：

3.2.1 考评员必须具有高级工、技师或者中级专业技术职务以上的资格，具有 15 年以上本工种专业工龄；高级考评员必须有高级技师或者高级专业技术职务的资格，取得考评员资格并具有 1 年以上实际考评工作经历。

3.2.2 掌握必要的职业技能鉴定理论、技术和方法，熟悉职业技能鉴定的有关法律、法规和政策，有从事职业技术培训、考核的经历。

3.2.3 具有良好的职业道德，秉公办事，自觉遵守职业技能鉴定考评人员守则和有关规章制度。

鉴定试题库

4

4.1 理论知识（含技能笔试）试题

4.1.1 选择题

下列每题都有 4 个答案，其中只有一个是正确答案，将正确答案填在括号内。

La5A1001 在输电线路中，输送功率一定时，其电压越高，（C）。

（A）电流越小，线损越大；（B）电流越大，线损越大；（C）电流越小，线损越小；（D）电流越大，线损越小。

La5A1002 我国送电线路输送的三相交流电，频率为（B）。

（A）45Hz；（B）50Hz；（C）60Hz；（D）55Hz。

La5A2003 铜导线与铝导线的导电性能相比，（A）。

（A）铜导线好；（B）铝导线好；（C）两种导线一样；（D）两种导线差不多。

La5A2004 110kV 线路比 220kV 线路的输送距离（A）。

（A）近；（B）远；（C）相同；（D）差不多。

La4A2005 衡量电能质量的三个主要指标是（A）、频率、波形。

（A）电压；（B）电流；（C）线损；（D）功率。

La3A2006 送电线路的导线截面一般根据（**A**）选择。

（A）经济电流密度；（B）额定电压的大小；（C）机械强度；（D）发热。

La3A4007 导线换位的目的是（**C**）。

（A）减少导线中的电抗和电容；（B）使杆塔受力平衡；（C）使线路三相参数对称；（D）减少损耗。

La2A5008 中性点经消弧线圈接地的电力网，在正常运行情况下，中性点长时间电压位移不应超过额定相电压的（**B**）。

（A）10%；（B）15%；（C）20%；（D）5%。

La5A1009 在纯电阻电路中，电路的功率因数为（**B**）。

（A）0；（B）1；（C）0.85；（D）–1。

La5A1010 正弦交流电的最大值是有效值的（**C**）倍。

（A）2；（B）1；（C）$\sqrt{2}$；（D）$\sqrt{3}$。

La5A1011 金属导体的电阻与（**D**）无关。

（A）长度；（B）材料；（C）截面积；（D）外加电压。

La5A2012 电感元件的基本工作性能是（**C**）。

（A）消耗电能；（B）产生电能；（C）无功能量的交换；（D）有功能量的交换。

La5A2013 相位差说明两个频率相同的正弦交流电在（**A**）上的超前或滞后的关系。

（A）时间；（B）频率；（C）角频率；（D）周期。

La5A2014　对称三相电源三角形连接时，线电压等于（A）。

（A）相电压；（B）$1/\sqrt{3}$倍的相电压；（C）额定容量除以额定电流；（D）$\sqrt{3}$倍的相电压。

La5A2015　当导线和磁场发生相对运动时，在导线中产生感应电动势的方向可用（B）确定。

（A）右手螺旋法则；（B）右手定则；（C）左手定则；（D）电磁感应定律。

La5A2016　通电直导线在磁场中受到力的作用，力的方向是用（C）确定的。

（A）右手螺旋法则；（B）右手定则；（C）左手定则；（D）电磁感应定律。

La5A2017　额定电压相同的电阻串联接在电路中，则阻值较大的电阻（B）。

（A）发热量较小；（B）发热量较大；（C）无明显差别；（D）不能确定。

La5A3018　交流电的功率因数是指（B）。

（A）无功功率与有功功率之比；（B）有功功率与视在功率之比；（C）无功功率与视在功率之比；（D）视在功率与有功功率之比。

La5A3019　对称三相电源星形连接时，线电压等于（D）。

（A）相电压；（B）$1/\sqrt{3}$倍的相电压；（C）额定容量除于

额定电流；（D）$\sqrt{3}$倍的相电压。

La5A4020 **电阻值不随（A）的变化而变化的电阻称为线性电阻。**

（A）电压或电流；（B）电功率；（C）无功功率；（D）有功功率。

La5A4021 **两根铜丝的质量相同，其中甲的长度是乙的10倍，则甲的电阻是乙的（C）倍。**

（A）10；（B）1/10；（C）100；（D）1/100。

La5A4022 **R_1和R_2为两个串联电阻，已知$R_1=4R_2$，若R_1上消耗的功率为1W，则R_2上消耗的功率为（C）W。**

（A）5；（B）20；（C）0.25；（D）400。

La5A5023 **在RLC串联的交流电路中，当总电压相位滞后于电流时，则（B）。**

（A）$X_L>X_C$；（B）$X_L<X_C$；（C）$X_L=X_C$；（D）$R=X_L=X_C$。

La5A5024 **4Ω的电阻，每秒通过5C电量，消耗的功率是（C）W。**

（A）1.2；（B）20；（C）100；（D）80。

La4A2025 **将三个相同的电容C串联，总电容为（C）C。**

（A）3；（B）1/6；（C）1/3；（D）1/2。

La4A3026 **为了产生转矩，感应型仪表至少应该有两个在空间位置上有差异的交变磁通，转矩的大小与这两个磁通的大小成正比。当磁通间的夹角为（C）时，转矩最大。**

（A）0°；（B）180°；（C）90°；（D）45°。

La4A3027 若单相正弦交流电电压和电流的最大值分别为 U_m（V）和 I_m（A）时，则视在功率的表达式为（A）。

（A）$U_m I_m/2$；（B）$U_m I_m/\sqrt{2}$；（C）$\sqrt{2} I_m U_m$；（D）$U_m I_m/3$。

La4A3028 在 RLC 串联电路中，当达到串联谐振时（A）。

（A）回路电流最大；（B）回路电流最小；（C）回路电流与感抗、容抗大小有关；（D）回路阻抗最大。

La4A3029 电动势的方向规定为（A）。

（A）由低电位指向高电位；（B）由高电位指向低电压；（C）电位的方向；（D）电压的方向。

La4A4030 实验证明，磁力线、电流和导体受力的方向，三者的方向（B）。

（A）一致；（B）互相垂直；（C）相反；（D）互相平行。

La3A3031 一个外加电压为 U 的 RLC 串联电路，其谐振率 f_0 为（C）。

（A）$f_0=1/\sqrt{LC}$；（B）$f_0=1/W\sqrt{LC}$；（C）$f_0=1/2\pi\sqrt{LC}$；（D）$f_0=2\pi(1/\sqrt{LC})$。

La2A3032 与介质的磁导率无关的物理量是（C）。

（A）磁通；（B）磁感应强度；（C）磁场强度；（D）磁阻。

La2A3033 铁磁物质的相对磁导率是（C）。

（A）$\mu_r>1$；（B）$\mu_r<1$；（C）$\mu_r\geqslant1$；（D）$\mu_r\leqslant1$。

La4A4034 用万用表 R×100Ω挡测量一只晶体管各极之间正、反向电阻，如果都呈现很小的阻值，则这只晶体管（A）。

（A）两个 PN 结被击穿；（B）两个 PN 结开路；（C）只有

发射极击穿；（D）只有集电极击穿。

La3A3035 **在整流电路中，（C）整流电路输出的直流脉动最小。**

（A）单相半波；（B）单相桥式；（C）三相桥式；（D）单相全波。

La2A5036 **用于把矩形波脉冲变为尖脉冲的电路是（B）。**

（A）耦合电路；（B）微分电路；（C）积分电路；（D）LC 电路。

La5A1037 **定滑轮不省力，但可改变力的方向；动滑轮省力，且省力约（B）。**

（A）1/4；（B）1/2；（C）1/3；（D）2/3。

La5A1038 **电杆组立过程中吊点绳受力在（A）的情况下最大。**

（A）电杆刚离地；（B）电杆起立 45°；（C）电杆起立 90°；（D）电杆起立 60°。

La5A2039 **起重滑车在起重过程中所做的有效功永远小于牵引力所做的功，功效永远（A）100%。**

（A）小于；（B）大于；（C）等于；（D）近似。

La5A2040 **力偶在任一轴线上的投影恒等于（C）。**

（A）力偶的本身；（B）力偶的一半；（C）0；（D）2 倍。

La4A2041 **在拖拉长物时，应顺着长度方向拖拉，绑扎点应在重心的（A）。**

（A）前端；（B）重心点；（C）后端；（D）中心点。

La4A3042 **重心就是物体各部分（A）的合力中心。**

（A）重力；（B）引力；（C）平行力；（D）应力。

La4A3043 起吊横担时，起吊绳受力与其跟铅垂线间的夹角α的关系为（A）。

（A）α大些绳索受力大；（B）α小些受力大；（C）受力与α无关；（D）受力是一样的。

La3A2044 互相接触的两个物体，如发生相对滑动或有相对滑动趋势时，则在其接触面上发生阻碍力，此阻碍力称为（D）。

（A）阻力；（B）推力；（C）动力；（D）摩擦力。

La3A3045 物体的重心（C）。

（A）一定在物体内部；（B）一定在物体外部；（C）可能在内，可能在外；（D）一定在物体的中心。

La3A3046 导地线设计最大使用张力是指（B）。

（A）综合拉断力；（B）综合拉断力除以安全系数；（C）最大使用应力；（D）最大使用应力除以安全系数。

La3A3047 把抵抗变形的能力称为构件的（B）。

（A）强度；（B）刚度；（C）硬度；（D）耐压。

La2A4048 能随外力撤去而消失的变形叫做（C）。

（A）柔性；（B）恢复能力；（C）弹性变形；（D）挤压变形。

La4A2049 如图 A–1 所示，平行四边形的面积是（B）。

（A）ab；（B）$ab\sin\alpha$；（C）bh；（D）abh。

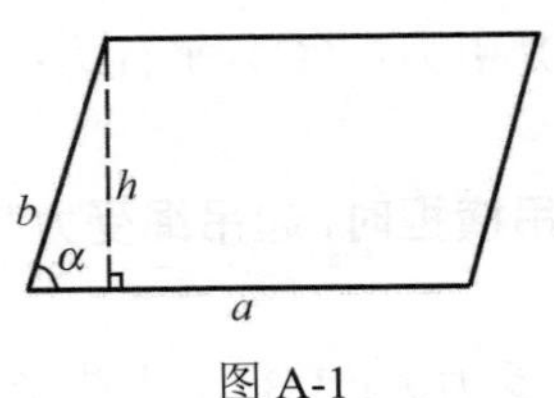

图 A-1

La3A4050 **一个圆锥形的砂堆，砂子体积为 150m^3，高度为 5m，这堆砂子的底面积为（B）m^2。**

（A）30；（B）90；（C）75；（D）60。

Lb5A1051 **用于直线杆塔上固定及悬挂导线或地线的金具叫（B）。**

（A）耐张线夹；（B）悬垂线夹；（C）并沟线夹；（D）楔型线夹。

Lb5A1052 **用于耐张杆塔上固定及连接导线或地线的金具叫（B）。**

（A）悬垂线夹；（B）耐张线夹；（C）并沟线夹；（D）楔型线夹。

Lb5A1053 **钢丝绳线股是用同一直径钢丝绕捻制成的（A）。**

（A）普通结构；（B）复合结构；（C）一般结构；（D）索式结构。

Lb5A1054 **绝缘子用来使导线和杆塔之间保持（C）状态。**

（A）稳定；（B）平衡；（C）绝缘；（D）连接。

Lb5A1055 **混凝土强度等级表示混凝土的（B）大小。**

（A）抗拉强度；（B）抗压强度；（C）硬度；（D）质量。

Lb5A1056 一般混凝土用砂要求泥土杂物含量按质量计不大于砂总质量的（**C**）。

（A）10%；（B）7%；（C）5%；（D）15%。

Lb5A1057 当水泥强度等级高、水灰比小时，混凝土的强度（**B**）。

（A）低；（B）高；（C）无影响；（D）有影响。

Lb5A4058 均压环的作用是（**D**）。

（A）使悬挂点周围的电场趋于平均；（B）使悬垂线夹及其他金具表面的电场趋于均匀；（C）使导线周围电场趋于均匀；（D）使悬垂绝缘子串的分布电压趋于均匀。

Lb4A1059 （**A**）不可作成分段法兰式连接。

（A）圆木抱杆；（B）钢管抱杆；（C）铝合金抱杆；（D）角钢抱杆。

Lb4A2060 在同等深度下，桩锚与地锚相比，其承载能力（**B**）。

（A）大；（B）小；（C）相同；（D）差不多。

Lb4A2061 起重作业常用的麻绳（按拧成的股数）有三种规格：（**C**）。

（A）3、4、5股；（B）2、4、9股；（C）3、4、9股；（D）4、5、9股。

Lb4A3062 自重大于上拔力的基础为（**A**）基础。

（A）重力；（B）抗拔；（C）抗压；（D）抗剪。

Lb4A3063 杆塔结构设计时，（**D**）m以上的铁塔一般装设爬梯。

（A）40；（B）30；（C）50；（D）70。

Lb4A4064　在中性点直接接地的电力网中，输送距离超过（A）km 的线路，均应换位。

（A）100；（B）150；（C）200；（D）80。

Lb4A4065　间隔棒的作用是（D）。

（A）保持导线之间的距离；（B）保持相分裂导线中各子线间距离；（C）防震；（D）保持相分裂子导线间的距离并有防震作用。

Lb4A4066　手扶拖拉机或机动绞磨的三角胶带在安装时，主动轮和从动轮之间的关系是（A）。

（A）两轮槽必须在同一平面内；（B）两轮槽可以不在同一平面内；（C）两轮的轮面可以有一个小夹角；（D）两轮的转动方向相同。

Lb4A5067　齿轮传动的连续平稳性与（A）。

（A）相啮合的齿轮的齿数有关；（B）模数和压力角的大小有关；（C）渐开线形状有关；（D）转速有关。

Lb3A1068　接地装置中，两接地体间的平行距离不应小于（D）m。

（A）20；（B）15；（C）10；（D）5。

Lb3A1069　送电施工中常采用的钢丝绳为（B）。

（A）顺绕；（B）交绕；（C）单绕；（D）没有要求。

Lb3A2070　电动葫芦的电气控制线路是一种（C）线路。

（A）点动控制；（B）自锁控制；（C）联锁的正反转控制；（D）电气联锁正转控制。

Lb3A2071 接地体接地电阻的大小与（**D**）。

（A）结构形状有关；（B）土壤电阻率有关；（C）气候环境条件有关；（D）结构形状、土壤电阻率和气候环境条件都有关。

Lb3A3072 张力放线使用的导引绳、牵引绳的安全系数均不得小于（**C**）。

（A）2.0；（B）2.5；（C）3.0；（D）1.5。

Lb3A3073 张力机导线轮直径不宜小于导线直径的（**A**）倍。

（A）40；（B）30；（C）35；（D）45。

Lb3A4074 电动机采用星形—三角形启动，这种方法适用于运行时三角形接法的电动机，其启动电流是直接启动的（**B**）。

（A）1/2；（B）1/3；（C）1/4；（D）1/5。

Lb3A4075 推力承轴主要承受（**A**）。

（A）轴向力作用；（B）径向力作用；（C）轴径向共同作用；（D）剪力。

Lb3A5076 接地电阻表中相敏整流电路对被测电压信号进行变换，输出给检流计的电压，反映的是（**C**）。

（A）被测接地电阻上交流信号的大小；（B）被测接地电阻上交流信号的相位；（C）被测接地电阻上交流信号的大小和相位；（D）被测接地电阻上交直流信号的大小和相位。

Lb2A1077 电流互感器的容量通常用额定二次负载（**A**）来表示。

（A）阻抗；（B）电压；（C）电流；（D）电阻。

Lb2A2078 张力放线用的多轮滑车除有规定外，滑轮的摩擦阻力系数不应大于（**A**）。

（A）1.015；（B）1.025；（C）1.035；（D）1.045。

Lb2A3079 三绕组电压互感器辅助二次绕组接成（**A**）。

（A）开口三角形；（B）三角形；（C）星形；（D）V 形。

Lb2A3080 为防止雷电波的入侵，要求在电缆与架空线的连接处装设（**D**）。

（A）放电间隙；（B）地线；（C）管型避雷器；（D）阀型避雷器。

Lb2A3081 螺纹的中径 d 与内径 d_1、外径 d_2 的关系是（**A**）。

（A）$d=(d_1+d_2)/2$；（B）$d=2(d_1+d_2)$；（C）$d=(d_1\times d_2)/2$；（D）$d=(d_1+d_2)$。

Lb5A1082 输电线路工程中常见的钢芯铝绞线的字符表示为（**A**）。

（A）JL/G1A；（B）JLHA1；（C）JLB1A；（D）JG1A。

Lb5A1083 配合比一般以水、水泥、砂、石表示，以（**A**）为基数 **1**。

（A）水泥；（B）砂；（C）水；（D）石。

Lb5A2084 相邻两杆塔中心桩之间的水平距离称为（**C**）。

（A）水平档距；（B）垂直档距；（C）档距；（D）代表

档距。

Lb5A2085　钢丝绳套在使用前必须经过（C）超负荷试验合格。

（A）110%；（B）120%；（C）125%；（D）150%。

Lb5A2086　由（A）个以上基桩组成的基础，叫群桩基础。

（A）2；（B）3；（C）5；（D）4。

Lb5A2087　送电线路中杆塔的水平档距为（C）。

（A）相邻档距中两弧垂最低点之间的距离；（B）耐张段内平均档距；（C）杆塔两侧档距长度之和的一半；（D）相邻杆塔中心桩之间的水平距离。

Lb5A2088　送电工程基础地脚螺栓下端头加工成弯曲，原因是（C）。

（A）地脚螺栓太长，超过坑深；（B）容易绑扎骨架及钢筋笼子；（C）为了增加钢筋与混凝土的黏结力；（D）为了增加混凝土的强度。

Lb5A3089　在下面有关叙述中，错误的是（B）。

（A）混凝土强度越高，其与钢筋的黏结力越大；（B）钢筋表面越光滑，其与混凝土的黏结力越大；（C）钢筋表面积越大，其与混凝土的黏结力越大；（D）螺纹钢比普通钢筋的黏结力大。

Lb5A3090　附件安装时计算导线的提升力等于（B）乘以导线单位质量。

（A）水平档距；（B）垂直档距；（C）代表档距；（D）极限档距。

Lb5A3091　110kV **线路与标准铁路交叉时，导线与轨顶垂直距离不得小于（B）m。**

（A）7.0；（B）7.5；（C）8.0；（D）6.5。

Lb4A1092　地锚的安全系数为（C）倍。

（A）1～1.5；（B）2～2.5；（C）3；（D）3.5～4。

Lb4A1093　杆塔的呼称高是指（C）。

（A）杆塔最高点到地面高度；（B）导线安装位置到地面高度；（C）下层导线横担下平面到铁塔基础面的高度；（D）下导线至地面的高度。

Lb4A1094　基础混凝土配合比材料用量每班日或每基基础应至少检查（B）次，以保证配合比符合施工技术设计规定。

（A）1；（B）2；（C）3；（D）4。

Lb4A2095　19 股镀锌钢绞线作地线，当其断一股时应采取（A）。

（A）以补修管修补；（B）锯断重接；（C）以镀锌铁丝缠绕；（D）可以不处理。

Lb4A2096　送电线路垂直档距为（C）。

（A）决定杆塔承受水平荷载的档距；（B）决定杆塔承受风压的档距；（C）相邻两档导线最低点间的水平距离决定杆塔导地线自重、冰重的档距；（D）决定杆塔受断线张力的档距。

Lb4A2097　一般情况下水泥的颗粒越细，凝结硬化越快，水泥的强度（A）。

（A）越高；（B）不变；（C）越低；（D）没有影响。

Lb4A2098　分裂导线子导线装设间隔棒的主要作用是（C）。

（A）预防相间短路；（B）预防导线混线；（C）防止导线发生鞭击；（D）防止导线微风振动。

Lb4A2099 架空线在悬挂点的应力可以比弧垂最低点的应力高（**C**）。

（A）8%；（B）10%；（C）15%；（D）20%。

Lb4A2100 压缩型耐张线夹的握着力应不小于导线或地线设计使用拉断力的（**B**）。

（A）90%；（B）95%；（C）100%；（D）98%。

Lc4A2101 架空地线对导线的保护效果，除了与可靠的接地有关外，主要还与（**C**）。

（A）地线的材质有关；（B）地线的接地方式有关；（C）地线对导线的保护角有关；（D）地线的高度有关。

Lb4A2102 输电线路的铁塔高度应能满足在各种气象条件下，保持导线对地的（**B**）。

（A）安全距离；（B）最小距离；（C）最大距离；（D）平均距离。

Lb4A3103 线路设计时地线的防震措施原则上和导线（**A**）。

（A）相同；（B）不相同；（C）相似；（D）不相似。

Lb4A3104 在导线上安装防振锤，以吸收及减弱振动的（**C**）。

（A）力量；（B）次数；（C）能量；（D）振幅。

Lb4A3105 220kV及以下线路直线转角杆塔的转角，不宜大于（**B**）。

（A）3°；（B）5°；（C）7°；（D）6°。

Lb4A3106 全高超过 **40m** 且有地线的杆塔，高度每增加（**B**）**m** 应增加一片绝缘子。

（A）5；（B）10；（C）15；（D）8。

Lb4A3107 超过 **100m** 高的高塔基础，基础根开及对角线尺寸在基础回填夯实后允许偏差为（**B**）。

（A）±0.5‰；（B）±0.7‰；（C）±1‰；（D）0.8‰。

Lb4A3108 杆塔上两根地线之间的距离，不应超过地线与导线间垂直距离的（**C**）倍。

（A）3；（B）4；（C）5；（D）6。

Lb4A4109 张力放线的速度与张力的大小（**B**）。

（A）有关；（B）无关；（C）成反比；（D）成正比。

Lb4A4110 导线最大弧垂发生在（**D**）。

（A）最高气温；（B）最大风速；（C）覆冰时；（D）可能在最高气温时，也可能在覆冰时，也可能在最大风速时。

Lb4A4111 整立铁塔过程中，随塔身升起所需牵引力越来越小，这是因为（**B**）。

（A）重心位置不断改变；（B）重力矩的力臂不断变小，拉力也不断变小；（C）重心始终不变；（D）重力矩的力臂不断变大，拉力不断变小。

Lb4A4112 杆塔所承受导线质量为（**C**）。

（A）两相邻杆塔间的导线质量之和；（B）杆塔两侧相邻杆

塔间的导线质量之和；（C）相临两档距中两弧垂最低点之间的导线质量之和；（D）杆塔两侧相邻杆塔间导线质量之和的一半。

Lb4A4113 根据**110～500kV**架空电力线路工程施工质量及评定规程，铁塔缺少两根辅助角钢是属于（**B**）性质的缺陷。

（A）一般；（B）关键；（C）重要；（D）记录。

Lb4A4114 公路按高速、一～四个等级划分，具有特别重要的政治、经济意义，专供汽车分道高速行驶并全部控制出入的公路为（**A**）公路。

（A）高速；（B）一级；（C）二级；（D）三级。

Lb4A4115 弱电线路分几个等级，县至区、乡的县内线路和两对以下的城郊线路；铁路的地区线路及有线广播线路为（**C**）弱电线路。

（A）一级；（B）二级；（C）三级；（D）四级。

Lb4A5116 送电线路与标准轨距铁路、高速公路及一级公路交叉时，如交叉档距超过**200m**，最大弧垂应按导线温度（**B**）核算。

（A）+40℃；（B）+70℃；（C）+25℃；（D）–40℃。

Lb4A5117 导线和地线的初伸长对弧垂的影响一般采用（**A**）补偿。

（A）降温法；（B）升温法；（C）系数法；（D）插入法。

Lb3A1118 送电线路中导线在悬点等高的情况下，杆塔的水平档距与垂直档距（**A**）。

（A）相等；（B）不相等；（C）无关；（D）近似。

Lb3A2119 采用汽车运输的砂石，每（**B**）为一验收批量。
（A）200m^3；（B）400m^3；（C）600m^3；（D）300m^3。

Lb3A2120 水泥初凝时间一般不得早于**45min**，终凝时间不迟于（**A**）**h**。
（A）10；（B）12；（C）14；（D）24。

Lb3A2121 设计冰厚为（**C**）**mm**及以上的地区为重冰区。
（A）10；（B）15；（C）20；（D）25。

Lb3A3122 **110～330kV**送电线路的最大设计风速，应采用离地面（**B**）**m**高处**15**年一遇分钟平均最大值。
（A）10；（B）15；（C）20；（D）25。

Lb3A3123 普通钢筋混凝土基础的混凝土强度等级不宜低于（**B**）。
（A）C10；（B）C15；（C）C20；（D）C30。

Lb3A3124 混凝土的和易性是指混凝土在施工过程中配合比的合适程度，它是保证质量和便于施工的（**A**）。
（A）重要条件；（B）唯一条件；（C）一般条件；（D）相关条件。

Lb3A3125 在正常的垂直荷重作用下，铁塔横担与上曲臂之间的连接螺栓受到的是（**C**）的作用。
（A）拉力；（B）弯曲力；（C）剪切力；（D）压力。

Lb3A4126 杆塔结构设计时，（**B**）**m**以下的铁塔一般装设脚钉。
（A）40；（B）70；（C）80；（D）35。

Lb3A4127 杆塔结构设计时，拉线（镀锌钢绞线）的强度设计安全系数，不应小于（**B**）。

（A）2.0；（B）2.2；（C）2.5；（D）2.3。

Lb3A5128 大跨越杆塔，一般设置在 **5** 年重现期的洪水淹没区以外，并考虑（**C**）年河岸冲刷变迁的影响。

（A）10～30；（B）20～40；（C）30～50；（D）100。

Lb3A5129 以下说法中正确的是（**B**）。

（A）同一档距内沿导线各点的应力是相等的；（B）同一档距内沿导线各点的应力是不相等的；（C）同一档距内导线最低点处的应力是最大的；（D）同一档距内导线悬挂点的应力是最大的。

Lb2A1130 送电线路与二级弱电线路的交叉角应大于或等于（**C**）。

（A）20°；（B）25°；（C）30°；（D）35°。

Lb2A2131 年平均雷暴日数不超过（**A**）的地区为少雷区。

（A）15；（B）20；（C）25；（D）30。

Lb2A2132 通常线路设计导线时用于计算的比载为（**C**）。

（A）5 种；（B）6 种；（C）7 种；（D）2 种。

Lb2A3133 为反映线路经过地区的实际气象情况，所选气象台（站）距线路一般应不大于（**A**）**km**。

（A）100；（B）120；（C）140；（D）125。

Lb2A4134 普通钢筋混凝土基础的强度设计安全系数，不应小于（**B**）。

（A）1.5；（B）1.7；（C）2.0；（D）2.5。

Lb5A3135 隐蔽工程的检查验收应在（**C**）进行。

（A）中间验收检查；（B）竣工验收检查；（C）隐蔽前；（D）隐蔽后。

Lb4A2136 质量检验工作的职能中，最基本最主要的是（**A**）。

（A）保证职能；（B）预防职能；（C）报告职能；（D）公告职能。

Lb4A2137 编制安全技术措施计划的原则是（**B**）。

（A）必要性和可行性原则；（B）从实际出发的原则；（C）轻重缓急统筹安排的原则；（D）领导和群众相结合的原则

Lb4A3138 组织（企业）需要采用一种系统和透明的方式进行管理。针对所有相关方的需求，实施并保持持续改进其业绩的管理体系，可使组织（企业）获得成功。质量管理是组织各项管理的内容之一。（**C**）项质量管理原则已得到确认，最高管理者可运用这些原则，领导组织（企业）进行业绩改进。

（A）六；（B）七；（C）八；（D）九。

Lb4A3139 某线路工程共需 **19 800** 片绝缘子，考虑施工损耗量后订货数量应为（**B**）片。

（A）19 998；（B）20 196；（C）20 097；（D）20 010。

Lb3A1140 用弧垂曲线模板在线路勘测中所得的平断面图上排定杆塔位置叫（**A**）定位。

（A）室内；（B）室外；（C）初步；（D）终勘。

Lb3A2141 直线塔过轮临锚时，地锚位置选择应保证锚绳对地夹角不大于（**C**）。

（A）20°；（B）25°；（C）30°；（D）35°。

Lb3A3142 在 **220kV** 带电线路杆塔上工作时，作业人员与带电导线最小安全距离是（**C**）**m**。

（A）2.0；（B）2.5；（C）3.0；（D）2.8。

Lb2A3143 《电网工程建设预算编制与计算标准》中的架线工程预算定额（**B**）。

（A）包括附件安装；（B）不包括附件安装；（C）包括部分附件安装；（D）不包括部分附件安装。

Lb2A4144 《电网工程建设预算编制与计算标准》中的材料费指（**A**）。

（A）消耗性材料费；（B）装置性材料费；（C）装置性材料费和消耗性材料费；（D）安装中所有材料费。

Lb2A4145 输电线路的光纤复合架空地线（**OPGW**、光缆）紧完线后，光缆在滑车中的停留时间不宜超过（**C**）**h**。附件安装后，当不能立即接头时，光纤端头应做密封处理。

（A）32；（B）40；（C）48；（D）56。

Lb2A4146 《电网工程建设编制与计算标准》中的直接工程费包括（**A**）。

（A）（人工费+材料费+施工机械使用费）；（B）（人工费+机械费）×地形系数+材料费；（C）人工费+材料费+机械费+管理费；（D）（人工费+机械费）×地形系数。

Lb2A4147 损耗电量占供电量的百分比称为（**C**）。

（A）线损率；（B）消耗率；（C）损耗率；（D）变损率。

Lc5A1148 必须戴安全带的情况是（**A**）。

（A）高处作业；（B）在 1m 深的坑下作业；（C）砂石运输；（D）坑上作业。

Lc5A1149 对于高度超过（**A**）m 的作业称之为高处作业。

（A）2；（B）2.5；（C）3；（D）1.5。

Lc5A1150 （**B**）天气可以进行高处作业。

（A）雷雨；（B）5 级风；（C）大雾；（D）6 级风。

Lc3A2151 盘型悬式瓷绝缘子运行机械强度安全系数不应小于（**B**）。

（A）3.5；（B）4.0；（C）4.5；（D）5.0。

Lc3A4152 在短时间内危及人生命安全的最小电流值是（**A**）mA。

（A）30；（B）100；（C）200；（D）50。

Lc2A4153 在单相触电、两相触电、接触跨步电压三种触电中最危险是（**B**）。

（A）单相触电；（B）两相触电；（C）跨步电压触电；（D）都危险。

Lc2A5154 气焊用的氧气纯度不应低于（**C**）。

（A）94.5%；（B）96.5%；（C）98.5%；（D）95.5%。

Lc2A4155 导线的最低点应力决定后，为了使悬挂点应力不超过许用应力，档距必须规定一个最大值，称为（**B**）。

（A）代表档距；（B）极限档距；（C）临界档距；（D）垂直档距。

Jd4A2156 采用倒装组塔施工方法与其他施工方法相比占地面积（**B**）。

（A）小；（B）大；（C）相同；（D）差不多。

Jd4A2157 杆塔的接地装置连接应可靠，当使用扁钢采用搭接焊接时，搭接长度应为其宽度的（**B**）倍，并应四面施焊。

（A）1.5；（B）2；（C）3；（D）4。

Jd3A3158 在安装间隔棒时，导线弧垂的坡度超过（**C**）禁止使用飞车。

（A）30°；（B）15°；（C）20°；（D）45°。

Jd5A1159 以螺栓连接构件时，对于单螺母，螺母拧紧后螺杆应露出螺母长度（**B**）。

（A）1 个螺距；（B）2 个螺距；（C）3 个螺距；（D）4 个螺距。

Jd5A2160 钢丝绳插套子时，钢丝绳的插接长度为钢丝绳直径的（**A**）倍，且不得小于 **300mm**。

（A）15；（B）10；（C）24；（D）40。

Jd5A2161 人力放线在一个档距内每根导、地线只允许有 **1** 个接续管和（**C**）个补修管。

（A）1；（B）2；（C）3；（D）4。

Jd5A3162 线夹安装完毕后，悬垂绝缘子串应垂直地面，个别情况，其倾角不应超过（**B**）。

（A）10°；（B）5°；（C）15°；（D）20°。

Jd4A1163 已知杆塔组立中吊点钢丝绳在施工中将受**15 000N**的张力，应选择（**C**）。

（A）破断拉力为 20 000N 的钢丝绳；（B）破断拉力为 30 000N 的钢丝绳；（C）破断拉力为 80 000N 的钢丝绳；（D）破断拉力为 40 000N 的钢丝绳。

Jd4A1164 机动绞磨和卷扬机在使用时，拉磨尾绳不应少于（**B**）人，且应位于锚桩后面、绳圈外侧，不得站在绳圈内。

（A）1；（B）2；（C）3；（D）4。

Jd4A1165 悬垂线夹安装后，绝缘子串应垂直地平面，个别情况其顺线路方向与垂直位置的偏移角不应超过**5°**，且最大偏移值不应超过（**B**）**mm**。

（A）150；（B）200；（C）250；（D）300。

Jd4A2166 **《110～500kV架空送电线路施工及验收规范》（GB 50233—2005）**要求，张力放线区段的长度不宜超过（**C**）放线滑轮的线路长度。

（A）15 个；（B）16 个；（C）20 个；（D）25 个。

Jd4A3167 非张力放线，导线在同一处损伤，采用补修预绞丝处理时，补修预绞丝长度不得小于（**B**）个节距。

（A）2；（B）3；（C）4；（D）5。

Jd4A3168 一台**400kg**的变压器，要起吊**3m**高，人力只能承受**980N**的拉力，用滑轮组吊装，应使用（**C**）滑车组。

（A）一二；（B）二二；（C）二三；（D）三三。

Jd4A3169 混凝土强度可根据原材料和配合比的变化来选择和掌握，因此要求（**B**）。

（A）水泥强度等级与混凝土强度等级一致；（B）水泥强度等级大于混凝土强度等级，一般比值为 1.5～2.5 倍；（C）水泥强度等级小于混凝土强度等级；（D）没有具体要求。

Jd4A3170 水泥强度等级、水灰比对混凝土强度的影响是（**C**）。

（A）水泥强度等级高，水灰比大，混凝土强度高；（B）水泥强度等级低，水灰比小，混凝土强度高；（C）水泥强度等级高，水灰比小，混凝土强度高；（D）水泥强度等级低，水灰比大，混凝土强度高。

Jd4A3171 使用导线放线滑轮紧线时，滑轮的槽底直径应不小于导线直径的（**B**）倍。

（A）15；（B）16；（C）17；（D）20。

Jd4A3172 为预防雷电以及临近高压电力线作业时的感应电，附件安装时，作业人员必须按安全技术规定装设保安接地线，保安接地线的截面不得小于（**B**）mm^2。

（A）12；（B）16；（C）25；（D）30。

Jd4A3173 绝缘架空地线放电间隙的安装距离偏差，不应大于（**A**）**mm**。

（A）±2；（B）±1；（C）±3；（D）±4。

Jd4A4174 紧固铁塔 **M24**（**4.8** 级）螺栓时，扭矩应达到（**B**）**N·cm**。

（A）10 000；（B）25 000；（C）30 000；（D）35 000。

Jd4A5175 杆塔连接螺栓应逐个紧固，**M20**（**4.8** 级）的螺栓紧固时其扭矩是（**C**）**N·cm**。

（A）4000；（B）5000；（C）10 000；（D）8000。

Jd3A3176 绝缘电阻表有三个测量端钮，分别标有 **L**、**E** 和 **G** 三个字母，若测量电缆的对地绝缘电阻，其屏蔽层应接（**C**）。

（A）L 端钮；（B）E 端钮；（C）G 端钮；（D）无要求。

Jd3A3177 测量带电线路的对地距离可用（**A**）测量。

（A）绝缘绳测量；（B）皮尺测量；（C）线尺测量；（D）目测。

Jd3A3178 当用钢卷尺直线量距杆塔位中心桩移桩的尺寸时，测量精度两次测值之差不得超过量距的（**A**）。

（A）1‰；（B）1.5‰；（C）2‰；（D）5‰。

Jd3A4179 锚体形状应因地制宜，有利于提高地锚上拔力。金属锚体（地锚）的安全系数应不小于（**C**）。

（A）2.0；（B）2.5；（C）3.0；（D）3.5。

Je5A1180 杆塔基础（不含掏挖基础和岩石基础）坑深允许偏差为**+100mm**、**–50mm**，坑底应平整。同基基础坑在允许偏差范围内按（**B**）基坑操平。

（A）最浅；（B）最深；（C）中间；（D）没有要求。

Je5A1181 浇制混凝土时，必须选用具有优良颗粒级配的砂，在允许情况下（**A**）。

（A）按具体情况选用较粗的砂；（B）按具体情况选用较细

的砂；（C）应采用混合砂；（D）没有要求。

Je5A1182 各种类型的铝质绞线，在与金具的线夹夹紧时，除并沟线夹及使用预绞丝护线条外，安装时应在铝股外缠绕铝包带，铝包带应缠绕紧密，其缠绕方向应与外层铝股的绞制方向（**A**）。

（A）一致；（B）相反；（C）任意；（D）绕两层。

Je5A1183 采用楔形线夹连接的拉线，拉线弯曲部分不应有明显松股，断头侧应采取有效措施，以防止散股。线夹尾线宜露出（**A**）**mm**，尾线回头后与本线应用镀锌铁线绑扎或压牢。

（A）300～500；（B）200～400；（C）400；（D）200。

Je5A1184 杆塔基础设计时，埋置在土中的基础，其埋深宜大于土壤冻结深度，且不应小于（**A**）**m**。

（A）0.6；（B）1.0；（C）1.2；（D）1.5。

Je5A1185 杆塔及拉线基坑的回填应设防沉层，防沉层的上部边宽不得小于坑口边宽，其高度视土质夯实程度确定，并宜为（**C**）**mm**。

（A）150～200；（B）200～300；（C）300～500；（D）400。

Je5A1186 铁塔基础坑及拉线基础坑回填应符合设计要求，一般应分层夯实，每回填（**D**）**mm** 厚度夯实一次。

（A）1000；（B）800；（C）500；（D）300。

Je5A1187 杆塔基础的坑深，应以设计施工基面为（**A**）。

（A）基准；（B）条件；（C）前提；（D）依据。

Je5A1188 在山坡上开挖接地沟时，宜沿（**B**）开挖，沟底应平整。

（A）顺坡；（B）等高线；（C）设计型式图；（D）山坡横向。

Je5A2189 某钢芯铝绞线，铝线为 24 股，在张力放线时有三根铝线被磨断，对此应进行（C）。

（A）缠绕；（B）补修管处理；（C）锯断重接；（D）加护线条。

Je5A2190 六级风及以上不得进行高处作业，在施工现场以树为参照物，（**B**）为六级风。

（A）微枝折断；（B）大树枝摆动；（C）全树摇动；（D）大树被吹倒。

Je5A2191 采用杉木杆搭设跨越架，其立杆的间距不得大于（**C**）**m**。

（A）2；（B）1.8；（C）1.5；（D）1。

Je5A2192 在一般档距内最容易发生导线舞动，因此其导线接头（**A**）。

（A）最多 1 个；（B）不能多于 2 个；（C）不允许有；（D）不能多于 3 个。

Je5A2193 石坑回填应以石子与土按（**C**）掺合后回填夯实。

（A）1:1；（B）2:1；（C）3:1；（D）1:3。

Je5A2194 导线使用连接网套连接时，导线穿入网套必须到位；网套夹持导线的长度不得少于导线直径的（**C**）倍。

（A）20；（B）25；（C）30；（D）35。

Je5A2195 附件安装应在（**A**）后方可进行。

（A）杆塔全部校正，弧垂复测合格；（B）杆塔全部校正；（C）弧垂复测合格；（D）施工验收。

Je5A2196 普通钢筋混凝土构件不得有（**B**）。

（A）横向裂纹；（B）纵向裂纹；（C）水纹；（D）龟状纹。

Je5A2197 每个基础的混凝土应一次连续浇成，在气温不高于 25℃时，因故中断时间不得超过（**B**）。

（A）30min；（B）2h；（C）6h；（D）24h。

Je5A2198 岩石基础在开挖时需采用松动爆破法挖，以保证坑壁的（**A**）。

（A）完整性；（B）坚固性；（C）硬度；（D）强度。

Je5A2199 混凝土应分层浇灌，用插入式振捣器捣固时，插入式振捣器应插入下一层混凝土的厚度为（**B**）**mm**。

（A）0～20；（B）30～50；（C）50～80；（D）80～100。

Je5A2200 接续管或补修管与悬垂线夹中心的距离不应小于（**B**）**m**。

（A）0.5；（B）5；（C）10；（D）15。

Je5A3201 基础拆模时，应保证混凝土的表面及棱角不受破坏，且强度不应低于（**B**）**MPa**。

（A）2.0；（B）2.5；（C）3.0；（D）3.5。

Je5A3202 当转角杆塔为不等长度横担或横担较宽时，分坑时中心桩应向（**A**）侧位移。

（A）内角；（B）外角；（C）前；（D）后。

Je5A3203 杆塔基础坑深度的允许偏差为（**D**）**mm**。

（A）±100；（B）–100～+50；（C）+50～–100；（D）–50～+100。

Je5A3204 用人字抱杆整体立杆时，抱杆的初始角一般为（**B**）。

（A）55°～60°；（B）60°～65°；（C）65°～70°；（D）55°～70°。

Je5A3205 以两邻直线桩为基准，杆塔中心桩的横线路方向偏差应（**A**）**mm**。

（A）不大于 50；（B）不大于 100；（C）不大于 200；（D）不大于 150。

Je5A3206 铁塔现浇基础保护层的允许误差不得超过（**A**）**mm**。

（A）–5；（B）+5；（C）+10；（D）–10。

Je5A3207 线路复测或分坑测量时，实测转角桩的角度值与设计值的允许误差为（**B**）。

（A）1′；（B）1′30″；（C）2″；（D）30″。

Je5A3208 **110～500kV** 架空送电线路导线或架空地线上的防振锤安装后，其安装距离误差不大于（**C**）**mm**。

（A）+30；（B）–20；（C）±30；（D）±25。

Je5A4209 线路复测时，使用的经纬仪最小角度读数不应大于（**A**）。

（A）1′；（B）1′30″；（C）30″；（D）2′。

Je5A4210 混凝土杆焊接时，因焊口不正造成的分段或整根电杆的弯曲度均不应超过其对应长度的（**A**）。超过时应割断调直，重新焊接。

（A）2‰；（B）2.5‰；（C）3‰；（D）5‰。

Je4A1211 施工线路与被跨越物垂直交叉时，跨越架的宽度应比施工线路两边线各宽出（**B**）m。

（A）1.5；（B）2；（C）2.5；（D）1。

Je4A1212 采用吊车立杆时，起吊钢绳应拴在电杆的（**D**）。

（A）1/2 处；（B）重心点处；（C）靠大头处；（D）重心点以上处。

Je4A1213 ***ϕ*22** 钢丝绳端部用绳卡固定连接时，绳卡压板应在钢丝绳主要受力的一边，且绳卡不得正反交叉设置；绳卡间距不应小于钢丝绳直径的 **6** 倍；绳卡数量应为（C）个。

（A）2；（B）3；（C）4；（D）5。

Je4A1214 导地线接续管及耐张管压接后弯曲度不得大于（**B**），有明显弯曲时应校直，校直后的连接管严禁有裂纹，达不到规定时应割断重接。

（A）1%；（B）2%；（C）3%；（D）4%。

Je4A1215 混凝土浇制后达到设计强度的时间为（**B**）天。

（A）7；（B）28；（C）40；（D）30。

Je4A1216 钢芯铝绞线采用液压连接，钢芯对接式钢管在液压操作时应（C）。

（A）从两端往中间进行；（B）从一端向另一端进行；（C）从中心向一端进行，压完后向另一端进行；（D）无具体规定。

Je4A1217 接地体若为圆钢，若采用搭接焊接，应双面施焊，其搭接长度为圆钢直径的（**B**）倍。

（A）4；（B）6；（C）8；（D）2。

Je4A1218 正常情况下，整体立塔时铁塔基础的混凝土强度应达到（**C**）的设计强度。

（A）70%；（B）90%；（C）100%；（D）80%。

Je4A1219 **500kV** 输电线路的直线杆塔在组立及架线后结构的倾斜值允许偏差为（**C**）。

（A）1‰；（B）5‰；（C）3‰；（D）2‰。

Je4A1220 浇筑铁塔基础应表面平整，单腿尺寸的允许偏差中，对立柱与各底座断面尺寸的要求为（**B**）。

（A）+3%；（B）−1%；（C）±1%；（D）±1.5%。

Je4A1221 对普通硅酸盐水泥拌制的混凝土，其浇水养护日期不得少于（**D**）昼夜。

（A）4；（B）5；（C）6；（D）7。

Je4A1222 浇制≤**C25** 混凝土用的石料中，带针状、片状颗粒的质量不得超过总质量的（**C**）**%**。

（A）15；（B）20；（C）25；（D）30。

Je4A1223 混凝土电杆基础、铁塔预制基础、铁塔金属基础等，其超深在+**100**～+**300mm** 时，应采用填土或砂、石夯实处理，每层厚度不宜超过（**A**）**mm**，夯实后的耐压力不应低于原状土。

（A）100；（B）150；（C）200；（D）300。

Je4A1224 分解组塔时，铁塔基础混凝土的抗压强度应达到设计强度的（**A**）。

（A）70%；（B）60%；（C）100%；（D）80%。

Je4A1225 送电线路跨越Ⅰ、Ⅱ级通航河流时，导线、地线（**B**）有接头。

（A）可以；（B）不可以；（C）不限制；（D）特殊情况下允许。

Je4A2226 设计规程规定单导线线路，耐张段的长度一般采用不宜超过（**B**）**km**。

（A）2；（B）5；（C）4；（D）3。

Je4A2227 停电线路的工作接地线应用编织软铜线，其截面应符合短路电流的要求，但不得小于（**B**）$\mathbf{mm^2}$。

（A）16；（B）25；（C）35；（D）50。

Je4A2228 **110kV** 线路与地面最小距离（非居民区）应大于（**A**）**m**。

（A）6.0；（B）6.5；（C）7.0；（D）7.5。

Je4A2229 张力放线中，在一个档距内每根导线或架空地线上只允许有（**C**）个补修管。

（A）3；（B）1；（C）2；（D）4。

Je4A2230 配制混凝土时宜优先选用（**B**）砂。

（A）Ⅰ区；（B）Ⅱ区；（C）Ⅲ区；（D）Ⅳ区。

Je4A2231 当带电跨越 **110kV** 线路时，越线架的封顶板与 **110kV** 线路地线的垂直距离不得小于（**B**）**m**。

（A）0.5；（B）1.0；（C）2.0；（D）1.5。

Je4A2232 张力放线牵放过程中，平衡锤距离越线架架顶的距离为（**B**）**m**。

（A）0.5；（B）1.0；（C）1.5；（D）1.2。

Je4A2233 **110kV** 线路与树木最小垂直距离不得小于（**B**）**m**。

（A）3；（B）4；（C）5；（D）6。

Je4A2234 混凝土电杆基坑的超深达到下列（**C**）**mm** 的情况时，超深部分应填土夯实。

（A）+50；（B）+350；（C）+200；（D）+400。

Je4A2235 混凝土电杆拉线盘的埋设深度和方向应符合设计要求，拉线棒与拉线盘应垂直，连接处应采用双螺母，其拉线棒外露地面部分的长度为（**B**）**mm**。

（A）300～400；（B）500～700；（C）600～800；（D）900～1000。

Je4A2236 当日平均气温低于（**C**）℃时不得进行现场浇筑基础混凝土的浇水养护工作。

（A）0；（B）3；（C）5；（D）10。

Je4A2237 临时拉线打双结扣的目的是（**B**）。

（A）平衡杆塔；（B）起到自紧、调节作用；（C）容易拆除；（D）施工安全。

Je4A2238　一般放线过程中，若钢芯铝绞线在同一处损伤断股截面超过铝股部分总截面**25%**时，处理应采用（**C**）。

（A）缠绕法；（B）补修法；（C）切断重接法；（D）抛光处理。

Je4A2239　单电杆（塔）立好后应正直，位置偏差应符合规定，直线杆的横向位移不应大于（**A**）**mm**。

（A）50；（B）80；（C）100；（D）150。

Je4A2240　**220kV**线路双立柱杆塔在组立及架线后，横担在主柱连接处的高差值与两立柱之间距离之比（用千分率来表示）不应大于（**B**）。

（A）3.0‰；（B）3.5‰；（C）4.0‰；（D）4.5‰。

Je4A2241　送电线路地线的镀锌钢绞线股数为**7**股时，断（**A**）股的情况下可以用补修管补修。

（A）1；（B）2；（C）3；（D）4。

Je4A2242　铁塔基础坑深超设计坑深**200mm**时应（**B**）。

（A）填土夯实；（B）铺石灌浆；（C）按最深一坑操平；（D）可不做处理。

Je4A2243　架空送电线路施工及验收规范要求：接续管及耐张线夹压接后应检查外观质量，其弯曲度不得大于（**B**），有明显弯曲时应校直；校直后的接续管严禁有裂纹，达不到规定时应割断重接。

（A）1%；（B）2%；（C）3%；（D）4%。

Je4A3244 检查混凝土是否达到设计强度，应以（**A**）。

（A）试块为依据；（B）检查配合比为依据；（C）养护条件为依据；（D）回弹仪测试结果为依据。

Je4A3245 **110kV** 送电线路导、地线各相间弧垂相对误差应不大于（**B**）**mm**。

（A）100；（B）200；（C）300；（D）400。

Je4A3246 **220kV** 及以上输电线路，导线相间弧垂误差不大于（**C**）**mm**。

（A）200；（B）250；（C）300；（D）400。

Je4A3247 一直线塔呼称高为 **36m**，组立完毕后检验其倾斜值为 **90mm**，按验收评级标准此塔最终应评为（**B**）。

（A）优良；（B）合格；（C）不合格；（D）可以使用。

Je4A3248 分裂导线间隔棒的结构面应与导线垂直，安装时应测量次档距。杆塔两侧第一个间隔棒的安装距离偏差不应大于端次档距的（**D**），其余不应大于次档距的±**3%**。

（A）±5%；（B）±3%；（C）±2%；（D）±1.5%。

Je4A3249 浇制≤**C25** 混凝土用的碎石和卵石，其含泥量不应超过（**A**）**%**。

（A）2；（B）3；（C）5；（D）8。

Je4A3250 采用 **JL/G1A-160-18/1** 钢芯铝绞线的导线应选配的悬垂线夹型号为（**C**）。

（A）CGU–1；（B）CGU–2；（C）CGU–3；（D）CGU–4。

Je4A3251 主角钢插入式铁塔基础在回填夯实后整基基

础扭转的允许偏差为（**B**）。

（A）5′；（B）10′；（C）15′；（D）7′。

Je4A3252 对于**110kV**线路，焊完电杆后整杆弯曲度不应超过电杆全长的（**B**）。

（A）1‰；（B）2‰；（C）3‰；（D）5‰。

Je4A3253 **JL/G1A—400/50—54/7**型（钢芯铝绞线）导线，铝股为**54**根，在张力放线过程中，表面一处**5**根铝线被磨断，对此应进行（**B**）。

（A）缠绕处理；（B）补修管处理；（C）锯断重接；（D）抛光处理。

Je4A3254 地脚螺栓式基础根开及对角线尺寸允许误差为（**C**）。

（A）±1‰；（B）±1.5‰；（C）±2‰；（D）±3‰。

Je4A3255 泵送混凝土宜采用中砂，其通过**0.315mm**筛孔的颗粒含量不应少于（**B**）**%**。

（A）10；（B）15；（C）20；（D）25。

Je4A3256 杆塔接地体引出线应热镀锌，其截面不应小于（**C**）**mm²**。

（A）30；（B）40；（C）50；（D）55。

Je4A3257 在输电线路混凝土基础工程施工中，受力钢筋顺长度方向全长的净尺寸允许偏差为（**B**）**mm**。

（A）±5；（B）±10；（C）±15；（D）±20。

Je4A3258 拉线盘埋深比设计值浅**20mm**，按规程要求应评为（C）。

（A）合格；（B）优良；（C）不合格；（D）允许使用。

Je4A3259 耐张段长度大于 **300m** 的孤立档，过牵引长度不宜超过（**B**）。

（A）100mm；（B）200mm；（C）1%；（D）3%。

Je4A3260 用倒落式人字抱杆整立杆塔，抱杆的有效高度应控制在一个适合高度，一般为杆塔重心高度的（**A**）倍。

（A）0.8～1.1；（B）1.1～1.2；（C）1.2～1.3；（D）0.7～1.2。

Je4A3261 观测弧垂时，若紧线段为 **12** 档以上时，应同时选择（**D**）观测弧垂。

（A）2 档；（B）靠近两端各选 1 档；（C）中间选 2 档；（D）靠近两端及中间可选 3～4 档。

Je4A3262 **220kV** 线路的导线弧垂，一般情况下的允许误差是（**B**）。

（A）±1.5%；（B）±2.5%；（C）±5%；（D）±3%。

Je4A4263 基础根开是指基础相邻两腿地脚螺栓几何中心之间的距离，它与塔腿主材角钢（**A**）相重合。

（A）重心线；（B）准线；（C）中轴线；（D）边线。

Je4A4264 现场浇筑基础试块制作单基或连续浇筑混凝土量超过（**A**）**m^3** 时，应制作一组试块。

（A）100；（B）150；（C）200；（D）80。

Je4A5265 电焊机的二次线应用防水橡皮护套铜芯软电

缆，电缆长度不应大于（**C**）**m**，不得采用金属构件或结构钢筋代替二次线的地线。

（A）10；（B）20；（C）30；（D）40。

Je4A5266 拌制混凝土时坍落度大小的选择（**A**）。

（A）根据混凝土的结构种类而定；（B）根据水灰比而定；（C）根据水泥强度等级的砂石级配而定；（D）根据混凝土的强度等级而定。

Je3A1267 在紧线观测弧垂过程中，如现场温度变化超过（**A**）℃时，须调整弧垂观测值。

（A）5；（B）10；（C）15；（D）3。

Je3A1268 水泥应标明出厂日期；当水泥出厂时间超过（**B**）个月时，必须补做强度等级试验，并应按试验后的实际强度等级使用。

（A）2；（B）3；（C）4；（D）1。

Je3A2269 **110kV** 线路等截面拉线塔主柱弯曲最大值和主柱长度之比不应超过（**C**）‰。

（A）1.0；（B）1.5；（C）2.0；（D）2.5。

Je3A2270 浇筑拉线基础时拉环中心与设计位置的偏移的允许偏差为（**A**）**mm**。

（A）20；（B）10；（C）30；（D）15。

Je3A2271 现浇基础立柱断面尺寸允许误差为（**B**）%。

（A）±1；（B）–1；（C）+1；（D）±2。

Je3A2272 跨越公路时，越线架封顶杆至路面的垂直距离最小为（**A**）**m**。

（A）5.5；（B）6；（C）6.5；（D）7。

Je3A2273 直线塔整基基础的相对高差是指地脚螺栓基础抹面后的相对高差或插入式基础的操平印记的相对高差。其施工允许偏差为（**C**）**mm**。

（A）4.0；（B）4.5；（C）5.0；（D）5.5。

Je3A2274 使用过的抱杆应每年做一次荷重试验，加荷载为（**B**）允许荷重，持荷**10min**，试验合格后方可使用。

（A）100%；（B）125%；（C）150%；（D）200%。

Je3A3275 **220～330kV** 送电线路等截面拉线塔立柱弯曲的允许偏差为（**D**）塔高。

（A）2‰；（B）3‰；（C）4‰；（D）1.5‰。

Je3A3276 拉线塔拉线的 **NUT** 型线夹带螺母后的螺杆必须露出螺纹，并应留有不小于（**C**）螺杆的可调螺纹长度，以供运行中调整；**NUT** 线夹安装后应将双螺母拧紧并应装设防盗罩。

（A）1/4；（B）1/3；（C）1/2；（D）1/5。

Je3A3277 早强剂在钢筋混凝土中，其掺量不得超过水泥质量的 **2%**，亦不能超过（**C**）$\mathbf{kg/m^3}$。

（A）2；（B）4；（C）6；（D）5。

Je3A3278 水下混凝土浇筑时，水泥用量不少于（**C**）$\mathbf{kg/m^3}$。

（A）320；（B）340；（C）360；（D）380。

Je3A3279 钻孔式岩石基础施工孔径允许偏差为（**C**）**mm**。

（A）±10；（B）+10～0；（C）+20～0；（D）±5。

Je3A3280 当孤立档耐张段长度为 **200～300m** 时，过牵引长度不宜超过耐张段长度的（**B**）。

（A）0.2‰；（B）0.5‰；（C）0.7‰；（D）0.4‰。

Je3A3281 张力放线施工中，某一基铁塔上导线对滑车的包络角为 **32°** 时，此基塔应挂（**B**）。

（A）单滑车；（B）双滑车；（C）五线滑车；（D）都一样。

Je3A3282 **110kV** 送电线路，各相间弧垂的相对偏差最大值不应超过（**C**）**mm**。

（A）400；（B）300；（C）200；（D）100。

Je3A3283 现浇铁塔基础的同组地脚螺栓中心对立柱中心的允许偏移为（**B**）**mm**。

（A）5；（B）10；（C）15；（D）6。

Je3A4284 某插入式基础设计根开为 **7405mm**×**5382mm**，下列尺寸不超差的为（**C**）。

（A）7409mm×5389mm；（B）7414mm×5385mm；（C）7399mm×5379mm；（D）7412mm×5389mm。

Je3A4285 **330kV** 四分裂导线紧线完毕后，同相子导线弧垂误差为（**B**）**mm** 时超过允许误差范围。

（A）+30；（B）+80；（C）+50；（D）−30。

Je2A2286 **220kV** 送电线路与铁路交叉跨越时，在导线最大弧垂情况下，至铁路标准轨顶的垂直距离应不小于（**C**）**m**。

（A）6.5；（B）7.5；（C）8.5；（D）5。

Je2A3287　500kV 送电线路，相间弧垂允许不平衡最大值为（**B**）**mm**。

（A）200；（B）300；（C）400；（D）500。

Je2A3288　220kV 线路跨越通航河流最高水位最高船桅杆顶的距离不得小于（**A**）**m**。

（A）3；（B）4；（C）5；（D）6。

Je2A3289　110～500kV 线路，跨越通航河流大跨越档的相间弧垂最大允许偏差应为（**B**）**mm**。

（A）300；（B）500；（C）800；（D）1000。

Je2A3290　500kV 输电线路直线塔组立及架线后结构倾斜允许偏差为（**A**）。

（A）3‰；（B）4‰；（C）5‰；（D）2‰。

Je2A5291　330～500kV 线路，同相子导线有间隔棒时同相子导线间弧垂允许偏差应小于或等于（**A**）**mm**。

（A）50；（B）80；（C）100；（D）30。

Je2A5292　一条被跨越 **35kV** 电力线路（无地线），线高 **12m**，其两边线距离为 **2.5m**，搭设跨越架，按规程要求其架高、架宽应为（**C**）**m**。

（A）13、5；（B）13.5、5.5；（C）14、6；（D）14.5、6。

Jf5A1293　带电的电气设备以及发电机、电动机等应使用（**A**）灭火。

（A）干粉灭火器、二氧化碳灭火器或 1211 灭火器；

（B）水；（C）泡沫灭火器；（D）干砂。

Jf5A1294　电器设备未经验电，一律视为（A）。

（A）有电，不准用手触及；（B）无电，可以用手触及；（C）无危险电压；（D）完全无电。

Jf5A1295　混凝土电杆运输过程中要求（C）。

（A）放置平稳；（B）不易堆压；（C）必须捆绑牢固；（D）分层堆放。

Jf5A1296　任何施工人员，发现他人违章作业时，应该（A）。

（A）当即予以制止；（B）报告违章人员的主管领导予以制止；（C）报告专职安全员予以制止；（D）报告生产领导予以制止。

Jf5A2297　当发现有人触电时，首先要做的工作是（C）。

（A）尽快将触电人拉开；（B）尽快发出求救信号；（C）尽快切断电源；（D）拨打110报警。

Jf4A2298　高处作业人员与110kV线路的最小安全距离为（C）m。

（A）4；（B）3；（C）2.5；（D）1.5。

Jf4A2299　混凝土电杆，当钢圈厚度小于10mm时，焊缝加强高度应为（C）mm。

（A）2.5～3；（B）2.0～2.5；（C）1.5～2.5；（D）1.5～3。

Jf4A2300　在现场作业中，如发现有人违章作业，有权制止的人员是（C）。

（A）工作负责人；（B）安全监督员；（C）全体工作人员；（D）班长。

Jf4A2301 基础工程爆破作业前，导火索应做燃速试验，其长度应能保证点火人撤到安全区，引爆炸药导火索长度最短不得小于（**C**）**m**。

（A）0.8；（B）1.0；（C）1.2；（D）1.5。

Jf4A3302 电气设备和电动工器具应用橡胶电缆，外壳必须（**A**）。

（A）接地；（B）接零；（C）绝缘；（D）保护。

Jf4A3303 新购买的氧气瓶必须每（**C**）年进行一次内外部检验。

（A）1；（B）2；（C）3；（D）6。

Jf4A4304 施工测量中补定的杆位中心桩用钢尺测量时其测量之差不应超过（**B**）。

（A）0.5/1000；（B）1/1000；（C）2/1000；（D）3/1000。

Jf4A5305 对于转角杆塔，当为宽横担时，仍按原杆塔中心分坑，将改变原设计角度，应将转角杆塔中心沿（**B**）方向位移一段距离，才是分坑的实际中心。

（A）顺线路；（B）内角平分线；（C）外角平分线；（D）横线路。

Jf4A5306 某观测档距已选定，但弧垂最低点低于两杆塔基部连线，架空线悬挂点高差大，档距也大，应选择的观测方法是（**D**）。

（A）异长法；（B）等长法；（C）角度法；（D）平视法。

Jf3A2307 安全带的试验周期是（**B**）。

（A）每年1次；（B）半年1次；（C）2年1次；（D）3个月1次。

Jf3A2308 为了确定地面点高程可采用（**B**）方法。

（A）高差测量和视距测量；（B）水准测量和三角高程测量；（C）三角高程测量和水平角测量；（D）三角高程测量和水准测量。

Jf3A3309 用离心法制造的钢筋混凝土杆，混凝土强度等级不应低于（**C**）号。

（A）C20；（B）C25；（C）C40；（D）C35。

Jf5A3310 锉削时，有个速度要求，通常每分钟要锉（**A**）次。

（A）30～60；（B）60～70；（C）20～30；（D）50～80。

Jf5A2311 夹持已加工完的表面时，为了避免将表面夹坏，应在虎钳口上衬以（**A**）。

（A）铜钳口；（B）木板；（C）棉布或棉丝；（D）胶皮垫。

Jf5A2312 送电线路电杆焊接时，氧气瓶与乙炔气瓶的距离不得小于（**B**）**m**，气瓶距离明火不得小于**10m**。

（A）4；（B）5；（C）6；（D）10。

Jf5A3313 錾子的楔角，一般是根据不同錾切材料而定，錾切碳素钢或普通铸铁时，其楔角应磨成（**C**）。

（A）35°；（B）40°；（C）60°；（D）45°。

Jf5A3314 **锯割中，由于锯割材料的不同，用的锯条也不同。现在要据割铝、紫铜成层材料时，应用（A）。**

（A）粗锯条；（B）中粗锯条；（C）细锯条；（D）普通锯条。

Jf5A4315 **在工件上铰孔时，冷却液的选用是根据材料而定。现在在铝制品工件上铰孔，应选用（B）。**

（A）乳化液；（B）煤油；（C）柴油；（D）肥皂水。

Jf4A1316 **钳工在清理切屑时，正确方法是（C）。**

（A）用嘴吹；（B）用手清扫；（C）用刷子清扫；（D）没有要求。

Jf3A4317 **40mm 宽角钢变形不超过（C）时，可采用冷矫正法进行矫正。**

（A）31‰；（B）28‰；（C）35‰；（D）25‰。

Jf4A3318 **钢圈连接的混凝土电杆，采用电弧焊接时，钢圈厚度大于 6mm 时应采用（A）多层焊。**

（A）V 形坡口；（B）U 形坡口；（C）预留缝；（D）L 形坡口。

Jf2A5319 **各种液压管压后呈正六边形，其对边距 *S* 的允许最大值为（C）。**

（A）$S=0.8\times0.993D+0.2$mm；（B）$S=0.8\times0.993D+0.1$mm；（C）$S=0.866\times0.993D+0.2$mm；（D）$S=0.866\times0.993D$。

Jf4A3320 **毛竹跨越架立杆埋深不得少于（B）m。**

（A）0.3；（B）0.5；（C）1.0；（D）1.5。

Jf4A3321 毛竹跨越架支撑杆埋入地下深度不得少于（**A**）**m**。

（A）0.3；（B）0.4；（C）0.5；（D）0.6。

Jf3A3322 现浇混凝土铁塔基础（**B**）项目检查中为重要项目。

（A）钢筋规格数量；（B）钢筋保护层厚度；（C）混凝土强度；（D）底板断面尺寸。

Jf2A4323 混凝土分层灌筑时，每层混凝土厚度，当用插入式振捣器时，不应超过振动棒长的（**B**）倍。

（A）1；（B）1.25；（C）1.5；（D）1.75。

Jf2A4324 送电线路的导线和地线的设计安全系数不应小于（**B**）。

（A）2.0；（B）2.5；（C）3.0；（D）3.5。

Jf3A3325 钢丝绳端部用绳卡固定连接时，绳卡压板应在钢丝绳主要受力的一边，且绳卡不得正反交叉设置；绳卡间距不应小于钢丝绳直径的（**C**）倍。

（A）4.0；（B）5.0；（C）6.0；（D）7.0。

Jf3A3326 冬期施工混凝土基础拆模检查合格后应立即回填土。采用硅酸盐水泥或普通硅酸盐水泥配制的混凝土，在受冻前抗压强度不应低于混凝土强度设计值的（**C**）**%**。

（A）20；（B）25；（C）30；（D）35。

Jf3A4327 输电线路整体立塔时。铁塔基础的混凝土的抗压强度应达到设计强度的 **100%**；当立塔操作采取有效防止基础承受水平推力的措施时，混凝土的抗压强度允许不低于设计强度的（**C**）%。

（A）60；（B）65；（C）70；（D）75。

Jf3A4328 采用人力或机械牵引放线，钢芯铝绞线及钢芯铝合金绞线损伤截面积为导电部分截面积的（**B**）%及以下、且强度损失小于 **4%**，导线在同一处的损伤可不作补修，只将损伤处棱角与毛刺用 **0** 号砂纸磨光。

（A）4；（B）5；（C）6；（D）7。

Jb3A4329 绝缘架空地线放电间隙的安装距离偏差，不应大于±（**C**）**mm**。

（A）1；（B）1.5；（C）2；（D）2.5。

Jf3A4330 跨越不停电线路架线施工应在良好天气下进行， 遇雷电、雨、雪、霜、雾，相对湿度大于（**C**）%或 **5** 级以上大风时，应停止工作。如施工中遇到上述情况，则应将已展放好的网、绳加以安全保护，避免造成意外。

（A）75；（B）80；（C）85；（D）90。

Jf2A4331 安全工作规程规定：用于机动绞磨、电动卷扬机或拖拉机直接或通过滑车组立杆塔或收紧导线、地线用的牵引绳和磨绳的安全系数是（**D**）。

（A）3.0；（B）3.5；（C）4.0；（D）4.5。

Jf2A4332 防扭钢丝绳的安全系数应不小于（**B**）。

（A）2.5；（B）3.0；（C）3.5；（D）4.0。

Jf2A4333 网套连接器的夹持力与额定拉力之比应不小于 **3**，网套连接器强度安全系数应不小于（**B**）。

（A）2.5；（B）3.0；（C）3.5；（D）4.0。

Jb2A4334 间隔棒安装用飞车的爬坡角度不小于（**B**），其自重应能保证方便通过线夹。

（A）15°；（B）18°；（C）25°；（D）30°。

Jf3A3335 施工现场使用地钻群做地锚时，每只地钻相互间隔不得小于（**B**）**m**，地钻群中间的地钻必须用地钻连接器连接，每只地钻前必须设置档木。

（A）0.5；（B）1.0；（C）1.5；（D）2.0。

Jf3A3336 导线卡线器的安全系数应不小于 **3**。在额定载荷作用下导线应无明显压痕；在（**B**）倍额定载荷作用下，卡线器夹嘴与线体在纵横方向均无相对滑移，且线体的表面压痕及毛刺不超过规范规定，线体与夹嘴无偏移，直径无压扁，表面无拉痕和鸟巢状变形。

（A）1.0；（B）1.25；（C）1.5；（D）2.0。

Lc3A4337 生产经营单位要教育从业人员，按照劳动防护品的使用规则和防护要求，对劳动防护用品做到“三会”：（**A**）。

（A）会检查（可靠性）；会正确使用；会正确维护保养；

（B）会验收；会正确使用；会检查（可靠性）；

（C）会检查（可靠性）；会正确使用；会报废；

（D）会正确使用；会正确维护保养；会报废。

Jf1A4338 全站仪采用（**B**）测距原理进行测距。

（A）脉冲法；（B）相位法；（C）动态定位；（D）相位差分定位。

Jf1A4339 如图 **A-2** 所示，采用三角分析法进行测距，测得 a=95m，$\angle C$=65° 15′，$\angle B$=75° 25′，AC 间直线距离等于（**A**）**m**。

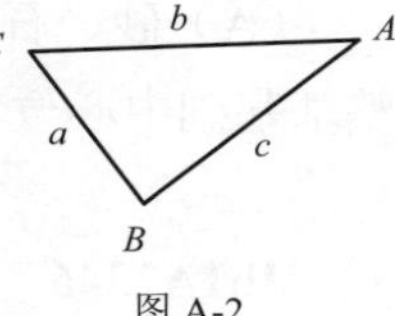

图 A-2

（A）145.063；（B）136.115；（C）206.07；（D）91.939。

Jf2A4340 送电线路的光纤复合架空地线（**OPGW**）的引下线应顺直美观，每隔 **1.5～2m** 安装一个固定卡具。引下光缆弯曲半径应不小于（**B**）倍的光缆直径。

（A）32；（B）40；（C）48；（D）56。

Jf2A4341 液化石油气瓶与灶具的安全距离不应小于(**B**)**m**。

（A）0.2；（B）0.5；（C）0.8；（D）1.0

Jb1A4342 送电线路复测时，**GPS** 的定位作业模式为（**D**）。

（A）静态定位作业；（B）动态定位作业；（C）脉冲法；（D）相位差分定位。

Jb1A4343 送电线路复测时，**GPS** 定位的基准坐标系统为（**C**）。

（A）北京 54 坐标；（B）高斯–克吕格坐标；（C）WGS84 坐标；（D）迪卡尔坐标。

Jb1A3344 滑车组中滑轮的轮数越多，速度比越大，重物上升速度（**C**）。

（A）越快；（B）不变；（C）越慢；（D）不清楚。

Jb1A3345 灌注桩基础检查中（**A**）项目为关键项目。

（A）砂、石质量；（B）桩径；（C）钢筋保护层厚度；（D）整基基础中心位移。

Jb1A2346 连接 **2** 根直径 **13** 的钢丝绳，需要选用 **M**（**C**）

的螺纹销直形卸扣。

（A）16；（B）18；（C）20；（D）22。

Jb1A2347 采用机动驱动时起重滑车滑轮槽底直径与钢丝绳直径之比应不小于（**C**）。

（A）9.0；（B）10.0；（C）11.0；（D）12.0。

Jb1A4348 输电线路施工放线滑车的安全系数应不小于(**C**)。

（A）2.0；（B）2.5；（C）3.0；（D）3.5。

Jb1A3349 跨越架封顶杆与通信线的最小安全距离应不小于（**B**）**m**。

（A）0.5；（B）1.0；（C）1.5；（D）2.0。

Jb1A3350 跨越架封顶网的承力绳必须绑牢，且张紧后的最大弧垂不大于（**D**）**m**。

（A）1.0；（B）1.5；（C）2.0；（D）2.5。

Jb1A3351 起重滑车的安全系数为：**100kN** 以下应不小于 **3**；**160～500kN** 应不小于（**B**）。

（A）2.0；（B）2.5；（C）3.0；（D）3.5。

Jb1A4352 安全工作规程规定：临时固定用的拉线（钢丝绳）的安全系数是（**A**）。

（A）3.0；（B）3.5；（C）4.0；（D）4.5。

Jb1A4353 电源箱中漏电保护器的额定漏电动作电流不应大于（**B**）**mA**，额定漏电动作时间不应大于 **0.1s**。

（A）20；（B）30；（C）35；（D）40。

Jb1A4354 在（**C**）倍额定载荷作用下，卡线器夹嘴与线体在纵横方向均无明显相对滑移，卸载后卡线器应装、拆自如。

（A）1.0；（B）1.5；（C）2.0；（D）2.5。

Jb1A3355 自立塔组立质量等级评定中（**D**）项目为一般项目。

（A）螺栓防松；（B）螺栓防盗；（C）脚钉；（D）螺栓紧固。

Jb1A3356 旋转连接器的安全系数应不小于 **3**。旋转连接器应保证在（**B**）倍额定载荷下转动灵活。

（A）1.0；（B）1.25；（C）1.50；（D）2.0。

Jb1A3357 基础钢筋（钢筋型号 **HR400**）采用搭接单面焊时，其搭接长度应大于（**C**）倍的钢筋直径。

（A）5；（B）8；（C）10；（D）12。

Jb1A3358 各类安全工器具应经过国家规定的型式试验、出厂试验和使用中的周期性试验，**35kV** 验电器的试验周期为（**C**）。

（A）3 个月；（B）半年；（C）1 年；（D）2 年。

Jb1A4359 在 **220kV** 带电体附近进行高处作业时，作业人员的活动范围与带电体的最小安全距离必须达到（**B**）**m** 的规定，遇特殊情况达不到该要求时，必须采取可靠的安全技术措施，经总工程师批准后方可施工。

（A）3.5；（B）4.0；（C）4.5；（D）5.0。

Jb1A5360 光纤复合架空地线（**OPGW**）在用张力机放线时，张力放线机主卷筒槽底直径不应小于光缆直径的（**C**）倍，

且不得小于 **1m**。

（A）60；（B）65；（C）70；（D）75。

Jb1A5361 光纤复合架空地线（**OPGW**）的放线滑轮槽底直径不应小于光缆直径的（**B**）倍，且不得小于 **500mm**。

（A）35；（B）40；（C）45；（D）50。

Jb1A5362 光纤复合架空地线（**OPGW**）张力放线时，牵张场的位置应保证进出线仰角满足制造厂要求。一般不宜大于（**A**），其水平偏角应小于 7°。

（A）25°；（B）30°；（C）35°；（D）40°。

Jb1A4363 杆塔连接螺栓在组立结束时必须（D）紧固一次，检查扭矩合格后方准进行架线。架线后，螺栓还应复紧一遍。

（A）90%；（B）95%；（C）98%；（D）全部。

Jc1A4364 一个组织制订质量方针要以（**D**）为基础。

（A）顾客需求；（B）相关方需求；（C）有关法律、法规的明示要求；（D）质量管理原则。

Jc1A4365 对所有纠正和预防措施，在实施前应先通过（**B**）以便对其有效性进行评审。

（A）危险源识别；（B）风险评价；（C）协商交流；（D）风险控制。

Jc1A3366 （**D**）的策划是职业健康安全管理体系的重要要素，是体系建立的基础。

（A）危险源辨识；（B）风险评价；（C）风险控制；（D）危险源辨识、风险评价和风险控制。

4.1.2 判断题

判断下列描述是否正确，对的在括号内打“√”，错的在括号内打“×”。

La5B2001 中性点不接地系统，当系统一相接地时，其他两相的对地电压将升高$\sqrt{3}$倍，即为线电压。（√）

La5B2002 电力系统就是指发电厂，变电站，送、配电线路直到用户，在电气上相互连接的整体。（√）

La4B2003 电气设备铜、铝接头不能直接连接。（√）

La4B3004 增大导线线径，可降低电晕损耗。（√）

La4B3005 架空送电线路的档距越大，线间距离应该越大。（√）

La4B3006 送电线路的三相导线，在空间排列的几何位置是对称的。（×）

La4B3007 基础承受杆塔传递的荷载，所以基础自身有足够的强度就可以稳固杆塔。（×）

La4B3008 输电线路电压等级越高，输送的功率越大，输送距离也越远。（√）

La3B1009 导线接头接触不良往往是电气事故的根源之一。（√）

La3B2010 在绝缘上加工频试验电压 1min，不发生闪络或击穿则认为设备绝缘是合格的。（√）

La3B2011 在小电流接地系统中发生单相接地故障时，因不破坏系统电压的对称，所以一般允许短时运行。（√）

La3B3012 高压输电线路通过的无功功率主要影响始末两端电压大小的差值。（√）

La3B3013 导线发生电晕会消耗电能、增加线路损耗，对无线电产生干扰。（√）

La3B3014 送电线路采用每相四分裂形式与每相单根导

线形式相比，只是输送容量增大，其余方面并无区别。（×）

La5B2015 导体的电阻只与导体材料有关。（×）

La5B2016 在直流电路中，把电流流出的一端叫做电源的正极。（√）

La5B2017 电流1A表示每分钟通过导线任一截面的电量是1C。（×）

La5B3018 同一铁芯柱上两个相同匝数的绕组感应电动势的大小必相等。（√）

La4B1019 交流电完成一个循环所用的时间，叫交流电的频率。（×）

La4B1020 正弦交流电的三要素为最大值、角频率、初相位。（√）

La4B2021 两平行导线通过同方向电流时互相排斥。（√）

La4B2022 当两个同频率正弦量的相位差为零时，称为同相位。（√）

La4B2023 在纯电阻交流电路中，电压与电流是同频率、同相位的正弦量。（√）

La3B2024 某电气元件两端交流电压的相位超前于流过它上面的电流时，该元件为容性负载。（×）

La3B2025 两只电容器在电路中使用，如果将两只电容器串联起来，则总电容量将减少。（√）

La3B3026 交流电的频率越高，电感线圈的感抗就越大。（√）

La3B3027 甲、乙两电炉额定电压都是220V，但甲的功率是1000W，乙的功率是2000W，那么乙炉的电阻较大。（×）

La3B3028 基尔霍夫定律适用于任何电路。（√）

La3B4029 质量管理应坚持预防为主的原则，按照策划、实施、检查、处置的循环方式进行系统动作。（√）

La3B4030 感应电势的大小与磁通的大小成正比。（×）

La3B4031 电感具有通直流阻交流的作用。（√）

La3B4032 线性电路中的功率也可以应用叠加原理来计算。（×）

La3B5033 两个固定的互感线圈，当磁路介质改变时，其互感电动势不变。（×）

La2B1034 线圈中的感应电动势的方向，总是企图使它所产生的感应电流反抗原有的磁通变化。（√）

La2B2035 并联电路中的总电阻为各支路电阻之和。（×）

La2B2036 功率不能做功，因此也不会给系统带来电能损失。（×）

La2B4037 交流电有趋肤效应，当交流电通过导体时，越靠近导体表面，电流密度越大。（√）

La2B2038 由于硅稳压管的反向电压很低，所以它在稳压电路中不允许反接。（×）

La2B3039 制动绳刚起吊开始阶段受力最大。 （×）

La2B3040 不影响施工安装和运行安全的项目为重要项目。（×）

La2B5041 不同金属、不同规格、不同绞制方向的导线或架空地线。严禁在一个耐张段内连接。（√）

La3B1042 断裂前塑性材料的变形比脆性材料的变形大。（√）

La3B1043 当气温升高时，导线的弧垂会变大，而导线受力也随之增大。（×）

La3B2044 杆塔的垂直档距越大，则杆塔所受的导线垂直力越大。（√）

La3B2045 导线最大允许使用应力是指导线弧垂任意点的应力。（×）

La3B2046 构件在外力作用下抵抗变形的能力叫构件强度。（×）

La3B2047 物体的重心不一定处在物体内部。（√）

La3B2048 简化外力是解决组合变形强度计算的先决条件。（√）

La3B3049 物体的重心一定在物体的内部。（×）

La3B3050 摩擦力大小与接触面的情况、正压力和接触面积大小有关。（√）

La2B1051 合力在数值上一定大于分力。（×）

La2B2052 导线的水平张力是指架空线在弧垂最低点所受的设计应力与架空线本身截面积相乘的拉力。（√）

La2B3053 合力在任一轴上的投影等于所有分力在同一轴上投影的代数和。（√）

La2B4054 起吊瞬间可以认为整个系统处于平衡状态。（√）

La2B4055 作用力和反作用力是等值、反向、共线的一对力，此二力因平衡可相互抵消。（×）

La2B5056 力沿其作用线在平面内移动时，对某一点的力矩将随之改变。（×）

La5B2057 画局部剖视图时，局部剖切后，其断裂处用波浪线为界，以示剖切的范围。（√）

La5B2058 圆柱体的轴线用细实线绘制。（×）

La5B2059 档距是指相邻两杆塔中心之间的水平距离。（√）

La5B2060 杆塔的全高称为杆塔的呼称高。（×）

La5B2061 送电线路架设地线可以保护导线及变电设备免受直接雷击。（√）

La5B2062 线路跨越河流、深沟的线档称之为大跨越。（×）

La5B2063 相邻两档距之和的算术平均值称为垂直档距。（×）

La5B3064 直线杆塔主要是支持线路正常运行时垂直荷

载及水平荷载。（×）

La5B3065 垂直档距决定杆塔的垂直荷载，垂直档距的大小直接影响杆塔横担的强度。（√）

La5B3066 送电线路中导线在悬点等高的情况下，杆塔的水平档距与垂直档距相等。（√）

La5B3067 超高压输电线路采用分裂导线的主要目的是为了减少电晕。（√）

La5B4068 阻尼线的花边可将档距中央传到线夹附近的振动波及所带来的能量逐步消耗掉，从而使振动大大减弱，达到消振效果。（√）

La4B1069 送电线路的杆塔接地装置主要是为了将雷电流引入大地，以保持线路有一定的耐雷水平。（√）

La4B2070 线路工程设计、要求地线的最大使用应力能适用于全线所有耐张段。（√）

La4B4071 阻尼线的防振原理相当于多个联合的防振锤。（√）

La3B2072 代表档距是指一个耐张段中各档距的几何平均档距。（√）

Lb5B1073 接地装置是指接地引下线和埋置在地下的金属接地体相连接的整体。（√）

Lb5B1074 铁塔组立主要分为两种方法，即整体组立和分解组立。（√）

Lb5B1075 终端杆塔的特点和作用与耐张、转角杆塔相同，只是用在线路的起点或终点处。（×）

Lb5B1076 混凝土的配合比是指混凝土材料用量的比例关系。（√）

Lb5B3077 对于星形接线的电源，线电压是相电压的$\sqrt{3}$倍，线电流和相电流不相等。（×）

Lb4B2078 代表档距是耐张段中各档的平均值。（×）

Lb4B2079 每台用电设备必须有各自专用的开关箱，严禁用同一个开关箱直接控制2台及2台以上用电设备（含插座）。（√）

Lb4B2080 电压互感器在运行中，其二次侧不允许短路。（√）

Lb4B2081 电流互感器在运行中，其二次侧不允许开路。（√）

Lb4B4082 避雷器的额定电压应比被保护电网电压稍高一些好。（×）

Lb3B3083 两台容量相同的变压器并联运行时，两台变压器一、二次绕组构成的回路出现环流电流的原因是变压比不等或联结组别不同。出现负载分配不均匀的原因是短路电压不相等。（√）

Lb3B3084 导线最大振动角是评价线夹出口处导线振动弯曲程度的重要参数。（√）

Lb3B3085 黏结力是钢筋与混凝土共同作用的基础，因此同样的钢筋截面积，如选用直径小、根数多的，其钢筋表面积大，所以黏结力也大。（√）

Lb3B4086 电弧的产生是因为一种气体游离放电造成的。（√）

Lb3B4087 液压系统中，压力与油液质量有关，与外载荷大小无关。（×）

Lb3B4088 绝缘的作用是指导线同周围介质及导体支持物形成绝缘，因此地线可用也可不用绝缘子。（×）

Lb5B1089 固定杆塔的临时拉线，可以使用白棕绳。（×）

Lb5B1090 紧线器是用来拉紧架空导线和杆塔拉线的专用工具。（√）

Lb5B1091 内拉线抱杆的朝地滑车的作用在于提升抱杆。（√）

Lb5B2092 两分裂导线中间隔棒的作用是保持导线间的

距离。（×）

Lb4B2093 滑车安装在固定位置的轴上，它只是用来改变绳索拉力的方向，而不能改变绳索的速度，也不能省力，这叫定滑车。（√）

Lb4B2094 钢丝绳用于机动起重设备，安全系数为5～6，用于手动起重设备安全系数为7。（×）

Lb4B3095 HRB 型号为热轧带肋钢筋，在钢筋混凝土结构中应用比较广泛。（√）

Lb3B2096 材料的安全系数越大，越安全合理。（×）

Lb3B3097 间隔棒用来保持相分裂导线中各子导线的距离，并有一定的防振作用。（√）

Lb3B4098 光纤的结构一般是双层或多层的同心圆柱体，其中心部分是纤芯，纤芯以外的部分称为包层。（√）

Lb2B2099 对于正常运转需Y形接法的笼型三相异步电动机，可采用Y/△降压法启动。（×）

Lb2B4100 光纤中纤芯的作用是传播光波，包层的作用是将光波封闭在光纤中传播。（√）

Lb5B1101 架空线路耐张杆与直线杆上悬式绝缘子，其数量按规定是相等的。（×）

Lb5B1102 同等条件下，卵石混凝土比碎石混凝土的强度高。（×）

Lb5B3103 埋设地锚，只要地锚本身强度满足要求，就能保证施工安全。（×）

Lb5B3104 基础重力很大的称为重力式基础。（×）

Lb4B1105 混凝土强度等级是表示混凝土的抗压强度的大小。（√）

Lb4B1106 水灰比小，混凝土强度就低。（×）

Lb4B1107 导线和地线的初伸长对弧垂没有影响。（×）

Lb4B2108 采用落地式内摇臂抱杆组塔时，每隔一段要设置一个腰环，这个腰环可以固定在塔身的任何部位。（×）

Lb4B3109 混凝土的抗压强度是反映了混凝土中水泥与粗细骨料的黏结力的大小。（√）

Lb4B3110 在杆塔设计时，耐张杆塔除承受垂直荷载和水平荷载之外，还应承受更大的顺线路方向的张力。（√）

Lb4B3111 导线在风力涡流作用下，其振动都具有一定的频率和波长。（√）

Lb4B3112 导线、地线安装后，除产生弹性伸长外，还将产生塑性伸长和蠕变伸长。（√）

Lb4B3113 弧垂大小与导线的质量、空气温度、导线的张力及档距等因素有关。（√）

Lb4B3114 设计基础时选用不等高腿型式主要是因为地形原因造成各腿受力不同。（×）

Lb4B3115 张力放线施工中反向临锚起平衡上一紧线段和本紧线段张力差的作用。（√）

Lb4B3116 送电线路设计时，预应力钢筋混凝土离心环形断面电杆的混凝土强度等级不应低于C30。（×）

Lb4B3117 防污绝缘子加大了绝缘子串的泄漏距离，因此可以防止或减少污闪事故的发生。（√）

Lb4B4118 雷云对地放电时，在雷击点放电过程中，位于雷击点附近的导线上将产生感应过电压。（√）

Lb3B2119 连接金具的机械强度，应按导线荷载选择。（×）

Lb3B2120 一定养护条件下，温度越高，混凝土强度增长越快。（√）

Lb3B3121 混凝土的强度与水灰比成反比关系。（√）

Lb3B3122 水泥的硬化过程只包括胶化期和结晶期两个阶段。（×）

Lb3B3123 导线的初伸长和张力的大小与作用时间的长短有关。（√）

Lb3B3124 线路路径的选择称为选线，选线就是在地形图

上选择线路路径、走向。(×)

Lb3B5125 在对基础进行上拔和倾覆稳定计算时，根据土体的状态可分为剪切法和土重法两种计算方法。剪切法适用于回填抗拔土体，土重法适用于原状土体。(×)

Lb2B3126 选取坍落度的数值主要是根据构件情况决定的。(√)

Lb2B3127 杆塔的跳线弧垂主要是按大气过电压的要求来考虑的。(√)

Lb3B2128 影响工程结构及尺寸但可修补和返工处理的项目为一般项目。(×)

Lb3B2129 线路工程企业管理费为人工费与费率的乘积。(√)

Lb3B3130 施工组织设计中主要反映的是各分部工程具体的施工方法和时间安排。(×)

Lb3B3131 大流水作业的施工组织形式具有工程管理水平要求较高、施工效率较高等特点。(√)

Lb3B3132 材料消耗定额的定义是指在一定生产技术组织条件下，为生产单位产品或完成单位工程量而实际消耗材料的数量。(×)

Lb3B3133 人字抱杆的一根抱杆承受的压力为总压力的1/2。(×)

Lb3B4134 跨越不停电线路时，导引绳通过跨越架时，应用绝缘绳做引绳。(√)

Lb3B4135 国家电网公司电力安全工作规程规定一张工作票中，工作票签发人和工作许可人不得兼任工作负责人。工作负责人可以填写工作票。(√)

Lb3B4136 生产经营单位应当具备中华人民共和国安全生产法和有关法律、行政法规和国家标准或者行业标准规定的安全生产条件；不具备安全生产条件的，不得从事生产经营活动。(√)

Lb3B5137 架空送电线路工程冬雨季施工增加费为本体造价百分率定额。（×）

Lb2B1138 三自检验制是操作者的自检、自分、自盖工号的检查制度。（×）

Lb2B2139 对从事电工、金属焊接与切割、高处作业、起重、机械操作、企业内机动车驾驶等特种作业施工人员，必须进行安全技术理论的学习和实际操作的培训，经有关部门考核合格后，持证上岗。（√）

Lb2B2140 我国技术标准一般分为国家标准、行业标准和企业标准。（√）

Lb2B3141 在耐张塔上进行附件安装时，腰绳可以绑在耐张串绝缘子上进行工作。（×）

Lb2B4142 工程计划成本是反映企业降低工程成本的具体计划指标，即降低成本计划。（√）

Lb2B5143 组织应根据风险预防要求和项目的特点，制订职业健康安全生产技术措施计划，确定职业健康及安全生产事故应急救援预案，完善应急准备措施，建立相关组织。（√）

Lc5B1144 工作票签发人可以当工作负责人。（×）

Lc5B1145 10kV 电压的安全工作距离为 0.7m。（√）

Lc4B2146 炸药、雷管及导火线应分库存放，库间必须有一定的安全距离，最小安全距离不得小于 100m，库内不得有火源。（√）

Lc3B2147 锉削过程中，锉刀本身承受两个力，一是水平的推力，二是垂直压力。（√）

Lc3B4148 麻花钻的钻头结构有后角，而后角的作用是减少后刀面与加工表面的摩擦。（√）

Lc3B2149 定线测量方法可采用直接定线或间接定线。以相邻两直线桩中心为基准延伸直线，其横线路方向的偏差值不应大于 50mm。（√）

Lc2B3150 线路铁塔各塔段的塔面轮廓面积的形心高度，

即可以视为各塔段结构的高度。（√）

Lc2B3151 断路器跳闸时间加上保护装置的动作时间，就是切除故障时间。（√）

Lc2B3152 过负荷保护是按照躲开可能发生的最大负荷电流而整定的保护，当继电保护中流过的电流达到整定电流时，保护装置发出信号。（√）

Lc2B4153 灌注桩基础混凝土强度检验应以试块为依据。试块的制作应每根桩取一组，承台及连梁应每个承台或连梁取一组。（×）

Lc2B5154 保证导线运行的安全可靠应考虑运行时对导线疲劳破坏的影响。（×）

Lc2B5155 在带电线路上方的导线上测量间隔棒距离时，应使用干燥的绝缘绳，严禁使用带有金属丝的测绳。（√）

Jd5B1156 内摇臂抱杆分解立塔，不受地形及地质条件限制。（√）

Jd5B1157 倒装式组塔是从下至上的一种组装方法。（×）

Jd5B3158 设计规范要求线路塔腿是按面向受电侧顺时针 A、B、C、D 排列的。（√）

Jd5B3159 张力放线是在导线展放过程中，始终保持一定的张力。从张力场放到牵引场，使导线处于悬空状态。（√）

Jd5B3160 直线耐张杆塔在特殊情况下可以兼作不超过 5°的转角。（√）

Jd4B1161 导线的地面划印，即将架空线的划印工作由杆塔挂线点处移到杆塔的根部，离地面不高的地方进行。（√）

Jd3B2162 预应力混凝土电杆不允许有纵向裂缝，横向裂缝宽度不大于 0.05mm。（×）

Jd3B4163 凿岩机要完成凿岩工作，需要实现冲击钎尾、转动钎杆、清洗炮孔三个动作。（√）

Jd2B3164 用飞车飞越带电 35kV 线路时，飞车最下端对带电 35kV 线路的距离不应小于 2.5m。（√）

Jd5B1165 钢绞线内各钢丝应紧密绞合，不应有交错、断裂和折弯。（√）

Jd5B1166 验电器在使用前应在确有电源处试测，证明验电器完好，方可使用。（√）

Jd5B1167 线夹、压板的线槽和喇叭口，不允许有毛刺、锌刺等。（√）

Jd5B1168 紧线完毕后应立即进行附件安装。（√）

Jd5B1169 回填接地沟时应尽量选取好土，不得掺有石块及其他杂物，并需夯实。（√）

Jd5B1170 用螺栓连接构件时，若需加垫者，每端不宜超过两个垫片。（√）

Jd5B1171 耐张金具绝缘子串上螺栓，穿钉的方向朝内朝外都是一样的。（×）

Jd5B2172 接地引下线与杆塔的连接应接触良好，最好是使用焊接。（×）

Jd5B2173 500kV 直流线路金具可暂用交流 500kV 线路金具。（√）

Jd5B3174 铁塔连接螺栓因无扣部分过长，为了使螺栓紧固，应该将螺杆穿入连接的角钢后再将螺母拧紧。（×）

Jd5B2175 使用绞磨时，钢丝绳是顺时针绕在磨芯上，而上端引出绳牵引重物，下端引出绳由人拉紧。（×）

Jd5B3176 绞磨在工作时，钢丝绳绕在磨芯的圈数越多，而拉紧尾绳的人越省力。（√）

Jd5B3177 高压验电器测试时必须戴合格的绝缘手套，不能一人单独测试，旁边必须有人监护。（√）

Jd5B3178 钢丝绳磨损（或腐蚀）部分在直径的 40%以内者可降级使用。（√）

Jd4B2179 在使用绝缘电阻表测试前，必须使设备带电，这样测试结果才准确。（×）

Jd4B2180 机械绞磨应布置在能让操作人员看得到起吊

的全过程和看清楚指挥人员的信号的位置。（√）

Jd4B2181 钢丝绳的选用除了安全系数选择其强度外，还应考虑与滑轮的直径相适应。（√）

Jd4B2182 钢丝绳必须经过 125%超负荷试验合格后方可使用。（√）

Jd4B2183 2–2 滑轮组，绳索由定滑轮引出，如不计摩擦阻力，则其牵引力约为物体重力的 1/4。（√）

Jd4B3184 麻绳用于一般起重机作业，安全系数为 3，用于载人装置的麻绳的安全系数为 14。（√）

Jd4B3185 选用起吊滑车，对钢丝绳使用滑车其底槽直径应大于 10～11 倍钢丝绳直径。（√）

Jd4B3186 放线滑车滑轮的直径应大于导线直径的 16 倍以上。（√）

Jd4B3187 用低压验电笔可以区别交、直流电。（√）

Jd3B2188 当以经纬仪正倒镜分中法直接定线时，仪器对中误差不应大于 3mm，水平度盘气泡偏离值不应大于 1 格。（√）

Jd3B4189 ZC–8 型接地摇表有两个探测针，一根是电位探测针，另一个是功率探测针。（×）

Je5B1190 张力放线采用的是耐张塔直路通过，直线塔档间紧线的施工方法。（√）

Je5B1191 在采用人工搅拌混凝土时，为了搅拌充分，应多加些水。（×）

Je5B1192 基础浇制时，不同品种的水泥可以在同一基基础中使用，但不可在同一个基础腿中混合使用。（√）

Je5B1193 混凝土自高处倾落的自由高度不应超过 3m。（×）

Je5B1194 铁塔塔脚应与基础顶面接触良好，若有空隙应垫铁片并灌以水泥砂浆。（√）

Je5B1195 石坑回填应以石子与土按 1:3 掺合后回填夯实。（×）

Je5B1196 不同绞制方向的导线或地线不得在同一耐张段内使用。（√）

Je5B1197 人字抱杆的根开宽度一般取抱杆长度的 1/3。（√）

Je5B1198 施工中若需改用砂子，根据具体情况在允许范围内应尽量选用较粗的砂。（√）

Je5B1199 混凝土用砂细些比粗些好。（×）

Je5B1200 进行装配式预制基础安装时，底座与立柱连接的螺栓、铁件及找平用的垫铁，都必须采取有效的防锈措施。（√）

Je5B1201 铁塔组立后，经检查合格即可随即浇制保护帽。（√）

Je5B1202 拉线杆塔组立后拉线调节到越紧越好。（×）

Je5B1203 在山区开挖接地体的接地沟时，应按顺坡方向开挖。（×）

Je5B2204 附件安装铝质绞线与金具的线夹等金具夹紧处使用铝包带时，铝包带可露出夹口，但不应超过 20mm。（×）

Je5B2205 转角杆塔的长横担应装在转角内侧。（×）

Je5B2206 配置钢模板时，应尽量错开模板间的接缝。（√）

Je5B2207 跨越架距公路路面垂直距离不小于 5m。（×）

Je5B2208 支模过程中，模板上刷的脱模剂滴在钢筋笼上对基础浇制后的强度并无影响。（×）

Je5B2209 搭设跨越架时，在带电体附近不得使用铁线绑扎。（√）

Je5B3210 张力放线时导线压接后通过放线滑车的接续管必须加装保护钢套，以防止接续管弯曲。（√）

Je5B3211 进行混凝土电杆卡盘安装时，只要卡盘的规格、数量满足设计要求，可不用考虑卡盘的安装方向。（×）

Je5B3212 张力放线时，应先放牵引绳，用牵引绳引过导

引绳。（×）

Je5B3213 组装叉梁时，先量出装抱箍的位置，装好抱箍后，安放叉梁，叉梁十字中心处要垫高，与叉梁抱箍持平，然后先连上叉梁，后连下叉梁。（√）

Je5B3214 铁塔基础岩石基坑开挖时，有一个基坑超挖了240mm，施工人员发现后采用了回填土夯实的方法进行了处理。（×）

Je5B3215 拉线基础的坑深，在无施工基面要求时，应以拉线基础坑的中心位置标高为基准。（√）

Je5B3216 铁塔组装时，个别斜拉铁给不上，因此必须用丝杠吊紧后才能连接。（×）

Je5B4217 混凝土的强度检查，应以试块为参考结合现场检测方可认定。（×）

Je5B4218 110kV以上线路中永久拉线的对地夹角误差不得超过±1°。（√）

Je5B4219 岩石基础的坑深允许误差为–50～100mm。（×）

Je5B5220 现浇基础采用钢模板施工时，浇制前应在钢模和钢筋上涂一层隔离剂。（×）

Je5B5221 电杆整体起吊，当电杆与地面约30°夹角时应停止起吊，检查各部受力情况及做冲击试验，无误后再继续起吊。（×）

Je5B5222 现浇基础拆模时，混凝土强度可以低于2.5MPa。（×）

Je4B1223 不同金属、不同规格、不同绞制方向的导线或地线可在一个耐张段内连接。（×）

Je4B1224 在工程施工过程中，为满足工期的要求，可以适当降低对施工安全和质量的要求。（×）

Je4B1225 采用插入式振捣器捣固混凝土时，其移动间距不宜大于振捣器作用半径的2倍。（×）

Je4B1226 观测弧垂时，应待导线稳定后方可进行观测。（√）

Je4B1227 在线路复测时所使用的测绳，应经常用合格的钢尺进行校正。（√）

Je4B1228 档端角度法观测弧垂，是将经纬仪安置在架空线悬挂点的垂直下方。（√）

Je4B1229 当一个耐张段处于高山大岭地区时，应增加观测档，以满足紧线弧垂符合要求。（√）

Je4B1230 施工测量使用的水准仪、经纬仪、光电测距仪没有经过检查和校准，无检验合格证时在工程中可以使用。（×）

Je4B1231 线轴布线时，前后布置应考虑放线后尽量减少余线。（√）

Je4B1232 人字抱杆整体起吊电杆时，主牵引地锚与电杆基坑的距离为杆高的1.5～2倍，主牵引绳与地面夹角应不大于30°。（√）

Je4B1233 采用倒落式人字抱杆整立电杆时，选择抱杆长一点的为宜。（×）

Je4B1234 耐张塔的基础保护帽，应在铁塔全部检修完毕后浇制。（×）

Je4B1235 现场浇筑混凝土的养护应在浇制完毕后15h内开始浇水养护。（×）

Je4B2236 张力放线施工跨越高山大岭时，每个区段尽可能加大，这样可以取得较好的经济效益。（×）

Je4B2237 在紧线时，为使耐张串容易安装，过牵引量就应该越大越好。（×）

Je4B2238 当采用外拉线抱杆吊装横担时，抱杆必须高出横担上方主材并留有一定的安装裕度。（√）

Je4B2239 塔位的坑深是以设计所钉的杆塔位中心桩为基准。（×）

Je4B2240 钢筋绑扎接头与钢筋弯曲处相距不得大于 10

倍钢筋直径。（×）

Je4B2241 接地体圆钢与扁钢连接时，其焊接长度为圆钢直径的 6 倍。（√）

Je4B2242 张力放线紧线挂线过牵引时，导线地线的安全系数不得小于 1.5。（×）

Je4B2243 紧线完成后首先应调整接续管的位置。（×）

Je4B2244 某一弧垂观测档，其弧垂大于两端铁塔高度，宜采用“平行法”观测。（×）

Je4B2245 砂率过小时，混凝土的和易性差。（×）

Je4B3246 坍落度是为测定混凝土强度而做的试验。（×）

Je4B3247 在地线放线过程中发现 19 股的镀锌钢绞线，有三股已断，放线人员可以采用补修管补修的方法处理。（×）

Je4B3248 用经纬仪视距法校核档距，其误差不应大于设计档距的 1%。（√）

Je4B3249 放线区段较长时，施工的综合效益高，所以说放线区段越长越好。（×）

Je4B3250 在浇制 C20 混凝土时，所使用砂的含泥量应小于 5%。（√）

Je4B3251 C15 混凝土使用 HRB335 级带肋纵向受拉钢筋搭接绑扎接头的长度不得小于 55 倍使用钢筋的直径。（√）

Je4B3252 张力放线后紧线时应先收紧张力较大、弧垂较小的子导线。（√）

Je4B3253 整体立杆选用吊点数目基本原则是：保证杆身强度能够承受产生的最大弯矩。（√）

Je4B3254 混凝土的配合比设计中应预留 15%～20%的强度储备。（√）

Je4B4255 整立杆塔过程中，主牵引地锚、抱杆顶点、制动系统中心及杆塔中心四点必须保持在同一垂直面上，严禁偏移。（√）

Je4B4256 铁塔组立后各相邻节点间主材弯曲不得超过

1/750。（√）

Je4B4257 在立塔过程中，发现施工技术措施不符合现场要求，施工负责人可以修改措施然后进行塔件起吊。（×）

Je4B4258 铁塔在组立时其基础混凝土强度，分解组立时为设计强度的70%，整体组立时为设计强度的90%。（×）

Je4B5259 110kV架空线路弧垂误差不应超过设计弧垂的−2.5%～5%。且正误差最大值不应超过1000mm。（×）

Je4B5260 整体起立电杆，在刚离地阶段指挥人员应站在横线路方向侧，随时注意观察电杆各吊点受力弯曲情况。（×）

Je3B1261 水泥的硬化速度与水泥的硬化时的温度和湿度无关，只与水灰比有关。（×）

Je3B1262 项目经理部进行职业健康安全事故处理应坚持事故原因不清楚不放过，事故责任者和人员没有受到教育不放过，事故责任者没有处理不放过，没有制定纠正和预防措施不放过的原则。（√）

Je3B1263 采用临时拉线对紧线杆塔进行补强时，临时拉线应装设在耐张杆塔受力的反方向的延长线上。（√）

Je3B1264 当基础浇制时，使用的中砂产地与混凝土配合比设计时的中砂产地不同，不用从新设计配合比而继续浇筑。（×）

Je3B2265 导线的地面划印，是架空线的划印工作。由杆塔的挂线点处移至离地面不太高的地方进行。（√）

Je3B2366 复测分坑时，只检查桩位的准确性即可，不用钉立辅助桩。（×）

Je3B2367 观测弧垂时，温度变化不超过10℃，可不改变观测弧垂值。（×）

Je3B2268 由于浇制混凝土所用的石子都来自同一石场，故在基础施工前只进行一次石子化验就可以了。（×）

Je3B2269 灌注桩施工中所需泥浆比重不应小于1.1。（√）

Je3B3270 基础根开是指相邻两腿地脚螺栓几何中心之

间的距离，它与塔腿主材角钢的准线相重合。（×）

Je3B3271 杆塔组立施工必须有完整的施工作业指导书。（√）

Je3B3272 测试混凝土坍落度的目的是为了测试混凝土拌合料的稠度。（√）

Je2B1273 建筑安装工程费中的直接费是由人工费、材料费和施工机械使用费组成。（×）

Je2B2274 张力架线施工中的过轮临锚的作用是确保已紧区段不发生跑线事故。（×）

Je2B2275 500kV线路跳线安装后，任何气象条件下，跳线均不得与金具相摩擦碰撞。（√）

Je2B2276 张力放线施工前施工技术员必须对转角耐张塔进行预倾斜计算后选用滑车挂绳。（√）

Je2B2277 内拉线抱杆分解组塔方法适用于多种塔型，但抱杆稳定性较差。（√）

Je2B2278 杆塔起吊时，总牵引绳在杆塔起立到70°～80°时受力最大。（×）

Je2B2279 选线测量时当线路通过有关协议区时，可不按协议要求，选定路径测量协议区的相对位置。（×）

Je5B1280 施工中必须严格贯彻质量标准要求，严格执行工艺操作规程，严格按照设计要求施工。（√）

Je4B1281 为了确保混凝土的浇制质量，主要应把好配合比设计、支模及浇制、振捣、养护几个关口。（√）

Je4B1282 线路施工验收按隐蔽工程、中间验收、竣工验收三个程序进行。（√）

Je3B3283 建筑安装工程费由直接费、间接费、利润和税金构成。（√）

Je3B3284 工地（项目部）对施工班组（队）下达月作业计划应做到三清、四细、五落实，其中四细是：质量要求细、工艺细、施工方案细、技术交底细。（×）

Je3B3285 直接费为安装工程量乘以安装单价。（×）

Je2B1286 电力建设、生产、供应和使用应当依法保护环境，采用新技术，减少有害物质排放，防治污染和其他公害。（√）

Je2B3287 耐张绝缘子串的安装费用，按附件工程考虑。（×）

Je2B3288 拉线制作和安装费用包括在杆塔组立定额之内。（√）

Je2B3289 土（石）方工程安装费不包括回填夯实的费用。（×）

Jf5B1290 雨天、冰雪天不宜用脚扣登水泥电杆。（√）

Jf5B1291 采用机动车辆运输货物时，车厢内不准载人。（√）

Jf5B2292 电工用钳子绝缘手柄的耐压为500V。（√）

Jf5B2293 拆接地线时应先拆接地端。（×）

Jf5B3294 邻近带电体工作，工作负责人（监护人）可以做其他工作。（×）

Jf5B3295 使用电钻钻孔时，要戴工作帽，扎好袖口，戴手套。（×）

Jf4B1296 三相送电线路，B相的标志色规定为红色。（×）

Jf4B1297 在新建线路与旧线路并行距离很近的地区，开挖冻土或石坑时，不应放大炮。应防止冻土块或石块飞起碰伤旧线路的导线。（√）

Jf4B3298 转角杆塔、换位杆塔在分坑时必须注意其位移值及位移方向。（√）

Jf4B3299 在强电场内使用电雷管，要严格按操作规程由经过专门培训取得合格证者操作。（×）

Jf3B2300 表示设备断开和运行的信号装置和仪表的指示只能作为无电的参考，不能作为设备无电的依据。（√）

Jf5B2301 塔材需扩孔时，最大不得超出3mm。（√）

Jf5B2302 锯弓中锯条齿尖的安装方向必须向前，不能装反。（√）

Jf4B2303 板料在矫正时，用手锤直接锤击凸起部分进行矫正。（×）

Jf4B2304 在锉一个内直角面时，需采用带光面的锉刀进行加工。（√）

Jf4B2305 在虎钳上锯割工件时，应站在面对虎钳的左侧。（√）

Jf4B3306 锯割速度应视金属工件材料而定。而锯割硬质材料速度可以快些。锯割软材料速度可以慢些。（×）

Jf5B1307 露天爆破时，为避免飞石伤人、畜，必须将其撤出 100m 以外。（×）

Jf4B1308 送电线路交叉跨越铁路和主要公路时，必须测交叉点至轨顶和路面高程，并记录铁路、公路被交叉跨越处的里程。（√）

Jf4B2309 钢芯铝绞线损伤面积为导电部分截面的 5%及以下者可用零号砂纸作抛光处理。（×）

Jf4B2310 导线、地线液压连接时，应以合模为标准。（×）

Jf4B2311 导线在同一截面处，单股损伤深度小于直径的 1/2，可以进行修光处理。（√）

Jf4B4312 当焊口缝隙太大，可用焊条填充处理。（×）

Jf3B1313 同一次爆破中，不得使用两种不同的燃烧速度的导火索。（√）

Jf3B1314 电气起爆时，必须由装药人员亲自起爆。（√）

Jf3B2315 爆破用炸药量的大小，主要根据现场的施工经验来确定。（×）

Jf3B3316 紧线操作过程中，如遇 3 个观测档，应先了解近处两观测档弧垂，然后再确定最后一个观测档弧垂，3 个观测档都好后再划印。（×）

Jf2B3317 在线路复位时发现一基转角桩的角度值的偏

差大于 2°，施工负责人可以决定不查明偏差原因而进行下道工序。（×）

Jf2B3318 附近没有平行线路的带电运行线路，附件安装作业的杆塔在作业时，可以不装设保安接地线。（×）

Jf2B3319 在塔上进行安装导线、地线的耐张线夹时，必须采取防止跑线的可靠措施。（√）

Jf2B3320 导引绳、牵引绳的端头连接部位、旋转连接器及抗弯连接器在使用前应由专人检查；钢丝绳损伤、销子变形、表面裂纹等严禁使用。（√）

Jf3B3321 跨越不停电电力线路的跨越架应适当加固，并应用绝缘材料封顶。（√）

Jf2B3322 跨越不停电线路时，施工人员不得在跨越架内侧攀登或作业，并严禁从封顶架上通过。（√）

Jf2B3323 观测弧垂时，实测温度应能代表导地线周围空气的温度。（√）

Jf3B3324 杆塔部件组装有困难时应查明原因，严禁强行组装。个别螺孔需扩孔时，扩孔部分不应超过 3mm，当扩孔需超过 3mm 时，应先堵焊再重新打孔，并应进行防锈处理。可以用气焊（割）的方式进行扩孔或补孔。（×）

Jf3B3325 高处作业人员在转移作业位置时不得失去保护，手扶的构件必须牢固。在大间隔部位或杆塔头部水平转移时，应使用水平绳或增设临时扶手；垂直转移时应使用速差自控器或安全自锁器。（√）

Jf3B3326 电焊机的外壳接地必须可靠，接地电阻不得大于 4Ω，其裸露的导电部分必须装设防护罩。电焊机露天放置应选择干燥场所，并加防雨罩。（√）

Jf3B3327 光纤复合架空地线（OPGW）的架设必须采用专用张力机具放线，架设后光纤复合架空地线（OPGW）不得出现光缆外层明显单丝损伤、扭曲、折弯、挤压、松股、鸟笼、光纤回缩等现象。（√）

Jc3B3328 建筑垃圾和渣土应堆放在指定地点，定期进行清理。装载建筑材料、垃圾或渣土的运输机械，应采取防止尘土飞扬、洒落或流溢的有效措施。施工现场应根据需要设置机动车辆冲洗设施，冲洗污水应进行处理。（√）

Jf3B3329 建筑施工现场临时用电工程专用的电源中性点直接接地的220/380V三相四线制低压电力系统，必须符合下列规定：① 采用三级配电系统；② 采用IN-S接零保护系统；③ 采用二级漏电保护系统。（√）

Jf3B3330 施工工现场临时用电的配电箱、开关箱的电源进线端严禁采用插头和插座做活动连接。（√）

Jf3B3331 施工现场对混凝土搅拌机、钢筋加工机械、木工机械、盾构机械等设备进行清理、检查、维修时，必须首先将其开关箱分闸断电，呈现可见电源分断点，并关门上锁。（√）

Jf3B3332 施工现场临时用电电缆中必须包含全部工作芯线和用作保护零线或保护线的芯线。需要三相四线制配电的电缆线路必须采用五芯电缆。五芯电缆必须包含淡蓝、绿/黄两种颜色绝缘芯线。淡蓝色芯线必须用作N线；绿/黄双色芯线必须用作PE线，严禁混用。（√）

Jc3B3333 生产经营单位应当对从业人员进行安全生产教育和培训，保证从业人员具备必要的安全生产知识，熟悉有关的安全生产规章制度和安全操作规程，掌握本岗位的安全操作技能。未经安全生产教育和培训合格的从业人员，不得上岗作业。（√）

Jb3B3334 工作许可人在接到所有工作负责人（包括用户）的完工报告，并确认全部工作已经完毕，所有工作人员已由线路上撤离，接地线已全部拆除，与记录簿核对无误并做好记录后，方可下令拆除各侧安全措施，向线路恢复送电。（√）

Jf3B3335 装设接地线应先接接地端、后接导线端，接地线应接触良好，连接可靠。拆接地线的顺序与此相反。装、拆接地线均应使用绝缘棒或专用的绝缘绳。人体不得触碰接地线

或未经接地的导线。(√)

Jf1B4336 个人保安线应在杆塔上接触或接近导线的作业开始前挂接，作业结束脱离导线后拆除。装设时，应先接接地端，后接导线端，且接触良好，连接可靠。拆个人保安线的顺序与此相反。(√)

Jf1B4337 带电导线的垂直距离（导线弧垂、交叉跨越距离），可用测量仪或使用绝缘测量工具测量。严禁使用皮尺、普通绳索、线尺等非绝缘工具进行测量。(√)

Jf1B4338 送电线路测量通常采用短程红外测距全站仪。(√)

Jf1B4339 全站仪若长时间不用，应取出电池，并间隔一段时间进行充、放电维护，以延长电池使用寿命。(√)

Jf1B5340 GPS线路复测采用的转换坐标系是通过匹配计算各控制点的WGS84坐标（全球坐标系统）和北京54坐标（地方坐标系）建立的。(√)

Jf1B4341 GPS线路复测任何一条由两点连成的直线时，都会显示该直线的方位角，该方位角均是以正南方向为基准计算而得。(×)

Jc1B4342 产生环境污染和其他公害的单位，必须把环境保护工作纳入计划，建立环境保护责任制度；采取有效措施，防止在生产建设或者其他活动中产生的废气、废水、废渣、粉尘、恶臭气体、放射性物质以及噪声、振动、电磁波辐射等对环境的污染和危害。(√)

Jf1B4343 防扭钢丝绳绳套应采用插接，插头处拉断力应不小于原钢丝绳拉断力。防扭钢丝绳中间不允许有搭接、插接、错股、乱股等现象。(√)

Jf1B4344 跨越场两侧的放线滑车在跨越施工前，必须可靠接地。(√)

Jf1B3345 接地体当采用搭接焊接时，圆钢的搭接长度应为其直径的6倍并应双面施焊；扁钢的搭接长度应为其宽度的

2 倍并应四面施焊。（ √ ）

Jf1B3346 张力放线通常采用的是耐张塔直路通过、直线塔档间紧线的施工方法。（ √ ）

Jb1B3347 影响工程性能、强度、安全性和可靠性的且不易修复和处理的项目为重要项目。（×）

Jc1B4348 产生工业固体废物的单位应当建立、健全污染环境防止责任制度，采取防止工业固体废物污染环境的措施。（ √ ）

Jc1B4349 质量管理体系是在质量方面指挥和控制组织的建立方针和目标并实现这些目标的体系。

Jf1B4350 同杆架设的多层电力线路挂接地线时，应先挂低压、后挂高压、先挂下层、后挂上层、先挂近侧、后挂远侧。拆除时次序相反。（ √ ）

Jc1B4351 项目经理部应对施工现场的环境因素进行分析，对于可能产生的污水、废气、噪声、固体废弃物等污染源采取措施，进行控制。（ √ ）

Jf1B4352 导线的尾线或牵引绳的尾绳在张力机线盘或牵引机绳盘上的盘绕圈数均不得少于 5 圈。（×）

Jc1B4353 《中华人民共和国安全生产法》第 24 条中生产经营单位新建、改建、扩建工程项目的安全设施，必须与主体工程同时设计、同时施工、同时投入生产和使用。安全设施投资应当纳入建设项目概算。（ √ ）

Jc1B4354 生产经营单位与从业人员订立的劳动合同，应当载明有关保障从业人员劳动安全、防止职业危害的事项，以及依法为从业人员办理工伤社会保险的事项。（ √ ）

Jc1B4355 从业人员在作业过程中，应当严格遵守本单位的安全生产规章制度和操作规程，服从管理，正确佩戴和使用劳动防护用品。（ √ ）

Jc1B4356 生产经营单位进行爆破、吊装等危险作业，应当安排专门人员进行现场安全管理，确保操作规程的遵守和安全措施的落实。

Jc1B4357 工程建设过程中产生的建筑垃圾和生活垃圾，应及时清运到指定地点，集中处理，防止对环境造成污染。工程建设项目的施工、生活用水，应按清、污分流方式，合理组织排放。（√）

Jc1B4358 班组安全施工应有明确的管理目标，逐步实现制度化、规范化、标准化减少记录事故，杜绝轻伤事故，努力实现各类灾害事故为零的目标。（√）

Jc1B4359 对危险源辨识只需要考虑作业场所内设施和人员的活动。（×）

Jc1B4360 污染预防是旨在避免、控制、减少污染而对各种过程、惯例、材料或产品的采用，可包括再循环、处理、过程更改、控制机制、资源的有效利用和原材料替代等。（√）

4.1.3 简答题

La5C1001 什么是送电线路？什么是配电线路？

答：连接发电厂与变电站以及变电站之间的110kV及以上电压等级传输电能及联络的电力线路称为送电线路，也叫输电线路。负责分配电能的110kV以下电压等级的电力线路，称为配电线路。

La5C1002 什么是电力网？

答：电力系统中由各种不同电压等级的变电站及输、配电线路所组成的这一部分叫电力网。

La5C2003 我国送电线路标准电压等级有哪些？

答：我国送电线路标准电压等级有110、220、330、500、750、±800、1000kV。

La5C2004 试述架空输电线路的五大组成部分，并说出各部分的作用。

答：（1）导线：用来传输电流，输送电能。

（2）地线（地线）及接地装置：用来将雷电流引入大地，保护线路避免直击雷的破坏，另外光纤复合架空地线具有数据传输作用。

（3）杆塔（包括基础和拉线）：支撑导线和地线的各种荷重，使导线间、导线和大地之间保持一定的安全距离。

（4）绝缘子：用来使导线和杆塔之间绝缘，并保持一定的绝缘距离。

（5）金具及附件：用于连接保护导线、地线，使导线、地线固定在绝缘子串上，将绝缘子串固定在杆塔上。

La5C3005　送电线路的任务和作用是什么？

答：送电线路的任务是把发电厂、变电站及用户有机地联系起来，是输送电能的纽带，送电线路有以下主要作用：

（1）送电线路解决了发电厂远离用电中心的问题，能充分地利用动力资源，特别是水力资源，减少了煤耗和运输压力。

（2）把若干个孤立的发电厂及地方电力网连接成较大的电力系统，可以减少系统中总的装置容量；可以安装大容量的机组来代替小机组，减少单位容量建设投资，提高机组效率，减少消耗。

（3）能把若干个孤立的地区电力网连接成为大的电力系统，有效地提高了运行的经济性和供电可靠性。

La5C3006　送电线路是如何分类的？

答：（1）按架设的形式分为架空送电线路和电缆送电线路。

（2）按输送的电流分为交流送电线路和直流送电线路。

（3）按电压等级有 110、220、330、500、750、±800、1000kV 送电线路。

（4）按线路使用材料有铁塔线路（全线使用铁塔）、混凝土杆线路（全线使用混凝土杆）、轻型钢管杆线路（全线主要使用轻型钢管杆）、混合型杆塔线路（因地制宜地使用杆塔种类）等。

La4C1007　什么是电力系统？电力系统生产的特点是什么？

答：电力系统指发电厂、变电站、送配电线路在电气上相互连接的整体。

电力系统生产的特点是：电能不能大量储存，发电、供电、用电必须同时完成；电能质量的优劣，直接影响各行各业；电力生产的事故，也是其他行业的灾难。

La4C3008　电力网中哪些设备是一次设备？哪些是二次

设备？

答：一次设备是指能变换电压、输送电量、切合和隔离电源等的设备。如变压器、送、配电线路、断路器、隔离开关、避雷器、电流互感器、电压互感器等。

二次设备是对一次设备的工作进行测量、监察、保护、操作和控制的自动装置等辅助设备，它是为一次设备服务的。如各种监察计量仪表、各种继电器、操作控制用直流电源、音响及中央信号等。

La3C2009　什么是泄漏距离？什么是泄漏比距？

答：绝缘子钢脚与钢帽间，沿瓷裙表面轮廓的最短距离就是泄漏距离。一串绝缘子的泄漏距离就是这一串绝缘子串中每片绝缘子泄漏距离之和。泄漏比距是泄漏距离与系统额定线电压之比。

La5C1010　什么是磁场？什么是电磁场？

答：磁场是在磁性物质或载流导体周围存在的一种看不见、摸不着的特殊物质。常用磁力线表现磁场的存在。在载流导体的周围会产生磁场，磁场的变化又会对导体产生电磁感应，这就是常说的动电生磁和动磁生电。所以在交流电周围，必然同时存在着相互关联的交变电场和交变磁场，人们称它为电磁场。

La5C2011　什么是电场？什么是电位？什么是电压？电压与电位之间有什么关系？

答：电场是在带电体周围存在的一种看不见、摸不着的特殊物质。常用电场线表示电场的存在。

将单位正电荷从电场中某点移到零电位点，电场力所做的功即为该点的电位。单位为 V 或 kV。

单位正电荷从高电位点移到低电位点，电场力所做的功即为这两点间的电压。单位为 V 或 kV。

电压与电位的关系是：某两点的电压就是这两点的电位差。

La5C3012　送电线路输送的容量与送电线路的电压及输送距离有什么关系？

答：一般情况下，送电线路的电压越高，可输送的容量越大，输送的距离也越远。在相同电压下，要输送较远的距离、则输送的容量就小，要输送较大的容量、则输送的距离就短。当然，输送容量和距离还要取决于其他技术条件以及是否采取了补偿措施等。

La5C4013　什么是零电位？什么是等电位？

答：在距电荷无穷远处，被看做是电位值为零，即零电位。实际上，由于电位的绝对值远不如电位的相对值（即电位差）有价值，所以人们常常以大地作为零电位点。在空间的任意两点，如果电位差为零，称这两点为等电位。

La4C3014　什么是导线的长期允许电流？

答：导线周围空气温度为25℃、长期使用导线温度不超过70℃时允许通过的最大电流，叫导线按发热条件的长期允许电流。

La4C5015　什么是中性点？中性点按接地方式有哪几种？

答：电力系统的中性点是指在三相星形接线法中，三相导线的公共接点。中性点的接地方式有三种，即不接地、经消弧线圈（电阻）接地和直接接地。

La4C5016　什么是小接地电流系统？什么是大接地电流系统？

答：在三相交流电路中，变压器中性点处于不接地或经过消弧线圈（电阻）接地的状态，当该系统内发生单相接地故障时，通过接地点的是系统的接地电容电流，其值很小，故称此系统为小接地电流系统。

当变压器中性点直接接地，系统发生单相接地故障时，通过接地点的是系统单相短路电流，其值很大，故称此系统为大接地电流系统。

在我国电网中，35kV 及以下系统通常是小接地电流系统，110kV 及以上系统通常是大接地电流系统。

La2C4017　有的架空送电线路上的三相导线为什么要换位？

答： 送电线路的导线除正三角形排列外，三根导线间的距离是不相等的，而导线的电抗与线间距离有关系，因此线间距离不相等，三相阻抗是不平衡的。即使平衡电压加上去，电流也不平衡。线路越长，这种不平衡越严重。这种不平衡电流对发电机运行和继电保护都有影响，而不平衡电压和电流又会对邻近的通信系统产生不良干扰。为了减少以上不良影响，设计规程中规定："在中性点直接接地的电力网中，长度超过 100km 的线路，均应换位"。

La5C1018　什么是杠杆原理？

答： 杠杆原理就是当杠杆平衡时，重物的重力乘以重心到支点的距离（重臂），等于所使用的力乘以力点到支点间的距离（力臂）。

La5C2019　什么是内力？

答： 当外力使物体发生变形、质点发生相对位移时，质点间的距离将改变，因此相互之间的结合力也就有所改变，这种因外力作用而引起质点增加的结合力称作内力。

La5C2020 什么是平衡力？

答：一个力系的合力使物体产生了运动，如果加上一个力，这个力的大小与此合力相等、方向相反，并与合力作用在同一条直线上，使物体保持了平衡，那么加上的这个力被称为平衡力。

La5C3021 什么是力矩？如何计算力矩？

答：力矩是表示力对物体作用时产生转动效应的物理量，力矩的大小取决于两个因素，一个是力的大小；一个是力与转动轴的垂直距离，即力臂。力矩等于力乘以力臂。

La4C3022 提高构架的抗弯强度的方法有几种？

答：（1）提高抗弯截面模量。

（2）减少弯矩。

（3）提高材料强度，以提高许用应力。

La3C1023 什么是导线的最大使用应力？

答：导线的最大使用应力是指导线在使用（指运行）过程中可能出现的最大应力。它在数值上等于瞬时破坏应力与安全系数的比。

La3C1024 什么是导线的瞬时破坏应力？

答：导线的瞬时破坏应力是指导线的拉断力与导线截面积的比值。

La3C3025 什么是应力？什么是破坏应力？什么是最大允许应力？

答：应力是指物体单位面积所受的内力。破坏应力是指能使构件受到破坏的应力。最大允许应力是指能保证构件安全使用的最大应力。

La3C4026　杆件变形有哪些基本形式？

答：（1）拉伸和压缩：在杆件两端沿轴线作用一对纵向力，使杆件沿轴线方向产生伸长或缩短。

（2）剪切：如果在杆件的两侧面上所受外力的大小相等、方向相反，作用线相隔较近，并将各自推着所作用的物件部分，沿着与作用线平面发生错动的变形。

（3）扭转：如果在垂直于杆轴线的两平面内加上一对转向相同的力偶，则使这两平面内的一段杆件沿着力偶方向产生的变形。

（4）弯曲：当杆件受到垂直于轴线的外力作用时，其轴线发生沿外力方向的变形。

La5C4027　什么是杆塔的呼称高？如何确定所需杆塔的高度？

答：杆塔最下层横担绝缘子串悬挂点到施工基面的中心桩的高度，称做杆塔的呼称高。

在满足对地距离要求下，杆塔高度和档距有密切关系。档距增加，导线弧垂加大，杆塔加高，每公里线路的杆塔基数相应减少；反之，档距减小，杆塔高度降低，基数增加。因此，必须在考虑制造、施工、运行等因素的基础上，通过技术经济比较来确定杆塔高度和数量的合理组合，使每公里线路造价和材料消耗量最低。对于山区和跨越建筑物地段，一般根据档距和建筑物高度等确定杆塔高度。

La4C2028　绘制输电线路纵断面图时，一般采用多大比例？

答：为了突出地形变化，纵断面图中高程的比例经常大于水平距离的比例尺。一般采用纵向 1:500、横向 1:5000 的比例尺。

La4C2029　什么是代表档距（规律档距）？代表档距的意义是什么？

答：一个耐张段中各档的几何均距叫做代表档距。

在一个耐张段的连续档中，各档导线的水平应力是按同一值架设的，当气象条件变化时，由于各档的档距、线长、高差不一定相同，各档应力变化也就不完全相同，从而使直线杆塔上出现不平衡张力差，绝缘子串产生偏斜，偏斜结果又使各档应力趋于基本相同的某一数值上，这个应力为耐张段内的代表应力，与其值相对应的档距为代表档距，也叫规律档距。

La3C3030　怎样计算杆塔的定位高？

答：杆塔的定位高是指杆塔的呼称高减去金具及绝缘子串长（耐张杆塔此值为零）、导线对地或建筑物的最小允许距离，以及测量和施工误差预留的裕度（一般取0.5～1m）后的值。

La2C4031　什么是临界档距？

答：有这样一个档距，当耐张段的代表档距小于它时，最大应力出现在气象条件Ⅰ下；当大于它时，其出现在气象条件Ⅱ下；等于它时，在两种条件下均出现最大应力，那么我们把这个档距称为气象条件Ⅰ和Ⅱ的临界档距。

Lb4C4032　防雷接地装置的任务是什么？有什么重要性？

答：防雷设备（地线、避雷器等）的主要作用是防止雷直接落到被保护的设备上或者把雷电流很快引入大地，使被保护设备只受到不太高的过电压，使其绝缘没有损坏的危险。而接地装置则是把雷电流引入大地的设备。没有接地装置或者接地装置不合格，就会失去防雷设备的作用；由于雷电流不能或不能迅速流入大地，就会对被保护设备产生反击，以致损坏绝缘，长期运行经验证明，接地装置的可靠安装直接关系着线路的安全运行。

Lb4C4033 什么叫悬臂抱杆组立铁塔？

答：所谓悬臂抱杆组立铁塔，就是利用安装在主抱杆上部的2（4）个悬臂梁（摇臂）来吊装铁塔。悬臂梁（摇臂）可根据安装的需要绕其支座上、下运动，因此悬臂抱杆又叫摇臂抱杆。根据抱杆支座方式的不同，又分为内悬浮式和落地式两种。根据抱杆拉线方式的不同可分内悬浮内拉线和内悬浮外拉线两种。每种吊式，又有单片吊和双片吊之别。通常把落地式摇臂抱杆叫做通天摇臂抱杆。

Lb3C2034 什么是隔离开关？其作用是什么？

答：隔离开关是具有明显断口，能把带电部分与不带电部分明显分开的电气设备。隔离开关没有消弧设备，不允许带负荷操作，只允许切合空载短线路和电压互感器以及限定容量以下的空载变压器。

Lb3C2035 什么是断路器？其作用是什么？

答：断路器是具有相当完善的灭弧装置和足够的断流能力的电气设备。用于切合空载、负载的线路或其他电气设备以及切断短路电流。

Lb3C3036 什么是避雷器？其作用是什么？

答：避雷器是使雷击产生的大气过电压雷电流流入大地，保护电气设备不产生超过允许的过电压的装置。主要类型有保护间隙、管型避雷器、阀型避雷器和氧化锌避雷器等。避雷器的作用是限制过电压幅度以保护电气设备。

Lb2C4037 电力系统对继电保护有哪些要求？

答：（1）选择性，当系统某部分发生故障时，继电保护的动作应保证靠近故障点最近的开关首先跳闸，切除故障。

（2）迅速性，就是要求继电保护以最快的速度切除故障，以减轻故障对系统的威胁。

（3）灵敏性，就是说只要有故障，即使故障电流很小也能动作。

（4）可靠性，当被保护设备发生故障和不正常运行时，保护装置应可靠动作；当被保护设备以外发生故障和异常时，不应错误地动作。

Lb2C4038　什么是自动重合闸？装设自动重合闸有什么意义？

答：自动重合闸是一种自动保护装置，是将跳闸后的断路器自动重新合上的装置。自动重合闸是提高供电可靠性的得力措施，尽管自动重合闸对永久性故障无意义，但是大量统计表明，电力线路的故障如雷电闪络、大风碰线、鸟害、风筝短路等绝大多数都是瞬时的，所以重合闸的成功率仍高达 60%～90%，可见自动重合闸对电力系统的安全生产具有重要的现实意义。

Lb5C1039　输电线路常用的导线有哪几种？

答：（1）钢芯铝绞线（JL/G**）。

（2）钢芯铝合金绞线（JLHA*/G**）。

（3）铝包钢芯铝绞线（JL/LB1A）。

（4）铝包钢芯铝合金绞线（JLHA*/LB1A）。

（5）铝包钢绞线（JLB**）。

（6）防腐型钢芯铝绞线（JL/G*AF）。

Lb5C1040　架空电力线路常用的绝缘子有哪些种类？悬式绝缘子有哪些类型？

答：架空电力线路常用的绝缘子有针式绝缘子、盘形悬式绝缘子和陶瓷横担、架空地线绝缘子等。

悬式绝缘子按材质分为瓷绝缘子、钢化玻璃绝缘子和有机复合绝缘子；按连接方式分为球头型绝缘子和槽型绝缘子；按使用环境分为普通型绝缘子和防污绝缘子；按机械负荷分60、70、100、120、160、210、300、400、530kN等绝缘子。

Lb5C2041　常用钢材有哪几种？其型号中各部分所表示的意义是什么？

答：送电线路上常用钢材有角钢、圆钢、扁钢和槽钢等。

角钢：如∠70×5，“∠”代表角钢；“70”表示角钢边长，单位mm；“5”表示边厚度，单位mm，∠70×5表示边长70mm、厚5mm的等边角钢。

圆钢：如ϕ16，“ϕ”表示圆钢；“16”表示直径尺寸，单位mm。

扁钢：如—10，“—”表示扁钢；“10”表示厚度为10mm。

槽钢：如[80×43×5，“[”表示槽钢；“80”表示背宽80mm；“43”表示腿长43mm，“5”表示厚为5mm。

Lb5C3042　螺栓戴双帽及螺帽下加弹簧垫圈的作用是什么？如何起作用？

答：螺栓戴双帽及螺帽加弹簧垫圈的作用，是为了防止螺帽在运行过程中受机械力和振动而回松，即防松。螺栓戴双帽的防松作用是靠两只螺帽相互挤压来达到的。因此戴双帽的构件，必须将双帽相互拧紧方能起到作用。弹簧垫圈的防松作用是由弹簧垫被螺帽压紧后，它对螺帽产生的反作用力来完成的。它们都是使螺帽和螺栓上螺纹间的摩擦力增加，螺帽不易回松。

Lb5C3043　盘形悬式瓷绝缘子的构造是怎样的？

答：由瓷件、钢帽及钢脚用不低于C50的硅酸盐水泥、瓷砂胶合剂胶装而成。钢帽及钢脚与胶合剂接触表面薄涂一层沥青缓冲层，钢脚顶部有弹性衬垫。瓷表面有白或棕色釉，钢帽和钢脚表面热镀锌。

Lb5C5044　什么是钢化玻璃绝缘子？它有哪些特点？

答：钢化玻璃是指将玻璃制品加热到接近软化的温度，然后进行均匀而快速的冷却，由于玻璃外层首先硬化成脆性状态，当内层继续冷却收缩时，受到外层阻止，而使外层呈现压应力，内层呈现张应力，均匀分布在玻璃体内。经这样的处理，表面压应力达 70N/mm^2 左右，大大改善玻璃的机械强度和热稳定性能。用该种方法制造的绝缘子称之为钢化玻璃绝缘子。

钢化玻璃绝缘子的特点是：强度高、尺寸小、质量轻、运行维护方便，但有劣化后自爆的缺点。

Lb5C5045　架空线路为什么要采用多股绞线？

答：采用多股绞线的原因是：

（1）多股较单股柔软、易弯曲，尤其是大截面，更有利于制造、安装、运输和保管。

（2）多股线在同一位置，同时出现多股缺陷的机会不多，从而提高了整根电线的机械强度。

（3）耐振性能比单股好，就是有个别断股，也不致断线，从而提高了可靠性。

（4）能充分发挥材料的优点，如钢芯铝绞线。

Lb4C3046　杆塔调整垂直后，在符合哪些条件后方可拆除临时拉线？

答：（1）铁塔的底脚螺栓已固定。

（2）永久拉线全部安装完毕。

（3）无拉线电杆已回填土夯实。

（4）转角杆的内侧临时拉线，要在转角杆两侧的架空线全部安装完成后方可拆除。

（5）其他有特殊规定者，依照规定办理。

Lb4C5047 防振锤是如何防振的？

答：常用的防振锤，是由一段钢绞线的两端各装一个重锤，中间装有专为挂于电线（导线、地线）上的夹板组成。其防振原理是：当导线、地线振动时，防振锤的夹板随着一起上下振动，由于两端重锤的惰性，使钢绞线两端不断上下弯曲，而又促使重锤运动。它的运动能量是从导线、地线的运动中吸收的，防振锤钢绞线弯曲得越激烈，消耗导线、地线振动的能量越多，从而使导线、地线振动减小到可以耐受的程度。所以说，防振锤是靠消耗导线、地线振动的能量，达到控制振幅来保护导线、地线的。

Lb3C4048 光纤的两项主要特性是什么？各分为几类？

答：光纤的两项主要特性是损耗和色散。损耗分为吸收和散射；色散分为模间色散和模内色散。

Lb2C4049 光纤主要测试项目有哪些？

答：（1）传播特性测试包括损耗特性和带宽特性。损耗测试有：分项损耗、连接损耗、总损耗。带宽测试有：模式畸变、材料色散、频率特性和总的脉冲展宽。

（2）光学特性包括折射中分布和数值孔经测试。

（3）结构特性包括芯径、外径、偏心度、椭圆度和长度测试。

（4）故障测试包括传播特性和故障检测。

Lb5C1050 110kV 以上输电线路杆塔基础有哪些种类？

答：（1）按杆塔种类可分为电杆基础和铁塔基础。

1）电杆基础可分为：① 混凝土电杆基础，由底盘、拉线盘、卡盘组成，特殊情况下采用现浇混凝土基础；② 钢管电杆基础，通常采用现浇混凝土基础；③ 角钢电杆基础，一般采用现浇混凝土基础。

2）铁塔基础可分为：① 预制混凝土装配式基础；② 金属基础；③ 现场浇制混凝土基础（包括钢筋混凝土基础、插入式基础、拉线盘基础）；④ 岩石基础；⑤ 掏挖式基础；⑥ 灌注桩基础（包括承台）；⑦ 桩式（包括混凝土预制桩、钢管桩等）基础（包括承台）。

（2）按杆塔用途可分为：① 直线杆塔基础；② 耐张杆塔基础；③ 转角杆塔基础；④ 终端杆塔基础；⑤ 特殊杆塔基础等。

（3）按杆塔基础的受力可分为：① 承压基础；② 上拔基础；③ 抗倾覆基础。

Lb5C2051　为什么有些跨越处的杆塔要使用双串绝缘子？

答：为了提高跨越档的可靠性，防止导线从杆塔上坠落，保证被跨越物的安全；另外，由于大跨越档导线综合荷重很大，超过单串绝缘子所允许的荷重，因此，大跨越档要使用双串绝缘子。

Lb5C3052　铁塔基础的作用是什么？送电线路对基础有哪些要求？

答：铁塔基础的作用是保证杆塔的稳定，不因垂直荷重、水平荷重、断线张力而上拔、下沉或倾倒。对基础的一般要求是：凡地下水有腐蚀作用者，混凝土应有防腐措施；有流砂险情者，地基应有防止砂土流失的措施；严寒地区应有防止混凝土杆根部冻裂的措施；基础的金属部件如金属基础、拉线棒等应有完好的金属防腐措施。

Lb5C3053　杆塔承受的垂直荷载主要有哪些？

答：（1）杆塔自重。

（2）导线、地线、金具等的重力及覆冰重力。

（3）安装、检修时，工人、工具及附件的重力。

Lb5C5054　什么是预应力混凝土电杆？它与普通混凝土电杆比较有哪些优点？

答：钢筋混凝土电杆的钢筋先经预拉，在钢筋张紧状态下，与混凝土结成统一整体，待混凝土达到一定强度后，再放松钢筋。钢筋产生弹性收缩变形，而使混凝土得到预压应力。而当电杆加上受拉荷重时，这个预压应力就可以抵消一部分或全部的拉力，从而达到钢筋与混凝土两者变形的一致，充分发挥其强度。这就是预应力混凝土电杆。

预应力混凝土电杆与普通混凝土电杆比较有如下优点：

（1）强度大，抗裂性能好。

（2）节约材料，由于采用了高强度钢材，又施加了预应力。钢材能充分发挥作用，节约钢材40%左右、减少混凝土10%～20%。

（3）重量轻，施工运输方便，且降低了造价。

Lb5C5055　什么是导线的热膨胀？什么是导线的热膨胀系数？

答：导线的温度变化时，其形体随着温度的升高而膨胀，称为热膨胀。导体温度降低后形体又冷缩回去。导线温度升高1℃所引起的相对变形，称为导线的热膨胀系数。

Lb4C4056　超高压送电线路普遍采用分裂导线的原因？

答：在超高压线路上，导线附近的强电场使空气电离，产生电晕放电，造成电能损失和对通信的干扰。要减少这种不利因素就应增大导线直径。但随着送电线路的电压越来越高，要增加的导线截面也越来越大，这对架线施工又十分不利，经济上也不合算。因而产生了把一根导线分裂成多根的办法，这样就相当于加粗了导线直径，同时也提高了输送功率。因此，超高压送电线路普遍采用分裂导线。

Lb4C3057　杆塔接地电阻为什么不能过大？一般规定是多少？

答：当雷击地线或雷击塔顶后，雷电流就要通过接地装置向大地泄放，降低雷电过电压的幅值，如果接地电阻过大，就会使雷电流流过之后产生的电压过高，逆向反击导线。实践证明，杆塔的接地电阻越大，逆闪络的几率就越高，因此接地电阻不能过大。架空送电线路，每基接地网的工频接地电阻，在雷季干燥情况下，平地一般不大于15Ω；山区一般不大于30Ω。

Lb4C3058　观测弧垂的方法有几种？各种弧垂观测法的适用范围如何？

答：观测弧垂的方法有角度法、平视法、等长法、异长法等。

等长法适用于弧垂小于悬点高，且高差不大，视线畅通的情况。

异长法适用于两端高差大且导线曲线全在两杆基础连线的上方的情况。

角度法的实质是异长法，一般应用在档距很大、弧垂板又难设在悬挂点正下方的观测档。该方法会产生一定的误差，为防止误差过大要设法使视线和电线的切点与杆塔间的距离大于0.125倍的档距。

平视法是架空线的最低点在两杆塔基面连线以下时，不能采用等长法、异长法测控弧垂，且应用角度法也存在困难时，可采用在观测档内应用高程测量技术选定水平仪（或经纬仪）测站位置，使水平仪（或经纬仪）的水平视线与架空线的最低点相切。

Lb3C4059　什么是最大计算风偏？最大计算风偏是否就是可能遇到的最大风偏？

答：按照出现最大风偏的气象条件计算出的导线偏离垂直位置的水平距离称为最大计算风偏。最大计算风偏并不是可能遇到的最大风偏，最大计算风偏一般是与大风状态相对应，而最大风偏可能出现在瞬时最大风速情况下。

Lb3C2060　110、220、330、500kV 线路与建筑物间的设计原则是什么？

答：送电线路不应跨越屋顶为燃烧材料做成的建筑物。对耐火屋顶部的建筑物，亦应尽量不跨越，如需跨越时应与有关方面协商或取得当地政府的同意。500kV 送电线路不应跨越长期住人的建筑物。导线与建筑物之间的最小垂直距离，在最大计算弧垂情况下为：110kV 线路 5m、220kV 线路 6m、330kV 线路 7m、500kV 线路 9m。

Lb3C3061　什么是导线的弹性系数？什么是弹性伸长系数？

答：弹性系数是指在弹性限度内，导线受拉力作用时，应力与应变的比例系数。

弹性伸长系数是指单位应力所引起的相对变形，在数值上等于弹性系数的倒数。

Lb3C3062　选择架空输电线路悬式绝缘子串的步骤是什么？

答：选择架空送电线路悬式绝缘子串的主要步骤是：

（1）根据荷载等因素选择绝缘子型号。

（2）分别根据正常工作的电压、内部过电压、大气过电压计算每串绝缘子所需片数，并选出最大值。

（3）将根据电压选择的最多片数进行海拔高度的修正，即为线路应采用的片数。

（4）根据所处污秽等级校验绝缘爬距。

（5）满足一般情况下耐张绝缘子串的绝缘子数量比悬垂绝缘子串的同型绝缘子增加一片。

Lb3C4063　两条及以上线路平行架设时，它们之间的最小距离应怎样设计？

答：（1）在开阔地区，相邻两边导线之间的最小距离不应小于杆塔高度。

（2）在路径受限制地区，相邻两边导线之间的最小距离不应小于下列数值：35～110kV 线路为 5.0m；220kV 线路为 7.0m；330kV 线路为 9.0m；500kV 线路为 13.0m。

Lb2C1064　选用铁塔主要考虑哪些因素？

答：（1）荷载。

（2）电气间隙。

（3）保护角。

（4）与其他杆塔配合。

（5）便于施工、尽量少占地。

Lb2C3065　黄土地基有哪些主要不良地质现象？

答：（1）湿陷：黄土在外荷作用下，当水浸入其内产生的一种特殊变形，造成塔基歪斜、杆塔倾覆等。

（2）陷穴：有些黄土受地下水的腐蚀作用，会在其中形成暗沟、暗穴和天然桥等洞穴现象。

（3）沟谷：沟谷在黄土中较多，尤其是高原及丘陵地区，每当暴雨发生或急剧融雪而形成的间歇性急流，对黄土具有强烈的切割破坏作用，常出现各种沟谷。

Lb2C4066　气象资料包括哪些内容？

答：（1）历年的最高、最低、平均气温。

（2）历年最低气温月的日最低气温平均值。

（3）历年最低气温日的平均气温。

（4）历年最大风速及最大风速月的平均气温。

（5）地区最多风向及其出现频率。

（6）电线覆冰厚度、地区雷电日数、冻土深度。

（7）常年洪水位及最高航行水位气温。

Lb2C5067　110、220、330、500kV 架空送电线路防雷设计的原则是什么？

答：送电线路的防雷设计，应根据线路的电压、负荷的性质和系统运行方式，并结合当地已有线路的运行经验，地区雷电活动的强弱、地形地貌特点及土壤电阻率高低等情况，在计算耐雷水平后，通过技术经济比较，采用合理的防雷方式。

各级电压的送电线路，采用下列保护方式：

（1）110kV 送电线路宜沿全线架设地线，在年平均雷暴日数不超过 15 或运行经验证明雷电活动轻微的地区，可不架设地线。无地线的送电线路，宜在变电站或发电厂的进线段架设 1～2km 地线。

（2）年平均雷暴日数超过 15 的地区 220～330kV 送电线路应沿全线架设地线，山区宜架设双地线。

（3）500kV 送电线路应沿全线架设双地线。

（4）杆塔上地线对边导线的保护角，500kV 送电线路宜采用 10°～15°。330kV 送电线路及双地线的 220kV 送电线路宜采用 20°左右。山区 110kV 单地线送电线路宜采用 25°左右。

（5）杆塔上两根地线之间的距离，不应超过地线与导线间垂直距离的 5 倍。

（6）有地线的杆塔应接地。在雷季干燥时，每基杆塔不连地线的工频接地电阻，不宜大于设计规定数值。

（7）中性点非直接接地系统在居民区的无地线钢筋混凝土

杆和铁塔应接地，其接地电阻不宜超过 30Ω。

Lb2C5068 选择山区架空送电线路路径的技术要求是什么？

答：（1）尽可能避开陡坡、悬崖、滑坡、崩塌、不稳定岩堆、泥石流、卡斯特溶洞等不良地质地段。

（2）线路与山脊交叉时，从山鞍经过；线路沿山麓经过时，注意排水沟位置，尽量一档跨过，不宜山坡走向，以免增加高杆的杆位。

（3）避免沿山区干河沟架线，必要时杆塔位应设在最高洪水位以上不受冲刷的地方。

（4）特别注意覆冰和交通问题、施工和运行维护条件。

Lb2C5069 架空线路的弧垂与导线截面、导线承受的拉力、档距有什么关系？弧垂过大和过小有什么危害？

答：弧垂与导线截面，导线承受的拉力与档距的关系可用下式表示

$$f=L^2g/(8TS)$$

式中：f 为弧垂，m；g 为相应的比载，N/（m·mm^2）；T 为导线最低点的拉力，N；S 为导线截面积，mm^2；L 为档距，m。

弧垂过大和过小都会影响线路的安全运行，弧垂过大可能在大风时或故障时，使线路摆动过大碰线而发生短路事故，同时弧垂过大也使导线对其下方交叉跨越的线路、管道及其他设施的距离减小，容易发生事故；弧垂过小，则使导线应力过大。发生断线等事故的可能性增大。

Lb4C1070 “五通一平”指的是什么？

答：五通：指水通、电通、道路通、通信通、政策处理通；一平是指施工现场场地平整。

Lb4C2071　直接工程费由哪几部分构成？

答：直接工程费是指按照正常的施工条件，在施工过程中耗费的构成工程实体的各项费用，包括人工费、材料费和施工机械使用费。

Lb4C3072　工程承包合同中的主要内容包括哪些？

答：工程承包合同中，主要规定工程施工范围、施工期限、工程质量、安全、环境保护等要求、工程价款、材料设备供应方式、设计资料交付时间以及签约双方的权利、义务和承担的责任等。

Lb3C3073　工程的监理工作的主要依据是什么？

答：建设监理的依据有三类，即国家和行政企业管理部门制定颁布的法律、法规和政策；技术规范、标准；国家批准的建设文件和设计文件、依法签订的工程承包合同等。

Lb3C3074　工程监理工作中的四个控制、二个管理和一协调指的是什么？

答：四个控制：质量控制、进度控制、投资控制、安全控制；二个管理：合同管理、信息管理。一协调：施工协调。

Lb3C3075　工程的监理主要有哪几个阶段？

答：（1）建设前期阶段。

（2）设计阶段。

（3）施工招标阶段。

（4）施工阶段。

（5）保修阶段。

Lb3C4076　施工质量事故的范围包括哪些？

答：凡在施工过程发生工程质量不符合设计要求或施工偏

差超过质量标准的允许范围，需要返工或造成永久性缺陷者或在施工（包括装卸、搬运、试运）过程中由于操作、使用、调整及保管不当，造成设备、材料损坏者均属质量事故。

Lc5C1077　电气工作人员必须具备哪些条件？

答：（1）经医师检查无妨碍电气工作的疾病。

（2）具备必要的电气知识和熟悉电气作业的有关规程。经政府劳动部门考核合格，并取得特殊工种操作证者。

（3）学会紧急救护法、触电急救法及人工呼吸法。

Lc4C5078　什么是工作接地、保护接地、保护接零和重复接地？各有何作用？

答：接地的方式有工作接地、保护接地、防雷接地、接零和重复接地。

（1）工作接地：为了使电力系统以及电气设备安全可靠地运行，将系统中的某一点或经某一些设备直接或间接接地。工作接地可以降低设备对地的绝缘水平和降低人体的触电电压。

1）在中性点不接地系统中，若一相接地，其他两相对地电压升为$\sqrt{3}$相电压。在中性点接地系统中一相接地，其他两相对地电压为单相电压。

2）在中性点接地系统中一相接地，则是相线对地短路，产生很大的短路电流，使保护装置迅速跳闸，切断故障设备，使系统稳定的运行。

3）在中性点接地系统中，一相接地还能引起其他相电压波动。

（2）保护接地：将电气设备的正常不带电的金属外壳构架与大地连接。当电气设备绝缘损坏时，可将设备外壳对地电压降之较低，为数十伏电压。

（3）保护接零：将电气设备的正常不带电的金属外壳与中性点连接。当电气设备绝缘损坏时，使设备外壳与地之间阻抗降之很小，因此会产生很大的短路电流，使保护装置动作，切断故障设备。

（4）防雷接地：指避雷针、避雷器放电间隙接地。

（5）重复接地：指接地系统不是一点接地，而是多点接地。

Jf3C2079　线路测量在线路工程建设及运行维护工作中有什么作用？

答：在线路勘测设计阶段，要选定线路路径，并进行定线测量及平断面图测绘等工作，为线路设计提供基础资料，以使线路设计经济合理、安全方便。

在线路运行阶段，需对杆塔、导线等进行变形观测和维修养护测量，以监视运行情况，确保线路安全。

Lc2C5080　什么叫气象条件的组合？线路正常运行情况下的气象条件如何组合？

答：将工程所在地的风速、覆冰厚度、大气温度三者按规定的要求进行组合，称为气象条件的组合。

正常运行情况下的气象组合分以下四种：

（1）最大风速、无冰、相应的气温（最大风月份的平均气温）。

（2）覆冰、相应风速、气温为–5℃。

（3）最低温度、无冰、无风。

（4）年平均气温、无冰、无风。

Lc2C3081　新建电力线路投产前为什么要进行几次空载合闸冲击？

答：空载冲击的目的是为了用切合空载线路的操作过电压，来鉴定线路绝缘能否满足安全运行的需要。由于切合空载线路的过电压，并非一个数值，它与合闸相位有关，所以，一般均要操作3～5次，以使线路经受较大过电压的考验。

Lc2C5082　影响架空送电线路运行的主要气象因素是什么？各有什么影响？

答：影响送电线路运行主要因素有风速、覆冰厚度、大气温度。

（1）风速：影响导线及杆塔的机械荷载；可能使导线产生高频振动，并使导线内产生附加应力；可能使导线舞动，产生“碰线”或断线事故，并对杆塔产生冲击力。

（2）覆冰厚度：增加导线的机械荷载；导线脱冰时，会使导线上下跳动，可能产生“碰线”事故，并对杆塔产生不平衡张力。

（3）大气温度：当气温降低时，会因导线收紧而增加导线的应力；当气温升高时，导线伸长，应力降低，弧垂增大，使导线对地或对被跨越物的距离减小。

Jd5C1083　在电力建设工程预算中附件安装包括哪些内容？

答：附件安装包括直线塔、直线转角塔及换位塔的绝缘子串安装；悬垂线夹安装；防振锤或阻尼线安装；均压环、阻冰环和屏蔽环安装；预绞丝护线条安装；引流线安装；重锤、间隔棒安装等。

Jd5C1084　施工中常用的地锚有哪几种？

答：地锚的种类主要有圆木地锚和钢板地锚、地钻式地锚；按其受力情况又分为垂直受力地锚和斜向受力地锚。

Jd5C1085　对金具的安装有哪些要求？

答：组装前应检查金具是否有裂纹、沙眼、毛刺；金具的镀锌层有局部碰损、剥落或缺锌，应除锈后补刷防锈漆。金具螺栓、穿钉、弹簧销的穿向应统一；金具螺栓及闭口销的直径必须与孔径配合，开口销必须对称开口。

Jd5C2086　悬垂线夹安装后，绝缘子串应符合哪些要求？

答：悬垂线夹安装后，绝缘子串应垂直地平面。个别情况其顺线路方向与垂直位置的偏移角不应超过5°，且最大偏移值不应超过200mm。连续上、下山坡处杆塔上的悬垂线夹的安装位置应符合设计规定。

Jd5C2087　对一个档内的连接管和补修管个数有哪些要求？

答：在一个档距内每根导线或地线上只允许有1个接续管和3个补修管，当张力放线时不应超过两个补修管，并应满足下列规定：

（1）各类管与耐张线夹出口间的距离不应小于15m。

（2）接续管或补修管与悬垂线夹中心的距离不应小于5m。

（3）接续管或补修管与间隔棒中心的距离不宜小于0.5m。

（4）宜减少因损伤而增加的接续管。

Jd5C2088　如何获取GPS线路复测作业时建立转换坐标系所需要的控制点坐标？

答：可以由以下三个方面获取：

（1）由规划、测绘部门提供的标准控制点（WGS84坐标无约束平差且已知这些点的北京54坐标）。

（2）直接采用勘查定位人员提供的各控制桩位点北京54坐标。

（3）根据设计桩位成果（净距、累距、转角度数）设定各控制点间的相对坐标。

Jd5C2089　螺栓式耐张线夹要检查哪些内容？

答：应检查线夹上的U形螺丝、船形压板、销钉、开口销、垫圈、弹簧垫、螺帽等零件是否齐全，规格是否符合设计要求。

Jd5C2090　对悬式瓷质绝缘子的安装有哪些要求?

答: 绝缘子安装前应逐个表面清洗干净，并应逐个（串）进行外观检查。安装时应检查碗头、球头与弹簧销子之间的间隙。在安装好弹簧销子的情况下球头不得自碗头中脱出。验收前应清除瓷（玻璃）表面的污垢。有机复合绝缘子伞套的表面不允许有开裂、脱落、破损等现象，绝缘子的芯棒与端部附件不应有明显的歪斜。

Jd5C3091　档内一处装多个防振锤时，如何安装?

答: 档内一处装多个防振锤时通常采用等距离安装，第一个的安装距离为 b；第二个为 $2b$；第三个为 $3b$；……。设计有要求时应按照设计要求安装。

Jd5C3092　导电脂与凡士林相比有何特点?

答:（1）导电脂本身是导电体，能降低连接口的接触电阻。

（2）导电脂温度达150℃才开始流动，可使用在较高温度。

（3）导电脂的黏滞性比凡士林好，不会过多降低接触摩擦力。

Jd5C3093　对插接钢丝绳套有什么规定?

答: 钢丝绳插接的环绳或绳套，其插接长度应不小于钢丝绳直径的15倍,且不得小于300mm。插接的钢丝绳套应做125%允许负荷的抽样试验。

Jd5C3094　哪些耐张型杆塔上的绝缘子要倒挂?为什么?

答: 在耐张型杆塔处于低洼地，当相邻的一侧或两侧的杆塔位置较高时，形成对该承力杆塔的上拔。如果上拔侧的悬式绝缘子串正装，则形成绝缘子凹面朝上，雨、雾、灰尘等污秽物质容易积存在绝缘子的凹处，这样就减少了绝缘子的泄漏距离，降低了放电电压，为避免上述危害，耐张型杆塔上拔侧绝缘子串应倒挂。

Jd5C3095　以螺栓连接构件时应符合哪些规定？

答：当采用螺栓连接构件时，应符合下列规定：

（1）螺栓应与构件平面垂直，螺栓头与构件间的接触处不应有空隙。

（2）螺母拧紧后，螺杆露出螺母的长度：对单螺母，不应小于 2 个螺距；对双螺母，可与螺母相平。

（3）螺杆必须加垫者，每端不宜超过两个垫圈。

（4）螺栓的防卸、防松应符合设计要求。

Jd5C3096　用软轴插入式振动器振捣混凝土怎样操作？

答：振动器插入混凝土要做到“快插慢拔”，快插的目的是防止先将表面的混凝土振实，与下面的混凝土发生分层离析现象；慢拔是为了有充分时间使混凝土填满，防止振动棒因拔出太快形成空洞。插入深度一般是进入下层混凝土 50～40mm，每一插点振动 20～30s，最短不少于 10s，以混凝土表面呈现有砂浆，混凝土不再下沉为宜。

Jd5C3097　使用喷灯应注意哪些事项？

答：（1）喷灯注油最大允许量应装至油筒的 3/4 处。

（2）开始打气压力不要太大，点燃后火焰由黄变蓝即可使用。

（3）周围不得有易燃物，空气要流通。

（4）停用时先关闭调节开关，火焰熄灭后，慢慢旋松油孔盖放气，空气放完后要旋松调节开关。

（5）煤油喷灯与汽油喷灯要分开使用。

Jd5C4098　安装间隔棒应符合哪些要求？

答：（1）接续管和补修管与间隔棒中心的距离应不小于

0.5m。

（2）间隔棒的结构面应与导线垂直。

（3）安装时应采用正确的方法测量次档距。

（4）杆塔两侧第一个间隔棒的安装距离偏差不应大于端次档距的±1.5%，其余不应大于次档距的±3%。

（5）各相间隔棒安装位置应相互一致。

Jd5C4099　如何掌握混凝土的搅拌方法？

答：搅拌方法有人工和机械搅拌两种。人工搅拌俗称“三干四湿”，具体方法是：先将砂子倒在拌板一侧，再把水泥倒在砂子上翻拌 3 次，使砂子和水泥拌合均匀后堆成椭圆形，然后加入石子，加入规定数量 80%的水，翻拌 4 次，边翻拌边用洒水壶加入余下的水，直到混凝土混合均匀，颜色一致。

机械搅拌是采用混凝土搅拌机，有电动和油动两种。在使用搅拌机前，先将滚桶内浮土清除干净，启动机器转动正常，才往里投料，投料顺序是先投砂、水泥、石，最后加水。搅拌时间要适当。搅拌机使用完毕或中途停机时间较长，必须在旋转中用清水冲洗几遍，才能停转以防混凝土在机内结块。

Jd5C4100　组立杆塔前对工器具有什么要求？

答：工器具在使用前应经过技术检验，不合格的严禁使用，应根据施工设计的要求选用合适的工器具，使用前施工负责人和安全员应全面检查工器具是否安全可靠，工器具不得以小代大。

Jd5C4101　对铝制引流连板及并沟线夹的安装有哪些要求？

答：铝制引流连板及并沟线夹的连接面应平整、光洁，其安装应符合下列规定：

（1）安装前应检查连接面是否平整，耐张线夹引流连板的光洁面必须与引流线夹连板的光洁面接触。

（2）应使用汽油清洗连接面及导线表面污垢，并应涂上一层电力复合脂，用细钢丝刷清除涂有电力复合脂的表面氧化膜。

（3）保留电力复合脂，并应逐个均匀地拧紧连接螺栓，螺栓的扭矩应符合产品说明书的要求。

Jd5C4102　水泥的保管和使用主要应注意哪些问题？

答：（1）水泥质量必须符合国家标准，有合格证和出厂日期。

（2）水泥保管超过出厂日期 3 个月时，应进行复验，并按复验结果使用。

（3）不同品种、不同等级、不同厂家的水泥应分别保管，不得混用。

（4）储存水泥的仓库要干燥、无漏雨、地面要平整，水泥袋应用木方垫起，堆放高度不得超过 12 袋，严格注意防潮。

Jd5C5103　如何确定间隔棒在导线上的安装位置？

答：（1）计程器定位法：在飞车上安装计程器，飞车在导线上行驶时，由计程器显示距离。

（2）地面测距法：用人工沿中相导线拉尺定距离，并插上明显标记，此法适用于平地。

（3）空中测定法：根据已知的线间距离 d 和次档距 l 及端次档距 l_0，算出端次档距和次档距的斜距，由 3 个飞车操作人员分别在三相导线上用测绳拉紧量出斜边在两边线上定出间隔棒的位置。

Jd4C1104　施工测量包括哪些内容？

答：（1）校核中心桩、档距及高差。

（2）进行基面下降测量。

（3）分坑。

（4）测重要交叉跨越杆塔和重要交叉跨越物的标高。

（5）基础安装、操平、找正。

（6）杆塔校正和架线后的测量。

（7）弧垂观测与检查。

Jd4C2105　基础分坑前的复测允许误差是多少？

答：分坑测量前必须复核设计勘测时钉立的杆塔位中心桩的位置，允许误差为：

（1）以设计勘测钉立的两个相邻直线桩为基准，其横线路方向偏差不大于 50mm。

（2）当采用经纬仪视距法复测距离时，顺线路方向两相邻杆塔位中心桩间的距离与设计值的偏差不大于设计档距的 1%。

（3）转角桩的角度值，用方向法复测时对设计值的偏差不大于 1′30″。

Jd4C3106　架空送电线路现场定位测量时，对桩间距离和高差测量精度的主要要求是什么？

答：桩间距离测量一般采用光电测距仪测距，宜进行对向观测。条件困难时可采用对向观测或同向观测的视距法测距，并要求同向观测时两次测距误差不大于 1/1000。超限时，应补测一回，选用其中两测回合格的成果，否则应重新施测两测回。

高差测量一般采用三角高程测量两回。两测回的高差较差不应大于 0.4S（S 为测距边长，以 km 计，小于 0.1km 时按 0.1km 计）。仪器高和棱镜高均量至厘米，成果采用两测回高差的中数，取至分米。当距离超过 400m 时，高差应按公式 $r=\left(1-K\right)/2R\square S^{2}$（$R$ 为地球平均曲率半径；S 为测距边长；K 为大气折光差系数）进行地球曲率和大气折光差改正。当高差较差超限时，应补测一回，选用其中两测回合格的成果，否则应重新施测两测回。

Jd4C3107　500kV 架空送电线路勘测中平面测量包括哪些内容？如何进行？

答：500kV 架空送电线路平面测量勘测中，在线路走廊范围内的建筑物、经济作物以及沟坎和不良地质地段等，应根据需要决定测量范围，实测或目测其平面位置，以绘制线路中心两侧一定范围内的带状平面图。

（1）对线路中心两侧各 50m 范围内有影响的建筑物、道路、管线、河流、水库、水塘、水沟、渠道、坟地、悬岩、陡壁等，应用仪器实测并绘于平面图上。

（2）线路通过森林、果园、苗圃、农作物及经济作物区时，应实测其边界，注明作物名称、树种及高度。

（3）线路平行接近通信线、地下电缆时，应按设计要求实测或调绘其相对位置。

（4）线路平断面图的比例尺，宜采用水平 1:5000、垂直 1:500。

Jd4C3108　搭设带电体的跨越架有哪些主要要求？

答：（1）参加不停电线路跨越架搭设的人员必须熟练掌握跨越架搭设的施工方法和安全措施，并经有关单位组织培训和技术交底后方可参加跨越架搭设施工。

（2）跨越架顶面的搭设或拆除，应在被跨越电力线停电后进行。

（3）在搭设和拆除跨越架时应设安全监护人。

（4）在带电体附近作业时，人体与带电体之间的最小安全距离必须符合安全规程的规定。作业人员不得在跨越架内侧攀登或作业工作，并严禁在封顶架上通过。上下传递物件必须用绝缘绳索。绑扎用铁丝单根展开长度不得大于 1.6m。

（5）跨越不停电线路架线施工应在良好天气下进行，遇雷电、雨、雪、霜、雾，相对湿度大于 85%或 5 级以上大风时，应停止作业。

（6）跨越架封顶绝缘网的弧垂不得大于 2.5m，且距架空地线（光缆）的最小净间距不得小于安全规程的规定。

Jd4C4109　简述使用经纬仪的步骤。

答：（1）第一步对中，目的是将经纬仪中心与测站点置于同一铅垂线上。

（2）第二步整平，目的是使竖轴处于竖直位置，水平度盘处于水平位置。

（3）第三步对光，调整目镜和物镜。

（4）第四步照准，将望远镜对向明亮背景，照准目标，再调节物镜使物象清晰。

（5）第五步读数，打开反光镜进行读数。

Je5C2110　架空送电线路的施工分哪些步骤？

答：架空送电线路的施工，通常以施工先后为序，分为施工测量、工地运输、基坑开挖、基础施工、接地施工、杆塔组立、放线紧线、附件安装八个步骤。

Je5C2111　对杆塔、拉线基础坑以及接地沟回填土的防沉层有哪些规定？

答：杆塔、拉线基础坑及接地沟的回填，都必须在坑口地面上筑防沉层。杆塔、拉线基础坑防沉层的上部边宽不得小于坑口边宽，其高度应视夯实程度确定，一般为 300～500mm，经过沉降后应及时补填夯实，工程移交时坑口回填土不应低于地面。接地沟的回填宜选取未掺有石块及其他杂物的泥土并应夯实，回填后应筑有防沉层，其高度宜为 100～300mm，工程移交时回填土不得低于地面。

Je5C2112　如何安装混凝土电杆的底盘？

答：安装底盘俗称下底盘。主要施工步骤是：

（1）先依据设计要求对坑深进行测量，对于双杆要将两坑操平。

（2）把底盘吊入或滑入坑底。

（3）在中心桩支仪器，并在中心桩的两侧钉出横担轴线的辅助桩 A 和 B。

（4）在辅助桩 A 和 B 上拉一细铁丝（该铁丝必然要过中心桩），并在距中心桩 1/2 根开处吊一垂球，调整底盘使其中心对准垂球尖端，同法，调整好另一底盘。

（5）对底盘中心面再进行操平，符合要求后立即对四周进行回填，以保底盘位置不变动。

Je5C2113　外拉线抱杆组塔的现场布置原则是什么？

答：（1）拉线地锚位于基础对角线的延长线上，拉线对地夹角不小于 45°。

（2）抱杆宜固定在带脚钉的塔腿上，相应拉线应加强。

（3）牵引设备距基础中心 1.2 倍塔高以上，方位以牵引绳从抱杆对面塔底空档穿出为宜。

Je5C3114　铁塔现浇基础对养护工作有哪些要求？

答：现场浇筑混凝土的养护应符合下列规定：① 浇筑后应在 12h 内开始浇水养护，当天气炎热、干燥有风时，应在 3h 内进行浇水养护，养护时应在基础模板外加遮盖物，浇水次数应能保持混凝土表面始终湿润；② 对普通硅酸盐和矿渣硅酸盐水泥拌制的混凝土浇水养护，不得少于 7 昼夜，当使用其他品种水泥和大体积基础时按有关规定处理；③ 基础拆模经表面质量检查合格后应立即回填，并应对基础外露部分加遮盖物，按规定期限继续浇水养护，养护时应使遮盖物及基础周围的土始终保持湿润；④ 采用养护剂养护时，应在拆模并经表面检查合格后立即涂刷，涂刷后不再浇水；⑤ 日平均温度低于 5℃时，不得浇水养护。

Je5C3115　杆塔拉线在施工时一般有哪些要求？

答：（1）拉线金具和附件外观检查合格。

（2）楔型线夹内壁光滑，线夹的舌板与拉线应紧密接触，受力后不应滑动。线夹的凸肚应在尾线侧，安装时不应使线股损伤。

（3）拉线弯曲部分不应有明显松股，断头侧应采取有效措施，以防止散股。线夹尾线宜露出300～500mm，尾线回头后与本线应用镀锌铁线绑扎或压牢。

（4）NUT型线夹可调部分丝扣应涂润滑油，NUT型线夹带螺母后的螺杆必须露出螺纹，并应留有不小于1/2螺杆的可调螺纹长度，以供运行中调整；NUT线夹安装后应将双螺母拧紧并应装设防盗罩。

（5）拉线的对地夹角允许偏差应为1°。

（6）拉线与拉线棒应呈一直线。

（7）组合拉线的各根拉线应受力均衡。

（8）X型拉线的交叉点处应留足够的空隙，避免相互磨碰。

Je5C3116　110、220、330、500kV线路导线对地面的最小距离各应不小于多少？

答：在最大计算弧垂情况下，导线与地面的距离不应小于表F-1中所列数值。

表F-1　　导线与地面的最小距离

电压（kV）	居民区（m）	非居民区（m）	交通困难地区（m）
110	7.0	6.0	5.0
220	7.5	6.5	5.5
330	8.5	7.5	6.5
500	14.0	11.0（水平）、10.5（三角形）	8.5

Je5C3117 架空送电线路的导线、地线在哪些跨越档内不得接头？

答：不允许接头的线档有：标准轨距的铁路；高速公路和一级公路；有轨无轨电车道；一、二级通航河流；110kV及以上电力线路；特殊管道、索道等。

Je5C4118 输电线路的有机复合绝缘子在使用和保管时应注意哪些事项？

答：（1）有机复合绝缘子堆放在仓库中要防止出入人员踩踏，同时要注意防潮，尤其防止被老鼠等咬坏。

（2）有机复合绝缘子在运往施工塔位前要对有机复合绝缘子的外观、橡胶裙边进行仔细检查，发现有破损的地方，不得进行使用。

（3）施工人员附件安装上下导线或跳线施工时，必须使用软梯上下，不得踩踏有机复合绝缘子。

Je5C4119 《钢筋混凝土用钢》GB 1499标准中，订货合同应包括哪些内容？

答：《钢筋混凝土用钢》GB 1499标准中，按本部分订货的合同中至少应包括如下内容：① 本部分标准编号；② 产品名称；③ 钢筋牌号；④ 钢筋公称直径、长度及重量（或数量、盘重）；⑤ 特殊要求。

Je5C4120 220kV以上铁塔组立，对外拉线抱杆有什么要求？

答：（1）抱杆可用无缝钢管或三角断面、正方形断面的钢结构或铝合金结构。

（2）抱杆长度 L 应按以下经验公式确定

$$L=(1.5\sim1.7)H$$

H 是全塔最长一段的高度，对于酒杯型、猫头型铁塔为平口到横担的高度，相应的系数取 1.4。

Je5C4121　铁塔现浇基础的施工步骤有哪些？

答：（1）基坑开挖和钢筋骨架的加工。

（2）支模板和安放钢筋骨架、地脚螺栓或插入式角钢。

（3）浇灌混凝土。

（4）养护。

（5）拆模板及外观鉴定。

（6）回填土。

Je5C4122　钢筋混凝土电杆的排杆要求有哪些？

答：（1）杆段的规格如眼孔位置、方向、杆段长短、配筋等是否符合设计要求，杆段表面有无蜂窝、麻面、孔洞、露筋、壁厚不等和纵向裂纹等问题，不合格的不能使用。

（2）排杆的位置及方向要考虑立杆方案，地形不平或土质松软，应平整场地或临时支撑，必要时杆段应用绳索锚固。如为整体起吊，两杆就应达到：① 两杆分别在线路中心线或横担中垂线的两侧，距中心线（或中垂线）半个根开；② 杆根距坑中心相等，且为 0.5～1.0m；③ 根开符合规定，两对角线相等。

（3）拨正眼孔方向，调直和垫平各杆段，接头钢圈互相对齐，并留 2～5mm 焊接缝隙。

（4）杆段应支垫两点，支垫处两侧应用木楔掩牢。

（5）滚动杆段时应统一行动，滚动前方不得有人；杆段顺向移动时，应随时将支垫处用木楔掩牢。

（6）用棍、杠撬拨杆段时，应防止滑脱伤人；不得用铁撬棍插入预埋孔转动杆段。

Je5C4123　在耐张塔如何进行挂线？

答：（1）带张力地面牵引挂线：其方法是在地面牵引已连

接好导线的耐张绝缘子串，并将其挂在横担的挂线板上，挂线完毕后，应缓慢放松牵引钢丝绳并注意杆塔受力后有无变化，并可调整临时拉线和永久拉线。

（2）不带张力地面牵引挂线：张力放线时，紧线完毕后，将导线高空临锚在塔上，导线尾线落地，经量尺断线压接耐张管后与耐张绝缘子串连接好，然后进行牵引挂到横担挂线板上，再拆除高空临锚装置。

Je5C5124　组立铁塔必须具备哪些条件，需做好哪些准备工作？

答：（1）铁塔基础应经中间检查验收合格。

（2）分解组立铁塔时，混凝土的抗压强度应达到设计强度的 70%。

（3）整体立塔时。混凝土的抗压强度应达到设计强度的 100%：当立塔操作采取有效防止基础承受水平推力的措施时，混凝土的抗压强度允许不低于设计强度的 70%。

（4）按图核对塔材型号、规格、数量；按件号及起吊顺序分类排列。

（5）螺栓应按规格分类堆放，不能掺合混放，以免用错。

（6）立塔施工必须有技术措施（包括安全技术措施），并在施工前对全体施工人员进行交底。

（7）按照作业指导书的要求准备好立塔所需的工器具。

Je5C5125　如何起立、提升和拆除内拉线抱杆？

答：起立内拉线抱杆，要先把朝天滑车，朝地滑车，平衡滑车，上、下拉线等部件装好，并把提升抱杆用的腰环套入。然后用小人字抱杆或已立好的塔脚把抱杆吊起，并把上、下拉线按要求固定好，调直抱杆，使其处于工作状态。

提升抱杆：① 绑好上、下腰环，使抱杆直立于铁塔中心线上；② 松开上拉线并固定到下一位置；③ 将吊绳从牵引设备侧抽回适当长度，并绑死到已组塔段的顶端，再让牵引绳向下通过朝地滑车后再向上穿进挂在绑扎点对称点上的提升滑车，然后通过地滑车转向至牵引设备；④ 收紧牵引系统，托起抱杆，解去下拉线，继续牵引至上拉线张紧后再固定下拉线，解开腰环，松开牵引，恢复至起吊状态。

抱杆拆除：铁塔吊装完成后，即可开始拆除抱杆。对于酒杯型塔或猫头型塔可利用横担中点作为支持点拆除抱杆；对于干字型塔可利用塔头顶端作为支持点拆除抱杆。

Je4C1126　如何用等长法（平行四边形法）观测弧垂？

答：所谓等长法（平行四边形法）观测弧垂，就是从观测档两端杆塔 A、B 的导地线悬挂点向下各量一个弧垂 f_m，并绑一个水平标志板（即弧垂板），然后调整导地线，使它的最低点和两弧垂板的连线相切，也就是使导地线的视线点和两侧的弧垂板三点成一直线，这时导线的弧垂即为要求的 f_m 值。等长法使用方便，容易掌握，精度高，但只有在弧垂 f_m 小于悬点高且视线畅通的情况才能用。

Je4C1127　施工基面下降的测量工作分哪几个步骤？

答：通常按以下三个步骤进行：

（1）测定为恢复杆位中心用的顺线路和横线路的辅助桩。

（2）测定施工基面的设计标高桩和开挖范围。

（3）待基面下降至要求标高时，用已定立的辅助桩和标高桩交出中心桩的位置和标高。

Je4C2128　如何进行正方形基础的分坑工作？

答：正方形基础的分坑测量可按以下方法进行：

（1）分别给根开 A 和坑口长 a 乘以 $\sqrt{2}$，得出基础中心对角线长 B 和坑口对角线长 b。

（2）将经纬仪支在中心桩 O 处，以线路方向为起点右转45°，在距 O 点 $B/2$ 的地方标出坑口中心 O_1，再在距 O_1 点 $b/2$ 的地方钉出 1、3 两辅助桩，然后把长度为 2 倍坑口边长 $2a$ 的皮尺的两端分别压在 1、3 两桩上，再从皮尺的中点 a 处向外张紧，就找出了 2、4 两点，连接 1、2、3、4 就是坑口界线。

（3）按同样方法，依次勾画出其他三个坑口界线。

Je4C2129　铁塔现浇基础对钢筋骨架的加工和安放有何要求？

答：主要要求如下：

（1）按施工图配筋、剪切和弯钩。钢筋不能以小充大，弯钩不能随便不弯。钢筋表面应清洁、无油垢和浮锈。

（2）主筋接头应错开，同一连接区段内接头断面不宜大于50%。

（3）受力钢筋间距允许误差±10mm，受力钢筋顺长度方向全长的净尺寸允许误差±10mm。钢筋交叉点用 18 号铁丝绑扎。

（4）钢筋骨架应支垫牢固，距四周空隙相等，以防止浇制或捣固时发生摇动、位移，导致保护层不够或露筋。

Je4C2130　基坑开挖的方法有哪些？人力开挖安全要求有哪些？

答：杆塔基坑开挖的方法主要有：人力开挖、机械开挖和松动爆破等。

人力开挖安全要求：

（1）必须先清除上山坡浮动土石。

（2）严禁上、下坡同时撬挖。

（3）土石滚落下方不得有人，并设专人警戒。

（4）作业人员之间应保持适当距离。坑底面积超过 $2m^2$ 时，可由 2 人同时挖掘，但不得面对面作业。

（5）在悬岩陡坡上作业时应系安全带。

（6）作业人员不得在坑内休息。

（7）掏挖工桩基础施工前应经土质鉴定。挖掘时，坑上应设监护人。在扩张范围内的地面上不得堆积土方。坑模成型后，应及时浇灌混凝土，否则应采取防止土体塌落的措施。

（8）使用挡土板时，应经常检查其有无变形或断裂现象。作业人员不得站在挡土板支撑上传递土方或在支撑上搁置传土工具。更换挡土板支撑应先装后拆。拆除挡土板应待基础浇制完毕后与回填土同时进行。

（9）施工人员不得在开挖后堆放的松散堆石上行走。

Je4C2131　紧线前要做哪些准备工作？

答：（1）放线前应有完整有效的架线（包括放线、紧线及附件安装等）施工技术文件（作业指导书），作业指导书中应包括安全技术措施，在施工前对全体施工人员进行交底。

（2）按技术文件（作业指导书）的要求选择工器具，主要受力工器具应符合技术检验标准，并附有许用荷载标志；使用前必须进行检查，不合格者严禁使用，严禁以小代大，严禁超载使用。

（3）按照技术文件（作业指导书）的要求进行现场布置。

（4）紧线段各杆塔的部件应齐全，螺栓应紧固。

（5）紧线杆塔的临时拉线和补强措施以及导线、地线（光缆）的临锚准备应设置完毕。

（6）牵引锚桩距紧线杆塔的水平距离应满足安全施工措施的规定；锚桩布置与受力方向一致，并埋设可靠。

（7）紧线档内的通信应畅通。

（8）埋入地下或临时绑扎的导线、地线（光缆）必须挖出或解开；导线、地线（光缆）应压接、升空完毕。

（9）障碍物以及导线、地线（光缆）跳槽等应处理完毕。

（10）分裂导线不得相互绞扭。

（11）各交叉跨越处的安全措施可靠。

（12）冬季施工时，导线、地线（光缆）被冻结处应处理完毕。

（13）做好弛度弧垂观测的各项准备工作。

Je4C3132　怎样用内对角线法进行正方形基础地脚螺栓找正？

答：为保证每个分基础 4 个地脚螺栓相互之间符合设计距离，可按施工图做一个样板，将地脚螺栓穿入样板孔内固定。这样只需找正地脚螺栓样板就成了。找正方法如下：

（1）在基础中心支仪器，钉出基础对角线的方向桩 1、2、3、4。

（2）用细铁丝连接成两条对角线，其交点 O 就是中心桩。

（3）以 O 为起点，在对角线方向上分别向外量 $B/2$（1/2 基础对角线长），标出各分基础的中心 O_1、O_2、O_3、O_4。

（4）调整地脚螺栓样板，使样板中心分别与 O_1、O_2、O_3、O_4 重合，并使地脚螺栓指向基础内部的对角线与基础对角线重合，就达到了找正的目的。

（5）铁塔基础地脚螺栓调整后，应复核基础的根开是否符合设计和规范的要求。

Je4C3133　怎样选择弧垂观测档？

答：弧垂观测档的选择应符合以下规定：

（1）紧线段为 5 档及以下时，靠中间选一档。

（2）紧线段为 6～12 档，靠两端各选一档。

（3）紧线段为 12 档以上时靠近两端及中间可选 3～4 档。

（4）观测档宜选档距较大和悬挂点高差较小及接近代表档距的线档。

（5）观测档数目可适当增加，但不能减少。

Je4C3134 为什么可用异长法观测弧垂？为减小误差，有何要求？

答：当不能采用等长法观测弧垂时，就可采用异长法进行观测。以抛物线式异长法为例：按要求的弧垂 f_m，根据公式 $f_m=1/4\left(\sqrt{a}+\sqrt{b}\right)^2$ 可写出 $b=\left(2\sqrt{f_m}-\sqrt{a}\right)^2$。这样，当选定一个适当的垂直截距 a 值时，就有与 f_m 相对应的一个 b 值。观测时只要导线与视线 AB 相切，则档距中点的弧垂就是要求的 f。值得说明，尽管视线切点 C 的弧垂并非 f，但是它正确地反映了档距中点的弧垂就是 f_m。

异长法在理论上是精确的，但观测时总是免不了误差，观测点的误差反映到档距中点，误差就更大了，只有当切点 C 距档距中点不远时，误差才比较小，因此应尽量缩小 a、b 的差距。要求 $1/4f \leqslant a$（b）$\leqslant 9/4f$。为使要测定的弧垂及时调整到变化后的要求弧垂值，要调整观测一侧弧垂板的垂直距离 Δa，一般习惯取弧垂变化 Δf 的 2 倍来进行调整，但会带来误差，正确地调整方法是 $\Delta a=2\sqrt{\dfrac{a}{f}}\Delta f$，当温度升高时 Δa 为正值，即 $a+\Delta a$，当温度降低时 Δa 为负值，即 $a-\Delta a$。

Je4C3135 铁塔现浇基础对支模板工作有什么要求？

答：（1）模板及其支架应根据工程结构形式、荷载大小、地基土类别、施工设备和材料供应等条件进行设计。

（2）模板要安装牢固，组装、拆卸时模板不得变形。位置正确，支撑牢固，以保证浇注时不发生移动。模板及其支架拆除的顺序及安全措施应按施工技术方案执行。

（3）模板的几何尺寸正确，接缝严密，接缝处不应漏浆。

（4）在浇筑混凝土前，木模板应浇水湿润，模板在浇注前要涂刷一层隔离剂，涂刷时注意不要碰触钢筋。

（5）钢筋骨架网与模板间应有一定的保护层间隙。

Je4C3136　如何起立、提升和降落外拉线抱杆？

答：起立抱杆：可采用人字抱杆整立法，或利用塔腿单板整立法。采用分片吊装时抱杆立在铁塔主材的内侧。

提升抱杆：① 在已立塔段的上部，用大绳作抱杆腰绳，把抱杆挂在固定抱杆的塔腿上，腰绳松紧要适宜，应保证能自由上、下；② 在固定抱杆塔腿的顶端挂一提升滑车；③ 把动滑车拉到抱杆下部，钩在预设的U形环上，并把从定滑轮抽出的牵引绳固定在抱杆根部；④ 把牵引绳从地滑车中取出，待放入提升滑车后再放回地滑车；⑤ 收紧起吊系统，转移抱杆重量，打开抱杆尾绳，徐徐提升抱杆，适时调整拉线，直至抱杆就位。

降落抱杆时，在塔顶挂一单滑车，把牵引绳固定在抱杆重心以上，并放入塔顶单滑车内，在抱杆下端绑一控制大绳；收紧牵引绳，打开抱杆尾绳，松开四方拉线，慢慢放落，在适当位置，用大绳把抱杆拖到塔外（也可将抱杆分段拆除）。

Je4C3137　人力放线工作的注意事项有哪些？

答：放线工作的注意事项主要有：

（1）放线前应对放线段做调查，确定线盘分布地点、支撑方式，了解交叉跨越地点，制订跨越措施，进行必要的联系工作。

（2）逐基挂放线滑车，滑车应与施放的材质相同，轮径大小应大于导线直径的15倍，以减少导线的局部弯曲应力。

（3）放线时的通信必须迅速、清晰、畅通。

（4）线盘架应稳固，转动灵活，制动可靠。放线时应认真监视线盘，不得使导线线材磨损、松股、断股和出现金钩。

（5）对重要交叉跨越点要派专人监护。

（6）导引绳或牵引绳的连接应用专用连接工具；牵引绳与导线、地线（光缆）连接应使用专用连接网套。

Je4C3138　紧线工作的注意事项主要有哪些？

答：（1）基础强度应达到100%设计强度，紧线段各杆塔均符合设计标准。杆塔的部件应齐全，螺栓应紧固。

（2）应按施工技术措施或作业指导书的规定进行现场布置及选择工器具。

（3）紧线杆塔的临时拉线和补强措施以及导线、地线（光缆）的临锚准备应设置完毕。对较短的耐张段和孤立档，因挂线张力较大，应严密监视结构倾斜，制订措施，以免影响弧垂观测的正确性。

（4）紧线应使用卡线器，卡线器的规格必须与线材规格匹配，不得代用。

（5）紧线档内的通信应畅通。

（6）各交叉跨越处的安全措施可靠，并派专人监护。

（7）压接管过滑车的塔位，应派专人监护。

Je4C4139　在线路复测时，哪些标高应该重点复核？

答：在线路复测时，以下标高应该重点复核：① 导线对地距离（含风偏）有可能不够的地形凸起点的标高；② 塔位间被跨越物的标高；③ 相邻塔位的相对标高。实测值与设计相比的偏差不应超过0.5m，超过时应由设计方查明原因并予以纠正。

Je4C5140　线路杆塔上，导线与地线应满足什么样的位置关系？

答：（1）杆塔上地线对边导线的保护角应符合各电压级的设计要求。

（2）杆塔上两根地线之间的距离，不应超过地线与导线间垂直距离的5倍。

（3）在一般档距的档距中央，导线与地线间的距离，在气温+15℃，无风时应满足公式：$S \geqslant 0.012L+1$（m），L为档距（m）、S为导线与地线间的距离。

Je4C5141　什么是导线、地线的初伸长？设计中为什么要进行补偿？常用什么方法进行补偿？

答：导线、地线在受拉力后产生一种永久性伸长，称做初伸长，它是由塑性变形和蠕变引起的。它在架线中还不能完全放出，而是在长期运行中，由于导线、地线应力的变化和长期作用逐渐放出，这种伸长会使线长和弧垂增加，从而导致对地距离或对被跨越物距离不满足要求，所以设计时必须设法补偿。常用的补偿办法有两种：① 是降温补偿法，镀锌钢绞线可采用降低温度10℃；钢芯铝绞线的降温值取15～25℃；② 是减小架线弧垂法，减小值为10%～20%。

Je3C2142　混凝土双杆立起后迈步如何调整？

答：（1）先检查迈步的原因，然后进行调整。

（2）电杆已进入底盘，因底盘移动而产生的迈步，可用千斤顶调正底盘位置。

（3）如因杆根未入槽而产生的迈步，可用千斤顶顶杆根入槽，或在坑口斜搭一道木做支架加钢丝套用双钩将杆根吊入底盘槽中。

Je3C2143　对送电线路现场浇制钢筋混凝土基础的构造有哪些主要要求？

答：（1）混凝土标号不低于C15，一般阶梯式基础底板最小厚度为20cm。

（2）钢筋混凝土基础构件，其受拉钢筋面积对混凝土计算截面之比的最小百分率，在混凝土是C15（或C20）时，为0.1（或0.15）。

（3）基础主柱的箍筋直径不小于6mm；纵向钢筋直径为16～18mm（一般取20～25mm）时，箍筋间距一般为25（或30）cm；基础主柱的保护层厚度不小于3.0cm。

Je3C3144　工程验收的依据是什么？

答：（1）上级颁发的规程、规范、标准以及经过批准的本单位的实施细则。

（2）设计文件、施工图及设计变更资料。

（3）制造厂家提供的设备图纸，技术说明中的技术要求。

（4）经上级批准的施工技术措施、合理化建议、先进经验及技术革新成果中的有关标准。

（5）与有关单位议定的补充质量标准或上级和本单位的经有关会议确定的技术决定。

Je3C4145　四分裂导线弧垂观测的一般原则是什么？

答：（1）观测弧垂的温度以各观测档和紧线场气温的平均值为依据，气温相差不超过±2.5℃时，其弧垂值可不作调整。

（2）同一观测档同相子导线应基本同时收紧或同时放松，不使其张力差过大。

（3）观测弧垂时先以一根子导线为标准达到设计规定值，其他子导线均以此根子导线为准调平弧垂。

（4）四分裂导线紧线弧垂调正，可采用“粗调”与“细调”相结合的方法进行。

（5）紧线弧垂调平时，特别注意四分裂导线上线之间和下线之间的调平，上、下线之间不宜有负误差。

（6）紧线弧垂调平应尽量将三相导线在一天内完成，特别是每相导线必须当日完成紧线。

（7）大雾、大风、雷雨天等气象条件下，应停止观测弧垂与子导线调平。

（8）弧垂调整困难，各观测档不能统一时，应查明原因，处理后再继续调整。

Je3C5146　绝缘子串风偏角不满足要求时，通常如何解决？

答：（1）直线杆塔：调整杆塔位置、高度或改用允许摇摆角较大的杆塔。

（2）耐张转角杆塔的跳线串：使用重锤或其他方法加大绝缘子串的垂直荷重和稳定。

Je2C5147　野外识别滑坡的主要根据是什么？

答：（1）根据滑坡所特有的地貌形态，看是否存在着深谷、变位阶地、滑坡裂隙等。

（2）根据滑坡上地物特征加以判断，看树木歪斜、建筑物变形、泉水露头等。

（3）根据地层岩性及水文地质条件进行鉴别，看倾斜岩中含水层存在并与山坡方向一致时，则极易形成滑坡。软弱夹层及破碎带也往往造成滑坡体。

Je4C2148　什么是中间验收？

答：中间验收是在分部工程完工后，对该分部工程进行阶段性验收。送电线路的分部工程可按基础工程、杆塔组立、架线工程、接地工程进行。中间验收可以分部工程全部完成后实施验收，也可根据工程进度需要分批实施验收。

Je4C2149　工程验收的程序是什么？

答：（1）隐蔽工程验收。

（2）中间验收。

（3）竣工验收。

Je4C3150　隐蔽工程包括哪些项目？

答：隐蔽工程的验收检查应在隐蔽前进行。以下内容为隐蔽工程：

（1）基础坑深及地基处理情况。

（2）现浇基础中钢筋和预埋件的规格、尺寸、数量、位置、底座断面尺寸、混凝土的保护层厚度及浇筑质量。

（3）预制基础中钢筋和预埋件的规格、数量、安装位置，立柱的组装质量。

（4）岩石及掏挖基础的成孔尺寸、孔深、埋入铁件及混凝土浇筑质量。

（5）灌注桩基础的成孔、清孔、钢筋骨架及水下混凝土浇灌。

（6）液压连接接续管、耐张线夹、引流管等的检查：① 连接前的内、外径，长度；② 管及线的清洗情况；③ 钢管在铝管中的位置；④ 钢芯与铝线端头在连接管中的位置。

（7）导线、架空地线补修处理及线股损伤情况。

（8）杆塔接地装置的埋设情况。

Je4C3151　水泥包装袋上应有哪些标志？

答：水泥包装袋上应清楚标明：执行标准、水泥品种、代号、强度、生产者名称、生产许可证标志（QS）及编号、出厂编号、包装日期、净含量。

Je4C3152　在送电线路工程中，直接费由直接工程费和措施费组成，措施费包括哪些费用？

答：措施费包括：冬雨季施工增加费、夜间施工增加费、施工工具使用费、特殊地区施工增加费、临时设施费、施工机构转移费、安全文明施工措施补助费。

Je4C3153　在输电线路工程中，可计为间接费的有哪些费用？

答：间接费是指建筑安装产品的生产过程中，为全工程项目服务而不直接消耗在特定产品对象上的费用。间接费由规费和企业管理费组成。规费主要包括社会保障费、住房公积金和危险作业以外伤害保险费；线路工程企业管理费=人工费×费率。

Je4C4154　何为竣工验收？它包括哪些项目？

答：竣工验收应符合下列规定：

(1)竣工验收在隐蔽工程验收和中间验收全部结束后实施。竣工验收是对架空送电线路投运前安装质量的最终确认。

（2）竣工验收除应确认工程的施工质量外，还应包括以下内容：

1）线路走廊障碍物的处理情况。

2）杆塔固定标志。

3）临时接地线的拆除。

4）遗留问题的处理情况。

（3）竣工验收除应验收实物质量外，还应包括工程技术资料。

Jf5C3155　常用的人工呼吸法有哪两种？并简述这两种方法如何进行操作？

答：常用的人工呼吸法有口对口（鼻）呼吸法和人工循环（体外按压）法两种。具体操作如下：

1. 口对口（鼻）呼吸法

（1）用手的拇指与食指，捏住伤员鼻孔（或鼻翼）下端，施救者深吸一口气屏住并用自己的嘴唇包住（套住）伤员微张的嘴。用力快而深地向伤员口中吹（呵）气。

（2）一次吹气完毕后，应即与伤员口部脱离，轻轻抬起头部，面向伤员胸部，吸入新鲜空气，以做下一次人工呼吸。同时使伤员的口张开，捏鼻的手也可放松，以便伤员从鼻孔通气，观察伤员胸部向下恢复时，则有气流从伤员口腔排出。

2. 人工循环（体外按压）

（1）按压部位：胸骨中 1/3 与下 1/3 交界处。

（2）伤员体位：伤员应仰卧于硬板床或地上。如为弹簧床，则应在伤员背部垫一硬板。硬板长度及宽度应足够大，以保证按压胸骨时，伤员身体不会移动。但不可因找寻硬板而延误开始按压的时间。

（3）快速测定按压部位的方法：快速按压部位可分5个步骤。

1）在两侧肋弓交点处寻找胸骨下切迹。以切迹作为定位标志。不要以剑突下定位。

2）然后将食指及中指两横指放在胸骨下切迹上方，食指上方的胸骨正中部即为按压区。

3）以另一手的掌根部紧贴食指上方，放在按压区。

4）再将定位之手取下，重叠将掌根放于另一手背上，两手手指交叉抬起，使手指脱离胸壁。

（4）按压姿势：正确的按压姿势，抢救者双臂绷直，双肩在伤员胸骨上方正中，靠自身重量垂直向下按压。

（5）按压用力应平稳，有节律地进行，不能间断。不能冲击式的猛压。下压及向上放松的时间应相等，压按至最低点处，应有一明显的停顿，垂直用力向下，不要左右摆动。放松时定位的手掌根部不要离开胸骨定位点。按压频率应保持在100次/min。

Jf4C3156　混凝土电杆用货车运输有哪些要求？

答：（1）电杆重心与车厢承重中心应基本一致，拔梢杆的重心位置距小头长度约占全长的56%。

（2）车厢内混凝土水泥电杆码放高度不应超过三层。

（3）混凝土水泥电杆顺其滚动方向必须用木楔掩牢并捆绑牢固。

（4）用超长架装载超长物件时，在其尾部应设置警告的标志；超长架与车厢固定，物件与超长架及车厢必须捆绑牢固。

（5）押运人员应加强途中检查，防止捆绑松动；通过山区或弯道时，防止超长部位与山坡或行道树碰刮。

Jf4C3157　采用液压连接的规定主要有哪些？

答：（1）必须符合《架空送电线路导线及地线液压施工工艺规程》SDJ226 的规定。

（2）各种液压管压接后呈正六边形，其对边距 S 的允许最大值可根据 $S=0.866\times0.993D+0.2$ 计算，其中 D 为管外径（mm），S 为对边距（mm）。

三个对边距只允许一个达到最大值，超过此规定时应更换钢模重压。

Jf4C3158　在基础施工采用井点排水设备时应遵守哪些安全规定？

答：采用井点排水设备时应遵守下列规定：

（1）井点排水方案应经过审核和批准。

（2）所用设备的安全性能应良好，水泵接管必须牢固、卡紧，工作时严禁将带压管口对准人体。

（3）人工下管时应有专人指挥，起落动作一致，用力均匀，用人字抱杆时，抱杆必须系好浪风绳。

（4）机械下管、拔管时，吊臂下严禁站人。

（5）在附近有车辆或施工机械通过的地点，对井点设备应予以加固。

Jf4C4159　《国家电网公司电力安全工作规程（线路部分）》中工作票签发人的安全责任有哪些？

答：（1）工作必要性和安全性。

（2）工作票所填安全措施是否正确完备。

（3）所派工作负责人和工作班人员是否适当和充足。

Jf4C5160　送电线路杆塔上的固定标志，应符合哪些原则规定？

答：送电线路杆塔上的固定标志，应符合下述原则规定：

（1）所有杆塔均应标明线路名称、线路编号和杆塔编号。

（2）所有耐张型杆塔、分支杆塔、换位杆塔和换位杆塔前后各一基杆塔上，均应有明显的相位标志。

（3）在多回路杆塔上或在同一走廊内的平行线路的杆塔上，均应标明每一线路的名称或代号。

（4）高杆塔应按航空部门的规定装设航行障碍标志。

Jf4F2161　在爆破危险区内应事先做好哪些工作？

答：起爆前应与附近工作的人员和居（农）民取得联系，并通知撤出爆破危险区以外；交叉路口或爆破点前后路上设专人看守，鸣笛警告，设置警戒线，阻止行人和车辆进入危险区，待危险区内无人方可引爆，待全部炮眼都爆破完毕，行人、车辆方可通过。

Jf4F4162　如何计算土壤松动爆破装药量？

答：在开挖岩石及坚土坑时，需要将岩石、坚土松动，以便开挖、排出。采用松动爆破时，其装药量可按下式计算

$$Q=(0.33\sim0.44)kW^3$$

式中　Q——松动爆破用药量；

k——爆破单位体积岩石的用药量，kg/m^3；

W——最小抵抗线，即实际工程中的炮眼深度。

Jf3C3163　焊接与切割工作的安全规定是什么？

答：（1）从事电、气焊的工作人员，应熟悉专业安全知识，并经考试合格，取得合格证后，方可独立进行焊接工作。

（2）进行焊接与切割作业时，作业人员应穿戴专用劳动防护用品。

（3）作业点周围 5m 内的易燃易爆物应清除干净。氧气瓶

与乙炔气瓶的距离不得小于 5m，气瓶距离明火不得小于 10m。

（4）高处焊接与切割作业遵守下列规定：① 应遵守高处作业的有关规定。② 作业前应对熔渣有可能落入范围内的易燃易爆物进行清除，或采取可靠的隔离、防护措施。③ 严禁携带电焊导线或气焊软管登高或从高处跨越。④ 应在无电源或无气源情况下用绳索提吊电焊导线或气焊软管。⑤ 地面应有人监护和配合。

（5）在进行焊接及切割操作的地方必须配置足够的灭火设备。

Jf3C3164　输电线路铁塔图纸中粗实线、虚线、点划线和波浪线表示什么？

答：粗实线：可见轮廓线；虚线：不可见轮廓线；点划线：轴心线、对称中心线；波浪线：机件断裂处的边界线。

Jf3C3165　组立杆塔时制动绳起什么作用？

答：（1）收紧制动绳，以保证电杆根部位置正确，并使其坐于底盘槽中。

（2）平衡电杆（部件）重量及起吊绳、拉线在电杆轴向的分力。

Jf3C4166　混凝土的冬期施工掺用防冻剂混凝土养护应符合哪些规定？

答：掺用防冻剂混凝土养护应符合下列规定：① 在负温条件下养护时，严禁浇水，外露表面必须覆盖；② 混凝土的初期养护温度，不得低于防冻剂的规定温度；③ 模板和保温层在混凝土达到要求并冷却到 5℃后方可拆除，当拆模后混凝土表面温度与环境温度之差大于 15℃时，应对混凝土采用保温材料覆盖养护。

Jf3C3167　送电线路现场浇筑基础时试块制作数量应符合哪些规定？

答：（1）转角、耐张、终端、换位塔及直线转角塔基础每基应取一组。

（2）一般直线塔基础，同一施工队每 5 基或不满 5 基应取一组，单基或连续浇筑混凝土量超过 100m^3。时亦应取一组。

（3）按大跨越设计的直线塔基础及拉线基础，每腿应取一组，但当基础混凝土量不超过同工程中大转角或终端塔基础时，则应每基取一组。

（4）当原材料变化、配合比变更时应另外制作。

（5）当需要作其他强度鉴定时，外加试块的组数由各工程自定。

Jf2C5168　750kV 架空送电线路铁塔组立使用内悬浮抱杆分解组塔时应遵循哪些规定？

答：（1）抱杆根应置于铁塔结构中心线上，并通过 4 根承托绳悬挂在铁塔的 4 根主材上。

（2）抱杆的临时拉线采用外拉线时，其地锚应位于与基础中心线夹角为 45° 的延长线上。外拉线的对地夹角不宜大于 45°。

（3）抱杆的临时拉线采用内拉线时，其挂线点应位于已组塔段顶端主材节点的下方。

（4）抱杆拉线、地锚及承托绳应以主要受力状态作为计算选择的依据。

（5）牵引装置应布置在不妨碍塔片组装的方向且距铁塔不小于塔高的位置。

（6）地锚设置应根据受力及土质条件选用直埋钢板地锚、圆木地锚、螺旋地钻或铁桩等。采用地钻或铁桩时每处不得少于两只，且应在工程开工前进行拉力试验。两只地钻或铁桩间应用可调工具和钢丝绳套连接牢固。

（7）抱杆的倾斜角不宜超过 15°。

（8）控制绳对地夹角不宜大于45°。

Jf3C4169　输电线路工程有哪些跨越称为特殊跨越？

答：《电力建设安全工作规程第2部分：架空电力线路》（DL 5009.2—2004）中规定，输电线路工程有下列跨越称为特殊跨越：① 跨越多排轨铁路、高速公路；② 跨越运行电力线架空地线（光缆），跨越架高度大于30m；③ 跨越220kV及以上运行电力线；④ 跨越运行电力线路其交叉角小于30°或跨越宽度大于70m；⑤ 跨越大江大河或通航河流及其他复杂地形。

Jf2C4170　光纤复合架空地线（OPGW）对配套金具的安装有哪些要求？

答：（1）耐张预绞丝缠绕间隙均匀，绞丝末端应与光缆相吻合，预绞丝不得受损。

（2）悬垂线夹预绞丝间隙均匀，不得交叉，金具串应垂直地面，顺线路方向偏移角度不得大于5°，且偏移量不得超过100mm。

（3）防振锤安装尺寸、力矩应满足以下条件：① 安装距离偏差不大于30mm；② 安装位置、数量、方向、锤头朝向和螺栓紧固力矩符合设计要求。

（4）螺栓、销钉、弹簧销子穿入方向：顺线路方向宜向受电侧，横线路方向宜由内向外，垂直方向宜由上向下。

（5）金具上的开口销子直径必须与孔径配合，开口角度不小于60°，弹力适度。

Jc2C4171　工程项目职业健康安全管理应遵循哪些程序？

答：（1）识别并评价危险源及风险。

（2）确定职业健康安全目标。

（3）编制并实施项目职业健康安全技术措施计划。

（4）职业健康安全技术措施计划实施结果验证。

（5）持续改进相关措施和绩效。

Jf2C4172　在 500kV 输电线路四分裂导线直线塔附件安装时需要哪些工器具（包括安全工器具）？

答：链条（或手链）葫芦、四线提线器、钢丝绳千斤套、个人保安接地线、速差保护器、吊绳、滑车等。

Jf2C3173　接地引下线在安装时应注意哪些事项？

答：（1）接地引下线与塔身连接应符合设计要求，安装位置应正确。

（2）接地电阻应符合规范要求。

（3）接地引下线应沿塔身、保护帽和基础自然垂直下引，不应偏斜、弯曲、歪扭。

（4）接地引下线的镀锌层不应受到损伤。

（5）接地引下线与接地线的焊接应符合规范要求。

Jf1C4174　手拉链条葫芦使用有哪些要求？

答：（1）使用前应进行外观检查。不得超载使用，不得增人强拉。检查各部分有无异常现象，制动部分是否完好。

（2）在使用手拉链条葫芦时，要防止链条被卡住或脱槽。

（3）手拉葫芦通常装有制动器，即受力后不会回松。如果松时，应向反方向拉动细链条，方能回松。但也有装棘轮制动的，使用时应随时检查其可靠性，以防突然跑链。

（4）有拉力的葫芦需要长时间停留或过夜时，应将受力的粗链条的尾部，在受力侧的链条上绑上一个背扣，然后有细链条将尾部绑牢。

Jf1C3175　铁塔保护帽的浇制要注意哪些事项？

答：（1）混凝土强度要达到设计要求。

（2）保护帽的结构尺寸要符合设计要求，全线路要统一。

（3）保护帽与基础接触面要清洗干净，保护帽的混凝土与基础面要连接牢固。

（4）保护帽混凝土面要光洁，无蜂窝、麻面、裂纹，保护帽顶面做散水坡度。

Jf1C4176　导引绳的展放有哪几种方法？

答：（1）牵放法：初级导引绳可利用直升机、动力伞、热气球、氢气球、飞艇等飞行器或采用发射器沿线路方向展放，初级导引绳可落入铁塔横担顶部，用人工将初级导引绳放入展放相放线滑车内，初级导引绳牵引次级导引绳，依此类推，最后牵出所需要规格的导引绳。

（2）铺牵法：先铺放一根导引绳，利用已铺放的导引绳牵放出其他导引绳，并将它们挪移至所需展放的放线滑车内。

（3）铺放法：先将每盘导引绳分散运到放线段内指定位置，用人工沿线路前后展放，导引绳穿过放线滑车，与邻段导引绳相连接。

Jf1C4177　在张力放线过程中，牵引板（走板）过放线滑车时应该注意哪些事项？

答：（1）牵引板（走板）过放线滑车前要注意牵引板（走板）不应翻身。

（2）牵引板（走板）在过放线滑车时，牵引速度要放慢，不要冲击过放线滑车。

（3）牵引板（走板）在过放线滑车后，注意走板的平衡锤不应搭在导线上。

（4）导线不应跳槽。

Jf1C4178　全站仪线路复测时遇到障碍物，不能通视，试举两种绕桩复测方法？

答：有两种比较简便的方法：等腰三角形法和矩形法（平行四边形法）。还有一种最通用的方法：三角分析法。

Jf1C4179　全站仪，又称全站型电子速测仪，主要由哪三部分组成？

答：主要由光电测距仪、电子微处理机、数据终端三部分组成。

Jf1C4180　送电线路 GPS 量测系统主要包括哪几部分？

答：主要包括：参考基站主机、参考基站电源、参考基站电台、参考基站卫星信号接收天线、流动站主机、流动站卫星信号接收天线、流动站显示器及对中杆。

Jf1C4181　杆塔在设计计算时，需考虑哪些荷载组合？

答：各类杆塔均应计算线路正常运行情况、断线（含分裂导线时纵向不平衡张力）情况和安装情况下的荷载组合，必要时还应验算地震等稀有情况。

Jf1C5182　在送电线路设计技术规程中，对绝缘子片数是怎么规定的？

答：在海拔高度 1000m 以下地区，操作过电压及雷电过电压要求的悬垂绝缘子串绝缘子片数，不应少于下表的数值。耐张绝缘子串的绝缘子片数应在下表的基础上增加，对 110～330kV 送电线路增加 1 片，对 500kV 送电线路增加 2 片。

标称电压（kV）	110	220	330	500
单片绝缘子高度（mm）	146	146	146	155
绝缘子片数（片）	7	13	17	25

为保持高杆塔的耐雷性能，全高超过 40m 有地线的杆塔，高度每增加 10m，应比上表所列值增加 1 片同型绝缘子，全高超过 100m 的杆塔，绝缘子片数应根据运行经验结合计算确定。

Jc1C5183　什么叫“四不放过”的原则？

答:“四不放过”的原则是：事故原因不查清不放过、防范措施不落实不放过；职工群众未受到教育不放过；事故责任者未受到处理不放过。

Jf1C5184　安全检查可分为哪几种性质的检查？安全大检查的主要内容是什么？

答：安全检查可分为一般性检查、阶段性检查、专业性检查和季节性检查等。

安全大检查的主要内容应以查领导、查管理、查隐患、查反事故措施为主，同时对环境保护、环境卫生、生活卫生和文明施工亦应纳入检查范围。

Jf1C5185　对新入厂人员三级安全教育的主要内容有哪些？

答：对新入厂人员（包括正式工、合同工、临时工、代训工，实习和参加劳动的学生以及聘用的其他人员等）应进行不少于 40 个课时的三级安全教育培训，经考试合格，持证上岗工作。

三级安全教育的主要内容：

（1）公司级（工程项目部）：国家、地方、行业安全健康与环境保护法规、制度、标准；本企业安全工作特点；工程项目安全状况；安全防护知识；典型事故案例等。

（2）工地级（施工队、专业公司）：本工地施工特点及状况；工种专业安全技术要求；专业工作区域内主要危险作业场所及有毒、有害作业场所的安全要求和环境卫生、文明施工要求。

（3）班组级：本班组、工种安全施工特点、状况；施工范围所使用工、机具的性能和操作要领；作业环境、危险源的控制措施及个人防护要求、文明施工要求。

Jf1C5186　杆塔选型主要考虑因素？

答：主要考虑以下因素：

（1）杆塔选型应从安全可靠、维护方便并结合施工、制造、地形、地质和基础型式等条件进行技术经济比较。

（2）在平地和丘陵等便于运输和施工的地区，宜因地制宜地采用拉线杆塔和钢筋混凝土杆。

（3）在走廊清理费用比较高及走廊较狭窄的地带，宜采用导线三角形排列的杆塔，对非重冰区还宜结合远景规划采用双回路或多回路杆塔；在重冰区地带宜采用单回路导线水平排列的杆塔；在城市或城效可采用钢管杆塔。

（4）一般直线杆塔如需要带转角，在不增加塔头尺寸时不宜大于5°。悬垂转角杆塔的转角角度，对500kV和330kV及以下杆塔分别不宜大于20°和10°。

（5）带转动横担或变形横担的杆塔不应用于居民区、检修困难的山区、重冰区、交叉跨越点以及两侧档距或标高相差较大容易发生误动作的杆塔位。

4.1.4 计算题

La5D1001 已知外加电压 U 为 220V，灯泡消耗功率 P 为 75W，求灯泡中的电流 I 和电阻 R。

解：$I=\dfrac{P}{U}=\dfrac{75}{220}=0.341$（A）

$R=\dfrac{U}{I}=\dfrac{220}{0.341}=645$（Ω）

答：电流是 0.341A，电阻为 645Ω。

La5D2002 一根铜导线直径 d 是 4mm，求此铜线为 1km 和 50km 时的电阻值（$\rho=1.75\times10^{-5}\Omega\cdot\text{mm}$）。

解：铜线截面积 $S=\left(\dfrac{d}{2}\right)^2\times\pi=\dfrac{1}{4}\times4^2\times3.14=12.56$（$\text{mm}^2$）

1km 铜线的阻值 $R_1=\rho\dfrac{L}{S}=0.017\,5\times\left(\dfrac{1000}{12.56}\right)=1.4$（Ω）

50km 铜线的电阻值 $R_{50}=\rho\dfrac{L}{S}=0.017\,5\times\left(\dfrac{1000}{12.56}\right)=70$（Ω）

答：此铜线 1km 的电阻值是 1.4Ω，50km 的电阻值是 70Ω。

La5D3003 如图 D-1 所示，已知 C_1=5pF，C_2=10pF，C_3=10pF，求总电容 C_{AB} 的值。

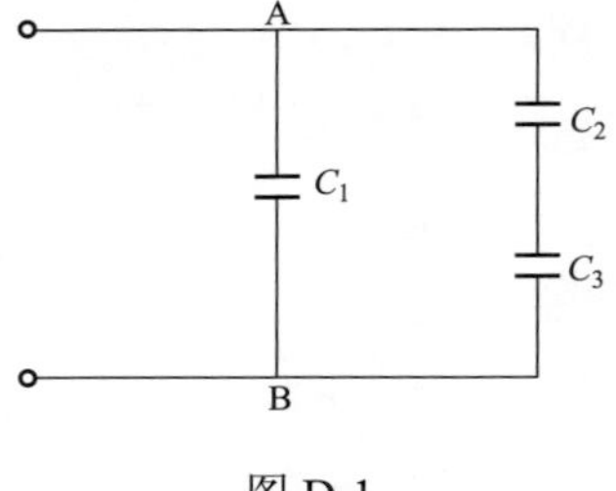

图 D-1

解：C_2与C_3串联后的电容值$C_{23}=\left(\frac{C_2C_3}{C_2+C_3}\right)=5$（pF）

C_1与C_{23}并联后的电容值，即$C_{AB}=C_2+C_{23}=5+5=10$（pF）

答：总电容C_{AB}为10pF。

La5D3004 某导体两端加电压U=10V，其电导G=0.1S，求电流I及电阻值R。

解：$I=UG=10\times0.1=1$（A）

$$R=\frac{1}{G}=\frac{1}{0.1}=10\text{（Ω）}$$

答：电流为1A，电阻为10Ω。

La5D3005 有一电压表内阻r为5kΩ，量程U为150V，要测量U_1为600V电压，应串联多大的电阻R？

解：$R=(U_1-U)r/U=(600-150)\times5000/150=15\,000$（Ω）

答：应串联15 000Ω的电阻。

La4D1006 如图D-2所示，已知R_1=100Ω，R_2=200Ω，R_3=600Ω，I=0.1A，求电路总电阻R，各电阻的压降U_1、U_2、U_3及总电压U_Σ各是多少？

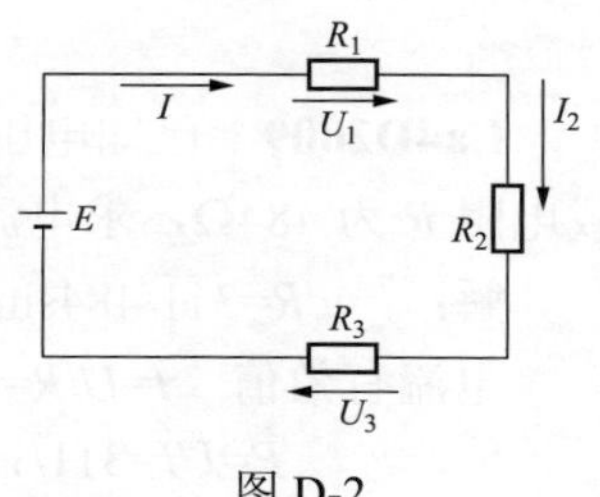

图D-2

解：总电阻$R=R_1+R_2+R_3=100+200+600=900$（Ω）

各电阻电压降$U_1=IR_1=0.1\times100=10$（V）

$$U_2=IR_2=0.1\times200=20\text{（V）}$$

$$U_3=IR_3=0.1\times600=60\text{（V）}$$

$$U_\Sigma=U_1+U_2+U_3=10+20+60=90\text{（V）}$$

答：线路总电阻为900Ω，各电阻上的压降U_1、U_2、U_3分别为10、20、60V，总电压为90V。

La4D1007 已知一正弦交流电流 i=5sin(1000t+30°)A，问该电流的最大值、角频率、频率和初相角各为多少？

解：电流的最大值 I_m=5A

角频率 ω=1000rad/s

频率 $f=\omega/2\pi=1000/2\pi=159$（Hz）

初相角 α=30°

答：该电流的最大值为 5A，角频率为 1000rad/s，频率为 159Hz，初相角为 30°。

La4D2008 一台三相变压器的电压 U 为 6000V，负载电流 I 为 20A，功率因数 cosφ为 0.866，试求有功功率 P 和无功功率 Q。

解：$P=\sqrt{3}\,UI\cos\varphi=\sqrt{3}\times 6\,000\times 20\times 10^{-3}\times 0.866=179.8$（kW）

视在功率 $S=\sqrt{3}\,UI=\sqrt{3}\times 6000\times 20\times 10^{-3}=207.6$（kVA）

$$Q=\sqrt{S^2-P^2}=\sqrt{207.6^2-179.8^2}=103.8\text{（kVA）}$$

答：有功功率为 179.8kW，无功功率为 103.8kVA。

La4D2009 已知电压的表达式 u=311sin(314t+30°)V，负载电阻 R 为 484Ω，求电流函数式、有效值和有功功率 P。

解：$i=u/R$=311/484sin(314t+30°)=0.642sin(314t+30°)（A）

电流有效值 $I=U/R$=311/(484×1.414)=0.455（A）

$P=UI$=311/1.414×0.455=100（W）

答：电流函数式为 i=0.642sin(314t+30°)A，电流有效值为 0.455A，有功功率为 100W。

La4D3010 一条电压为 220V 线路，共有 40W 灯泡 20 盏，60W 灯泡 15 盏，此线路的熔丝容量应选多大的？

解：已知 U=220V，P_1=40W，n_1=20 盏，P_2=60W，n_2=15 盏

每盏灯的工作电流分别为 $I_1=\dfrac{P_1}{U}=\dfrac{40}{220}=0.18$（A）

$$I_2=\frac{P_2}{U}=\frac{60}{220}=0.27\text{（A）}$$

总电流　　　$I=I_1n_1+I_2n_2=7.56$（A）

根据线路熔丝容量选择应等于或略大于工作电流之和的原则，如选额定电流为 7A 的熔丝，小于线路的工作电流，因此应选大一级，即 10A 熔丝。

答：此线路的熔丝选 10A。

La4D3011　已知一个空芯线圈中电流为 10A，自感磁链为 0.01Wb，试求它的电感。如果这个线圈有 100 匝，线圈中的电流为 5A 时，试求线圈的自感磁链和自感磁通是多少？

解：已知线圈匝数 $n=100$ 匝，自感磁链 $\psi=0.01$Wb，电流 $I_1=10$A，$I_2=5$A，线圈电感 $L=\psi/I_1=0.01/10=1\times10^{-3}$（H）

当线圈电流为 5A 时，自感磁链 $\psi_5=I_2L=5\times10^{-3}$（Wb）

自感磁通　$\phi_5=\psi_5/N=5\times10^{-3}/100=5\times10^{-5}$（Wb）

答：电流为 10A 时，电感为 1×10^{-3}H，电流为 5A 时，自感磁链为 5×10^{-3}Wb，自感磁通为 5×10^{-5}Wb。

La4D4012　如图 D-3 所示，已知 $R=110\Omega$，$X_L=183.3\Omega$，$U=110$V。求电流 I、I_R、I_L 及功率 P 各是多少？

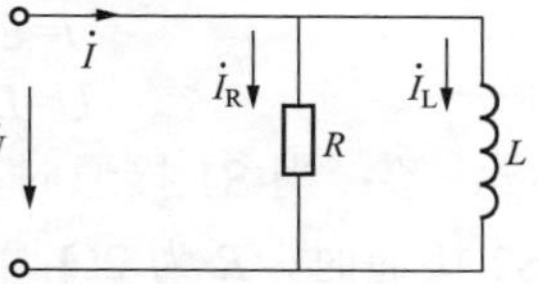

图 D-3

解：$I_R=\dfrac{U}{R}=\dfrac{110}{110}=1$（A）

$$I_L=\frac{U}{X_L}=\frac{110}{183.3}=0.6\text{（A）}$$

$$I=\sqrt{I_R^2+I_L^2}=\sqrt{1^2+0.6^2}=1.17\text{（A）}$$

$$P=I_RU=1\times110=110\text{（W）}$$

答：I_R 等于 1A；I_L 等于 0.6A；I 等于 1.17A；P 等于 110W。

La4D4013　如图 D-4 所示，已知电动势 $E=6$V，内阻 $r_0=1\Omega$，

电阻 $r_1=r_2=r_3=2\Omega$，求当：① S1 接通；② S1、S2 接通；③ S1、S2、S3 接通时三种情况下的总电阻 R、总电流 I 及电阻的端电压 U。

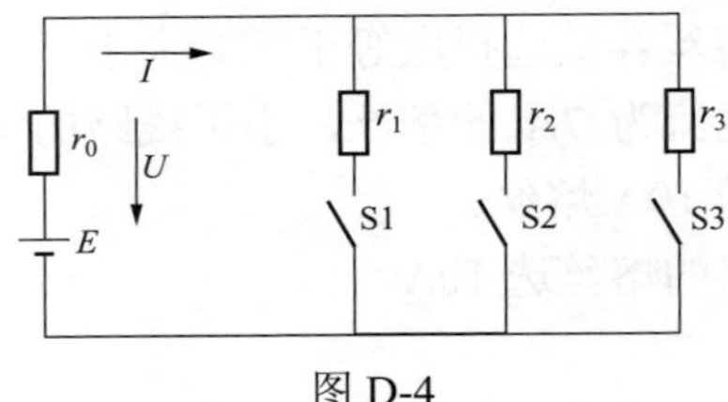

图 D-4

解：（1）当 S1 接通时

$$R=r_0+r_1=1+2=3\ (\Omega)$$
$$I=E/R=6/3=2\ (\text{A})$$
$$U=Ir_1=2\times2=4\ (\text{V})$$

（2）当 S1、S2 接通时

$$R=r_0+(r_1r_2)/(r_1+r_2)=1+(2\times2)/(2+2)=2\ (\Omega)$$
$$I=E/R=6/2=3\ (\text{A})$$
$$U=Ir_1r_2/(r_1+r_2)=3\times(2\times2)/(2+2)=3\ (\text{V})$$

（3）当 S1、S2、S3 同时接通时

$$R=r_0+1/(1/r_1+1/r_2+1/r_3)=1+2/3=5/3\Omega\approx1.67\ (\Omega)$$
$$I=E/R=6\times3/5=3.6\ (\text{A})$$
$$U=IR=3.6\times2/3=2.4\ (\text{V})$$

答：当 S1 接通时，R 为 3Ω，I 为 2A，U 为 4V；当 S1、S2 接通时，R 为 2Ω，I 为 3A，U 为 3V；当 S1、S2、S3 均接通时，R 为 1.67Ω，I 为 3.6A，U 为 2.4V。

La4D4014 一个电容的容抗为 6Ω，与一个 8Ω电阻串联，通过电流为 5A，试求总电压 U、有功功率 P、无功功率 Q 及功率因数 $\cos\varphi$各是多少？

解：已知 $X_c=6\Omega$，$R=8\Omega$，$I_c=5\text{A}$

则阻抗 $Z=\sqrt{R^2+X_c^2}=\sqrt{8^2+6^2}=10\ (\Omega)$

故 $U=I_cZ=5\times10=50$（V）

$P=I^2R=5^2\times8=200$（W）

$Q=I^2X_c=5^2\times6=150$（var）

视在功率 $S=\sqrt{P^2+Q^2}=\sqrt{200^2+150^2}=250$（VA）

$\cos\varphi=P/S=200/250=0.8$

答：总电压为 50V，有功功率为 200W，无功功率为 150var，功率因数为 0.8。

La3D2015 某户在室内装有 25W 照明灯 2 只，60W 照明灯 2 只，100W 电视机 2 台，120W 冰箱 1 台，这些电器平均每天工作 3h，每月按 30 天计算，每千瓦时电费为 0.50 元，问该户每月用电多少？应当交电费多少元？

解：每月用电数=(25×2+60×2+100×2+120)×3×30/1000=44.1（kWh）

每月应交电费为 44.1×0.50=22.05（元）

答：每月用电为 44.1kWh，每月应交电费 22.05 元。

La3D2016 某三相三线制的供电线路上接入三级电灯负荷，如图 D-5 所示，线电压 U_L 为 380V，每组电灯负荷的电阻 R 是 500Ω。当 A 相断路时，C、B 两相的电压 $U_{CO'}$、$U_{BO'}$ 和电流 I_B、I_C 是多少？

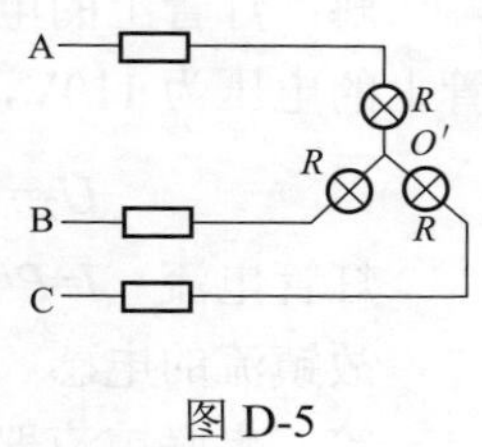

图 D-5

解：当 A 相断路时，B、C 两相的负荷为串联，由于阻抗一样，相电压是线电压的一半，即

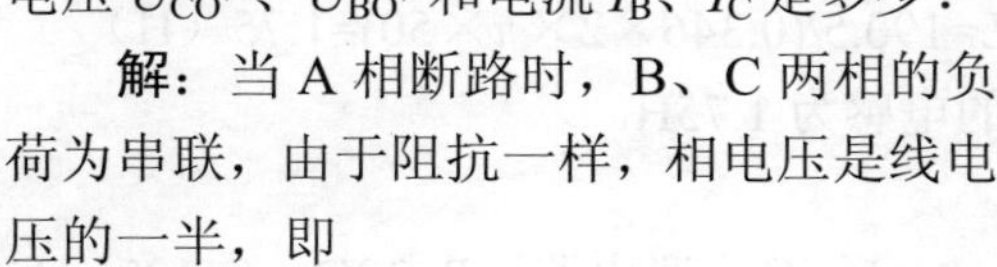

$$U_{CO'}=U_{BO'}=U_L/2=\frac{380}{2}=190\text{（V）}$$

$$I_B=I_C=\frac{U_{CO'}}{R}=\frac{190}{500}=0.38\text{（A）}$$

答：B、C 两相的电压各为 190V；B、C 两相的电流各为

0.38A。

La3D3017 两个灯泡串接在220V电路中，一个为220V、60W，一个为220V、25W，问哪个灯泡亮？

解： 两灯泡串联，流过的电流是一样的，已知 U=220V、P_1=60W、P_2=25W

60W灯泡电阻 $R_{60}=U/P_1=220/60=806.7$（Ω）

25W灯泡电阻 $R_{25}=\dfrac{U}{P^2}=\dfrac{220}{25}=1936$（Ω）

电流 $I=U/(R_{25}+R_{60})=220/(1936+806.7)=0.08$（A）

25W灯泡两端电压 $U_{25}=IR_{25}=0.08\times1936=155.3$（V）

60W灯泡两端电压 $U_{60}=IR_{60}=0.08\times806.7=64.7$（V）

25W灯泡电压比60W高一倍多，所以25W灯泡亮。

答： 220V、25W灯泡亮。

La3D3018 一日光灯管的规格是110V、40W，现接到50Hz、220V的交流电源上，为保证灯管电压为110V，求串联镇流器的电感。

解： 灯管上的电压与镇流器上的电压相差90°，为保证灯管上的电压为110V，则镇流器上的电压应为

$$U_2=\sqrt{220^2-110^2}=190.5\text{（V）}$$

灯管电流 $I=P/U=40/110=0.364$（A）

故镇流的电感 $L=190.5/(0.346\times2\times\pi\times50)=1.75$（H）

答： 串联镇流器的电感为1.75H。

La3D4019 一个 R、L、C 串联电路，R=30Ω，L=127mH，C=40F，$u=1.414\times220\sin(314t+20°)$V，求：

（1）感抗 X_L、容抗 X_C、阻抗 Z 是多少？

（2）电流有效值 I 是多少？

（3）电容电压 U_C 是多少？

解：$\omega=2\pi f$

（1）$X_C=1/(2\pi F_C)=1/(\omega C)=1/(314\times40\times10^{-6})=80$（Ω）

$$X_L=2\pi fL=314\times127\times10^{-3}=40\text{（Ω）}$$

$$Z=\sqrt{R^2+(X_L-X_C)^2}=50\text{（Ω）}$$

（2）$I=U/Z=220/50=4.4$（A）

（3）$U_C=IX_C=4.4\times80=352$（V）

答：感抗为80Ω，容抗为40Ω，阻抗为50Ω，电流有效值为4.4A，电容电压为352V。

La3D4020 有一条额定电压为10kV的架空线路，采用LJ-70导线，线间几何均距D_{jj}=1m，线路长度l=20km，试用公式计算导线的电阻R与电感X_L（已知铝的电阻率$\rho=3.15\times10^{-5}$Ω·mm，导线直径d=10.65mm，lg187.8=2.273 7）？

解：每千米导线电阻

$$r_0=\frac{\rho}{S}=\frac{3.15\times10^{-5}}{70}=4.5\times10^{-7}\text{（Ω/mm）}=0.45\Omega/\text{km}$$

$$R=r_0l=0.45\times20=9\text{（Ω）}$$

每千米导线电感 $X_0=0.144\ 5\lg(D_{jj}/r)+0.0157=0.328\ 5+0.015\ 7=0.344$（Ω/km）

$$X_L=X_0l=0.344\times20=6.88\text{（Ω）}$$

答：电阻R为9Ω，电感X_L为6.88Ω。

La2D1021 某输电线路的导线是钢芯铝绞线，已知钢线、铝线的线径D皆为4mm，求该导线1km长的电阻为多少（已知钢的电阻率$\rho=2.4\times10^{-7}$Ω·mm，铝的电阻率$\rho=2.9\times10^{-8}$Ω·mm，钢线1根，铝线6根）？

解：单股导线截面积 $S=\left(\frac{\pi}{4}\right)D^2=3.14\times4=12.56$（mm²）

1km长的钢线 $R_1=\frac{0.24}{S}\times1000=\frac{0.24}{12.56}\times1000=19.1$（Ω）

1km 长铝线电阻　R_2=(0.029/12.56)×1000=2.308（Ω）

6 根铝线总电阻　$R_2' = \frac{R_2}{6}$=2.308/6=0.385（Ω）

总电阻　$R=\frac{R_1R_2}{R_1+R_2}$=0.38（Ω）

答： 1km 导线的电阻为 0.38Ω。

La2D3022　如图 D-6 所示，已知电压 U 为 380V，R_1=40Ω，R_2=60Ω，R_3=10Ω，R_4=20Ω，R_5=40Ω。试求电路总电阻、各电阻上的电压降及流过各电阻的电流各是多少？

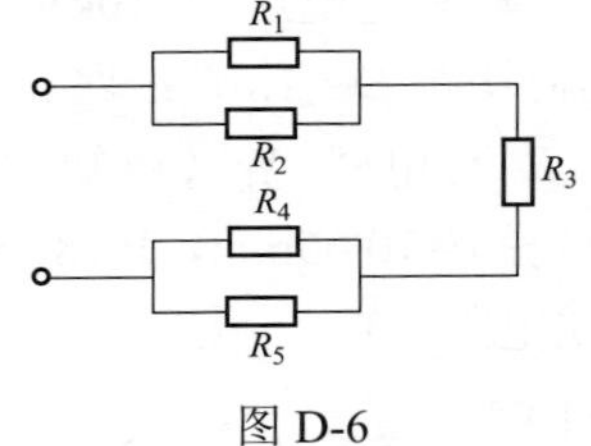

图 D-6

解： 总电阻 $R=\frac{R_1R_2}{R_1+R_2}+R_3+\frac{R_4R_5}{R_4+R_5}$

$$=\frac{40\times 60}{40+60}+10+\frac{20\times 40}{20+40}=47.33\text{（Ω）}$$

总电流　$I=\frac{U}{R}=\frac{380}{47.33}$=8.03（A）

流过各电阻的电流　$I_{R1}=I\frac{R_2}{R_1+R_2}$=8.03×$\frac{60}{40+60}$=4.82（A）

得　I_{R2}=8.03−4.82=3.21（A）

$$I_{R3}=I=8.03\text{（A）}$$

$$I_{R4}=I\frac{R_5}{R_4+R_5}=8.03\times\frac{40}{20+40}=5.35\text{(A)}$$

$$I_{R5}=8.03-5.35=2.68\text{（A）}$$

各电阻上电压降 $U_{R1}=U_{R2}=I\frac{R_1R_2}{R_1+R_2}$=8.03×24=192.7（V）

$$U_{R3}=I_{R3}R_3=80.3\text{（V）}$$

$$U_{R4}=U_{R5}=I\frac{R_4R_5}{R_4+R_5}=8.03\times13.33=107\text{（V）}$$

答：电路总电阻为 47.33Ω，流过各电阻上的电流 I_{R1} 为 4.82A、I_{R2} 为 3.21A、I_{R3} 为 8.03A、I_{R4} 为 5.35A、I_{R5} 为 2.68A，各电阻上的电压 U_{R1}、U_{R2} 为 192.7V，U_{R3} 为 80.3V，U_{R4} 为 107V。

La5D2023 有一质量为 50kg 的物体在外力 F 的作用下沿水平方向作匀变速运动，其加速度 a=2m/s，求这个力 F 为多大（取重力加速度 g=10，不计摩擦力）？

解：$F=ma=50\times2=100$（N）

答：F 为 100N。

La5D2024 如图 D-7 所示，某施工场地由半圆形、矩形、三角形组成，计算它的全面积 S。

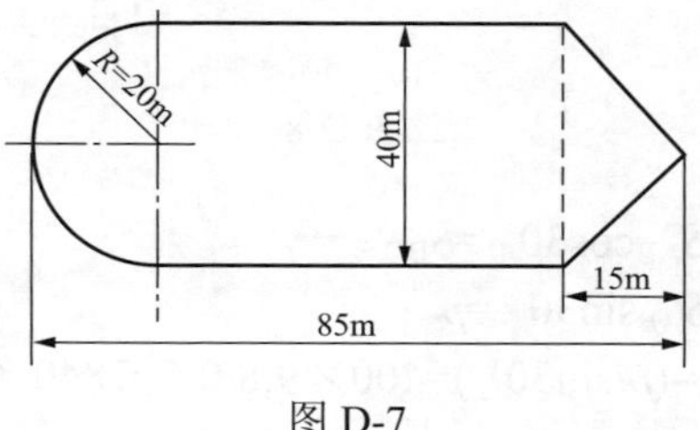

图 D-7

解：半圆面积 $S_1=\frac{1}{2}\pi R^2=\frac{1}{2}\times3.14\times20^2=628$（$m^2$）

矩形面积 $S_2=50\times40=2000$（m^2）

三角形面积 $S_3=\frac{1}{2}\times40\times15=300$（$m^2$）

$$S=S_1+S_2+S_3=628+2000+300=2928\text{（m}^2\text{）}$$

答：施工场地面积为 2928m^2。

La5D3025 钢板长 a 为 4m，宽 b 为 1.5m，厚 h 为 50mm，求这块钢板的质量是多少（钢的密度ρ是 7.85g/cm^3）？

解：体积 $V=abh=400\times150\times5=3\times10^5$（cm^3）

质量 $m=\rho V=7.85\times3\times10^5=23.55\times10^5$（g）=2.355t

答：这种钢板的质量是 2.355t。

La5D4026 如图 D-8 所示，三角架中 A、B、C 均为铰链，杆 AB、BC 自重不计，已知载荷 p=400kg，试求杆 AB 和 BC 所受的力各是多少？

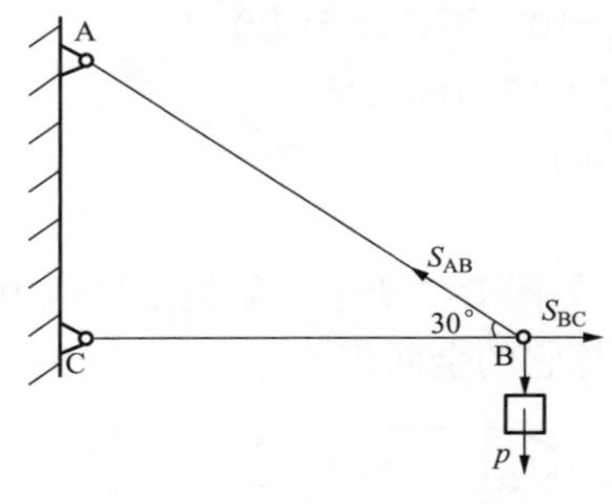

图 D-8

解：因为 $S_{AB}\cos30°=S_{BC}$

$S_{AB}\sin30°=p$

所以 $S_{AB}=(p/\sin30°)=400\times9.8/0.5=7840$（N）

$S_{BC}=S_{AB}\cos30°=7840\times0.866=6789$（N）

答：杆 AB、BC 所受的力分别是 7840、6789N。

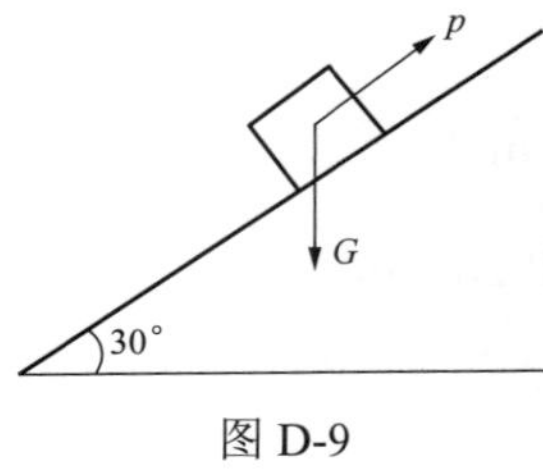

图 D-9

La5D5027 如图 D-9 所示，物体由绳牵引沿斜面上升，加速度 a=2m/s^2，质量 m=100kg，物体与斜面间的摩擦系数 f=0.2。试求绳的张力 p 是多少？

解：根据题意有 $p-F-mg\sin30°=ma$

$$p=F+mg\sin30°+ma$$

又 $F=fN=fmg\cos30°$

所以 $p=fmg\cos30°+mg\sin30°+ma$

$=mg(f\cos30°+\sin30°)+ma$

$=100\times9.8\times(0.2\times0.866+0.5)+100\times2=859.6$（N）

答：绳的张力 p 为 859.6N。

La4D1028 计算材质为 Q235 的 M42 地脚螺栓允许拉力（提示：允许拉应力 12 000N/cm^2，净面积 10.25cm^2）。

解：允许拉力 12 000×10.25=120.5（kN）

答：Q235 的 M42 地脚螺栓允许拉力为 120.5kN。

La4D2029 有一简支梁如图 D-10 所示，设 L=2m，a=0.5m，载荷 p=20kN，试求支承点 A、B 所受的力。

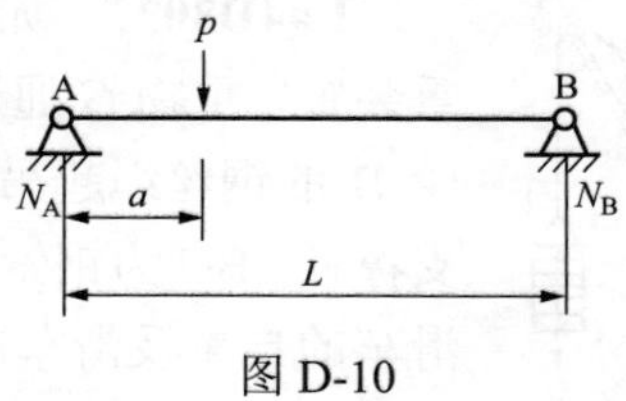

图 D-10

解：$N_A=\dfrac{p(L-a)}{L}=\dfrac{20\times(2-0.5)}{2}=15$（kN）

$N_B=\dfrac{pa}{L}=\dfrac{20\times0.5}{2}=5$（kN）或 $N_B=p-N_A=20-15=5$（kN）

答：支座 A 的受力为 15kN，支座 B 的受力为 5kN。

La4D3030 有一钢拉杆，需承受 40kN 的拉力 p，若拉杆材料的许用应力$[\sigma]$=10kN/cm^2，其横截面为圆形，试确定该拉杆的直径 d。

解：拉杆的强度条件$\sigma_{max}=\dfrac{p}{F}\leqslant[\sigma]$

所以 $F \geqslant \dfrac{p}{[\sigma]} = \dfrac{40}{10} = 4$（$cm^2$）

又因为 $F = \dfrac{1}{4}\pi d^2 \geqslant 4cm^2$

所以 $d \geqslant \sqrt{\dfrac{4\times4}{\pi}} = \sqrt{\dfrac{4\times4}{3.14}} = 2.26$（cm）=22.6mm

拉杆的直径可取为25mm。

答：拉杆直径可取为25mm。

La4D3031 牵引绳挂在横担上，牵引力为25 000N，牵引绳对地夹角25°，求牵引绳对横担产生的下压力是多少？

解：下压力=2×(25 000×sin25°)=21 140（N）

答：下压力为21 140N。

La4D3032 如图D-11所示的起重装置，重物 G 通过卷扬机由绕过滑轮B的钢丝绳起吊，G=2kN，AB为支撑杆，BC为钢索与井架连接。杆与滑车的自重及滑车的大小均不计。求钢索BC的拉力和支撑杆AB所受的力。各部位的夹角如图D-11所示。

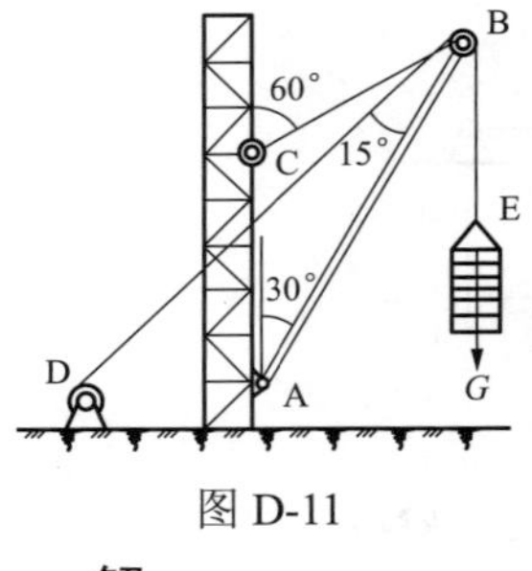

图 D-11

解：

$$T_{AB} = \frac{T_{BD}\times\sin15° + G\times\sin60°}{\sin30°}$$

$$= \frac{2\times\sin15° + 2\times\sin15°}{\sin30°} = \frac{2\times0.259 + 2\times0.866}{0.5} = 4.50\text{（kN）}$$

$$T_{BC} = T_{AB}\times\cos30° - T_{BD}\times\cos15° - G\cos60°$$

$$= 4.5\times0.866 - 2\times0.966 - 2\times0.5 = 0.965\text{（kN）}$$

答：拉索BC受力0.965kN；支撑杆AB受力4.5kN。

La4D3033 有一圆柱混凝土垫块，直径 d=50cm，若混凝土许用压力［σ］=8MPa，试问此垫块可承受多少质量而不被破坏（1MPa=100N/cm^2）？

解：圆柱垫块的面积 $A=\frac{1}{4}\pi d^2=\frac{1}{4}\times3.14\times50^2=1962.5(cm^2)$

垫块可承受的力 $F=A[\sigma]=1962.5\times800=1\,570\,000$（N）

此垫块可承受的质量为

$$M=F/g=1\,570\,000/9.8=160\,204(kg)$$

答：此垫块可承受 160 204kg 的物体而不被破坏。

La4D3034 如图 D-12 所示，一个总质量为 p=1.2kN 的电机，采用 M8 吊环螺钉（外径为 8mm，螺钉根部直径为 6.4mm），如图 D-12 所示，其材料许用应力为［σ］=4.0×10^{4}kN/m^2，试求该吊环螺钉的强度（不考虑圆环部分）是否满足？

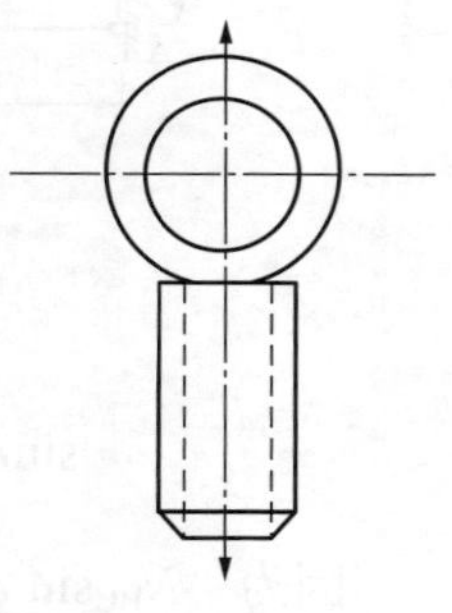

图 D-12

解：吊环圆柱部分的轴受力 $N=p$=1.2（kN）

由公式 $\sigma=N/F\leqslant[\sigma]$

得 $\sigma=1.2/[\pi/4(6.4\times10^{-3})^2]=3.7\times10^4$（kN/m^2）

$\sigma<[\sigma]$，吊环螺钉的强度满足。

答：该吊环螺钉的强度满足要求。

La4D3035 计算 M16 螺栓在下列两种情况下的剪切力：① 丝扣进剪切面；② 丝扣未进剪切面（提示：M16 螺栓毛面积 2cm^2，净面积 1.47cm^2，螺栓材料允许剪应力为 10 000N/cm^2）。

解：丝扣进剪切面时允许剪切力为

$$10\,000\times1.47=14\,700\text{（N）}$$

丝扣未进剪切面时允许剪切力为

$$10\,000 \times 2.0 = 20\,000\text{（N）}$$

答：丝扣进剪切面时允许剪切力为 14 700N，丝扣未进剪切面时允许剪切力为 20 000N。

La4D4036 有一结构如图 D-13（a）所示，已知载荷 G=20kN，拉杆 BC 为ϕ30 的圆钢，其许用应力［σ］=12kN/cm^2，试校核拉杆 BC 的强度。

解：由题意知，B 点的受力如图 D-13（b）所示。

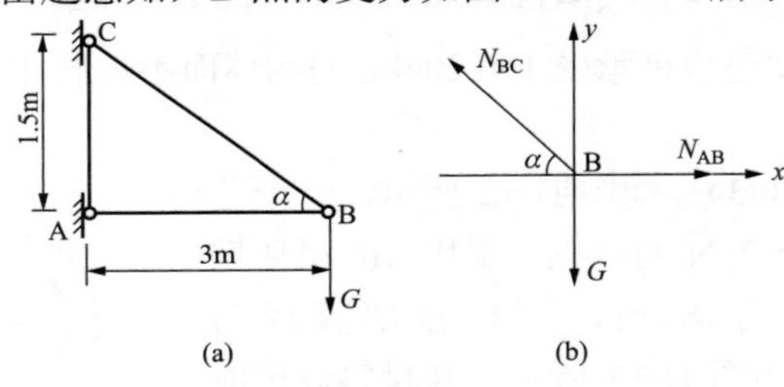

图 D-13

$$\sin\alpha = \frac{AC}{BC} = \frac{1.5}{\sqrt{1.5^2+3^2}} = 0.447$$

因为 $N_{BC}\sin\alpha - G = 0$

所以 $N_{BC} = \dfrac{G}{\sin\alpha} = \dfrac{20}{0.447} = 44.7$（kN）

又因为拉杆 BC 的截面积

$$A = \frac{1}{4}\pi d^2 = \frac{1}{4}\times 3.14\times 3^2 = 7.065\text{（cm}^2\text{）}$$

因为 $\sigma_{max} = \dfrac{N_{BC}}{A} = \dfrac{44.7}{7.065} = 6.33$（kN/cm^2）＜［$\sigma$］=12kN/cm^2

所以拉杆 BC 的强度合格。

答：拉杆 BC 的强度合格。

La4D5037 如图 D-14（a）所示一构件，求该构件的重心（构件的各部分厚度一样）。

解：如图 D-14（b）所示，O 点为重心，将构件分解为四部分，以 s 代表各部分的面积，x、y 为各部分的重心坐标。

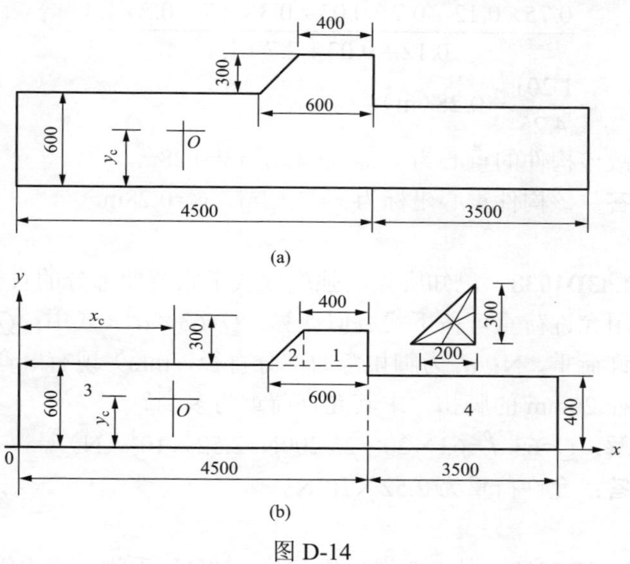

图 D-14

则 $s_1=0.3\times0.4=0.12m^2$，$x_1=4.3m$，$y_1=0.75m$

$$s_2=\frac{1}{2}\times0.3\times0.2=0.03m^2,\ x_2=4.033m,\ y_2=0.7m$$

$$s_3=4.5\times0.6=2.7m^2,\ x_3=2.25m,\ y_3=0.3m$$

$$s_4=3.5\times0.4=1.4m^2,\ x_4=6.25m,\ y_4=0.2m$$

所以

$$x_0=\frac{x_1s_1+x_2s_2+x_3s_3+x_4s_4}{s_1+s_2+s_3+s_4}$$

$$=\frac{4.3\times0.12+4.033\times0.03+2.25\times2.7+6.25\times1.4}{0.12+0.03+2.7+1.4}$$

$$=\frac{0.516+0.121\,05+6.075+8.75}{4.25}$$

$$=\frac{15.462\,05}{4.25}=3.64\text{（m）}$$

$$y_0=\frac{y_1s_1+y_2s_2+y_3s_3+y_4s_4}{s_1+s_2+s_3+s_4}$$
$$=\frac{0.75\times0.12+0.7\times0.03+0.3\times2.7+0.2\times1.4}{0.12+0.03+2.7+1.4}$$
$$=\frac{1.201}{4.25}=0.28\text{（m）}$$

故该构件的重心为 x_0=3.64m，y_0=0.28m。

答：该构件重心坐标为 x_0=3.64m，y_0=0.28m。

La3D1038 已知脚扣的强度取决于它弯曲部分的直径，它的使用允许荷重可按下式近似计算：$Q=63\times d^2$（式中：Q 为脚扣允许荷重，N；d_1 为脚扣弯曲部分直径，mm）现有一弯曲部分直径 20mm 的脚扣，求其允许荷重为多少？

解：$Q=63\,d^2=63\times20^2$=25 200N=2.52×10^4（N）

答：允许荷重为 2.52×10^4N。

La3D2039 某 2-2 滑轮组起吊 3500kg 重物，牵引绳从动滑轮引出，人力绞磨牵引，求提升所需拉力 p（已知滑轮组综合效率 η=90%，K=4，K_1=1.2，K_2=1.2）？

解：已知牵引绳从动滑轮引出，则

$$p=(Q\times9.81)/[\eta(n+1)]$$
$$=(3500\times9.81)/[90\%(4+1)]$$
$$=(3500\times9.81)/4.5=7630\text{(N)}$$

答：提升所需拉力为 7630N。

La2D2040 某现场施工时，需用撬杠把重物移动，问人对撬杠施加多大的力时，200kg 的重物才能被撬起来？已知撬杠长度为 2m，重物与支点距离为 0.2m（撬杠质量及宽度不计）。

解：已知 L_1=2m，L_2=0.2m

$$G=mg=200\times9.8=1960\text{（N）}$$

$$L_3=L_1-L_2=2-0.2=1.8\text{（m）}$$

根据力矩平衡原理，知 $GL_2=FL_3$，所以

$$F=\frac{GL_2}{L_3}=\frac{1960\times0.2}{1.8}=217.93\text{（N）}$$

答：人需施加 217.93N 的力才能把重物撬起来。

Lb3D1041 ϕ300×9m 混凝土电杆质量 10 500N，汽车运输 40km，计算运输费是多少［提示：装卸费 10.1 元/t，运输费 0.39 元/（t·km）］？

解：运输费为

1.05×10.1+1.05×40×0.39=10.6+16.38=26.98（元）

答：运输费是 26.98 元。

Lb3D1042 某工程处共有员工 185 人，其中非生产人员 45 人，工人 140 人，求该处非生产人员比例为多少？

解：非生产人员比例=45/185×100%=24%

答：非生产人员比例是 24%。

Lb3D2043 如图 D-15（a）、D-15（b）所示，计算一山区铁塔基础的混凝土量及施工费（已知：人工费 8.95 元/m^3，机械费 1.01 元/m^3，材料费 13.4 元/m^3，地形系数 1.3）。

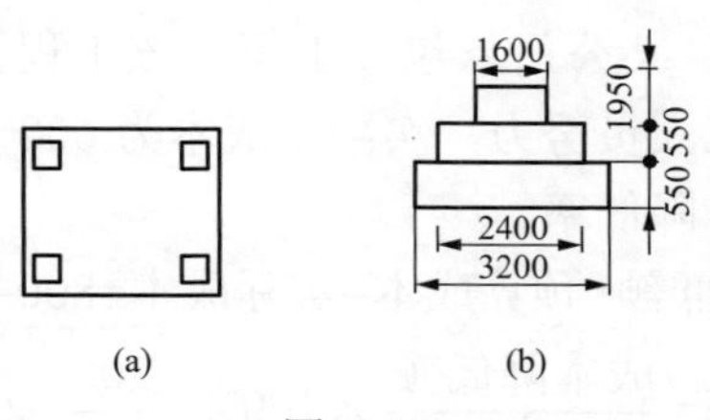

图 D-15

解：混凝土量为$(3.2^2\times0.55+2.4^2\times0.55+1.6^2\times1.95)\times4=$

55.168（m^3）

施工费为 55.168×(8.95+1.01)×1.3+55.168×13.4=786.04+739.25=1525.29（元）

答：混凝土量为 55.168m^3，施工费是 1525.29 元。

Lb3D2044 一条 500kV 送电线路，在施工中，沿线共设材料站 3 个，各材料站的运输质量为 Q_1=11 240t，Q_2=8950t，Q_3=146 90t；运输半径分别为 R_1=25.5km，R_2=15.2km，R_3=32km。试计算该线路总的运输量为多少？

解：运输量 $G=Q_1R_1+Q_2R_2+Q_3R_3$=11 240×25.5+8 950×15.2+14 690×32=892 740（t·km）

答：运输量为 892 740t·km。

Lb2D2045 某公司现有职工 2500 人，在 1980 年施工中出现重伤事故 2 起，轻伤事故 3 起，请计算该公司 1980 年负伤事故频率。

解：负伤事故频率$=\dfrac{\text{重伤人次}+\text{轻伤人次}}{\text{全体职工平均人数}}\times 1000‰$

$$=\frac{2+3}{2500}\times 1000‰=2‰$$

答：该公司 1980 年负伤事故频率为 2‰。

Lb2D2046 某公司承包一工程，该工程预算成本为 800 万元，经过施工人员努力，实际用成本为 600 万元，请计算成本降低额及成本降低率。

解：成本降低额=预算成本−实际成本=800−600=200（万元）

成本降低率$=\dfrac{\text{成本降低额}}{\text{预算成本}}\times 100\%=\dfrac{200}{800}=25\%$

答：成本降低额为 200 万元，成本降低率为 25%。

Lb2D5047 有一单杆单地线 110kV 线路，导线呈上字形排列，地线装挂高为 20m，上导线横担长 1.8m，上导线距地线垂直距离为 4.1m，试计算上导线是否在地线保护范围内？验算保护角是否满足要求？

解：因为 $h<30$m，所以 h_x=20−4.1=15.9m，h_a=4.1m

保护半径 $r_x=\dfrac{0.8}{1+\dfrac{h_x}{h}}h_2=\dfrac{0.8}{1+\dfrac{15.9}{20}}\times 4.1=1.83\text{（m）}>1.8\text{m}$

所以上导线在保护范围内。

保护角 $\tan\alpha=1.8/4.1=0.439$

$\alpha=23.7°<25°$，满足要求。

答：上导线在地线保护范围内；保护角满足要求。

Jd5D1048 白棕绳的起重容许使用拉力 T=1000kg，其最小破断拉力为 30 576N，请计算其安全系数 K。

解：根据题意，由 $T=T_D/K$ 得

$$K=\frac{T_D}{T}=\frac{\dfrac{30\,576}{9.8}}{1000}=\frac{3120}{1000}=3.12$$

答：安全系数是 3.12。

Jd5D2049 一条 220kV 单回路送电线路，有一个转角塔，转角为 90°，每相张力为 1900N，双地线每根张力为 1550N，求其内角合力是多少？

解：一侧张力之和为 1900×3+1550×2=8800（N）

内角合力为 8800/cos45°=8800/0.707=12 447（N）

答：内角合力为 12 447N。

Jd4D3050 某基础配合比水:水泥:砂:石为 0.66:1:2.17:4.14，测得砂含水率为 3%，石的含水率为 1%，试计算一次投料一袋

水泥时水、砂、石质量各是为多少？

解：一袋水泥为 50kg

砂含水量：50×2.17×3%=3.3（kg）

砂用量：50×2.17+3.3=111.8（kg）

石含水量：50×4.14×1%=2（kg）

石用量：50×4.14+2=209（kg）

水用量：50×0.66−3.3−2=27.7（kg）

答：一次投料一袋水泥时，水的质量是 27.7kg，砂的质量是 111.8kg，石的质量是 209kg。

Jd3D5051 有一条长度为 100km，额定电压为 110kV 的双回路输电线路，每回路采用 JL/G1A-160/26-26/7 导线，水平排列，线间距离为 4m，试求线路参数 R、X、B、Q_C（导线外径 d=19mm）。

解：$D_{jj}=\sqrt[3]{4\times4\times8}=1.26\times4=5.04$（m）

（1）单回路每相每千米参数分别为

电阻 $R_0=\dfrac{\rho}{S}=\dfrac{31.5}{185}=0.17$（Ω/km）

电感 $X_0=0.144\,5\lg\dfrac{D_{jj}}{r}+0.015\,7=0.144\,5\lg\dfrac{5040}{\dfrac{19}{2}}+0.157$

$=0.394+0.015\,7=0.409$（Ω/km）

电导 $b_0=\dfrac{7.58}{\lg\dfrac{D_{jj}}{\dfrac{D}{2}}}=\dfrac{7.58}{\lg\dfrac{5040}{\dfrac{19}{2}}}\times10^{-6}=2.78\times10^{-6}$（S/km）

由于 JL/G1A-160/26-26/7＞JL/G1A-65/10-6/1，线路不发生全面电晕，所以每相每千米电导 g_0=0。

（2）双回路每相参数与三相电容功率

电阻 $R=\dfrac{r_0}{2}l=\dfrac{0.17}{2}\times100=8.5$（Ω）

电抗　$X=\frac{X_0}{2}l=\frac{0.409}{2}\times100=20.45$（Ω）

电纳　$B=2b_0l=2\times2.78\times100\times10^{-6}=5.56\times10^{-4}$（S）

电容功率 $Q_C=U^2B=110^2\times5.56\times10^{-4}=6.73$（Mvar）

答： 线路参数 R、X、B、Q_C 分别为 8.5Ω、20.45Ω、5.56×10^{-4}S、6.73Mvar。

Je5D3052　如图 D-16 所示，某工程现浇混凝土正方形基础，请计算混凝土量为多少（混凝土密度 ρ=2450kg/m^3）？

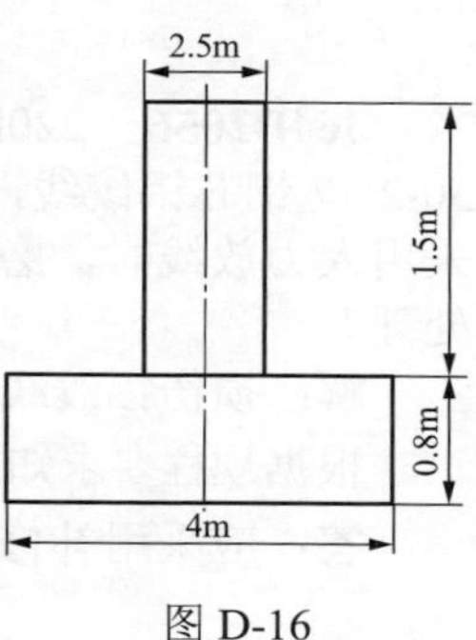

图 D-16

解： 已知 a=0.8m、b=1.5m、c=2.5m、d=4m

则 $V=ad^2+bc^2=4\times4\times0.8+2.5\times2.5\times1.5=12.8+9.38=22.2$（m^3）

质量 $m=\rho V=2450\times22.2=54\ 390$（kg）

答： 需混凝土 54 390kg。

Je4D1053　被跨越电力线路电压为 110kV，一新建线路与之相交，放线前要搭设跨越架，试计算该跨越架架顶宽度 B（已知跨越交叉角 γ=60°，跨越架所遮护的最外侧导、地线间在横线路方向的水平距离 b=16m，导线在跨越点处的风偏距离 Z_x=2m）。

解： $B\geqslant[2(Z_x+1.5)+b]/\sin\gamma=[2\times(2+1.5)+16]/\sin60°$

$=26.6$（m）

答： 跨越架架顶宽度不应小于 26.6m。

Je4D1054　JL/G1A-315/32-45/7（钢芯铝绞线）导线，拉断力为 79 030N，安全系数为 2.5，计算最大使用张力是多少？

解： 最大使用张力为 79 030/2.5=31 612（N）

答： 最大使用张力为 31 612N。

Je4D2055 已知人字抱杆的长度 L_1=15m，抱杆根开 A=8m，立塔受力时抱杆腿下陷Δh=0.2m，计算抱杆的有效长度 L、有效高度 H 各是多少（抱杆与地面的初始夹角为 60°）？

解：$L=\sqrt{L_1^2-\left(\dfrac{A}{2}\right)^2}-\Delta h=\sqrt{15^2-4^2}-0.2=14.257$（m）

$H=L\sin 60°=12.35$（m）

答：抱杆的有效长度是 14.257m，有效高度是 12.35m。

Je4D2056 220kV 送电线路导线用型号为 JL/G1A-315/50-26/7 钢芯铝绞线，铝绞线面积 315mm²，由 26 根铝丝组成，采用人力放线时，磨断 4 根铝丝，损伤长度为 60mm，应如何处理？

解：损伤铝绞线占总面积的比例为 4/26×100%=15.4%

根据规程要求知25%＞15.4%＞7%，所以应采用补修管补修。

答：应采用补修管补修。

Je4D2057 检测导线对被跨越的公路垂直距离，测得水平距离为 40m，仰角 a 为 16° 30′，水平前视读数为 1.6m。

解：$h=40\times\tan 16°30'=11.848$（m）

导线对公路垂直距离 $H=h_1+h_2=11.848+1.6=13.448$（m）

答：导线对公路垂直距离 H=13.448m。

Je4D2058 已知一耐张段代表档距为 185m，20℃时弧垂 f=2.7m，求观测档距为 245m、观测温度为 20℃时的观测弧垂？

解：已知 l_C=245m、l_D=185m

观测弧垂 $f_C=f\left(\dfrac{l_C}{l_D}\right)^2=2.7\times\left(\dfrac{245}{185}\right)^2=4.735$（m）

答：观测弧垂为 4.735m。

Je4D2059 检查基础偏移，测得 D_1=18mm，D_2=4mm，

D_3=10mm，D_4=2mm，求横线路偏移值ΔX、顺线路偏移值ΔY各是多少？（见图 D-17）

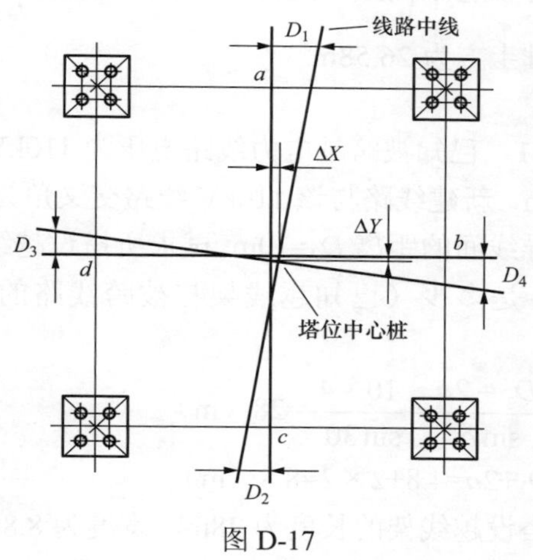

图 D-17

解：横线路偏移值　$\Delta X=\frac{1}{2}(D_1-D_2)=\frac{1}{2}(18-4)=7$（mm）

顺线路偏移值　$\Delta Y=\frac{1}{2}(D_3-D_4)=4$（mm）

答：横线路偏移值为 7mm，顺线路偏移值是 4mm。

Je4D2060　一送电线路铁塔现浇正方形基础，如图 D-18 所示，基础垫层 200mm，坑壁与地面夹角为 65°，请计算基础坑的土方（图中标注尺寸单位为 mm）。

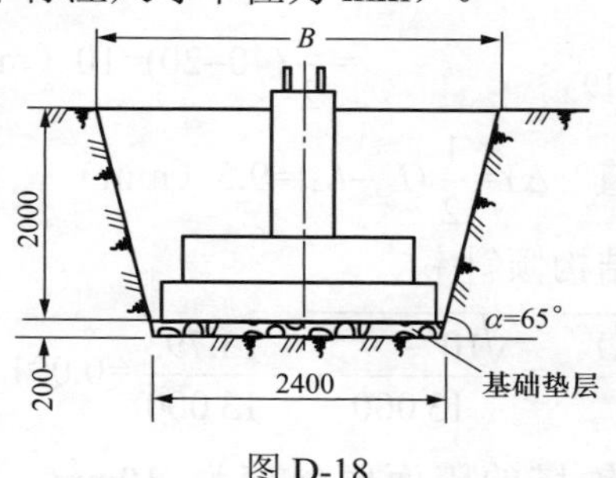

图 D-18

解： 基础坑口宽度 $B=2.4+2\times(2+0.2)\times\tan25°=4.45\text{(m)}$

土方 $V=\frac{1}{3}\times(2+0.2)\times\left(4.45^2+2.4^2+\sqrt{4.45^2\times2.4^2}\right)=26.58\ (\text{m}^3)$

答： 基础土方为 26.58m^3

Je4D3061 已知被跨越电力线路电压为110kV，其两边线宽度 D_1=4.8m，新建线路与该110kV线路交叉角为 $\alpha=30°$，新建线路两边导线间的距离 D_2=10m，试求所搭设越线架的长度 L 和宽度 B 各是多少（已知越线架与被跨线路的安全距离为 a=2m）？

解： $L=\frac{D_2+2a}{\sin\alpha}=\frac{10+4}{\sin30°}=28\ (\text{m})$

$B=D_1+2a=4.8+2\times2=8.8\ (\text{m})$

答： 所搭设越线架的长度为28m，宽度为8.8m。

Je4D3062 如图D-19所示，检测整基铁塔结构的倾斜值，测得正面倾斜值 L_1 为 40mm，L_2 为20mm，侧面倾斜值 L_3 为25mm，L_4 为 6mm，测点垂直距离 h 为 13 000mm，求整基铁塔的倾斜值及倾斜率各是多少？

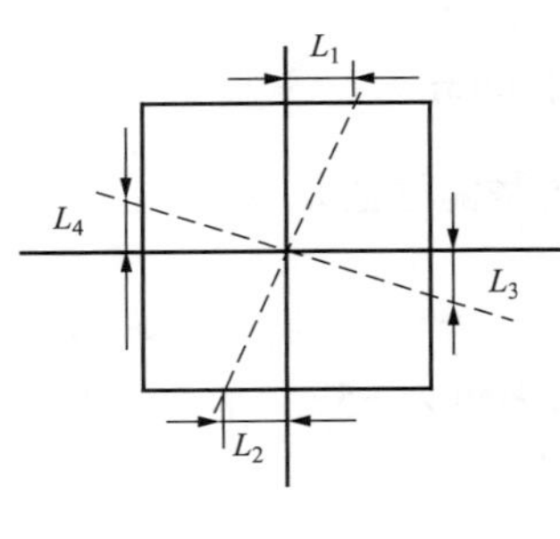

图 D-19

解： 正面倾斜值 $\Delta X=\frac{1}{2}(L_1-L_2)$

$=\frac{1}{2}(40-20)=10\ (\text{mm})$

侧面倾斜值 $\Delta Y=\frac{1}{2}(L_3-L_4)=9.5\ (\text{mm})$

整基铁塔结构倾斜率

$$a=\frac{\sqrt{\Delta X^2+\Delta Y^2}}{h}=\frac{\sqrt{10^2+9.5^2}}{13\,000}=\frac{13.793}{13\,000}=0.001\,061\approx1.06‰$$

答： 整基铁塔的正面倾斜值为 10mm，侧面倾斜值是

9.5mm，倾斜率是 1.06‰。

Je4D3063 如图 D-20 所示，已知拉线与电杆夹角为 45°，拉线挂点高 10m，拉线盘埋深 2m，求拉盘中心至电杆的距离，并计算拉线挂线点到拉棒出土点的长度（不计拉线棒、拉线回头长度）。

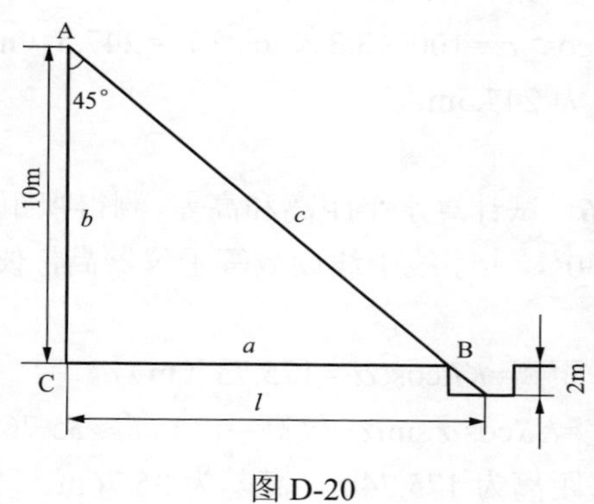

图 D-20

解：拉盘中心至电杆的距离 $l=(b+2)\times\tan45^\circ=12$（m）

因为 $\cos45^\circ=\dfrac{b}{c}$

所以 $c=\dfrac{10}{\cos45^\circ}=\dfrac{10}{0.707}=14.14$（m）

答：拉线长 14.14m。

Je4D3064 已知某送电线路弧垂观测档的弧垂 f=9m，档距 L=270m，导线悬点高差 h=25m，导线悬点至仪器中心的垂直距离 α=24m（在低点观测），试求用档端角度法观测弧垂的观测角θ值。

解：

$$\theta=\tan^{-1}\frac{h-4f+4\sqrt{fa}}{l}=\tan^{-1}\frac{25-4\times9+4\sqrt{9\times24}}{270}$$

$$=\tan^{-1}\frac{47.8}{270}=10^\circ\,2'$$

答：观测角值为10°3′。

Je4D3065 某线路两杆塔之间有高差，当采用仪器进行视距测量时，测得十字线的上视线 M 为 4.4m，下上视线 N 为 1.1m，角 α 为 30°，计算该档距 L 是多少（K 取 100）？

解：$l=M-N=4.4-1.1=3.3$（m）

$L=Kl\cos^2\alpha=100\times3.3\times\cos^2 30°=247.5$（m）

答：档距为 247.5m。

Je4D3066 试计算水平距离和高差，测得视距 R 为 1.83m，仰角 α 为 11°30′，十字线中线读数等于仪器高，仪器常数 K 为 100。

解：水平距离$=KR\cos^2\alpha\approx175.73$（m）

高差$=KR\cos\alpha\sin\alpha+$仪高$-$中线高≈35.76（m）

答：水平距离为 175.74m，高差为 35.76m。

Je4D4067 检测导线对被跨线的通信线间的距离，测得水平距离 L 为 40m，$\theta_1=6°$，$\theta_2=16°$，计算导线对通信线间的垂直距离 H。

解：tan6°=0.105 1，tan16°=0.286 7

$h_1=L\tan\theta_1=40\times\tan6°=4.204$（m）

$h_2=L\tan\theta_2=40\times\tan16°=11.468$（m）

$H=h_2-h_1=11.468-4.204=7.264$（m）

答：导线对通信线间的垂直距离为 7.264m。

Je4D4068 采用异长法观测弧垂时，已知 $f=27.6$m，$a=20$m，$L=310$m，两点高差为 $h=23$m，求 b 是多少？

解：因为 $10\%L=10\%\times310=31$（m）

$h<10\%L$，所以采用下式进行计算，即

$$b=\left(2\sqrt{f}-\sqrt{a}\right)^2=\left(2\sqrt{27.6}-\sqrt{20}\right)^2=36.42\text{（m）}$$

答：b 是 36.42m。

Je4D5069 已知某送电线路耐张段长 1300m，代表档距 250m，观测档距 260m（不计悬点高差），测得一条导线弧垂为 6m，设计要求 5.5m，因此需调整弧垂，请计算线长调整量ΔL是多少？

解：已知 L_d=250m，L_c=260m，f_{CO}=6m，f_c=5.5m，$\cos\varphi_c$=1

$$\Delta L=\frac{8l_d^2}{3l_c^4}\cos\varphi_c\times(f_{co}^2-f_c^2)\sum\frac{l}{\cos\varphi}$$

$$=\frac{8}{3}\times\frac{250^2}{260^4}\times(6^2-5.5^2)\times1\,300=0.269\text{（m）}$$

答：线长调整量是 0.269m。

Je4D5070 求测 A、B 两点间的距离和高差，视距中线读数不等于仪器高，测得视距十字中线视距上线为 2.6m，视距下线为 1.68m，仪器高为 1.65m，仰角θ为 12°40′。

解：水平距离=$KR\cos^2\theta$=100×1.84×0.975 66^2=175.15（m）

初算高差=$KR\cos\theta\sin\theta$=100×1.84×0.975 66×0.219 28

=39.365（m）

高差=39.365+1.65−2.6=38.417（m）

答：计算得水平距离为 175.15m，高差为 38.417m。

Je3D1071 已知矩形基础（如图 D-21 所示）的根开 X=6m，Y=4m，坑口边长为 0.6m，求各部分坑尺寸。

解：$\dfrac{X+Y}{2}=\dfrac{6+4}{2}=5$（m）

$E_0=\dfrac{\sqrt{2}}{2}Y=0.707\times4=2.828$（m）

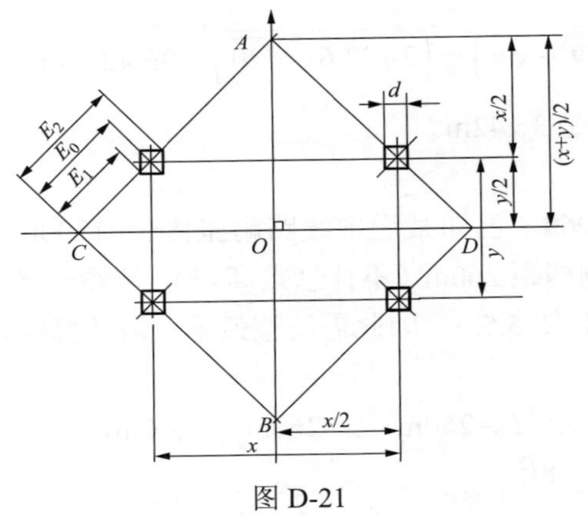

图 D-21

$$E_1=\frac{\sqrt{2}}{2}(Y-a)=0.707\times3.400=2.404\text{（m）}$$

$$E_2=\frac{\sqrt{2}}{2}(Y+a)=0.707\times4.600=3.252\text{（m）}$$

答：E_0=2.828m，E_1=2.404m，E_2=3.252m。

Je3D2072 拉线坑中心地面低于施工基面时，分拉线坑。拉线与电杆夹角为 30°，拉线挂点至杆根部 11m，拉线盘埋深为 2.2m，拉线坑低于电杆施工基面 3m，求拉线坑中心至电杆的水平距离是多少？

解：拉线坑中心至电杆的水平距离=(11+3+2.2)×tan30°=16.2×0.577 4=9.35（m）

答：拉线坑中心至电杆的水平距离为 9.35m。

Je4D3073 已知抱杆全长 11m，初始角 62°，根开 3.2m。计算起吊混凝土π型杆整体起立抱杆的有效高度 *H*、有效长度 *L*。

解：抱杆有效长度 $L=\sqrt{11^2-\left(\frac{3.2}{2}\right)^2}\approx10.9$（m）

抱杆有效高度 $H=L\sin62°\approx9.6$（m）

答：抱杆有效长度为10.9m，有效高度为9.6m。

Je3D2074 现有一电杆，拉线挂点距地面高度为11m，拉线盘埋深为2.5m，拉线与地面夹角成45°，求拉线坑至杆中心距离L。

解：已知H=11m、h=2.5m、θ=45°

$L=(H+h)\cot\theta=(11+2.5)\times\cot45°=13.5$（m）

答：拉线坑至杆中心距离为13.5m。

Je3D3075 如图D-22所示，已知ϕ300杆，长18m，等径单杆，上字型横担质量为66kg，绝缘子串（包括金具）质量为3×34=102kg，杆外径 D=300mm，内径 d=200mm，壁厚Δ=50mm，求整杆重心（每米杆质量q=102kg/m）？

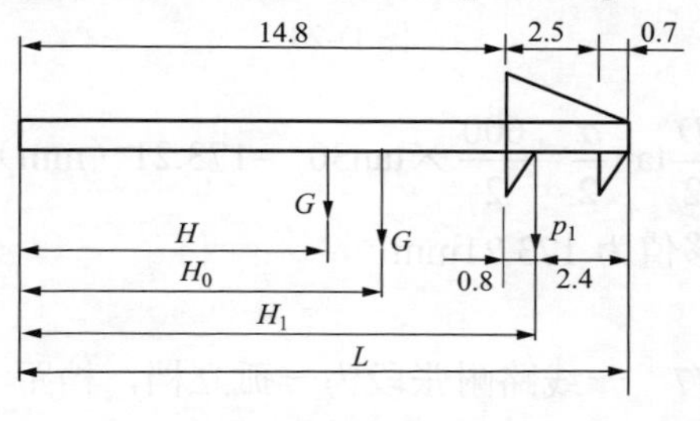

图D-22

解：上字形横担及绝缘子串重力

$$f_1=(66+102)\times10=1680\text{（N）}$$

p_1作用点位置取横担部分高度的$\frac{1}{3}$，即$\frac{1}{3}\times2.5\approx0.8$（m）

$$H_1=14.8+0.8=15.6\text{（m）}$$

杆段质量　$m=18\times102=1836$（kg）

杆段重力　$G=1836\times10=18360$（N）

$$H=18/2=9\text{（m）}$$

整杆重心 $H_0=\dfrac{GH+p_1H_1}{G+p_1}=\dfrac{18\,360\times9+1680\times15.6}{18\,360+1680}$

$\approx$9.54（m）

答： 整杆重心高为 9.54m。

Je3D3076 如图 D-23 所示，某线路转角杆转角度数α为 60°，横担两侧挂线点距离 D 为 600mm，求出该转角杆塔中心桩的位移值 S，并标出中心桩的位移方向。

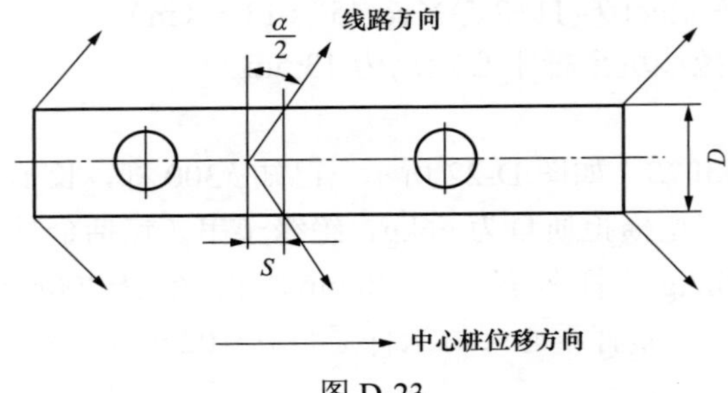

图 D-23

解： $S=\frac{D}{2}\tan\frac{\alpha}{2}=\frac{600}{2}\times\tan30°=173.21$（mm）

答： 位移值为 173.21mm。

Je3D3077 一线路耐张段为一孤立档，档距 L=250m，设计弧垂 f=6m，实测弧垂 f_0=5.5m，需要调整弧垂，请计算线长调整量ΔL 是多少？

解： 由公式$\Delta L=\frac{8}{3}\times\frac{f_0^2-f^2}{L}$，得

$$\Delta L=\frac{8}{3}\times\frac{5.5^2-6^2}{250}=-0.061\text{（m）}=-61\text{mm}$$

负值说明导线短了。

答： 线长应增加 61mm。

Je3D3078 某一铁塔的基础根开为 5800mm（正方形地脚螺栓式），浇制完毕后，测量其对角线实际尺寸为 8215mm，试

计算是否超过允许误差值？

解：按设计值基础对角线长度应为：5800× $\sqrt{2}$ =8201（mm）

允许误差值为±2‰：8201×(±2‰)=±16.4（mm）

对角线允许尺寸范围为 8184.6～8217.4mm 以内，而实际尺寸 8215mm 在允许误差范围内，没有超过允许误差，合格。

答：没有超过允许误差值。

Je3D3079 一线路杆塔采用现浇基础，由普通硅酸盐水泥、碎石等拌制混凝土，水泥强度等级 42.5，强度等级富裕系数取 γ_c=1.08；混凝土试配强度 $f_{cu.o}$=23MPa，碎石混凝土回归系数取 α_a=0.46、α_b=0.52，计算该基础的水灰比。

解：水泥实际强度 $f_{ce}=\gamma_c f_{ce.g}=1.08\times42.5=45.9$（MPa）

水灰比 $\frac{W}{C}=\frac{\alpha_a\times f_{ce}}{f_{cu.0}+\alpha_a\times\alpha_b\times f_{ce}}=\frac{0.46\times45.9}{20+0.46\times0.52\times45.9}=\frac{21.114}{23+10.98}=0.62$

答：该基础的水灰比为 0.62。

Je3D4080 某 220kV 送电线路 7～8 号间跨越一条标准轨铁路，7～8 号间档距 L 为 300m。代表档距 L_{db} 为 320m，按规程要求 220kV 线路与铁路轨顶距离不小于 8.5m，经测量，交叉点轨顶标高为+3.0m，220kV 下导线标高为+11.6m，下导线弧垂 f 为 5.4m，测量时气温 t 为+10℃，问交叉跨越距离是否满足要求？

解：交叉跨越距离 H=11.6–3=8.6（m）

但因测量时气温只有+10℃，而按规程要求，当 220kV 线路跨越标准铁路时 ，档距超过 220m 时应按+70℃检验跨越距离，导线热膨胀系数 A=19×10^{-6}，所以

70℃时的弧垂 $f_{70}=\sqrt{f^2+\frac{3L^4}{8L_{db}^2}(t_{max}-t)A}$

$$=\sqrt{5.4^2+\frac{3\times300^4}{8\times320^2}\times(70-10)\times19\times10^{-6}}$$

=7.94（m）

Δf=7.94–5.4=2.54（m）

70℃时跨越距离 H_{70}=8.6–2.54=6.06（m）

H_{70} 小于要求 8.5m，不能满足。

答：交叉跨越距离不满足要求。

Je3D4081 有一根(6×19)ϕ 9.3mm（抗拉强度 155MPa）钢丝绳，已知其破断拉力 P_1=48.9kN，欲用此钢丝绳做起吊铁塔的牵引绳，已知铁塔起吊重量 Q=30 000N，采用 1-2 滑轮组，牵引绳由动滑轮引出，滑轮组综合工作效率 η=92.5%，单滑轮工作效率为 95%，钢丝绳安全系数 K=4，动荷系数 K_1=1.2，不平衡系数 K_2=1.2，请计算此钢丝绳能否做起吊牵引绳？

解：（1）由题意知 n=3、η=0.925，牵引绳从动滑轮引出

所以牵引力 $P=\frac{9.81Q}{\eta(n+1)}=\frac{3000\times9.81}{0.925+(3+1)}$=8372.7（N）

（2）钢丝绳破断拉力 $P_1=PK_1K_2K$=8372.7×4×1.2×1.2=482 27（N）=48.227kN

因为 48.94kN＞45.815kN，所以可以用作牵引钢丝绳。

答：可以用作起吊牵引绳。

Je3D5082 有一额定电压 U_N 为 110kV 的双回路输电线路，最大负荷 P 为 40MW，cosφ=0.8，T_{max}=6000h，试按经济电流密度选择导线截面（T_{max}=6000h，J=0.96A/mm²，JL/G1A-160/9-18/1 最大安全电流为 450A）。

解：线路输送的最大负荷电流

$$I=\frac{P}{\sqrt{3}U_N\cos\varphi}=\frac{40\times10^3}{\sqrt{3}\times110\times0.8}=262.4\text{（A）}$$

由 T_{max}=6000h，得 J=0.96A/mm²

所以，每相导线截面 $S=\frac{1}{2}\frac{I}{J}=\frac{262.4}{2\times0.96}$=136.67（mm²）

选择截面为钢芯铝绞线 JL/G1A-160/9-18/1。

校验：

（1）机械强度：导线截面大于 25mm²，故满足要求。

（2）电晕条件：导线外径大于 9.6mm，故不发生发晕。

（3）发热条件：按负荷全部转移到一回线路后导线发热情况。

得导线最大安全电流为 450×1.2=540A＞262.4A，满足要求。

答：选择截面为钢芯铝绞线 JL/G1A-160/9-18/1。

Je3D5083 有一地锚直径为 0.25m，长度为 1.8m，埋深为 1.6m，地锚受力方向与水平方向夹角 α 为 45°，土壤的计算抗拔角为 30°，单位容量 r 为 1800kg/m³，安全系数 K=2，计算地锚容许抗拔力（提示：$Q=1/K\left[dlt+(d+l)t^2\tan\theta+4/3t^3\tan^2\theta_1\right]r$）。

解： 已知 d=0.25m、l=1.8m、h=1.6m、α=45°、θ_1=30°、r=1800、K=2

$$t=\frac{h}{\sin45^\circ}=\frac{1.6}{0.707}=2.263\text{（m）}$$

地锚容许抗拔力

$$Q=1/K[dlt+(d+l)t^2\tan\theta+4/3t^3\tan^2\theta_1]r=\frac{1}{2}[0.25\times1.8\times2.263+(0.25+1.8)\times2.263^2\times\tan30^\circ+\frac{4}{3}\times2.263^3\times\tan^2 30^\circ]\times1800\approx 11\,001.6\text{（kgf）}\approx107.89\text{kN}$$

答：地锚容许抗拔力为 107.89kN。

Je2D2084 输电线路工程进入放线施工阶段，已知导线单位重为 W=0.598kg/m，导线拖放长度为 l=1000m，放线始点与终点高差为 h=5m，摩擦系数 μ=0.5，计算放线牵引力 p。

解：据公式 $p=(\mu Wl \pm Wh) \times 9.8$，得

$p=(0.5\times0.598\times1000+0.598\times5)\times9.8=2959.5$（N）≈2.96kN

答：放线牵引力为 2.96kN。

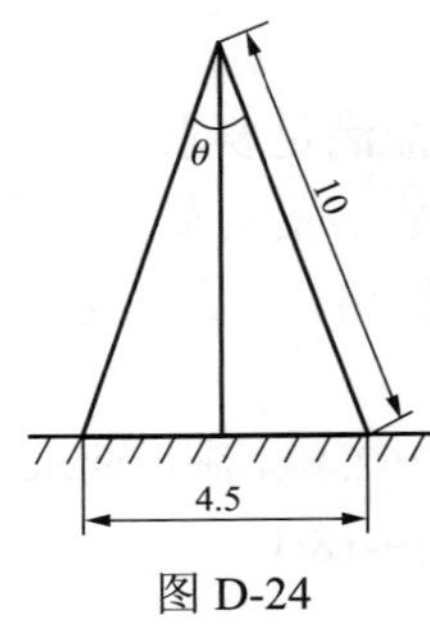

图 D-24

Je2D3085 如图 D-24 所示，起立杆塔采用有效长度为 10m 的倒落式人字抱杆，抱杆根开 4.5m，得知抱杆所承受的最大轴向总下压力为 45kN，求每根抱杆承受的下压力。

解：已知抱杆有效长度为 10m，根开为 4.5m，由图 D-24 可知

$$\sin\frac{\theta}{2}=\frac{\frac{4.5}{2}}{10}=0.225$$

$$\theta=26^\circ$$

抱杆有效高度 $h=10\times\cos\frac{\theta}{2}=10\times0.974\,4\approx9.74$

因为单根抱杆承受压力 $R=\dfrac{N}{2\cos\frac{\theta}{2}}=\dfrac{45}{2\times9.74}\times10^3$

$$=23\,100\text{（N）}$$

答：每根抱杆承受的下压力为 23 100N。

Je2D3086 两根材料相同的轴，一根轴的直径为另一根轴直径的 2 倍，即 $d_1=2d_2$，问它们的抗弯强度是否也相差 2 倍？

解：由正应力计算公式 $J=M/W_Z$ 知，抗弯强度 J 取决于 W_Z，W_Z 越大，强度越高，而圆截面 $W_Z=\pi d^3/32$

所以两根轴的圆截面之比

$$W_{Z1}/W_{Z2}=(\pi d_1^3/32)/(\pi d_2^3/32)=(2d_2)^3/d_2^3=8$$

即抗弯强度相差 8 倍。

答：它们的抗弯强度相差 8 倍。

Je2D3087 某线路架线施工中，需对线下10kV线路进行临时改造，使用9m水泥杆（ϕ 300等径杆，壁厚50mm，质量为990kg），导线型号为JL/GA1-65/10-6/1（钢芯铝绞线），垂直档距为120m，埋深为2.5m，横担及附件总质量为47kg，土质为亚黏土（地耐为$2\times10^5N/m^2$）问可否不用底盘（JL/GA1-65/10-6/1的每米质量为0.254 4kg/m）？

解：垂直荷重：导线重量=0.254 4×3×120×10=915.8（N）

水泥杆重=9900N

横担及铁附件重470N

垂直荷重=915.8+9900+470=11 285.8（N）

水泥杆底面积=$\frac{\pi}{4}$［$300^2-(300-2\times50)^2$］=39 270（mm^2）= 392.7cm^2

土质承受单位荷重=$\frac{11\,285.8}{392.7}$=28.74（N/cm^2）=$2.874\times10^5N/m^2$

因为$2.874\times10^5N/m^2>2\times10^5N/m^2$

所以需要加底盘。

答：需要加底盘。

Je2D4088 某现浇基础主柱的配筋为8×ϕ20，施工现场无20锰硅钢筋，现拟用ϕ22钢筋代用，试计算代用钢筋需用根数（ϕ20锰硅钢抗拉强度为333MPa，ϕ22（Q235）抗拉强度为235MPa）？

解：已知n_1=8、d_1=20、R_{g1}=333、d_2=22、R_{g2}=235

根据题意知 $n_1 d_1^2 R_{g1}=n_2 d_2^2 R_{g2}$

所以$n_2=\frac{n_1 d_1^2 R_{g1}}{d_2^2 R_{g2}}$，得

$$n_2=\frac{8\times20^2\times333}{22^2\times235}=9.37（根）$$

取10根。

答：代用钢筋需用根数为 10 根。

Je2D4089 某架空输电线路，导线为 70mm^2，其直径 d=11.4mm，自重比载 g_1=3.464×10^{-2}N/（m·mm^2），代表档距为 250mm，最高温度时的应力 σ_n=5.082kg/mm^2，最低温度时的应力 σ_m=7.431kg/mm^2，试求防振锤的安装距离（振动上限风速 V_m=4.0m/s，下限风速 V_n=0.5m/s）？

解： 最低温度时的最大半波长

$$\frac{\lambda_m}{2}=\frac{d}{400V_n}\sqrt{\frac{9.81\sigma_m}{g_1}}=\frac{11.4}{400\times0.5}\times\sqrt{\frac{9.81\times7.431}{3.464\times10^{-3}}}$$

=8.269（m）

最高温度时的最大半波长为

$$\frac{\lambda_n}{2}=\frac{d}{400V_m}\sqrt{\frac{9.81\sigma_n}{g_1}}=\frac{11.4}{400\times4}\times\sqrt{\frac{9.81\times5.082}{3.464\times10^{-3}}}$$

=0.855（m）

防振锤安装距离

$$b=\frac{\frac{\lambda_m}{2}\frac{\lambda_n}{2}}{\frac{\lambda_m}{2}+\frac{\lambda_n}{2}}=(8.269\times0.855)/(8.269+0.855)=0.775\text{（m）}$$

答： 防振锤的安装距离为 0.775m。

Je4D3090 检测导线对地距离，测得经纬仪至导线垂直下方的水平距离 L 为 30m，仰角 α 为 15°20′，水平前视读数为 1.2m，求导线对地距离 H 是多少？

解： tan15°20′=0.274 2

$h=L\tan\alpha$=30×0.274 2=8.226（m）

导线对地距离 $H=h+1.2$=8.266+1.2=9.426（m）

答： 导线对地距离为 9.426m。

Je4D3091 某线路有一孤立档，架线标准弧垂 f_x 为 11.4m，检查实测弧垂 f 为 12.8m，弧垂大 1.4m，已知该孤立档档距 l 为 280m，计算该档导线线长的调整量（不考虑架空线弹性影响）。

解：线长调整量$\Delta L=\frac{8}{3l}(f^2-f_x^2)=\frac{8}{3\times280}\times(12.8^2-11.4^2)=$ 0.323（m）

答：该档导线线长的调整量为减少 0.323m。

Je4D4092 转角塔分坑，设计根开为 6m，坑口宽为 2m，线路实际转角θ为 16°30′，求出分坑尺寸，并求出角度二等分线，内角二等分线的角度值。

解：角度二等分线$=\frac{16°30'}{2}=8°15'$

内角二等分线$=\frac{180°-16°30'}{2}=81°45'$

$E_0=\frac{\sqrt{2}}{2}\times6=4.242$（m）

$E_1=\frac{\sqrt{2}}{2}\times(6-2)=2.828$（m）

$E_2=\frac{\sqrt{2}}{2}\times(6+2)=5.656$（m）

答：分坑尺寸 E_0 为 4.242m，E_1 为 2.828m，E_2 为 5.656m，角度二等分线为 8°15′，内角二等分线为 81°45′。

Je4D5093 某送电线路架线后，用档端角度法检查一档导线弧垂，因三线平衡，故只检查中间导线，测得数据为：a=19.2m、L=347m、θ_1=3°38′；θ_2=3°12′，检查时气温为+10℃，试求中间导线弧垂是否符合质量标准（气温为+10℃时的标准弧垂为 f=9.030m）？

解：$f_x=\frac{1}{4}[\sqrt{a}+\sqrt{l(\tan\theta_1-\tan\theta_2)}]^2$

$$=\frac{1}{4}\times[\sqrt{19.2}+\sqrt{347(\tan 3°38'-\tan 3°12')}]^2$$

$$=\frac{1}{4}\times[\sqrt{19.2}+\sqrt{347\times(0.0635-0.05591)}]^2=9.015\text{(m)}$$

弧垂误差为$\Delta f_x=f-f_x$=9.030−9.015=0.015（m）

按规程要求弧垂误差应不大于±2.5%，最大允许值为

$$\Delta f_0=\frac{\pm 2.5}{100}\times 9.030=\pm 0.226\text{（m）}$$

因为 $\Delta f_0>\Delta f_x$，

所以弧垂符合质量标准合格。

答：中间导线弧垂符合质量标准。

Je3D3094 用视距法测 A—B 两点的水平距离与高差。已知仪高为 1.6m，上视距线读数 2.4m，十字线中线读数 1.6m，下视距线读数 0.8m，仰角θ=14° 20′，视距 R=2.4−0.8=1.6m，视距常数 K=100m，采用内对光望远镜。

解：仪高=十字中线读数=1.6m

水平距离=$KR\cos^2\theta$=100×1.6×cos²14° 20′=160×0.968 87² = 150.192（m）

高差=$\frac{1}{2}KR\sin 2\theta=\frac{1}{2}\times 100\times 1.6\times\sin 28°40'$=38.376（m）

答：A—B 两点的水平距离为 150.192m，高差为 38.376m。

Je3D3095 已知采用档端观测法测某输电线路弧垂，已知观测角为θ=9° 30′，档距 l=265m，导线两悬点之间高差 H=25m，导线悬点至仪器中心的垂直距离 a=22m，仪器位置近方低于远方，试计算该观测档弧垂值。

解：由档端计算公式 $f=\frac{1}{4}(\sqrt{a}+\sqrt{a-l\tan\theta+H^2})$，得

$$f=\frac{1}{4}(\sqrt{22}+\sqrt{22-265\times\tan 9°30'+25^2})=9.998\text{（m）}$$

答：该观测档弧垂值为 9.998m。

Je3D4096 某输电线路，耐张段有 4 档，它们的档距 L_1、L_2、L_3、L_4 分别为 350、400、400、370m，该耐张段的长度及代表档距为多少？

解：耐张段长度 $L=L_1+L_2+L_3+L_4=350+400+400+370=1520$（m）

代表档距 $L_D=\sqrt{\dfrac{L_1^3+L_2^3+L_3^3+L_4^3}{L_1+L_2+L_3+L_4}}$

$=\sqrt{\dfrac{350^3+400^3+400^3+370^3}{1520}}=381.76$（m）

答：该耐张段的长度为 1520m，代表档距为 381.76m。

Je5D1097 某送电线路，计划需用水泥 100t，每基基础用水泥 5t，允许损耗水泥 200kg，计划浇制基础 15 基，问计划水泥用量是否够用？

解：水泥用量=(5+0.2)×15=78（t）＜100t

答：计划水泥用量够用。

Je5D2098 某山地一基础，实际需用水泥 27.6t，砂子 70.5t，石子 123.75t，考虑材料损耗，砂、石、水泥的备料数量应为多少（有关材料损耗系数为：水泥：7%；砂：18%；石：15%）？

解：应备材料量为

水泥量=27.6+27.6×7%=29.53（t）

砂量=70.5×(1+18%)=83.19（t）

石量=123.75×(1+15%)=142.31（t）

答：砂、石、水泥的备料数量分别为 83.19、142.31、29.53t。

Je5D2099 $1m^3$ 混凝土所用材料为水泥 303kg，中砂 713kg，碎石 1264kg，水 180kg，计算山区 1.5km 人工运输费

［提示：每千米运输费为 6.99 元/（t·km），地形系数 2］？

解：人工运输费=(0.303+0.713+1.264+0.18)×1.5×6.99×2=51.596 3（元）

答：人工运输费为 51.596 3 元。

Je5D2100 计算 4×JL/G1A-315/22-45/7 导线，2×JG1A-150-19 地线，7km 山区放线施工费［提示：人工费 391 元/km，机械费 1799 元/km，材料费 167 元/km，地形系数 1.4］。

解：(391+1799)×7×1.4+167×7=21 462+1169=22 631（元）

答：放线施工费为 22 631 元。

Je5D3101 计算 1m 底盘（厚度 0.2m）、埋深 2.6m 平地土坑的土方量及施工费［提示：操作宽度 0.2m，边坡系数 1:0.17，马道 $0.75m^3$，体积 $V=h/3(a^2+aa_1+a^2{}_1)$，单位施工费为 9 元/m^3］。

解：土方量　a=1+2×0.2=1.4（m）

h=2.6+0.2=2.8（m）

a_1=1.4+2.8×0.17×2=2.35（m）

$$V=\frac{2.8}{3}\times(1.4^2+1.4\times2.35+2.35^2)+0.75$$

$=10.05+0.75=10.8$（m^3）

施工费=10.8×9=97.2（元）

答：土方量为 $10.8m^3$，施工费为 97.2 元。

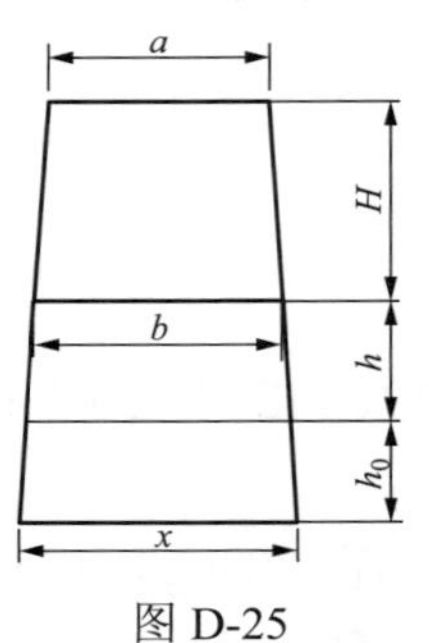

图 D-25

Je4D2102 一铁塔需加高高度为 h_0=3m，原塔腿高度 h=2.5m，如图 D-25 所示，已知 H=5m，a=4m，b=4.5m，求加高后塔脚处根开 x。

解：铁塔坡度比

$$K=\frac{(b-a)}{2H}=\frac{4.5-4}{2\times5}=0.05$$

塔腿处加高 3m 后 a 根开 $x=b+K(h_0+h)\times2$

$$=4.5+0.05(3+2.5)\times2=5.05\text{（m）}$$

答：加高后塔脚处根开为 5.05m。

Je3D2103 如图 D-26 所示，在 A 点设材料站，供应范围是 BC 之间线路的各桩号，试计算 A 材料站运输半径（直角供应方法）。

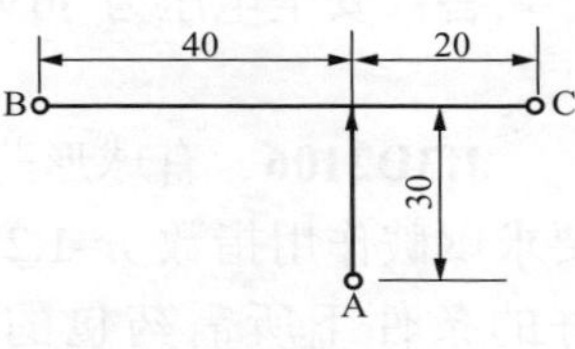

图 D-26

解：采用直角供应，运输半径为

$$R_A=\frac{40\times\left(30+\frac{40}{2}\right)+20\times\left(30+\frac{20}{2}\right)}{40+20}=\frac{2000+800}{60}$$

$$=46.67\text{（km）}$$

答：A 材料站运输半径为 46.67km。

Je2D2104 某企业 1988 年总产值为 9000 万元，年平均生产工人 4000 人，干部 700 人，请计算该单位的工人劳动生产率及全员劳动生产率。

解：工人劳动生产率$=\frac{\text{总产值}}{\text{生产工人平均人数}}=\frac{9000}{4000}$

$$=2.25\text{（万元/人）}$$

全员劳动生产率=总产值/全部职工人数$=\frac{9000}{4000+700}$

$$=1.91\text{（万元/人）}$$

答：该单位的工人劳动生产率为 2.25 万元/人，全员劳动生产率为 1.91 万元/人。

Jf5D3105 如果人体最小的电阻 R 为 800Ω，已知通过人

体的电流 I 为 50mA 时，就会引起呼吸器官麻痹，不能自己摆脱电源，有生命危险，试求安全工作电压值是多少？

解：由欧姆定律可得，此时的电压值为

$$U=IR=50\times10^{-3}\times800=40\text{（V）}$$

因此规定 36V 以下的电压为安全电压。

答：安全电压为 36V。

Jf3D2106 有球形药包，置于砂岩表面以下 W=1.5m 处，要求爆破作用指数 n=1.2，用 2 号岩石硝铵炸药，求在堵塞良好的条件下所需药包的质量（已知砂岩的单位体积耗药量 K=1.75kg/m^3，2 号硝铵炸药计算系数 e=1）。

解：药包质量 $m=(0.4+0.6n^3)KeW^3$

$$=(0.4+0.6\times1.2^3)\times1.75\times1\times1.5^3$$

$$=8.486\,1\text{（kg）}$$

答：在堵塞良好的条件下所需药包的质量为 8.486 1kg。

Jf1D3107 见图 D-27，已知转角杆转角 α=30°，长横担 A=3500mm，短横担 B=2000mm，横担两侧挂点距离 C=500mm，求塔位中心桩对线路转角桩的位移距离 S 的值（$\tan15°=0.267\,95$）。

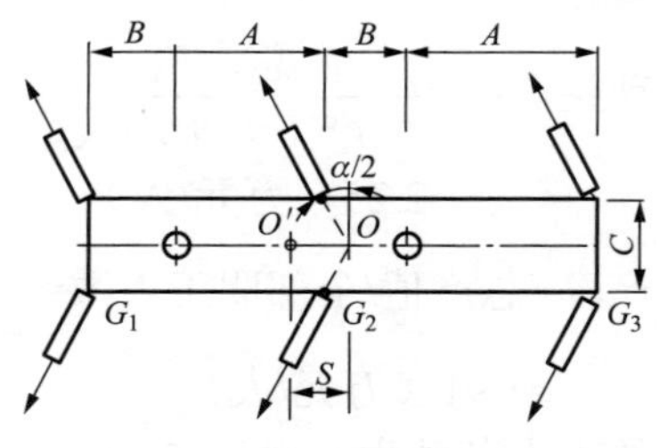

图 D-27

解：$S=\dfrac{C}{2}\square\tan\dfrac{\alpha}{2}+\dfrac{A-B}{2}=\dfrac{500}{2}\times\tan\dfrac{30°}{2}+\dfrac{3500-2000}{2}=$

817（mm）

答：塔位中心桩对线路转角桩的位移距离是 817mm。

Jf1D4108 灌注桩的首次灌入导管内的混凝土体积的计算，已知桩径 D=1.0m，导管内径 d=0.4m，充盈系数 n=1.2，孔内泥浆水深 H=15m，压水冲灌所必须的灌注深度（即埋管深度加导管端余量）h=3m，泥浆比重 γ_1=1.2；混凝土比重 γ_2=2.4。如图 D-28 所示。

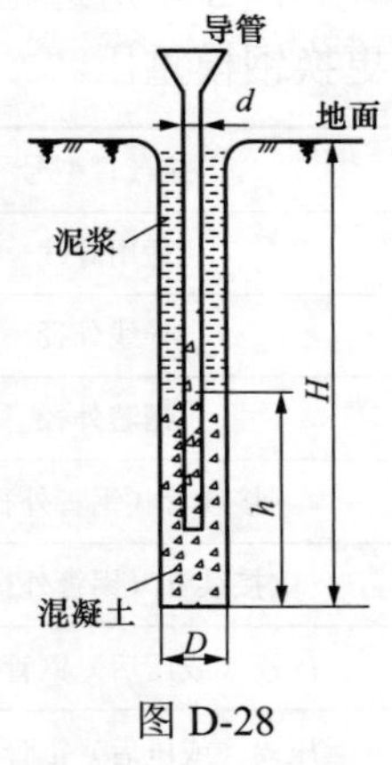

图 D-28

解：灌注桩的首次灌入导管内的混凝土体积

$$V=\frac{\pi D^2nh}{4}+\frac{\pi d^2}{4}\frac{\gamma_1}{\gamma_2}H$$

$$=\frac{\pi\times1.0^2\times1.2\times3}{4}+\frac{\pi\times0.4^2}{4}\times\frac{1.2}{2.4}\times15$$

$=3.768$（m^3）

答：灌注桩的首次灌入导管内的混凝土体积为 3.768m^3。

Jf1D4109 计算导线直线管的压模尺寸，将计算结果直接填入表内。表内数据为《接续金具》（DL/T 758—2001）标准中钢芯铝绞线用液压接续管（圆形、钢芯对接）结构形式和尺寸（精确到小数点 2 位）。表内单位：mm。

接续管型号	JY-300/40	JY-400/50	JY-630/45
适用导线	LGJ-300/40	LGJ-400/50	LGJ-630/45
导线外径	23.94	27.63	33.6
钢芯外径	7.98	9.21	8.4
接续管（钢管外径）	16	20	18
接续管（铝管外径）	40	45	60
压模（或压后）钢管对边距			
压模（或压后）铝管对边距			

解：液压管压后对边距尺寸 S 的最大允许值为

$S=0.866\times0.993D+0.2$（D 为管外径，mm）

但 3 个对边距只允许有一个达到最大值，超过此规定时应更换钢模重压。

接续管型号	JY-300/40	JY-400/50	JY-630/45
适用导线	LGJ-300/40	LGJ-400/50	LGJ-630/45
导线外径	23.94	27.63	33.6
钢芯外径	7.98	9.21	8.4
接续管（钢管外径）	16	20	18
接续管（铝管外径）	40	45	60
压模（或压后）钢管对边距	13.96	17.40	15.68
压模（或压后）铝管对边距	34.60	38.90	51.80

Jf1D3110 计算分坑尺寸，一正方形基础，如图 D-29 所示，已知基础底尺寸 D=1.5m，坑深 H=2.0m，基础与坑底边的距离 e=0.3m，边坡 f=0.3m，求坑口 a 和坑底 b 的尺寸。

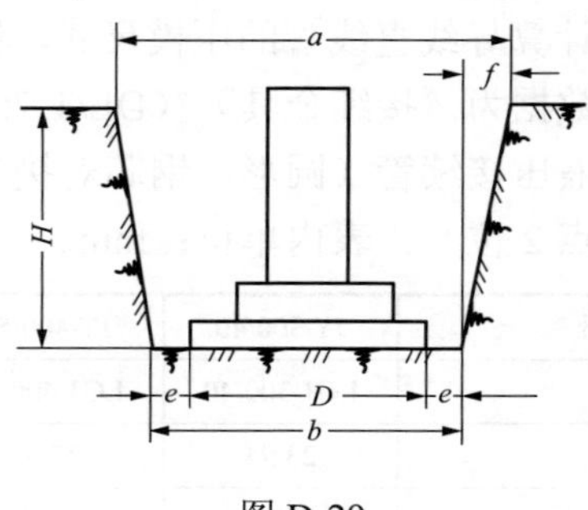

图 D-29

解：$b=D+2e=1.5+2\times0.3=2.1$（m）

$a=b+2fH=2.1+2\times0.3\times2.0=3.3$（m）

答：正方形基础，坑口尺寸 a=3.3m，坑底尺寸 b=2.1m。

Jf1D3111 如图 D-30 为由三轮与三轮滑车组成的 3-3 滑车组，已知滑车组的综合效率 η_{Σ}=0.875，重物 Q=8000N，求提升重物 Q 时，牵引力是多少？

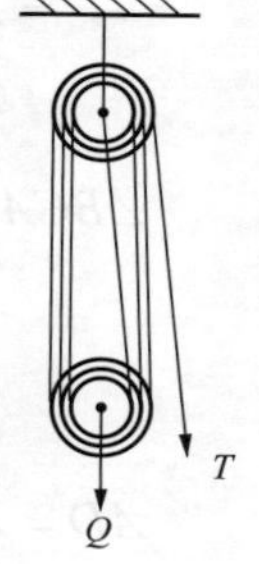

图 D-30

解：$T=\dfrac{Q}{6}\eta_{\Sigma}=\dfrac{8000}{6}\times 0.875=1167$（N）

答：在提升重物 Q 时，牵引力为 1167N。

Jf1D3112 组塔吊装塔材，如图 D-31 所示，已知塔材重 Q=6000N（包括补强木的重量），2 根吊点绳夹角为 90°，请计算一根吊点绳受力多少？

解：2 根吊点绳夹角 α=90°

吊点绳受力 $F=Q\times\cos(\alpha/2)=6000\times\cos 45°=4243$（N）

答：一根吊点绳受力为 4243N。

Jf1D4113 全站仪线路复测进行二次绕桩，如图 D-32 所示，试计算 AD 桩间直线距离？

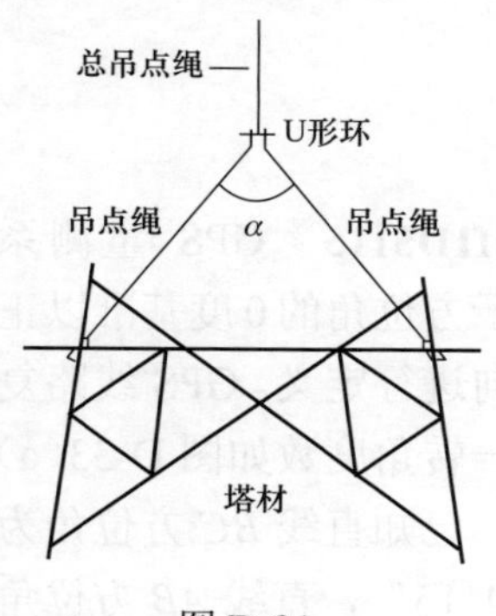

图 D-31

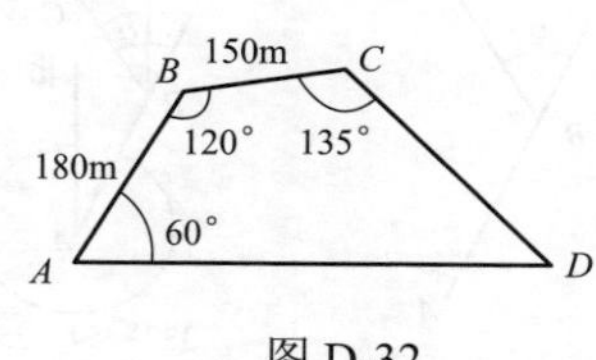

图 D-32

解：

$$AC=\sqrt{AB^2+BC^2-2AB\times BC\times\cos(\angle ABC)}$$

$$=\sqrt{180^2+150^2-2\times180\times150\times\cos120°}$$

$$=286.182\text{（m）}$$

$$\angle ADC = 360° - 60° - 120° - 135° = 45°$$

$$\angle BCA = \sin^{-1}\left(AB \times \frac{\sin(\angle ABC)}{AC}\right)$$

$$=\sin^{-1}\left(180 \times \frac{\sin 120°}{286.182}\right) = 33°0'16''$$

$$AD = AC \times \frac{\sin(135° - \angle BCA)}{\sin(\angle CDA)}$$

$$= 286.182 \times \frac{\sin(135° - 33°0'16'')}{\sin 45°} = 395.885\text{（m）}$$

答：*AD* 桩间直线距离为 395.885m。

Jf1D4114 测量导线与被跨越的通信线间的距离。仪器至线路交叉点的水平距离为 50m，观测线路交叉处导线时的仰角为 14° 15′，观测线路交叉处通信线的仰角是 5° 18′，计算线路交叉跨越距离 *H*?

解：H=50×(tan14° 15′–tan5° 18′)=50×(0.254 0– 0.092 8)=50×0.161 2=8.06（m）

答：线路交叉跨越距离为 8.06m。

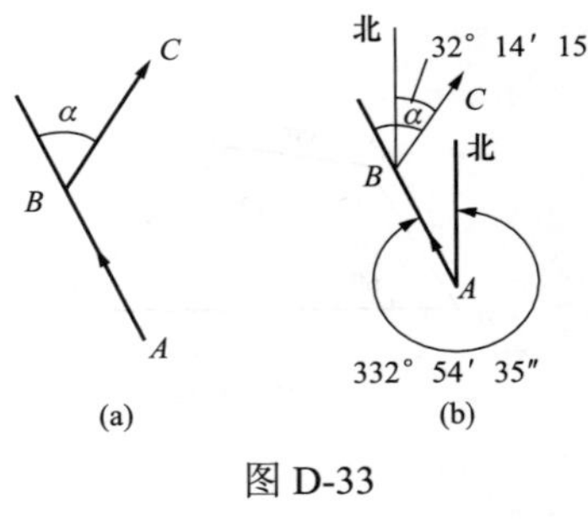

图 D-33

Jf1D5115 GPS 量测系统对于方位角的 0 度基准以正北方向进行定义。GPS 线路复测某一转角度数如图 D-33（a）所示，已知直线 *BC* 方位角为 32° 14′15″，直线 *AB* 方位角为 332° 54′35″，试计算 *B* 桩所在位置的转角度数α?

解：计算分析图如下所示

$$\alpha=(360° - 332° 54'35'') + 32° 14'15''$$

=27° 5′25″ +32° 14′15″ =59° 19′40″

答：*B* 桩所在位置的转角度数为 59° 19′40″ 。

Jf1D5116 已知线路 ABC 的桩位设计成果（*AB* 净距 500m，*BC* 净距 400m，*B* 桩所在位置的转角度数为右转 α=30°）。如图 D-34（a）所示，以图式坐标系为假定坐标系，已知 A 点北京 54 坐标为 *X*=3 000 000，*Y*=40 00 000，直线 *BA* 的方位角为 150°（直线的方位角以正北 *X* 轴开始顺时针绕直线起始点计算）。试计算 *C* 点的北京 54 坐标？

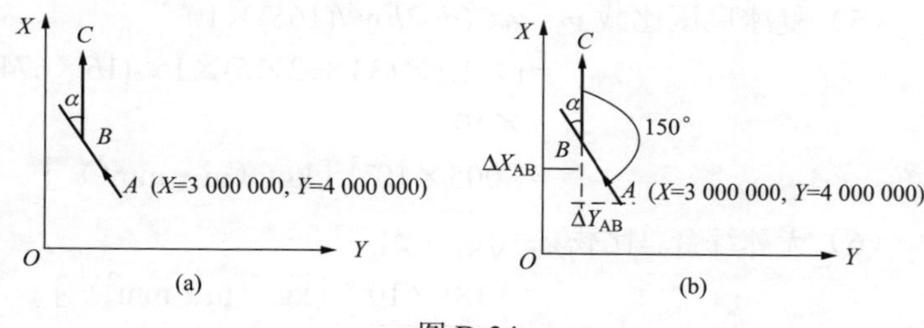

图 D-34

解：计算分析图如下所示

B 点 *X*=3 000 000+500×cos30° =3 000 433.013

Y= 4 000 000−500×sin30° =3 999 750

由计算分析图可知：*BC* 走向即为正北方向，则：

C 点 *X*=3 000 433.013+400=3 000 833.013

C 点 *Y* 坐标值等于 *B* 点 *Y* 坐标值，则 *Y*=3 999 750

答：*C* 点北京 54 坐标为 *X*=3 000 833.013，*Y*=3 999 750。

Jf1D5117 试计算 JL/G1A-630/45 导线的综合总比载（导线单质量 q_1=2079.2kg/km，面积 S=674mm^{-2}，直径 d=33.8mm；冰厚 b=5mm，按雨淞冰取容重；风速 v=15m/s，风速不均匀系数 α_F=1.0，体型系数 C=1.1）。

解：

（1）自重比载 $g_1=q_1/S\times10^{-3}=2079.2/674\times10^{-3}$

$=3.085\times10^{-3}$［kg/（m·mm^2）］

（2）冰重比载 $g_2=2.83\times b(d+b)/\mathrm{S}\times10^{-3}$

$=2.83\times5\times(33.8+5)/674\times10^{-3}$

$=0.815\times10^{-3}$［kg/（m·mm^2）］

（3）垂直总比载 $g_3=g_1+g_2=3.9\times10^{-3}$［kg/（m·mm^2）］

（4）无冰风压比载 $g_4=\alpha_F Cdv^2/(16S)\times10^{-3}$

$=1\times1.1\times33.8\times15^2/(16\times674)\times10^{-3}$

$=0.776$［kg/（m·mm^2）］

（5）复冰风压比载 $g_5=\alpha_F C(d+2b)v^2/(16S)\times10^{-3}$

$=1\times1.1\times(33.8+2\times5)\times15^2/(16\times674)\times10^{-3}$

$=1.005\times10^{-3}$［kg/（m·mm^2）］

（6）无冰综合总比载 $g_6=\sqrt{g_1^2+g_4^2}$

$=3.181\times10^{-3}$［kg/（m·mm^2）］

（7）复冰综合总比载 $g_7=\sqrt{g_3^2+g_5^2}$

$=4.027\times10^{-3}$［kg/（m·mm^2）］

Jf1D5118 已知：双分裂导线，导线单质量=2.079 2kg/m，耐张串质量 G_J=2000kg，与邻塔的档距 l=150m，比邻塔低 h=35m，导线张力 T_{pj}=3000kg。试计算耐张塔绝缘子串是否需要倒挂。

解： $\tan\theta=(q_1+G_J)/(2T_{pj})\pm h/l$

$=(2\times2.0792\times150+2000)/(2\times2\times3000)-35/150$

$=-0.015$

答： 需要倒挂。

Jf1D5119 利用导线放线曲线计算观测档的弧垂，图 D-35 为 220kV 线路钢芯铝绞线的放线曲线，计算出 20、30℃和 25℃

观测档的弧垂值，代表档距、观测档的档距和悬挂点的高差值已在表内注明，放线曲线已按降温25℃计算。

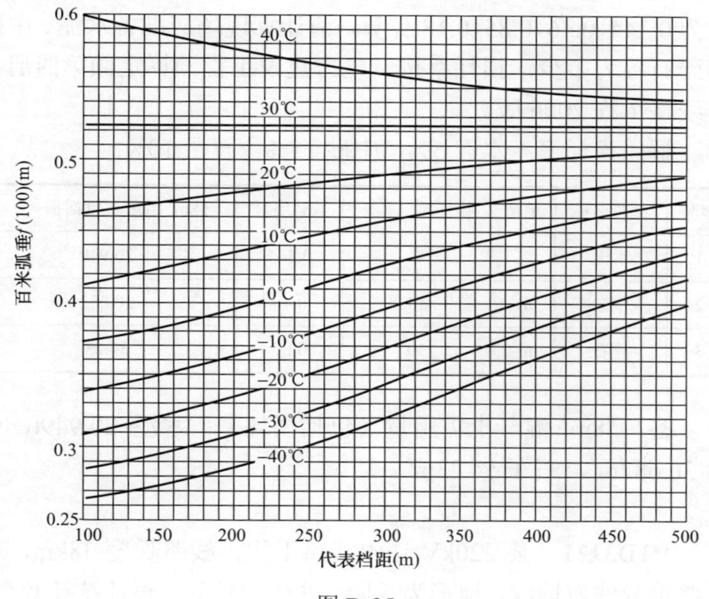

图 D-35

解： 弧垂计算公式

$$f_x = \frac{f(100)}{\cos\beta} \times \left(\frac{L_x}{100}\right)^2$$

序号	气温（℃）	代表档距（m）	代表档距百米弧垂（m）	悬挂点高差（m）	观测档档距（m）	观测档弧垂（m）
1	20	300	0.58	0.5	340	6.705
2	30	280	0.62	2.0	310	5.958
3	25	310	0.604 5	1.2	355	7.618

答： 气温20℃、观测档档距340m时弧垂为6.705m；气温30℃、观测档档距280m时弧垂为5.958m；气温25℃、观测档档距310m时弧垂为7.618m。

Jf1D3120 一铁塔混凝土现场浇制基础，地形为平地，混凝土量 58m³，混凝土强度 C20，每立方米混凝土按水泥∶中砂∶碎石∶水为 0.344∶0.46∶0.85∶0.18 计算，请计算现场应准备水泥、中砂和碎石各为多少，损耗率按《电力建设工程预算定额第四册送电线路工程 2006 版》。

解：损耗率：水泥 5%，中砂 15%，石子 10%。

序号	材料名称	单位	损耗率（%）	$1m^3$ 用量	$58m^3$ 用量（包括损耗）
1	水泥	t	5	0.344	20.949
2	中砂	m^3	15	0.46	30.682
3	碎石	m^3	10	0.85	54.23

答：$58m^3$ 混凝土需用量（包括损耗）：水泥 20.949t，中砂 $30.682m^3$，石子 $54.23m^3$。

Jf1D3121 某 220kV 送电线路工程，线路长度 38km，单回路单导线双地线，地形为丘陵，非张力放线。设计统计数量，盘形瓷质绝缘子 3280 片，有机复合绝缘子 1250 套，请计算工程应准备导线、地线（镀锌钢绞线）、盘形瓷质绝缘子和有机复合绝缘子各为多少，损耗率按《电力建设工程预算定额 第四册送电线路工程（2006 版）》。

解：

序号	材料名称	单位	设计统计数	损耗率（%）	用量（包括损耗）
1	导线	km	38	0.4	38.152
2	地线（镀锌钢绞线）	km	38	0.3	38.114
3	盘形瓷质绝缘子	只	3280	2.0	3346
4	有机复合绝缘子	套	1250	0.5	1257

答：导线用量 38.152km，地线用量 38.114km，盘形瓷质

绝缘子用量3346只，有机复合绝缘子257套。

Jf1D4122 220kV送电线路在紧线施工时，紧线的张力为230kN，请计算应选择的牵引绳破断拉力应不小于多少？（可不考虑钢丝绳破断力换算系数）

解：已知计算公式 $T=KK_1K_2P$

其中：T为紧线时钢丝绳最小破断拉力；K为安全系数，4.5；K_1为动荷系数，1.2；K_2为不平衡系数，1.2；P为紧线张力。

所以 $T=4.5\times1.2\times1.2\times230=1490.4$（kN）

答：所选择紧线用的钢丝绳的破断拉力应不小于1490.4kN。

Jf1D5123 220kV送电线路工程用外抱杆外拉线分解组塔，见图D-36，已吊件重 W=4000N，抱杆与地面的夹角θ=75°，拉线合力作用线与抱杆夹角α=45°，相邻两拉线夹角β=90°，不计滑车的摩擦力，计算拉线受力和抱杆受力。

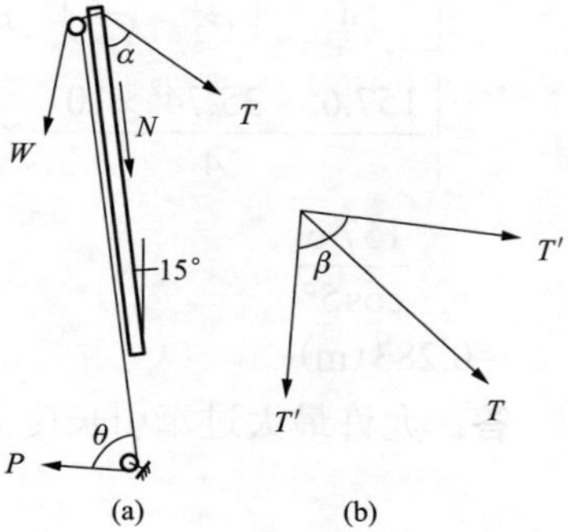

图D-36

解：（1）拉线受力

$$T=\frac{W\times\sin(90-\theta)}{\sin\alpha}=\frac{W\times\cos\theta}{\sin\alpha}$$

$$=\frac{W\times\cos75°}{\sin45°}=\frac{4000\times0.2588}{0.7071}=\frac{1035.2}{0.7071}=1464\text{（N）}$$

起吊时为两根拉线受力，T为两拉线的合力，故

$$T'=\frac{T}{2\times\cos(\beta/2)}=\frac{1464}{2\times\cos45°}=\frac{1464}{2\times0.7071}=1035.2\text{（N）}$$

（2）抱杆受力

$N = W \times \cos(90° - \theta) + P + T\cos\theta$，$P$=$W$

$$N = T \times \cos\alpha + W \times (1 + \sin\theta)$$
$$= 1464 \times \cos 45° + 4000 \times (1 + \sin 75°)$$
$$= 1464 \times 0.7071 + 4000 \times 1.9659 = 11\,123.5 \text{（N）}$$

答：每一根拉线受力 1035.2N，抱杆受力 11 123.5N。

Jf1D5124 已知孤立档档距 L_0=157.6m，导线比载 g_1=35.74×10^{-3}N/（m·mm²），最大过牵引应力σ_1=145N/mm²，架线时的设计应力σ_2=46.2N/mm²，导线弹性系数 E=80 000N/mm²，悬挂点高差角α =5°，求允许最大过牵引长度。

解：

$$\Delta L = \left[\frac{l_0^2 \times g_1^2}{24} \times \left(\frac{1}{\sigma_2^2} - \frac{1}{\sigma_1^2}\right) + \frac{1}{E} \times (\sigma_1 - \sigma_2)\right] \times \frac{l_0}{\cos\alpha}$$
$$= \left[\frac{157.6^2 \times 35.74^2 \times 10^{-6}}{24} \times \left(\frac{1}{46.2^2} - \frac{1}{145^2}\right) + \frac{145 - 46.2}{80\,000}\right] \times \frac{157.6}{\cos 5°}$$
$$=0.283 \text{(m)}$$

答：允许最大过牵引长度为 0.283m。

Jf1D5125 220kV 耐张转角塔，一侧在紧挂线时，需对该塔做反向临时拉线，如图 D-37 所示。已知导线最大紧线张力 H=2250N，临时拉线对地夹角α=40°，临时拉线与导线的水平夹角β=10°，临时拉线平衡导线紧挂线张力的平衡系数 K=0.5，计算单根临时拉线的静张力 P。

解：临时拉线的静张力

$$P = \frac{KH}{\cos\alpha\cos\beta} = \frac{0.5 \times 2250}{\cos 45° \times \cos 10°} = \frac{1125}{0.7071 \times 0.9848}$$
$$=1616 \text{（N）}$$

答：单根临时拉线的静张力 P 为 1616N。

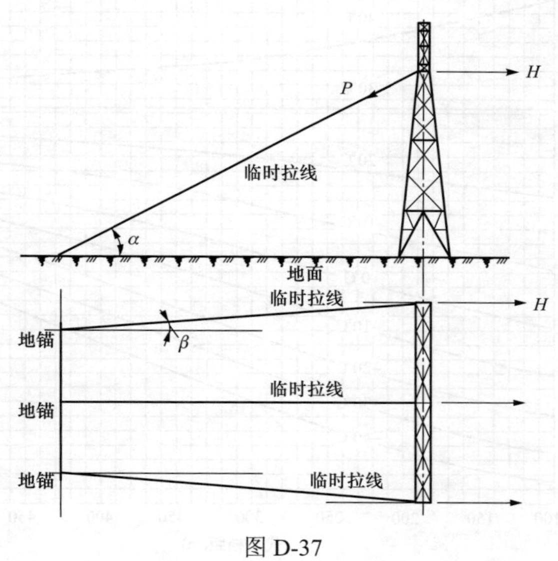

图 D-37

Jf1D5126 利用地线放线曲线计算观测档的弧垂，图 D-38 为地线的放线曲线，计算出 20、30℃和 25℃观测档的弧垂值，代表档距、观测档的档距和悬挂点的高差值已在表内注明，放线曲线已按降温 15℃计算。

序号	气温（℃）	代表档距（m）	代表档距百米弧垂（m）	悬挂点高差（m）	观测档档距（m）	观测档弧垂（m）
1	20	300	0.49	0.5	340	5.664
2	30	280	0.524	2.0	310	5.036
3	25	310	0.508	1.2	355	6.402

答：气温 20℃、观测档档距 340m 时弧垂为 5.664m；气温 30℃、观测档档距 280m 时弧垂为 5.036m；气温 25℃、观测档档距 310m 时弧垂为 6.402m。

0.6
0.5
0.4
0.3
0.25
百米弧垂f(100)(m)
40℃
30℃
20℃
10℃
0℃
−10℃
−20℃
−30℃
−40℃
100
150
200
250
300
350
400
450
500
代表档距(m)

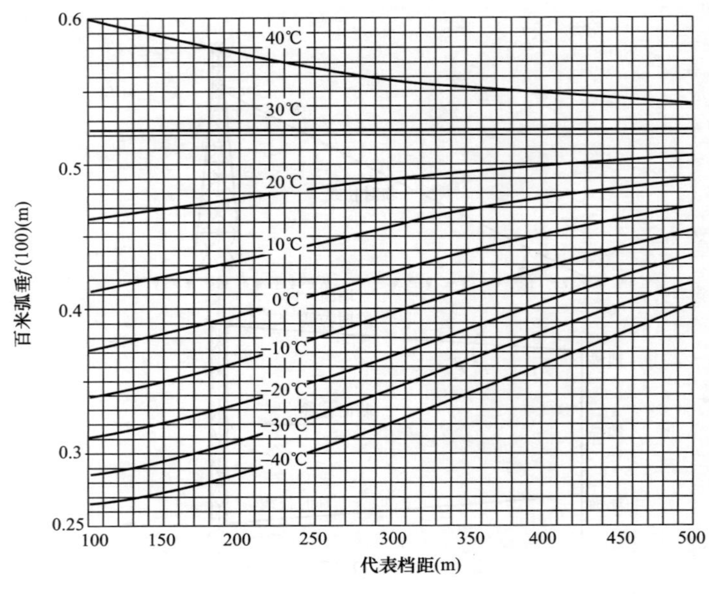

图 D-38

4.1.5 绘图题

La5E1001 画出具有一个电阻、一个开关的简单直流电路图。

答：如图 E-1 所示。

La5E1002 试标出图 E-2 所示磁场中通电导线的受力方向。

答：如图 E-3 所示。

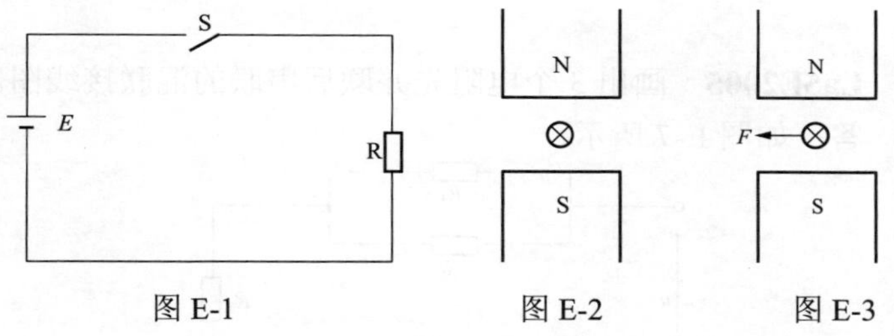

图 E-1　　图 E-2　　图 E-3

La5E1003 画出图 E-4 所示 N、S 两极间的磁力线分布情况。

答：如图 E-5 所示。

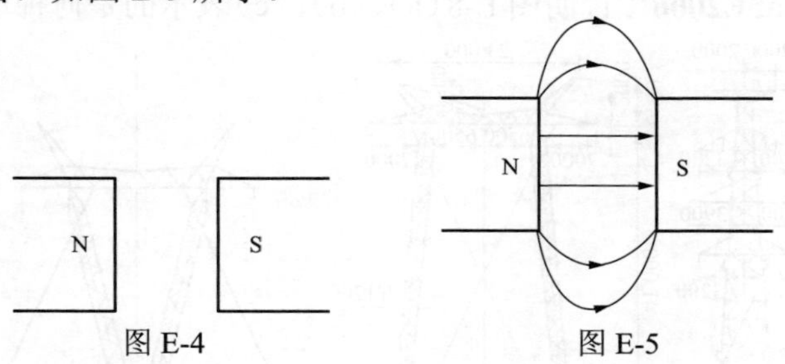

图 E-4　　图 E-5

La5E2004 画出纯电阻正弦交流电路中的电压和电流的波形图及相量图关系。

答：如图 E-6（a）、（b）所示。

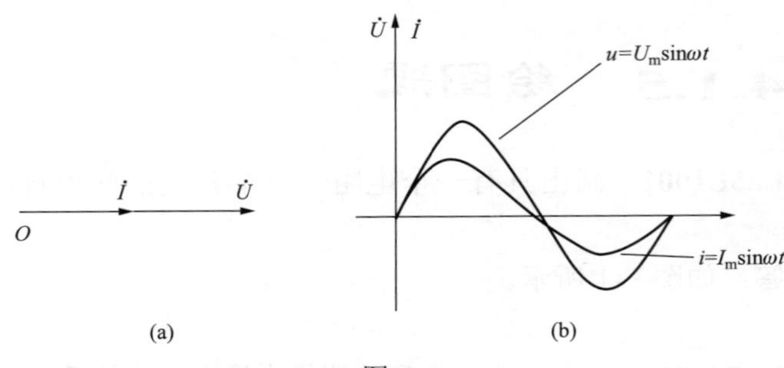

图 E-6

（a）相量图；（b）波形图

La5E2005 画出 3 个电阻先并联后串联的混联接线图。

答：如图 E-7 所示。

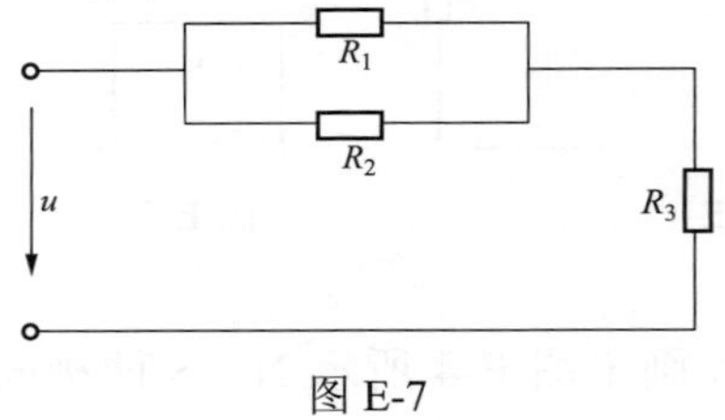

图 E-7

La5E2006 说明图 E-8（a）、（b）、（c）表示的是何种塔型？

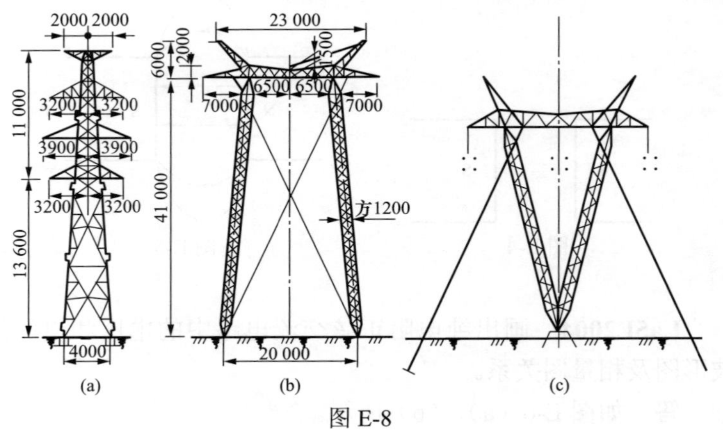

图 E-8

答：图 E-8（a）为鼓型双回路塔；图 E-8（b）为门型塔；图 E-8（c）为拉线 V 型塔。

La5E2007 说出图 E-9 中杆型的名称。

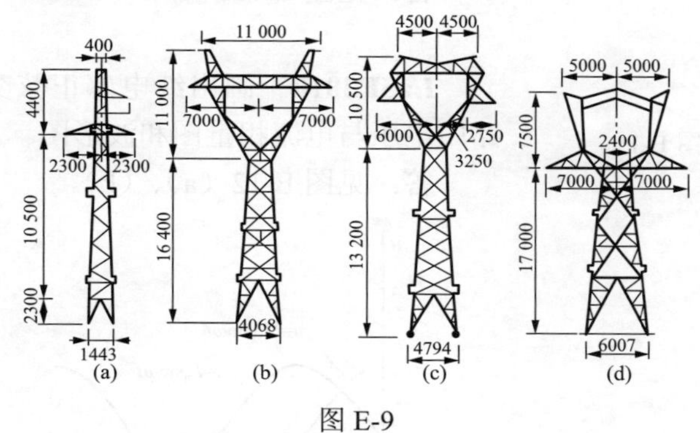

图 E-9

答：图 E-9（a）为上字型塔；图 E-9（b）为酒杯型塔；图 E-9（c）为猫头型塔；图 E-9（d）为桥型耐张型塔。

La5E2008 请在图 E-10 上标出塔脚高、呼称高及全高的位置。

答：如图 E-10 中标示。

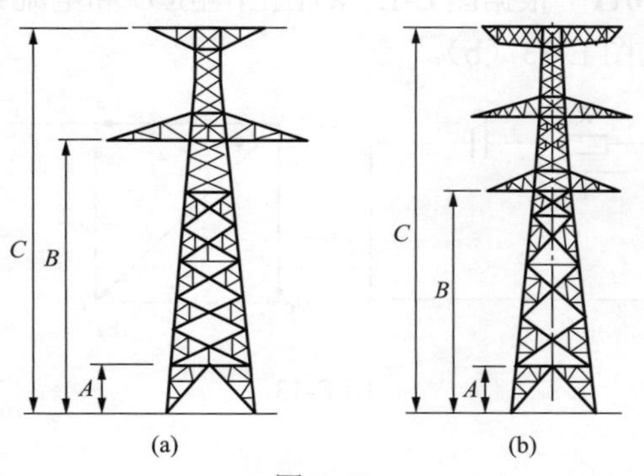

图 E-10

（a）220kV 单回路耐张转角塔；（b）500kV 双回路直线塔

A—塔脚高；*B*—呼称高；*C*—全高

La5E3009 用相量图表示纯电感电路中电压、电流和电动势三者之间的关系。

答：见图 E-11。

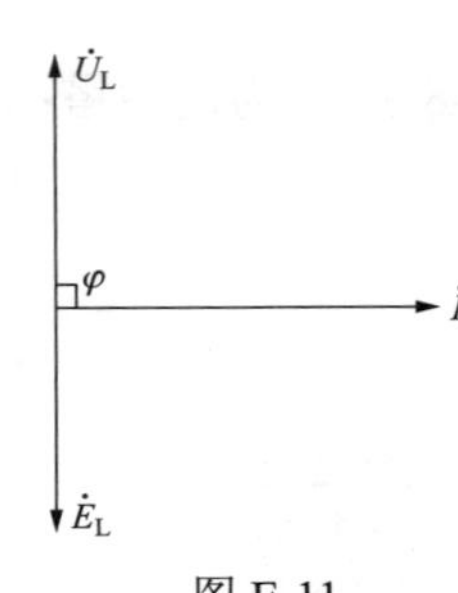

图 E-11

La5E3010 画出纯电感正弦交流电路中电压与电流相量图和波形图。

答：见图 E-12（a）、（b）。

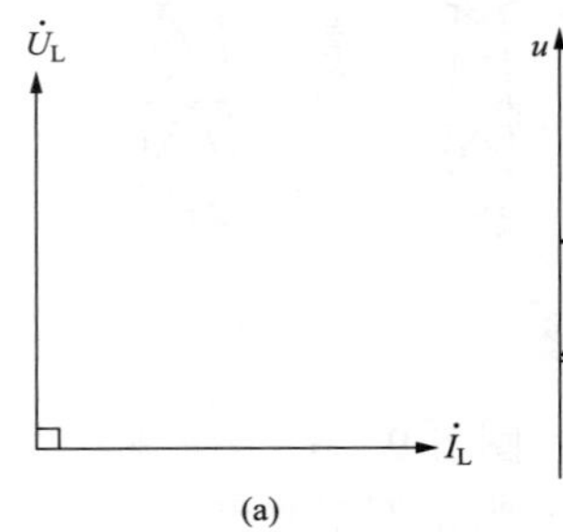

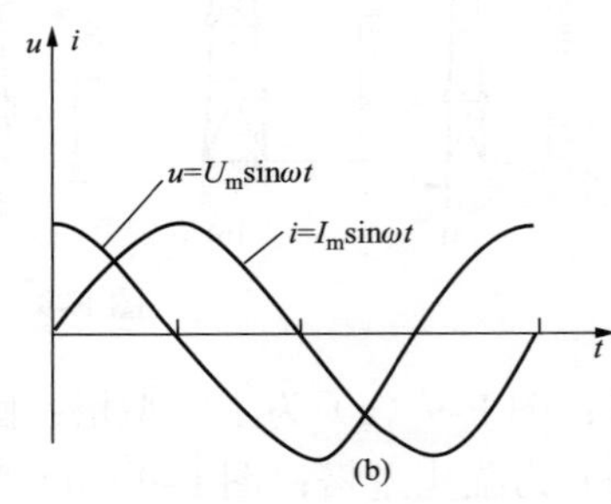

图 E-12

（a）相量图；（b）波形图

La5E4011 根据图 E-13（a）画出电压 U 和电流 I 的相量图。

答：见图 E-13（b）。

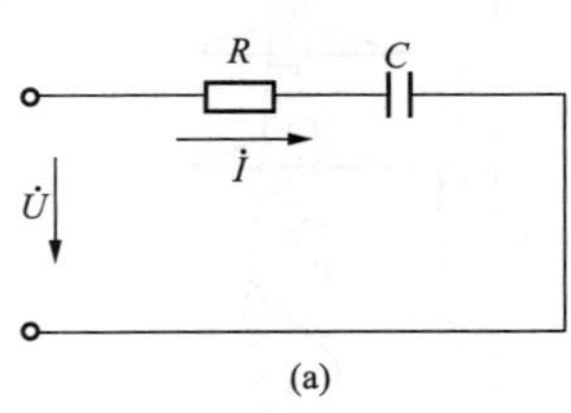

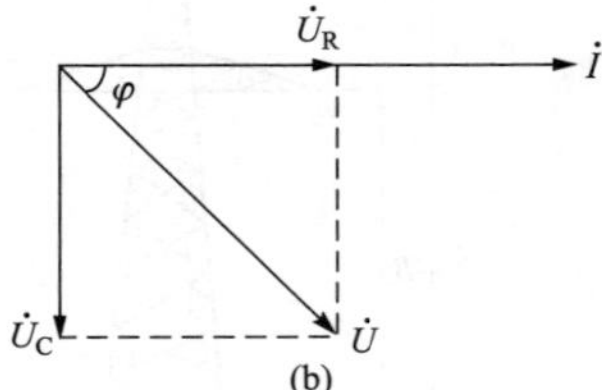

图 E-13

La5E4012 写出图 E-14 上各序号代表的部件名称。

答：1—地线支架；2—横担吊杆；3—导线横担；4—电杆

（上段、中段、下段）；5—叉梁抱箍；6—叉梁；7—上卡盘；8—下卡盘；9—底盘；10—脚钉；11—卡盘抱箍；12—横担抱箍。

La4E1013 画出三相对称电压 $u_A=U_m\sin\omega t$、$u_B=U_m\sin(\omega t-120)$、$u_C=U_m\sin(\omega t+120)$的波形图。

答：见图 E-15。

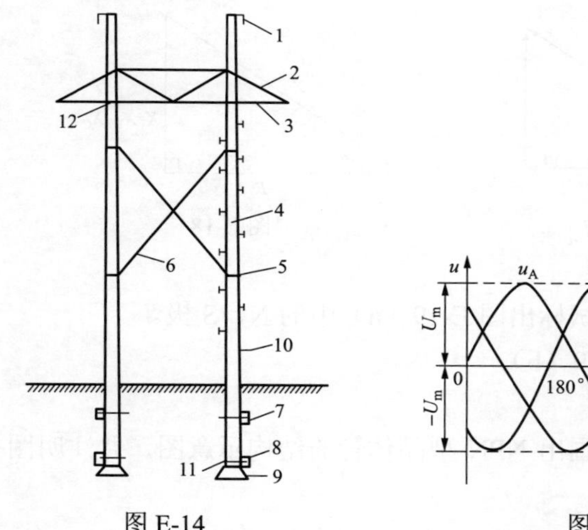

图 E-14

图 E-15

La4E2014 两导线中电流方向如图 E-16（a）所示，在图中标出通电导线间相互作用力的方向。

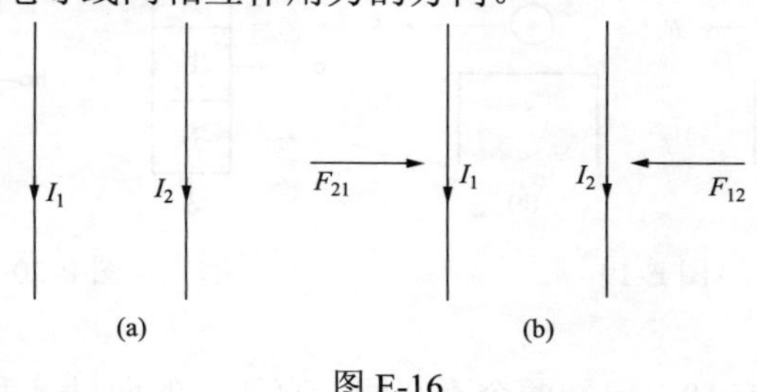

图 E-16

答：见图 E-16（b）。

La4E2015 试画出电阻、电感串联电路的电压三角形。

答：见图 E-17。

La4E3016 画出电阻、电感和电容串联的交流电路的阻抗三角形。

答：见图 E-18。

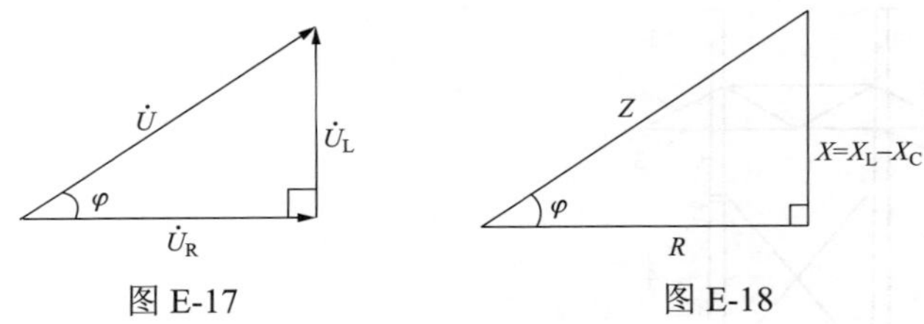

图 E-17　　图 E-18

La4E3017 试标出图 E-19（a）中的 N、S 极。

答：见图 E-19（b）。

La5E3018 画出 NPN 型晶体管的结构示意图，并注明图形符号。

答：见图 E-20。

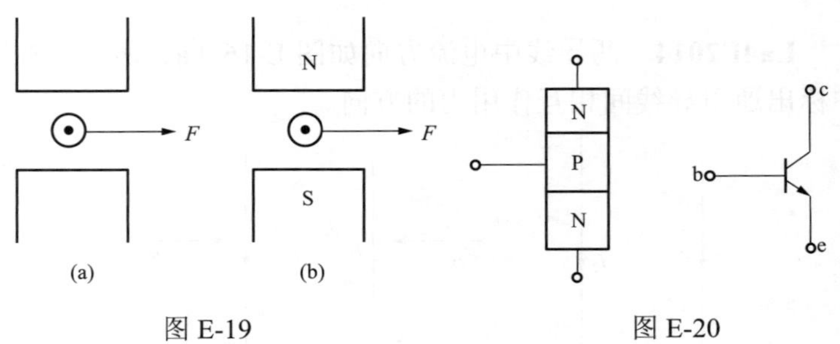

图 E-19　　图 E-20

La4E1019 已知两个不在同一直线上的向量 A 和 B，始端放在一起，用平行四边形法则画出向量相加。

答：见图 E-21。

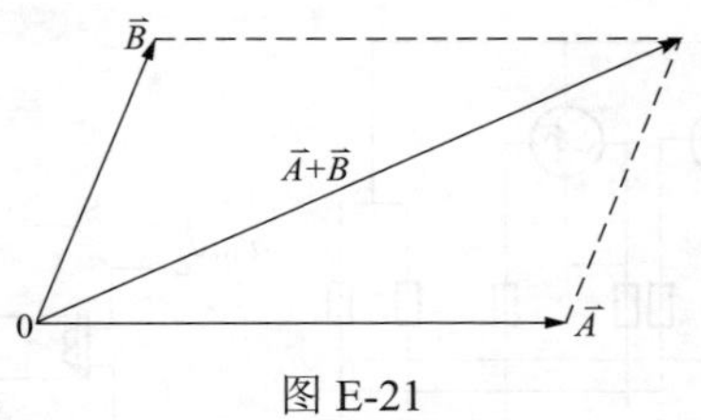

图 E-21

La4E1020 绘出 220V、5A 单相电能表的接线图。

答：见图 E-22。

La4E2021 画出电动机单向运行控制线路图。

答：见图 E-23。

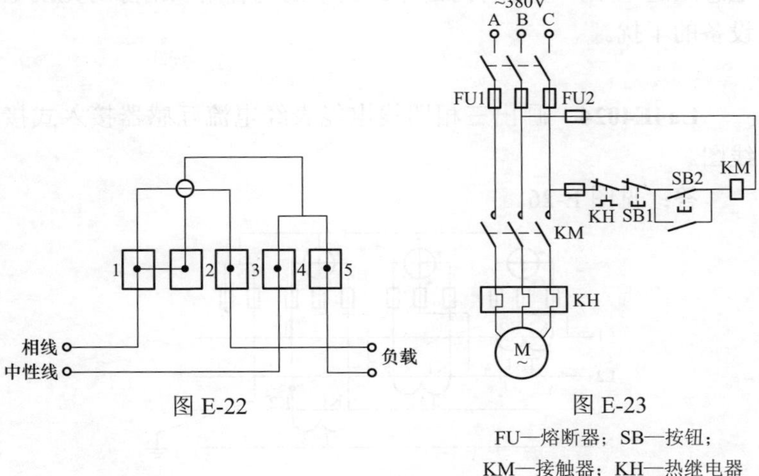

图 E-22

图 E-23

FU—熔断器；SB—按钮；
KM—接触器；KH—热继电器

La4E2022 画出三相四线电能表接线图。

答：见图 E-24。

La4E2023 画图说明荧光灯的电路接线方法，说明镇流器和启辉器的作用。

答：见图 E-25。

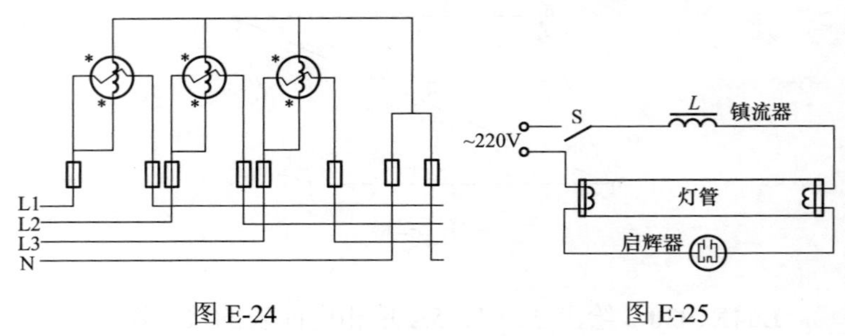

图 E-24　　图 E-25

镇流器的作用有：① 提供感应过电压（击穿电压）；② 正常工作后限制灯管内电流。

启辉器作用：在电路中起开关作用，在通断瞬间使镇流器上感应过电压，使灯管内击穿。其中的电容用以消除对无线电设备的干扰。

La4E4024　画出三相四线电能表经电流互感器接入式接线图。

答：见图 E-26。

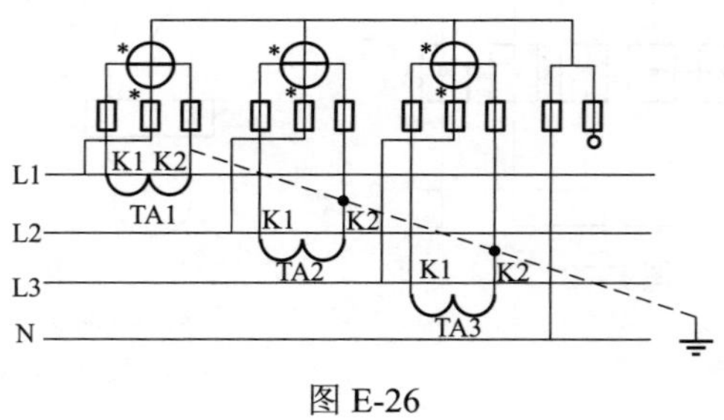

图 E-26

La4E5025　试画出按钮与接触器双重联锁可逆运行控制线路图。

答：见图 E-27。

Lb5E1026　识别图 E-28 中的金具。

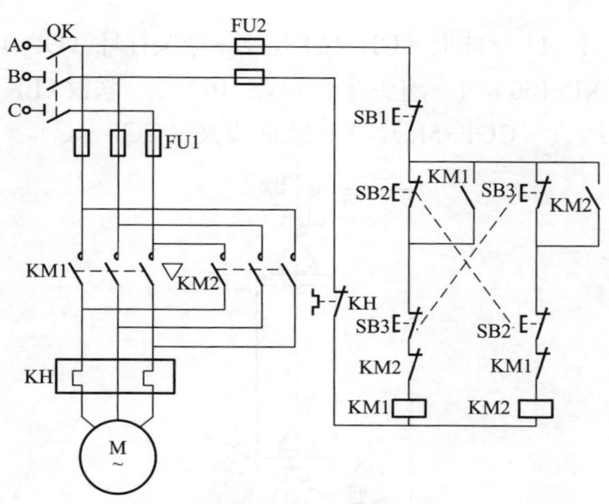

图 E-27

SB—按钮；KM—接触器；FU—熔断器；KH—热继电器；QK—开关

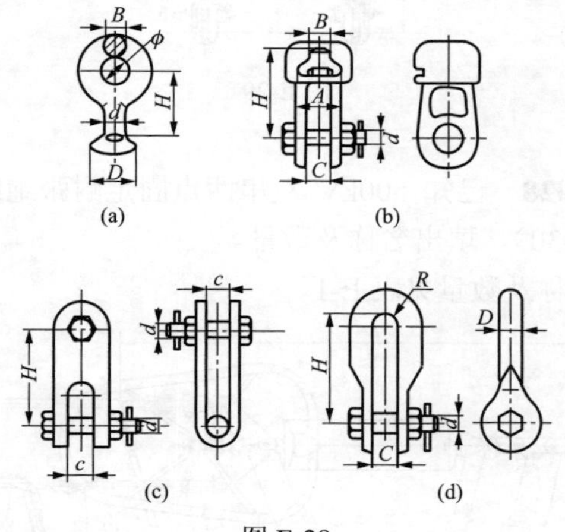

图 E-28

答：图 E-28（a）为球头挂环，图 E-28（b）为碗头挂板，图 E-28（c）为直角挂板，图 E-28（d）为 U 形挂环。

Lb5E4027 已知一张 500kV 悬垂绝缘子串组装图，见图 E-29（不包括数量以及名称编号），标出各部分的名称。

答：1—U 形挂板（UB-16T），2—球头挂环（QP-16），3—绝缘子（XP-160），4—碗头挂板（WS-16），5—联板（LK-1645），6—悬垂线夹（CGF-5K），7—悬垂线夹（CGF-5C）。

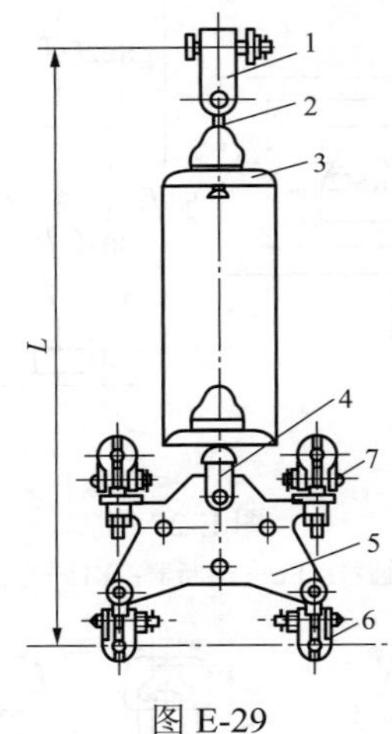

图 E-29

Lb5E5028 已知 500kV 双串两点固定耐张绝缘子串组装图（见图 E-30），填出名称及数量。

答：名称及数量见表 E-1。

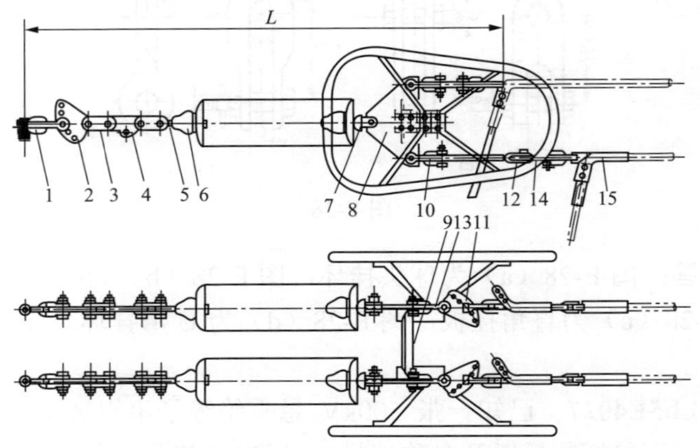

图 E-30 500kV 导线双串两点固定耐张绝缘子串组装图

表 E-1　　500kV 导线双串两点固定耐张绝缘子串组装材料表

编号	名　称	型　号	数量
1	U 形挂环	U-21	4
2	调整板	DB-21	2
3	平行挂板	P-21	4
4	牵引板	QY-21	2
5	球头挂环	QP-21	2
6	绝缘子	XP-210	2×30
7	碗头挂板	WS-21	2
8	联板	L-2145	2
9	支撑架	ZCJ-45	2
10	U 形挂环	U-12	8
11	调整板	DB-12	4
12	直角挂板	Z-12	2
13	挂板	YL-12	2
14	均压屏蔽环	FJP-500N	2
15	耐张线夹	NY-400/50	4

Lb4E3029　在图 E-31 中找出临界档距，并计算在大于临界档距时的应力σ_1。

答：依据图 E-31 可知，临界档距为 163.76m，在大于临界档距时σ_1 就是最大使用应力，即 130MPa。

Lb2E3030　根据给出的数据，画出施工进度网络图（只画出工程开工、基础工程和杆塔工程）。数据如下：工程正式开工：20090228；基础施工准备：20090221–20090301，9 天；基础材料加工：20090222–20090323，30 天；基础施工：20090228–20090406，38 天；杆塔组立施工：20090412–20090511，30 天。

答：见图 E-32。

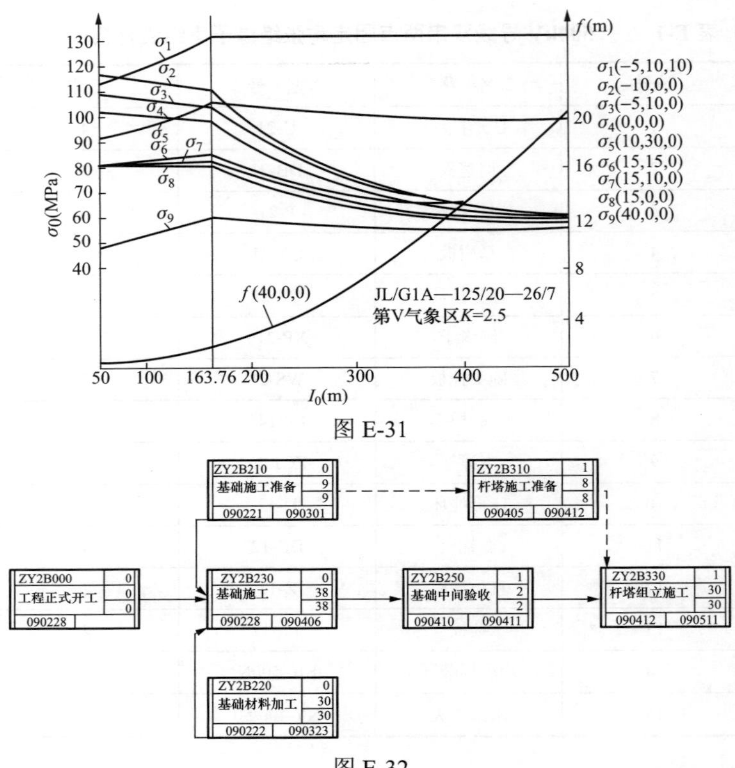

图 E-31

图 E-32

Lc4E2031 根据立体图（图 E-33）画出三视图。

答：三视图见图 E-34。

Lc3E2032 根据实物图图 E-35（a）画出其三视图。

答：见图 E-35（b）。

Lc3E2033 根据原图（图 E-36）和主视图（图 E-37），画出 A-A、B-B 剖视图。

答：见图 E-38（a）、（b）。

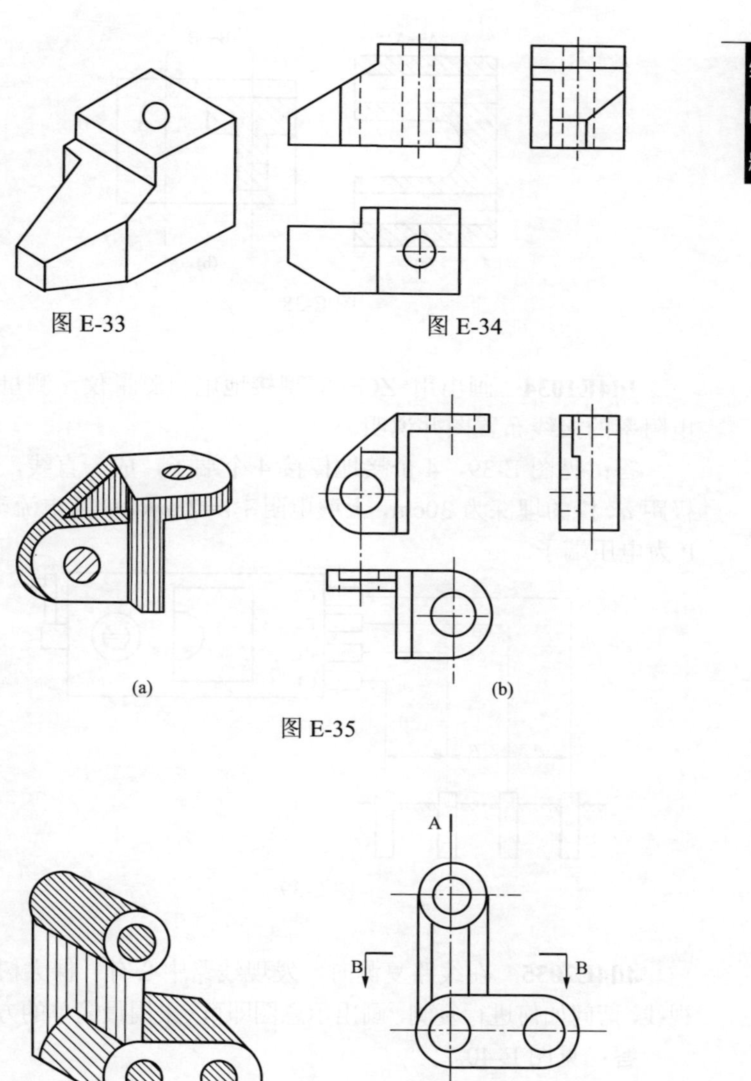

图 E-33

图 E-34

图 E-35

图 E-36

图 E-37

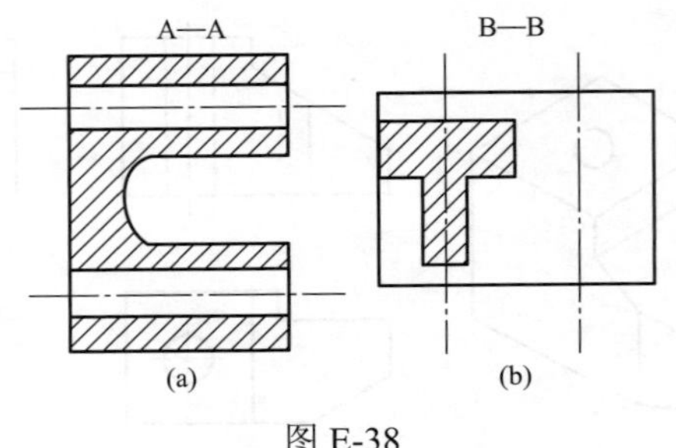

图 E-38

Jd4E1034 画出用 ZC—8 型接地电阻测量仪，测量土壤电阻率的接线布置图并说明。

答：见图 E-39，4 个接地棒接 4 个端子，成一直线，为等极距 a，棒的埋深为 30cm，土壤电阻率$\rho=2\pi aR$，C 为电流端子，P 为电压端子。

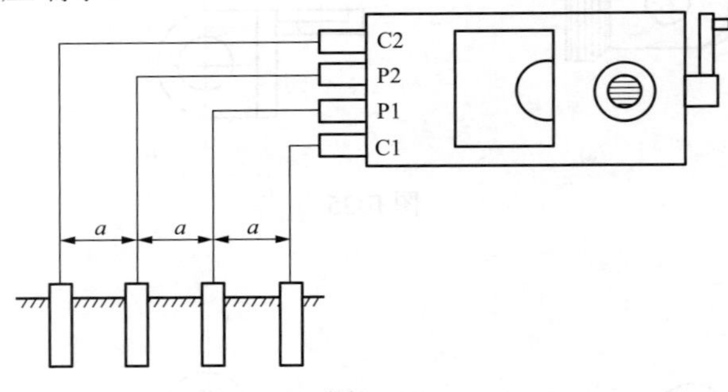

图 E-39

Jd4E2035 在线路复测时，发现线路中心有一棵大树挡住视线，请问如何进行复测，画出示意图即可（采用最简单的方法）。

答：见图 E-40。

Jd4E3036 线路杆塔接地电阻测量时，接地棒如何布置，画图说明。

答：见图 E-41。

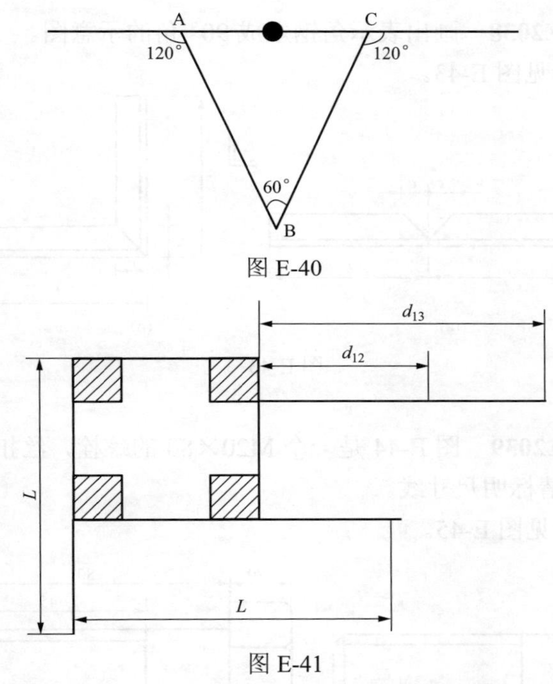

图 E-40

图 E-41

L—接地体最长的辐射长度；d_{12}—第一电极（接地棒）与接地装置的距离，一般为 2.5L；

d_{13}—第二接地极与接地装置的距离，一般为 4L

Je2E4037 画出采用交流伏安法测量导线接头电阻比的试验原理接线图，注明之间关系。

答：见图 E-42。

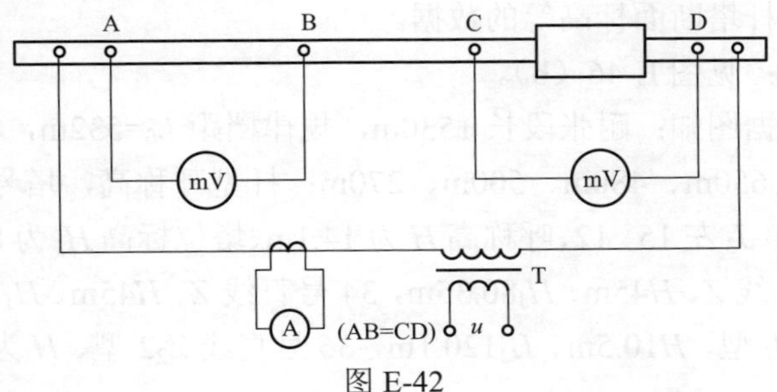

图 E-42

Jd4E2038 画出表示角钢煨成 90°角的示意图。

答：见图 E-43。

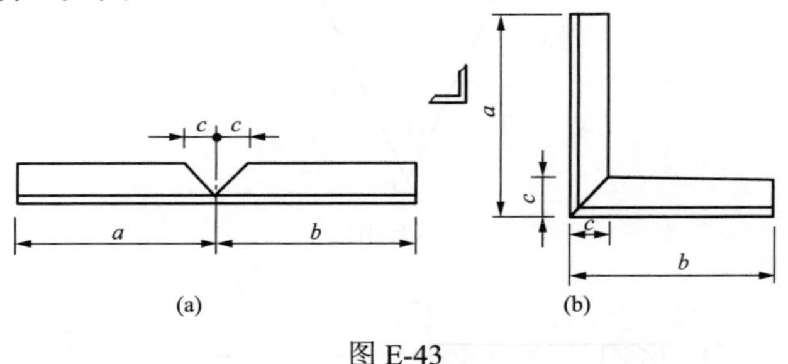

图 E-43

Jd3E2039 图 E-44 是一个 M20×80 的螺栓，丝扣长度为 45mm，请标明尺寸线。

答：见图 E-45。

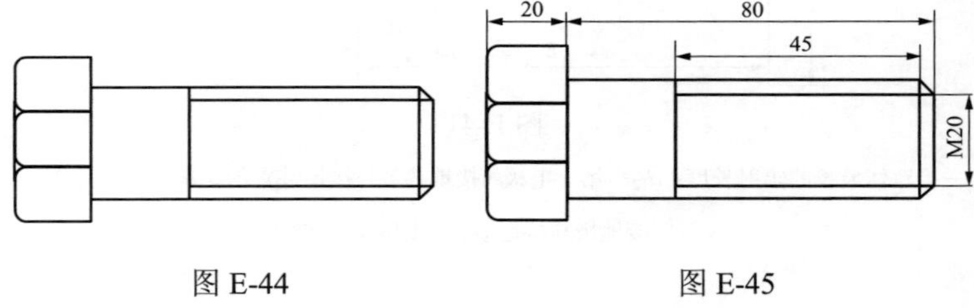

图 E-44　　　　图 E-45

Jd4E3040 给出一张平断面图，见图 E-46（a），请在图上说明杆（塔）型、呼称高基面高度、档距、耐张段长度、规律档距、杆塔断面标高等的数据。

答：见图 E-46（b）。

根据图知：耐张段长 1530m，规律档距 L_0=532m，档距为 400m、650m、480m、500m、270m；杆型呼称高，塔号为 32 号，转角 J_3 左 15°12、呼称高 *H* 为 14.1m、塔位标高 H_J 为 80.5m，33 号直线 *Z*、*H*45m、H_J80.35m，34 号直线 *Z*、*H*45m、H_J79.5m，35 号 N_1 型、*H*10.5m、H_J120.1m，36 号直线 $Z_2$2 型、*H* 为 17m、

H_J 为 138.6m，37 号直线 $Z_2$1、H 为 17m、H_J 为 158.5m；杆塔基面高 35 号 0.5m，36 号 1.0m，37 号 0.5m。

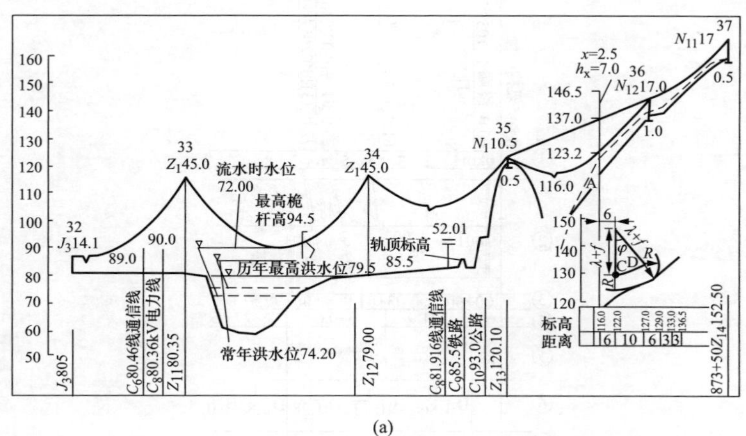

(a)

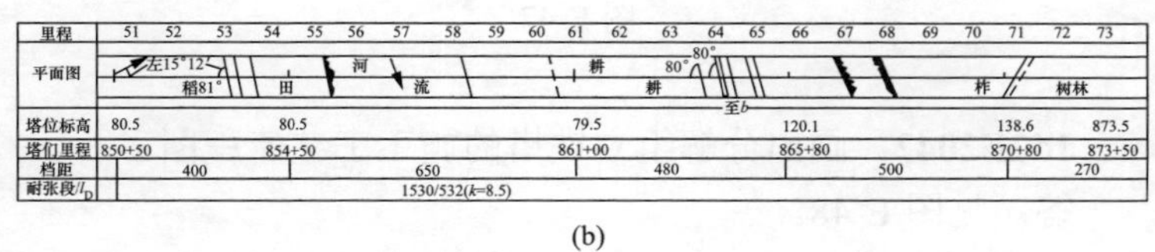

(b)

图 E-46　送电线路平断面图示例

Jd2E4041　在所给的断面图 E-47 上，请写出①～⑦各个题栏的意义及断面图反映的其他内容。

答：①—里程；②—平面图；③—杆塔位里程；④—杆塔位档距；⑤—二耐张段长度/规律档；⑥—防振锤的安装距离及个数；⑦—接地装置。

其他内容如下：

001—桩号；JGU_3—18—塔型和呼称高；J_2—该线路的第二个转角；H：1032.35—高程左：4°52′—转角方向和度数；F_1—指辅助桩。

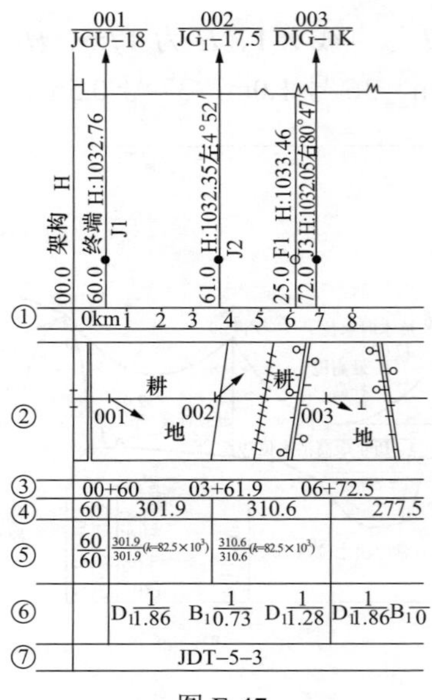

图 E-47

Jd2E2042 画出分解组立铁塔的施工工艺流程图。

答：见图 E-48。

Je5E1043 画出坍落度测试示意图。

答：见图 E-49。

Je5E1044 请画出三角扣（紧线扣）、倒背扣打法示意图。

答：见图 E-50（a）、（b）。

Je5E1045 识别图 E-51 中的器具。

答：图 E-51（a）标杆；图 E-51（b）测钎；图 E-51（c）塔尺；图 E-51（d）水准尺；图 E-51（e）尺垫；图 E-51（f）尺柱。

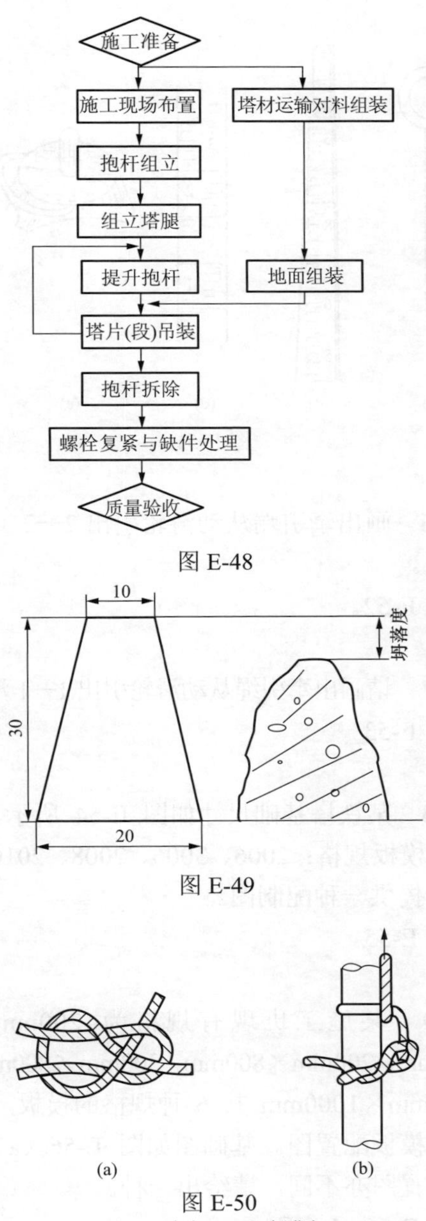

图 E-48

图 E-49

图 E-50
（a）三角扣；（b）倒背扣

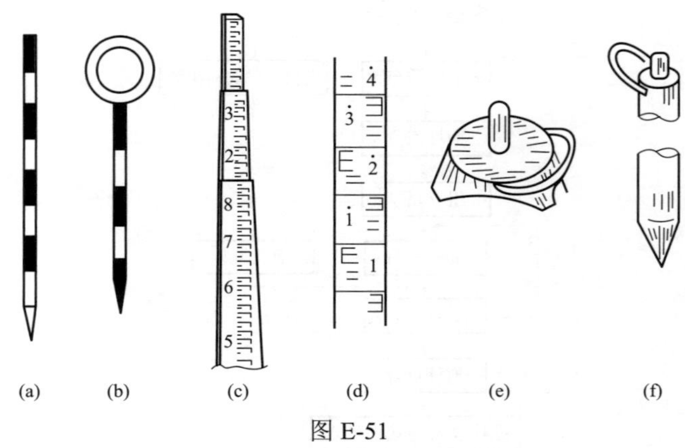

图 E-51

Je5E2046 画出牵引端从动滑轮引出 2—2（两只双滑轮）滑轮组示意图。

答：见图 E-52。

Je5E2047 请画出牵引绳从动滑轮引出 1—1 滑轮组示意图。

答：见图 E-53。

Je5E2048 某铁塔基础尺寸如图 E-54 所示，试绘出钢模板配制图（钢模板规格：2006、3006、2008、2010）。由于组合不同，在此只提供一种配制图。

答：见图 E-55。

Je5E3049 某施工班现有规格为 200mm×600mm，300mm×600mm，200mm×800mm，300mm×800mm，200mm×1000mm，300mm×1000mm 共 6 种规格的模板，试为图 E-56（a）基础作出模板配置图。基础图如图 E-56（a）所示，组合不同，模板配置图亦不同，请给出一种。

答：如图 E-56（b）所示。

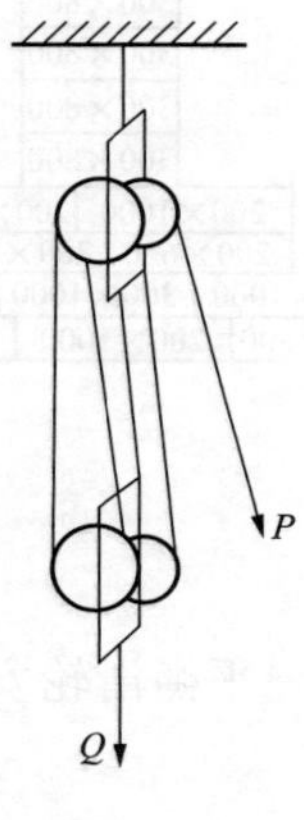

图 E-52

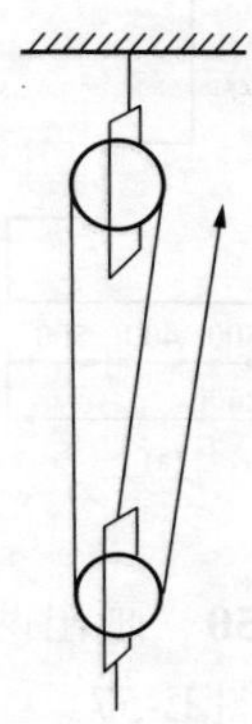

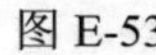

图 E-53

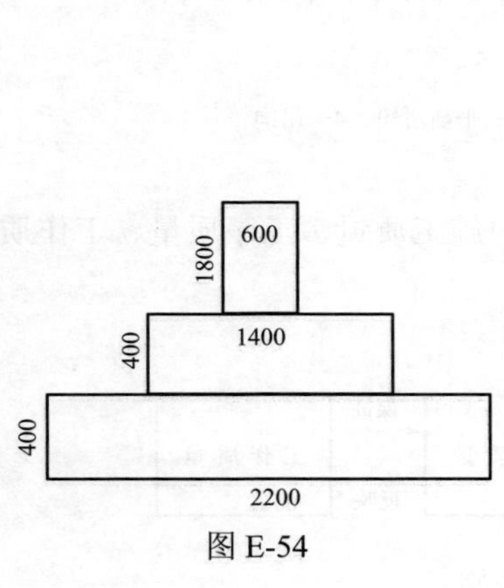

图 E-54

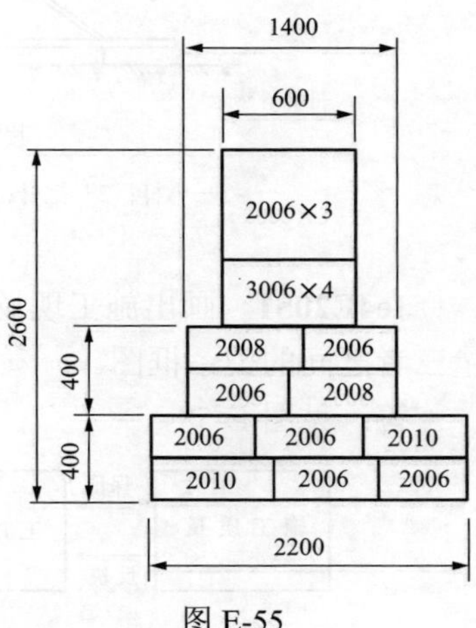

图 E-55

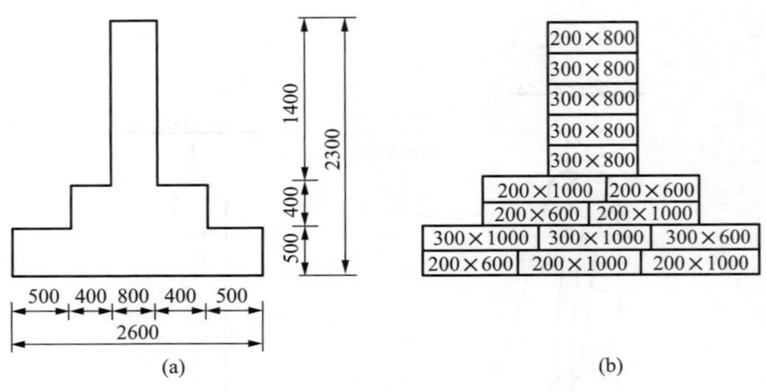

图 E-56

Je4E2050 画出两点起吊电杆吊绳平衡滑轮安装示意图。

答：见图 E-57。

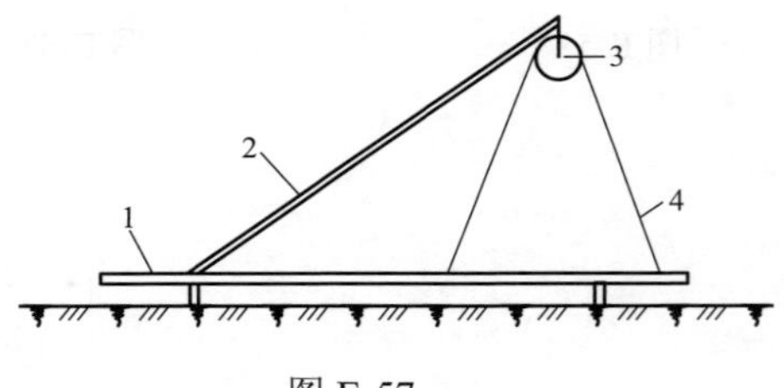

图 E-57

1—电杆；2—抱杆；3—平衡滑轮；4—吊绳

Je4E2051 画出施工现场中施工质量、工序质量、工作质量三者之间的关系框图。

答：见图 E-58。

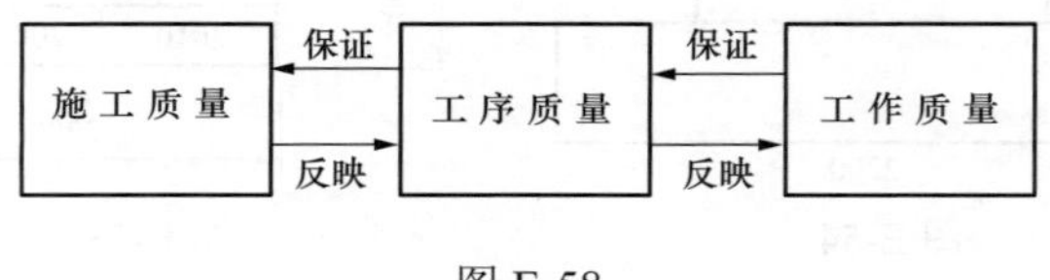

图 E-58

Je4E2052 试画出档内角度法观测弧垂示意图，标注符号，并说明其意义。

答：见图 E-59。

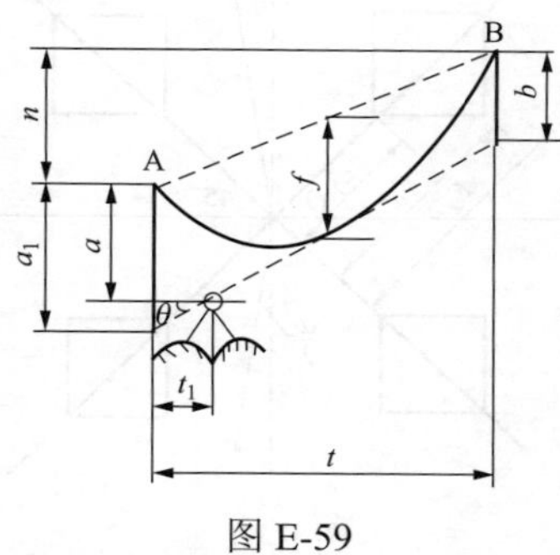

图 E-59

f—观测档的观测弧垂值；*h*—观测档架空线的悬点高差；*l*—观测档档距；
a—仪器中心至近方架空线悬点间的垂直距离；l_1—仪器至近方架空线悬挂点的水平距离；
θ—仪镜观测角；a_1—弧垂过仪器视准线的切线延长线交近方电杆的交点与导线悬点的垂直距离

Je4E3053　标出图 E-60（a）、（b）的投影方式。

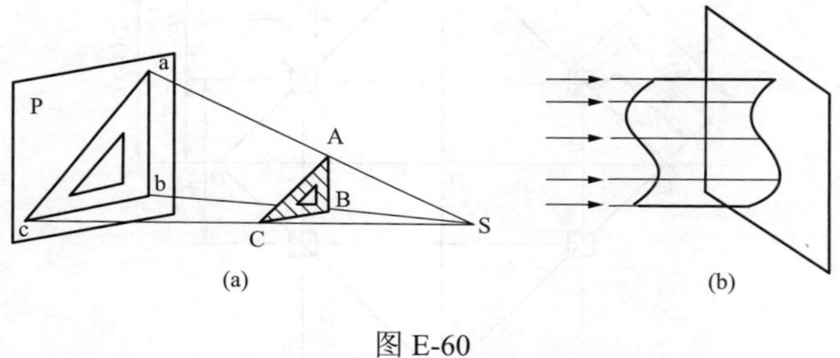

图 E-60

答：图 E-60（a）为中心投影；图 E-60（b）为正投影法（平行投影法）。

Je4E3054　某转角角度为 *a*，联系中心桩至坑中心距离为 E_0，分坑近点距离为 E_1，远点距离为 E_2，请画出分坑示意图。

答：见图 E-61。

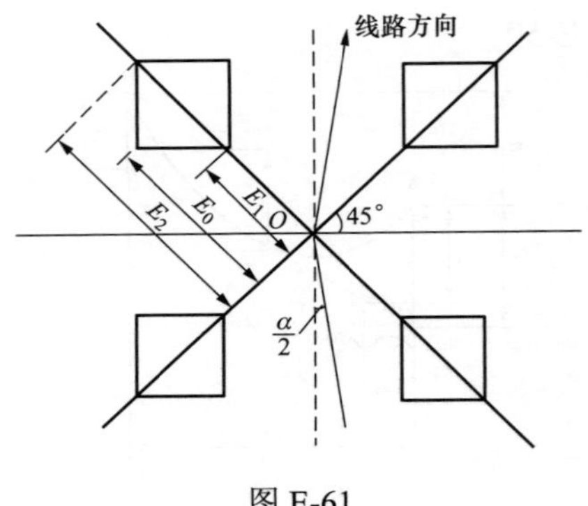

图 E-61

Je4E3055　画出直线矩形基础分坑图，已知根开 x=6.0m，y=4.0m，坑口边长 0.6m×0.6m。

答： 见图 E-62。

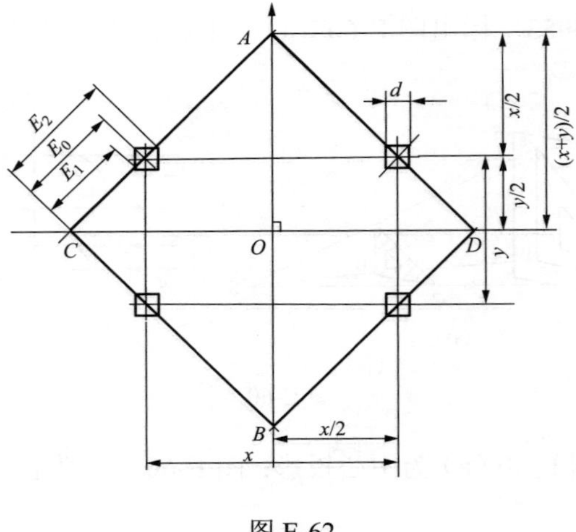

图 E-62

Je4E3056　画出直线等根开铁塔基础分坑图，已知根开 x=6400mm，坑口边长 a=2000mm。

答： 见图 E-63。

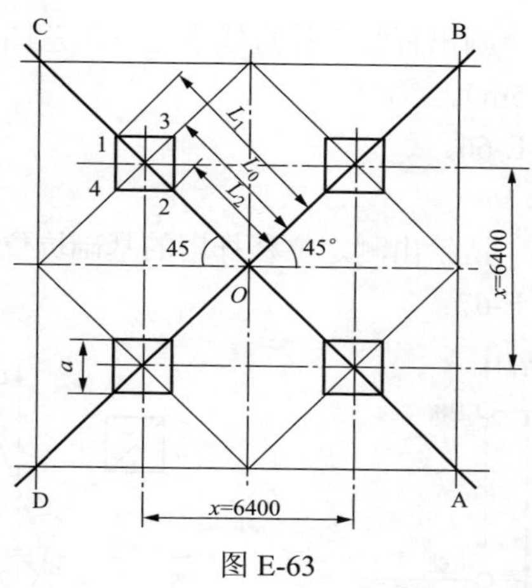

图 E-63

Je4E3057 画出用等长法（平行四边形法）进行观测弧垂及调整量的示意图。

答：见图 E-64。

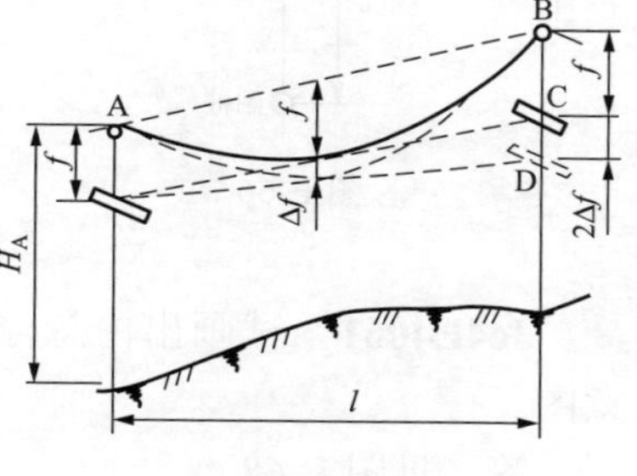

图 E-64

Je4E3058 画出用异长法观测弧垂及调整量的示意图。

答：见图 E-65。

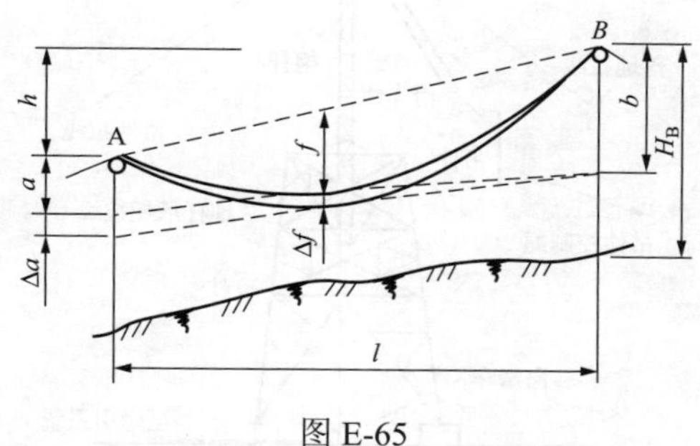

图 E-65

Je4E4059 画出直线双杆直线塔定位示意图（主副桩之间的距离现定为 5m）。

答：见图 E-66。

Je4E4060 请绘出测定位移杆塔的基础坑位置图。

答：见图 E-67。

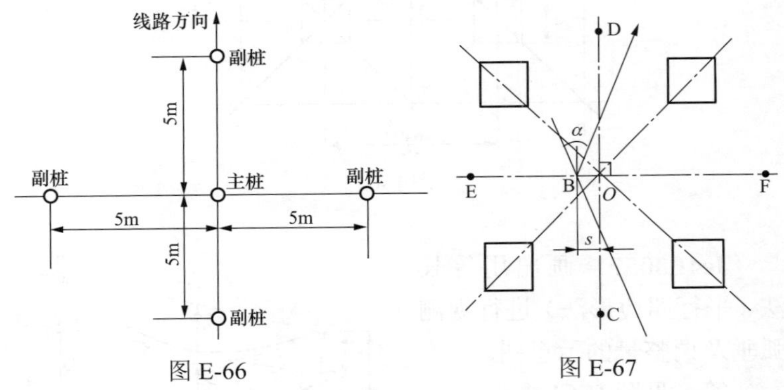

图 E-66　　图 E-67

Je4E4061 试画出内悬浮外拉线分解起吊铁塔的现场示意图。

答：见图 E-68。

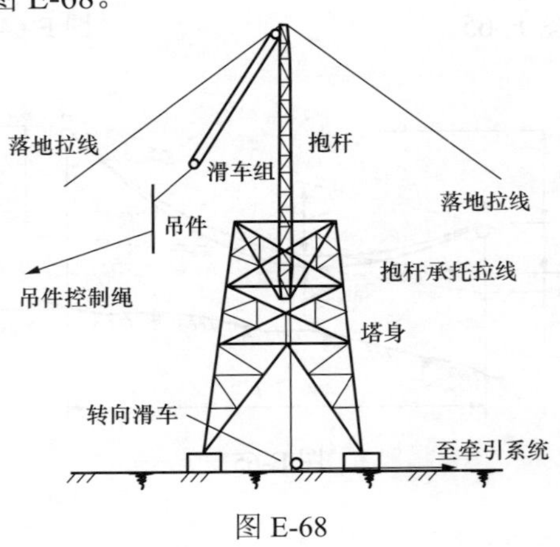

图 E-68

Je3E2062 画出内拉线内悬浮抱杆分解组塔平面布置示意图，写出工器具的名称。

答：见图 E-69，工器具名称见图下注。

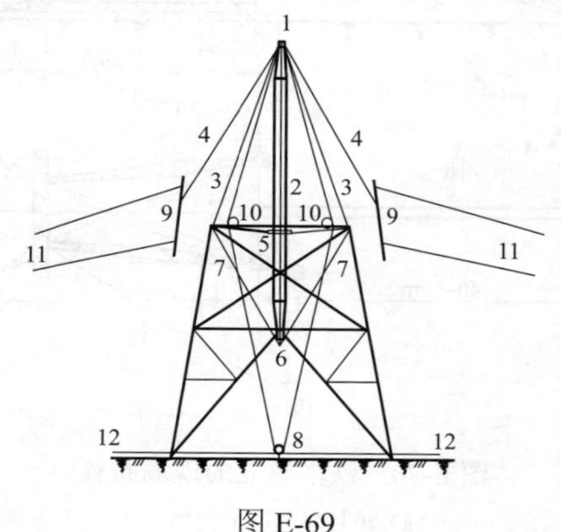

图 E-69

1—朝天滑车；2—抱杆；3—拉线系统；4—起吊绳；5—腰环；6—朝地滑车；7—承托系统；8—地滑车；9—塔材；10—腰滑车；11—吊件控制绳；12—至牵引系统

Je3E3063 试画出人字抱杆整立拉线塔现场布置图。

答：见图 E-70。

Je3E3064 根据图 E-71，指出拉线的型式与一般的使用场合。

答：图 E-71 均为杆塔常用的拉线型式图。图 E-71（a）X 型，图 E-71（b）交叉型，图 E-71（c）V 型，图 E-71（d）八字型，图 E-71（e）组合型。X 型用于直线单杆；交叉型及 V 型主要用于直线或耐张双杆；V 型拉线与交叉型拉线相比，减少了拉盘，便于施工；八字型拉线主要用于转角杆；对受力较大的跨越、大转角及终端塔，常采用 V 型交叉的组合型拉线。

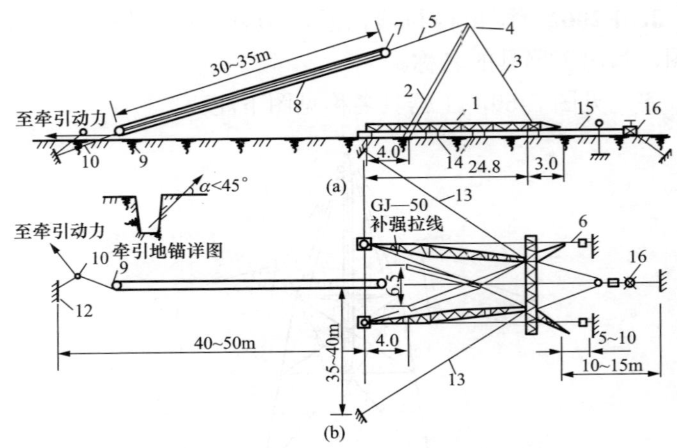

图 E-70　铁塔整立的现场布置

（a）单柱塔；（b）门型塔

1—拉线塔；2—13.6m 人字抱杆；3—固定钢绳；4—起吊滑车；5—总牵引钢绳；6—制动系统；7—动滑车；8—牵引滑车组；9—定滑车；10—导向滑车；11—动力系统；12—牵引地锚；13—侧面临时拉线；14—支垫；15—后侧拉线；16—后侧控制绞磨

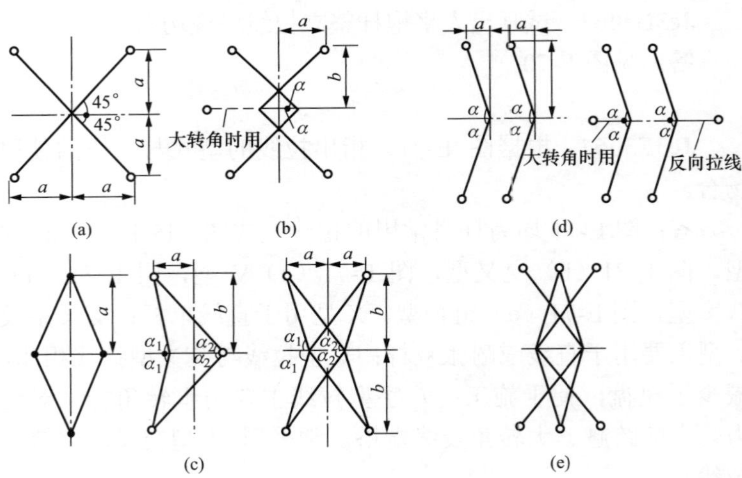

图 E-71

Je3E3065 画出双杆基坑操平示意图。

答：见图 E-72。

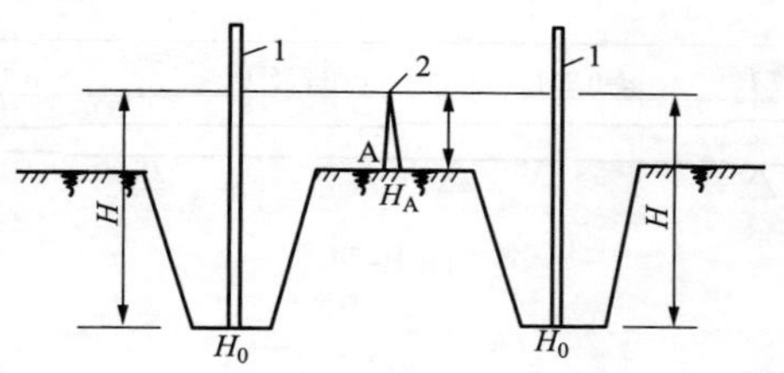

图 E-72

1—水准尺；2—水准仪

Je3E3066 指出图 E-73 是施工现场何种布置图，并指出图中的标号所表示的工器具名称。

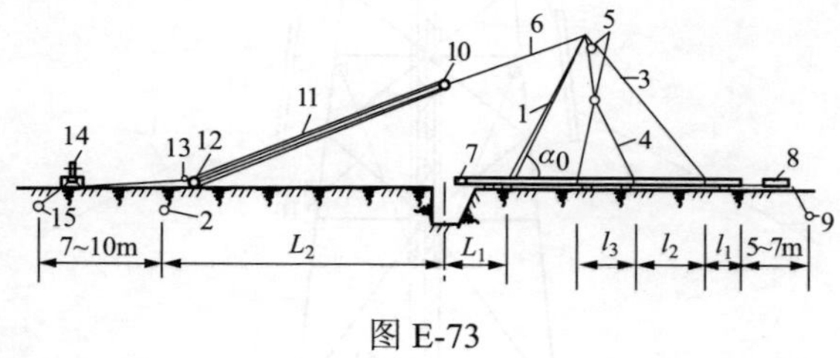

图 E-73

答：图 E-73 为混凝土电杆整立现场布置，三点起吊平面布置图。其中：1—抱杆；2—导向滑车地锚；3—固定钢丝绳（长套）；4—固定钢丝绳（短套）；5—起吊滑车；6—总牵引绳；7—制动钢丝绳；8—制动器；9—制动地锚；10—动滑车；11—牵引滑车组；12—定滑车；13—导向滑车；14—牵引动力；15—牵引地锚。

Je3E3067 试画出钢筋混凝土电杆在运输及堆放时的拔梢杆三支点示意图。

答：见图 E-74。

Je3E4068 画出 500kV 线路工程组立铁塔用内悬浮外拉

线摇臂抱杆的布置图，写出所用的工器具名称。

答：见图 E-75。

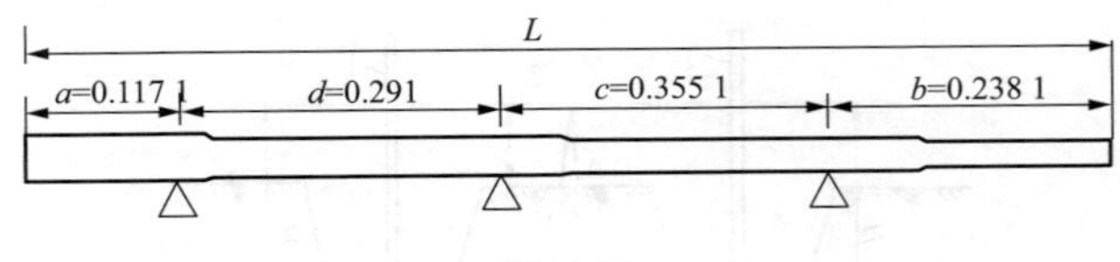

图 E-74

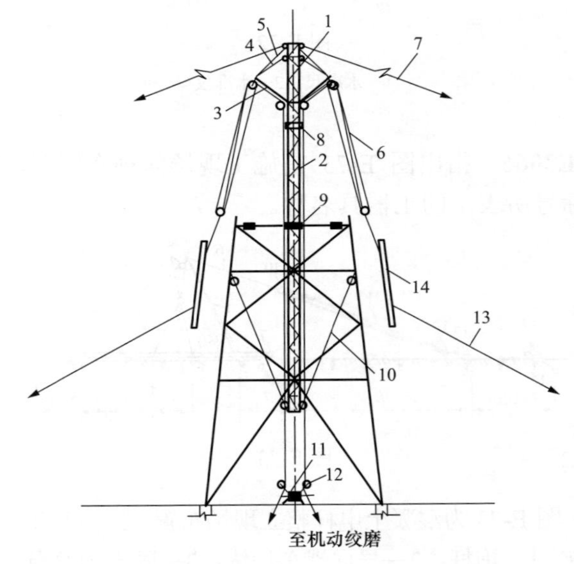

图 E-75

1—抱杆上段；2—抱杆下段；3—摇臂；4—起幅绳；5—钢绞线吊索；6—起吊滑车组；7—外拉线；8—上腰环；9—下腰环；10—装配式承托拉索；11—地面转向架；12—地滑车；13—控制绳；14—吊件

Je3E4069 请绘出 500kV 线路整立拉 V 塔准备坑布置图，标出各坑名称和距离。

答：见图 E-76。

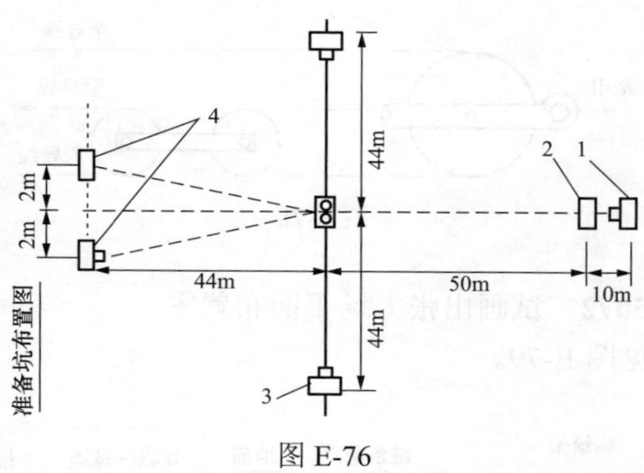

图 E-76

1—转向地锚坑；2—牵引地锚坑；3—侧面拉线坑；4—制动地锚坑

Je3E4070 请在导线机械特性曲线图（见图 E-77）中，找出临界档距上的年平均运行应力是多少（年平均气温 0℃）？

答：临界档距 L_{ej}=163.76m，临界档距时年平均运行应力 σ_4=99MPa/mm^2。

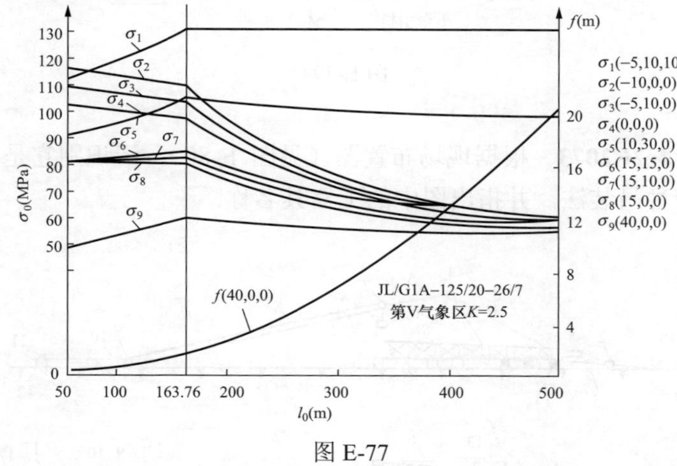

图 E-77

Je3E4071 画出三线同牵紧线法示意图。

答：见图 E-78。

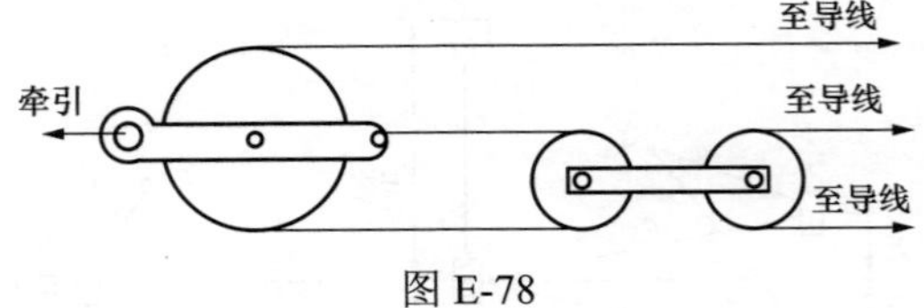

图 E-78

Je3E5072 试画出张力场平面布置图。

答：见图 E-79。

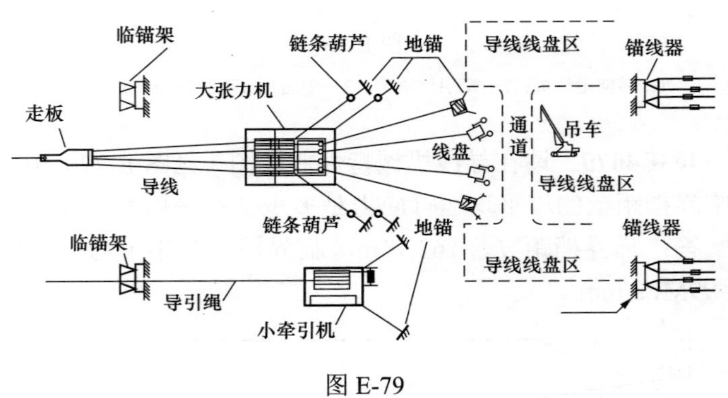

图 E-79

Je2E2073 根据现场布置图（见图 E-80），请识别它是采用何种吊装法，并指出图中的工器具名称。

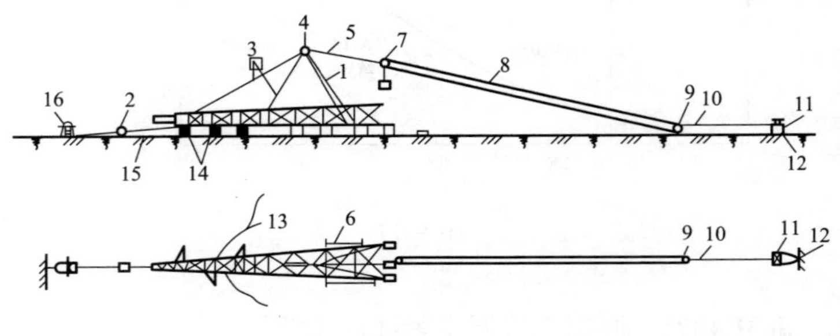

图 E-80

答：该图为铁塔整立的现场布置图。标号所指的内容是：1—抱杆；2、10—导向滑车；3—固定钢丝绳；4—起吊滑车；5—总牵引绳；6—制动系统；7—动滑车；8—牵引滑车组；9—定滑车；11—动力系统；12—牵引地锚；13—侧面临时拉线；14—支垫；15—后侧拉线；16—后侧控制绞磨。

Je2E3074 试写出牵引场平面布置图（图 E-81）中设备的名称。

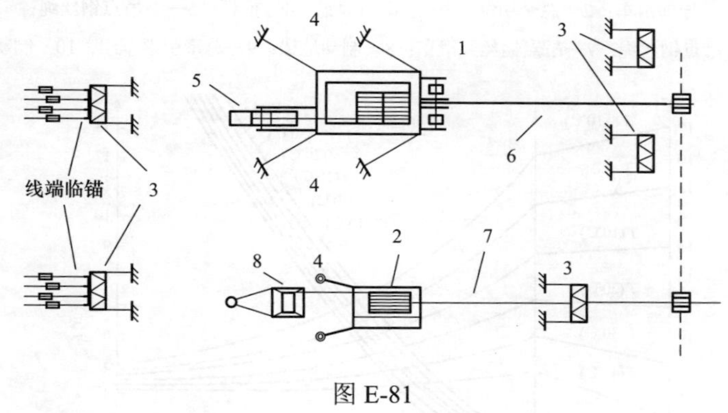

图 E-81

答：1—主牵引机；2—小张力机；3—锚线架；4—牵张机地锚；5—钢绳卷盘；6—牵引绳；7—导引绳；8—钢绳卷盘。

Je2E4075 画出用人字抱杆组立21m门型混凝土双杆的平面布置示意图，在图中标出各部尺寸（数字）及各种工器具的名称。

答：见图 E-82。

Je2E5076 说明图 E-83 所绘制的内容。

答：根据图 E-83 所示可知，导线安装曲线图通常绘制了张力和弧垂两种曲线，其横坐标为代表档距单位为 m，左边的纵坐标为张力单位 kN，右边纵坐标为弧垂单位为 m。图中每一条曲线对应一种安装气象条件。

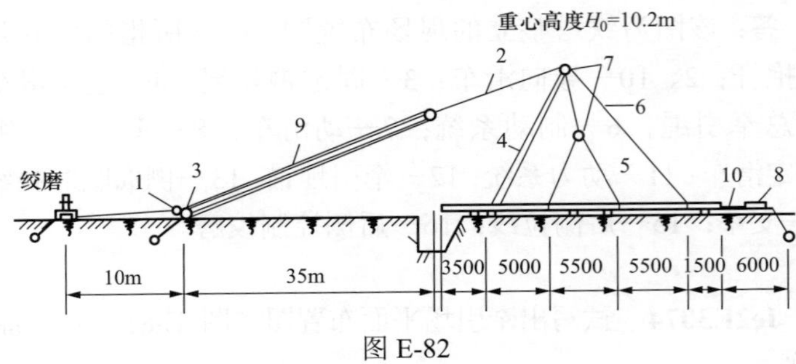

图 E-82

1—导向滑车；2—总牵引绳；3—总牵引地锚；4—抱杆；5—小吊点钢丝绳；6—大吊点钢丝绳；7—吊点钢丝绳滑车；8—制动地锚；9—总牵引滑车组；10—制动绳

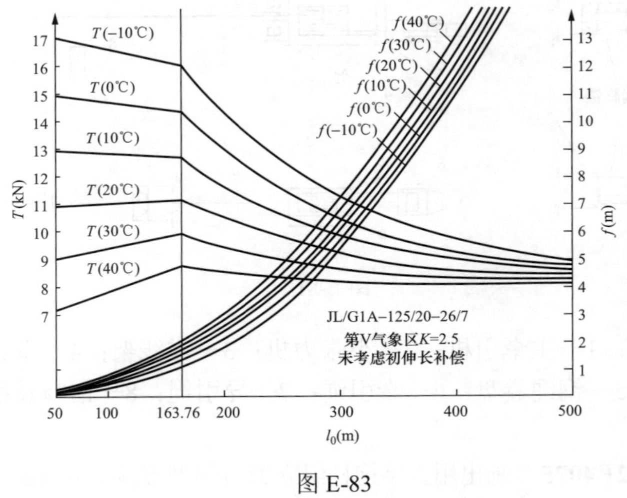

图 E-83

Jf4E2077 画出测量交叉跨越时安放仪器位置示意图。

答：见图 E-84。

Je4E1078 画出导线直线压接管保护钢甲示意图。

答：见图 E-85。

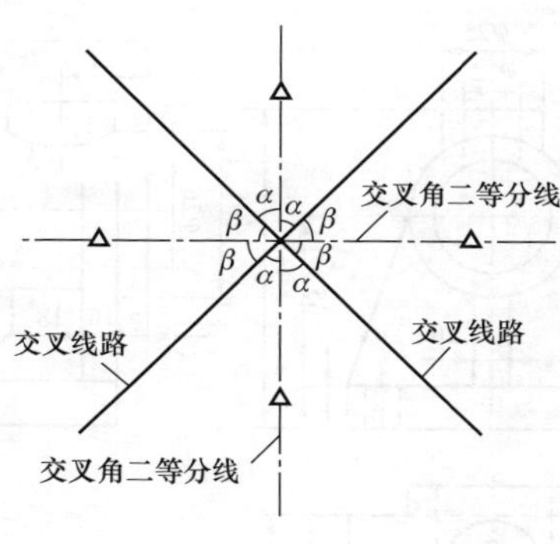

图 E-84

△—仪器位置

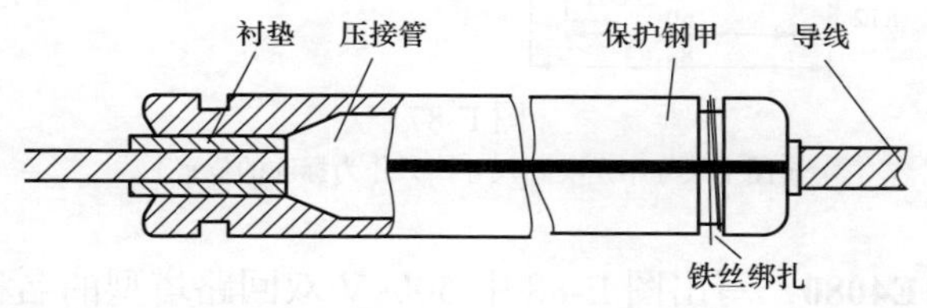

图 E-85

Jf3E3079 标注图 E-86 的尺寸（按实际量取尺寸）。

答：见图 E-87。

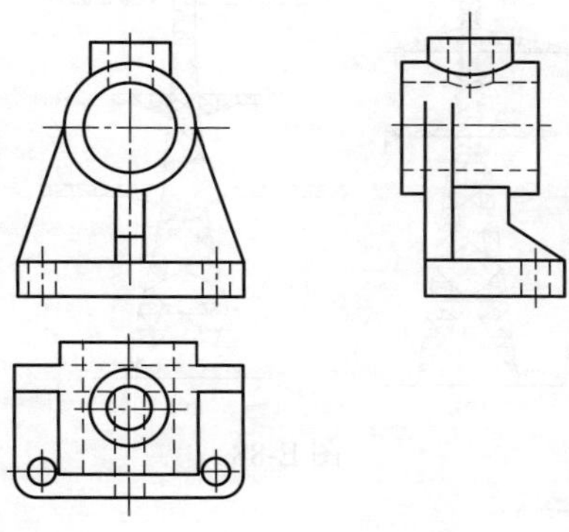

图 E-86

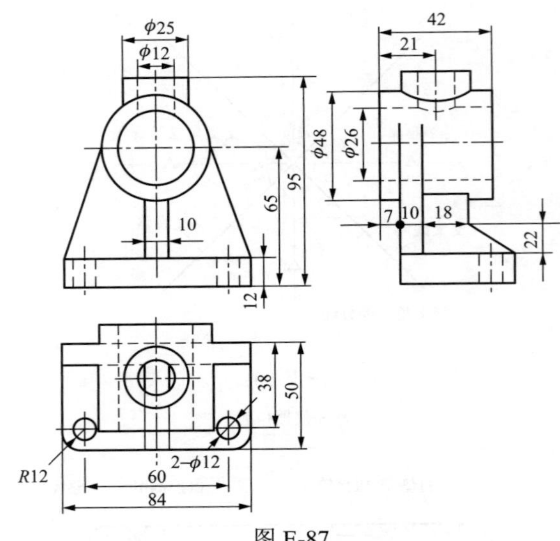

图 E-87

（图中尺寸不是实际尺寸，只作为标注的位置）

Jf1E4080 写出图 E-88 中 500kV 双回路塔型的名称。

答：图 E-88（a）双回路直线塔，图 E-88（b）双回路直线转角塔，图 E-88（c）双回路耐张换位塔，图 E-88（d）双回路耐张转角塔。

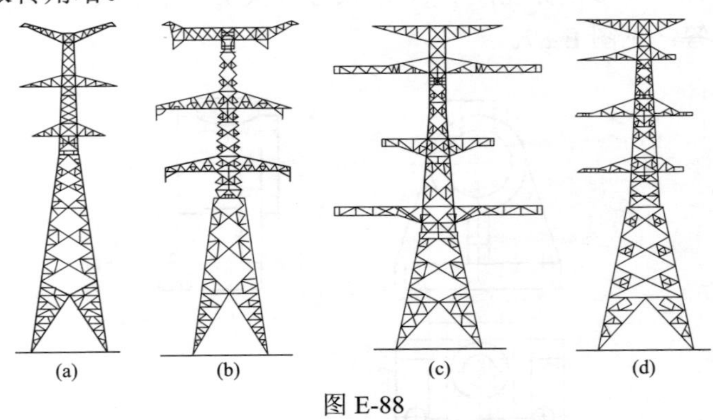

图 E-88

Jf1E4081 请画出220kV送电线路导线悬垂用有机复合绝

缘子串组装图，并标注出各部分的名称。

答：见图 E-89。图中 1—UB 挂板，2—球头挂环，3—有机合成绝缘子，4—碗头挂板，5—ZS 挂板，6—悬垂线夹，7—导线。

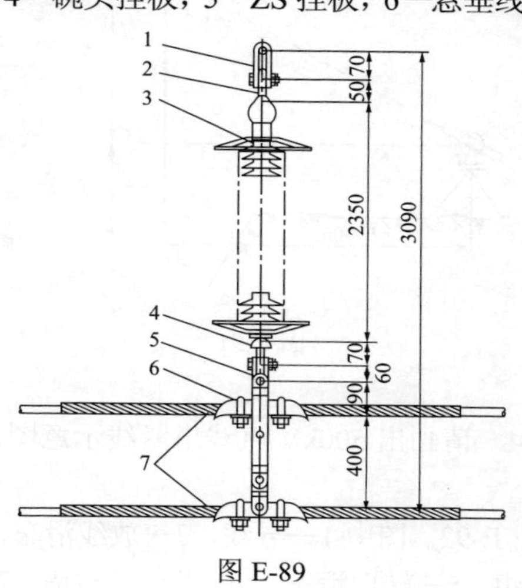

图 E-89

Jf1E4082 请画出 220kV 送电线路光纤复合架空地线 OPGW 耐张串组装图，并标注出各部分的名称。

答：见图 E-90。图中 1—接地线，2—U 形挂环，3—PT 调整板，4—PD 挂板，5—嵌环，6—外绞丝，7—内绞丝，8—光缆（OPGW）。

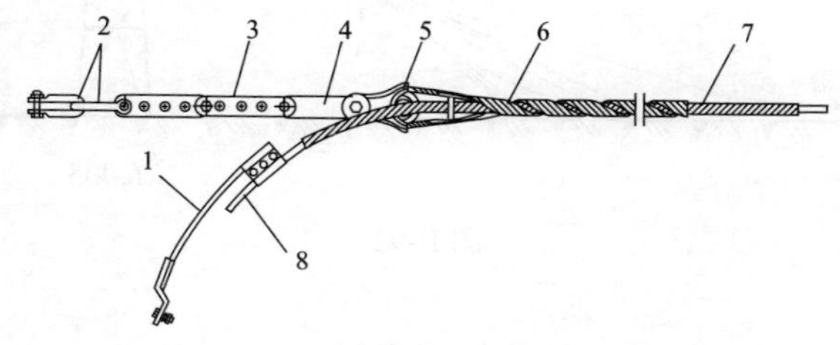

图 E-90

Jf1E3083 请画出送电线路跨越河流处对水面的距离测量图。

答：见图 E-91。

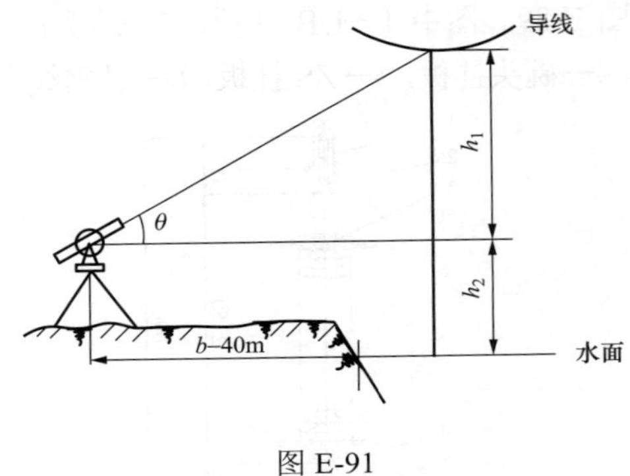

图 E-91

Jf1E4084 请画出 500kV 直线塔紧线示意图，并写各部分的名称。

答：见图 E-92。图中 1—导线，2—放线滑车，3—卡线器，4—紧线滑车组，5—转向滑车，6—滑车组地锚，7—链条葫芦。

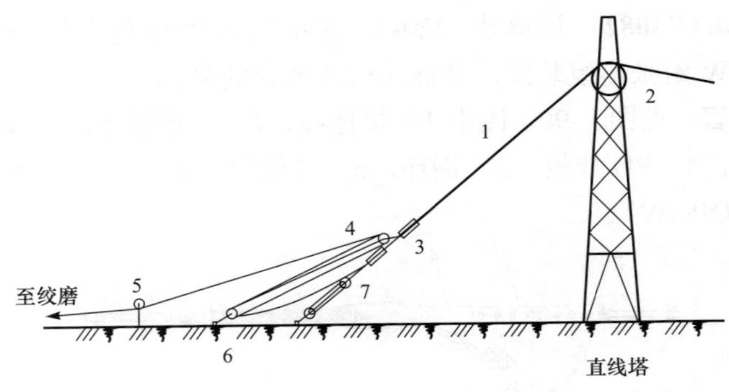

图 E-92

Jf1E3085 请画出补修管示意图。

答：见图 E-93。

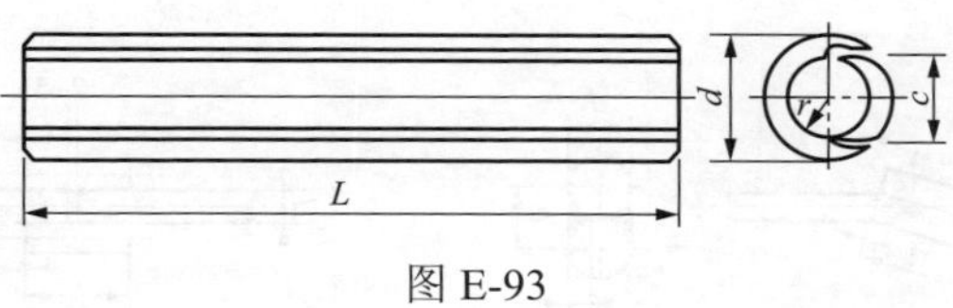

图 E-93

Jf1E3086 图 E-94 为 220kV 送电线路双回路转角塔塔身主材与横担连接处的节点板图，请根据图中的螺栓符号写出节点处螺栓的规格和数量。

答：① 8 只 M20×65；② 10 只 M20×65；③ 3 只 M16×45。

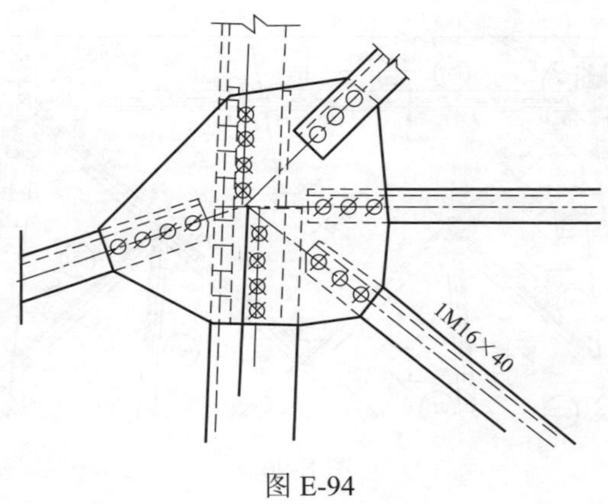

图 E-94

Jf1E4087 画出钢筋搭接焊和帮条焊中的单面焊和双面焊的示意图。

答：见图 E-95，图 E-95（a）—钢筋搭接焊（双面焊），图 E-95（b）—钢筋搭接焊（单面焊），图 E-95（c）—钢筋帮条焊（双面焊），图 E-95（d）—钢筋帮条焊（单面焊）。

Jf1E3088 图 E-96 为 220kV 双回路直线塔塔身图，请说明 1～5 所指图中标注的内容。

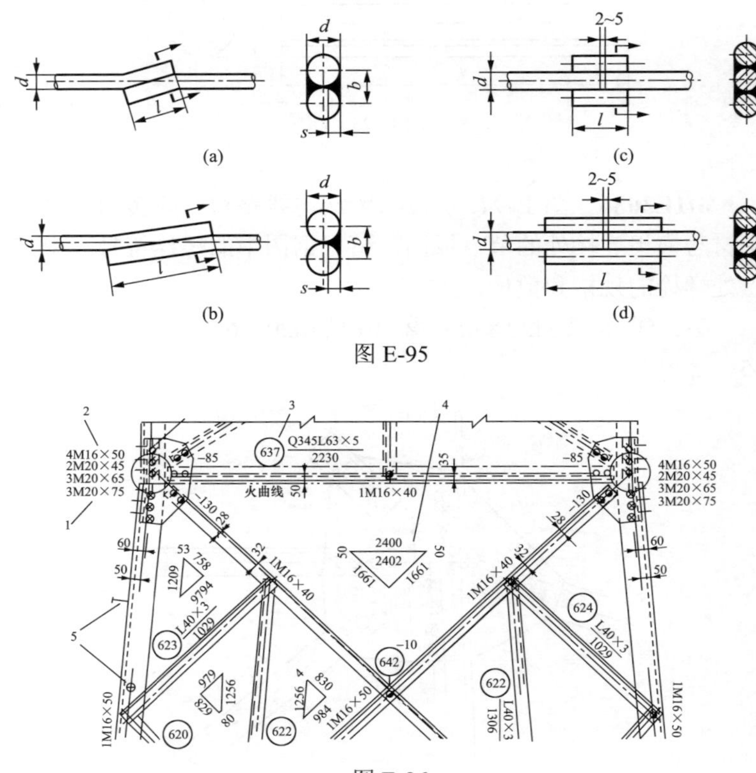

图 E-95

图 E-96

答：1—M20×75 螺栓 3 只；2—M16×50 螺栓 4 只；3—塔材件号“637”，材质 Q345，等边角钢规格 63×5，长度 2230mm；4—塔身结构尺寸；5—脚钉。

Jf1E4089 请画出钢芯铝绞线钢芯对接式钢管的液压部位及操作顺序图。第一模压模中心与钢管中心 *O* 重合，然后分别向管口端部依次施压。

答：见图 E-97。

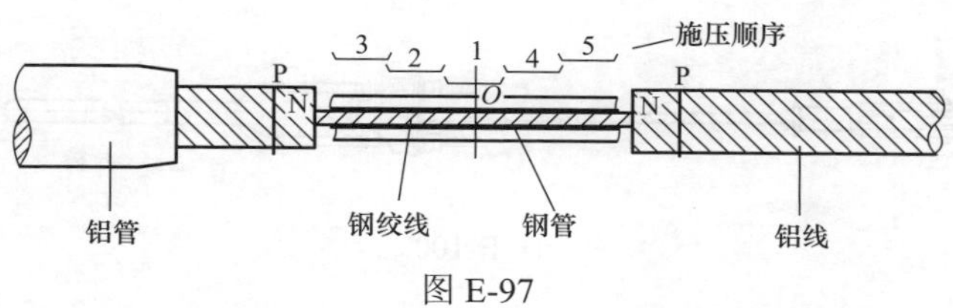

图 E-97

Jf1E4090 请画出送电线路施工用跨越架立面示意图，在图中标注出所用材料的名称。

答：见图 E-98。图中 1—羊角，2—横杆，3—立杆，4—斜支撑。

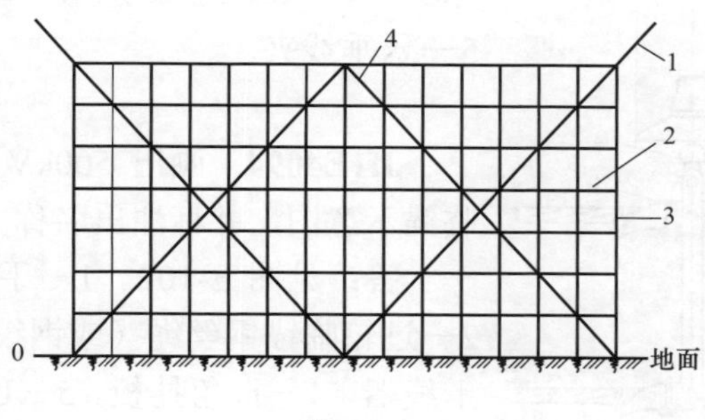

图 E-98

Jf1E4091 请画出重锤安装示意图，并标注出有关名称。

答：见图 E-99。图中 1—悬垂线夹，2—挂重锤挂板，3—U 形挂环，4—重锤。

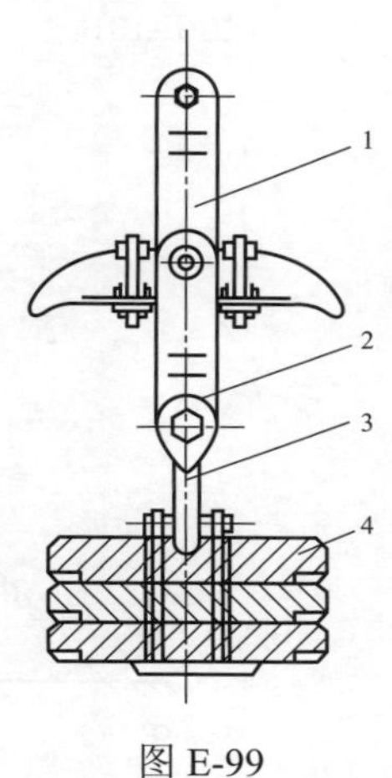

图 E-99

Jf1E4092 画出拉线杆塔拉线组装示意图，并标注出各部分的名称。

答：见图 E-100。图中 1—U 形环，2—楔形线夹，3—钢绞线，4—UT 形线夹。

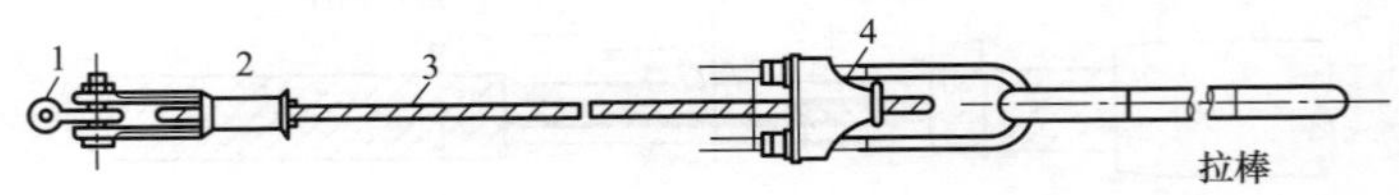

图 E-100

Jf1E4093 画出 220kV 线路直线双分裂悬垂绝缘子串组装图，并标出各部件的名称。

答：见图 E-101。1—挂板，2—球头挂环，3—绝缘子，4—碗头挂板，5—悬垂线夹。

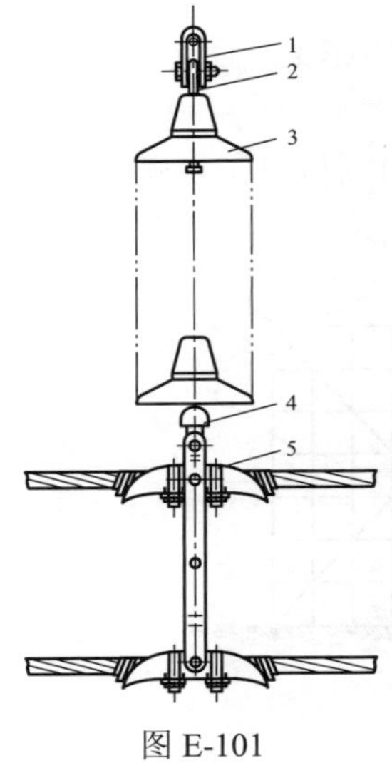

图 E-101

Jf1E4094 画出 500kV 导线过轮临锚示意图，并标注出名称。

答：见图 E-102。1—手扳葫芦，2—过轮临锚钢丝绳（或钢绞线），3—卡线器，4—直角挂板，5—U 形挂环，6—保护胶管，7—放线滑车，8—导线，9—地锚。

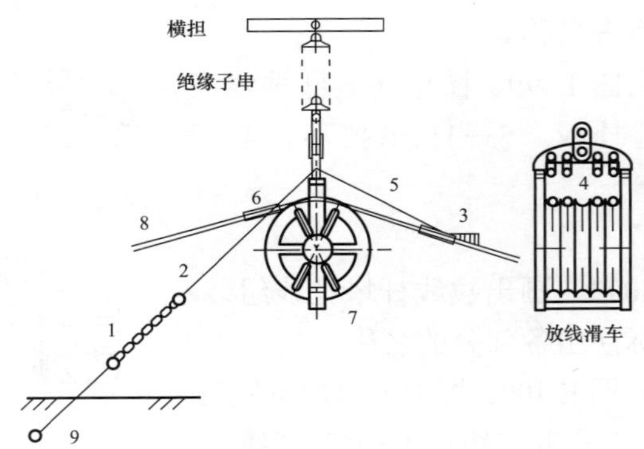

图 E-102

Jf1E4095 请画出施工现场专用变压器的供电的 TN-S 接零保护系统图，并标注出数字所代表的名称。

答：图 E-103 为施工现场专用变压器供电时 TN-S 接零保护系统示意图，图中：1—工作接地；2—PE 线重复接地；3—电气设备金属外壳（正常不带电的外露可导电部分）；L1、L2、L3—相线；N—工作零线；PE—保护零线；QS—总电源隔离开关；RCD—总漏电保护器（兼有短路、过载和漏电保护功能的漏电断路器；T—变压器。

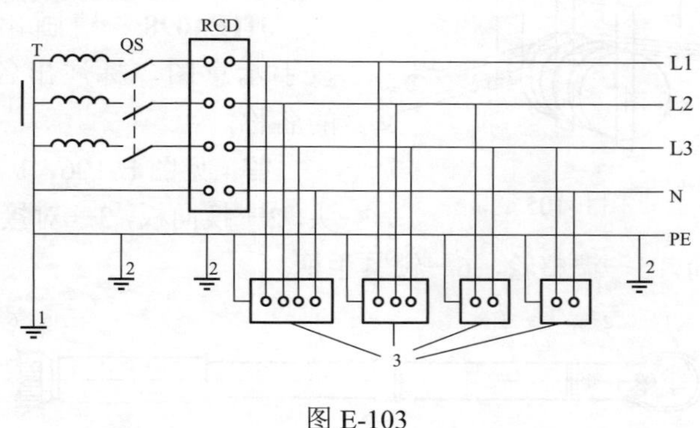

图 E-103

Jf1E3096 画出 110kV 线路用螺栓型耐张线夹和 220kV 线路用液压型钢芯铝绞线耐张线夹图。

答：见图 E-104，（a）为 110kV 线路用螺栓型耐张线夹；（b）为 220kV 线路用液压型钢芯铝绞线耐张线夹。

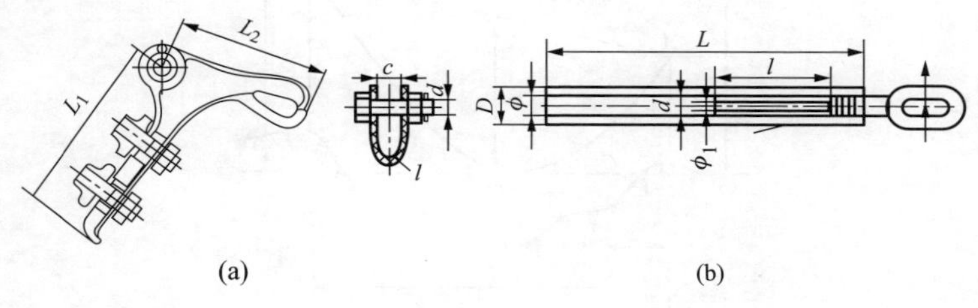

图 104

Jf1E4097 试画出500kV附件安装示意图。

答：见图E-105，1—铁塔横担，2—钢丝绳套，3—链条葫芦，4—提线器，5—提线钩，6—放线滑车，7—导线（①②③④为子导线）。

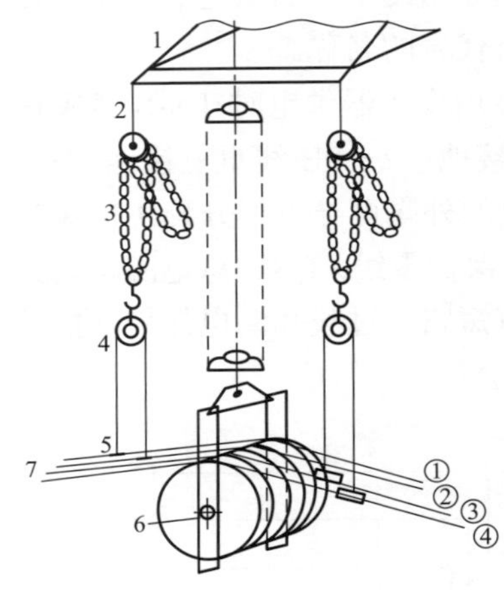

图 E-105

Jf1E4098 请画出扭力扳手示意图，标注出各部分的名称。

答：见图E-106，1—扳手头，2—换向板，3—对接套筒，4—套筒，5—调整轮，6—锁紧手柄。

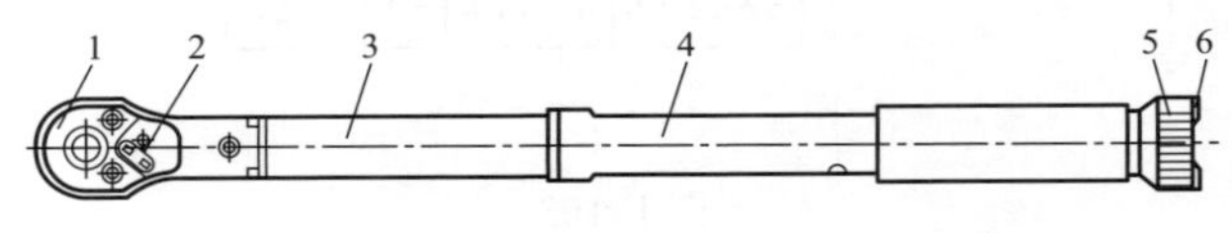

图 E-106

Jf1E3099 画出用平视法观测弧垂的示意图。

答：见图E-107。

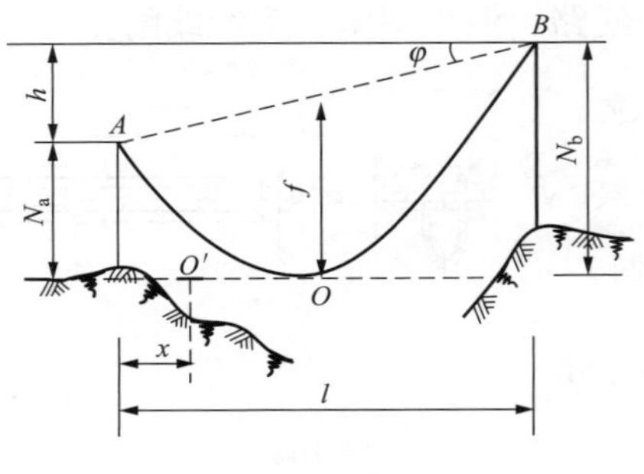

图 E-107

Jf1E3100 请画出地线耐张绝缘子串组装图，并写出金具的名称和型号。

答：地线耐张绝缘子串组装图见图 E-108，金具的名称和型号见下表。

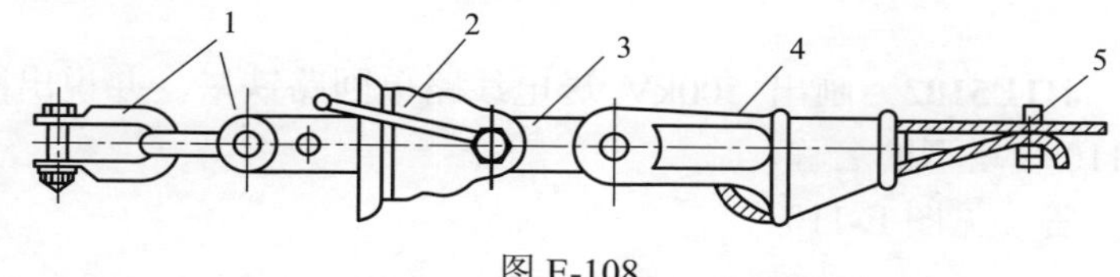

图 E-108

件号	名 称	型 号	件号	名 称	型 号
1	U 形挂环	U-7	4	楔形线夹	NX-2
2	地线用悬式绝缘子	XDP-6C	5	钢线卡子	JK-2
3	平行板	PD-7			

Jf1E5101 画出 220kV 送电线路 OPGW（光缆）单联悬垂金具串组装图，见图 E-109，请标注出各部分的名称。

答：见图 E-109。各部分名称见下表。

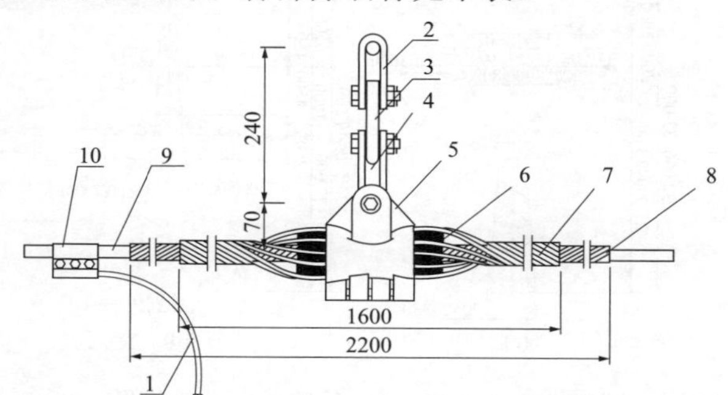

图 E-109

编号	名 称	型 号	编号	名 称	型 号
1	接地线	JDX-120-2000	4	ZS 挂板	ZS-10
2	UB 挂板	UB-10	5	套壳	TK-10
3	PD 挂板	PD-10	6	橡胶夹块	JC-15.8

续表

编号	名　称	型　号	编号	名　称	型　号
7	外绞丝	OXC-W-1600	9	光缆	
8	内绞丝	OXC-N-2200	10	并沟线夹	

Jf1E5102　画出 500kV 送电线路单回路铁塔，并说出图 E-110 中塔型的名称。

答：见图 E-110。

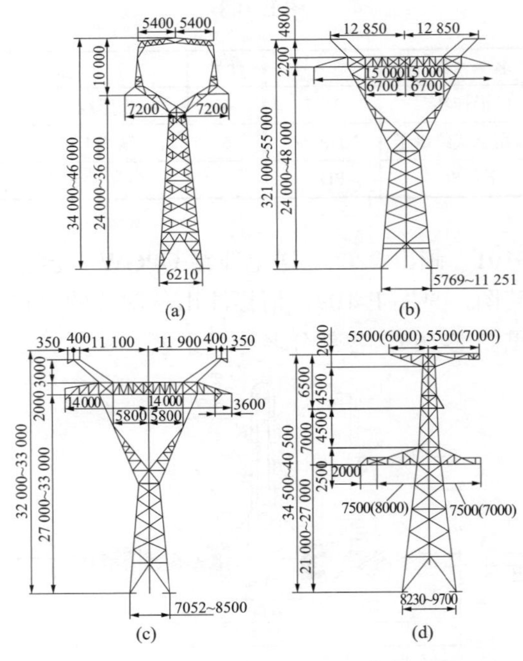

图 E-110　500kV 送电线路单回路铁塔图

（a）猫头型直线塔；（b）酒杯型直线塔；

（c）直线转角塔；（d）耐张转角塔

Jf1E5103　画出±500kV 送电线路铁塔，并说出图 E-111 中塔型的名称。

答：见图 E-111。

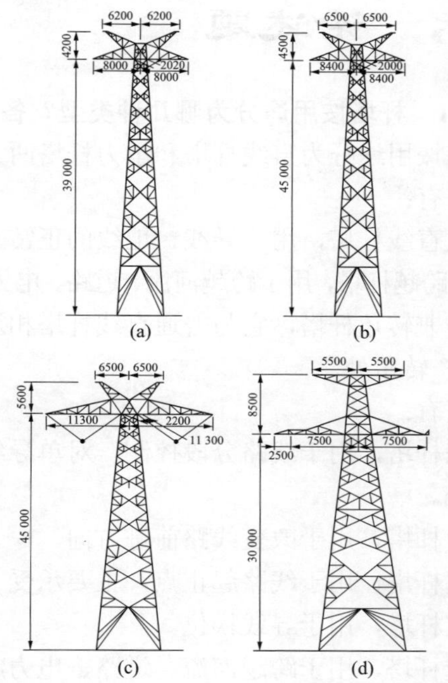

图 E-111 ±500kV 送电线路单回路铁塔图

（a）G1 型直线塔；（b）G2 型直线塔；

（c）CV2 型直线塔；（d）耐张转角塔

4.1.6 论述题

La5F3001　杆塔按用途分为哪几种类型？各有何作用？

答：杆塔按用途分为直线杆塔和承力杆塔两大类。

直线杆塔有：

（1）普通直线杆塔，用于导线、地线的正常支撑。

（2）直线跨越杆塔，用于跨越河流、道路、电力线路等设施。

（3）直线兼转角杆塔，它与普通直线杆塔相近似，但可用于线路小于5°转角处。

承力杆塔有：

（1）耐张杆塔，用于线路分段控制，对单导线耐张段一般不超过5000m。

（2）转角杆塔，用于改变线路前进方向。

（3）终端杆塔，用于线路起止点，主要承受一侧张力。

（4）换位杆塔，用于导线换位。

（5）跨越杆塔，用于跨越河流、道路、电力线路等设施。

（6）分支杆塔，用于线路分支线处。

La2F3002　为什么110kV及以上送电线路全线架设地线？

答：110kV及以上的线路，中性点直接接地，线路较长，杆塔较高，受雷击的机会多。由于这类线路输送功率一般较大，比较重要，雷击跳闸机会多了，影响较大，损失较大。为了减少直击雷害，一般110kV及以上线路全线架设地线，但在少雷区且不太重要的线路上，可不全线架设地线。

La2F3003　电压、频率、波形对电力系统的运行有什么主要影响？

答：电压对电力系统的主要影响是：

（1）电压过高将危及电器设备的绝缘，如大型变压器会产生铁磁谐振过电压，损坏电动机绝缘，使照明灯具寿命大幅度减少。

（2）电压过低使电气设备的出力严重不足，甚至烧毁。变压器、发电机因严重过负荷而跳闸。电压过高、过低对保护、信号、家用电器也有不同影响。

频率对电力系统的主要影响是：

（1）频率降低时交流电动机转速下降，不仅出力降低，而且可能影响产品质量，甚至报废。

（2）系统的低频运行将使汽轮机叶片振动加剧，对系统的稳定运行产生不利影响。

波形对电力系统的主要影响是：所谓波形对系统的影响，就是高次谐波对系统运行的危害。主要危害是使电压波形畸变，加速电容器介质的老化，引起电机过热。使感应电动机转速下降，引起保护误动，加剧了电磁感应和静电感应对通信线的干扰。

La2F3004　导线、地线的振动与哪些因素有关？

答： 导线、地线振动是否发生，振动时振幅的大小、振动频率的大小与以下因素有关：

（1）风速的影响。导线、地线振动的动力来自风力，所以与风速有关，而且只有在稳定均匀的风力作用下才能引起振动。风速太小，能量不足；风速太大，气流不稳定、不均匀，都不能引起导线、地线振动。起振的风速约为 0.5m/s 左右。

（2）档距及架设高度的影响。档距大时，导线、地线的固有频率的个数较多，与风力频率吻合的可能性就多些，所以档距大时，振动的机会多。地面附近的风受到摩擦的影响，往往不均匀；而离地面较高时，较大的风往往也是均匀的，如在 12m 左右高度，振动风速的范围大约为 0.5～4.0m/s，而在离地面 70m 处，振动风速的范围则大约是 0.5～8.0m/s。因此大跨越、高杆塔的导线、地线振动问题严重些。

（3）风向的影响。一般情况下，风向与线路成 40°～90°

角时，导线、地线产生稳定振动；30°～45°角时，振动不稳定；20°以下时几乎不振动。

（4）地形、地物的影响。地面建筑物、森林、高山等对风有摩擦作用，风力不易平稳，因此在开阔的地形，如平原、沼泽地、河流等处振动较严重。

（5）导线、地线应力的影响。导线、地线应力越大，固有频率的个数也会增加，振动可能性也越大。

La2F4005　导线、地线的振动是怎样产生的？

答：导线、地线的振动就是在它悬挂的铅垂面上有规律的上下运动。形成振动的原因是横向稳定且均匀的风。

当横向稳定、均匀的风吹到导线上时，被电线挡住的空气流速暂缓，而在导线上下两侧的空气流速较快，因为流速越大，压力越小，所以背风面的空气就要向两侧流动，并与两侧的气流相汇，形成风力旋涡。如果电线上下两侧的旋涡完全相同，则导线不会上下移动。但是在客观上总有差异，如果上侧的旋涡较下侧强，则导线上侧所受的风压就比下侧小，于是电线上移。上移的结果，空气又要填充导线下部的空隙，导致下侧旋涡逐渐加强，上侧旋涡相应减弱，直到下旋涡较上旋涡为强，电线又向下移动。上、下旋涡强弱交替变化，就形成了导线在铅垂面内上、下移动的交替变化，这就是振动，它的振幅很小，肉眼难以看到，对电线不会构成威胁。但当它的频率和电线的某一个固有频率相同时，电线将发生博振（或叫共振）。共振时振幅较大，最大可达到2～3倍电线直径。平常我们说的导线振动，全指共振而言。

Lb5F5006　架空电力线路上常用的裸绞线有哪些种类？各有什么特点？

答：（1）铝绞线：型号“JL”，导电性能比铜稍差，导电率约为铜的60%，优点是比较轻且价格低廉，但机械强度较差，故只用于配电线路的低压线上，高压线路较少使用。

（2）铝合金绞线：型号“JLHA*”，优点是比较轻，机械强度比铝绞线强，高压线路较少使用。

（3）钢芯铝绞线：型号：“JL/G**”，其外层的铝股主要起传输电能的作用，里边的钢芯主要起承受机械荷重的作用。导电性能和机械强度均较优越，故在架空线路上广泛应用。缺点是铝股部分耐磨性差，施工中应防止损伤。

（4）防腐型钢芯铝绞线：型号“JL/G**F”，性能与钢芯铝绞线同；对导线的钢芯或铝线加防腐涂料以减少对导线的腐蚀。

（5）钢芯铝合金绞线：型号“JLHA*/G**”，它与相同标称截面的钢芯铝绞线相比较，铝股部分的截面基本相同，铝股的材质为铝合金，相应的综合拉断力也大一些。

（6）铝合金芯铝绞线：型号“JL/LHA*”，性能同铝绞线，其芯部为铝合金线，机械强度不高，用于配电线路的低压线上，高压线路较少使用。

（7）铝包钢芯铝绞线：型号“JL/LB1A”，性能同钢芯铝绞线，其钢芯为铝包钢。

（8）铝包钢芯铝合金绞线：型号“JLHA*/LB1A”，性能同钢芯铝绞线，其钢芯为铝包钢，L 铝线部分为铝合金。其机械强度比钢芯铝绞线高。

（9）钢绞线：型号“JG**”，机械强度大，但导电性能差，普遍用于地线，一般不用做导线，钢绞线外层镀锌。但在个别的大跨越档，考虑到使用其他导线强度不够，也有以镀锌钢绞线作导线的。

（10）铝包钢绞线：型号“JLB**”，性能同钢绞线，钢绞线外层为铝。

Lb4F3007　简述低压测电笔的基本结构、工作原理及使用时应注意的事项。

答：测电笔是检测导体或设备是否带电的工具。它由探头、氖泡、电阻、弹簧、尾部金属体（笔钩）组成。

测电笔检测带电导体时，电流经测电笔探头—氖泡—电阻—弹簧—尾部金属—人体—大地构成回路，其电流很微小，氖泡两端有 60V 电位差，测电笔氖泡有辉光放电。测电笔氖泡有辉光放电时，流经人体的电流很微小，对人体是安全的。在使用测电笔时，应注意以下问题：

（1）使用测电笔前，应在已知有电导体上检测验证一下测电笔是否良好有效，氖泡发出辉光方可使用。

（2）使用方法要正确，探头应接触导体，手指应触及测电笔尾部金属。

（3）氖泡辉光微弱，应避强光，以免看不清误认为无电。

（4）测试时要注意安全，人体不能触及探头或导体。

（5）低压测电笔只限于 500V 以下导体检测。

Lb4F5008　钢丝绳的结构是怎样的？它是如何分类的？

答：钢丝绳的结构和制造过程是：先用单根的钢丝绕成股（每股有 6、19、37 和 61 根），再 6 股或 18 股围绕一条油浸的麻绳芯而组成钢丝绳；这两个绕捻过程是同时进行的。油麻芯的作用主要是增加柔性、防锈和减少磨损。

按钢丝和股的绕捻方向，钢丝绳可分为如下三种：

（1）顺向绕捻的钢丝绳，平行绕捻，即钢丝绕成股和股绕成绳的方向相同。这种钢丝绳柔性较大，表面光滑，钢丝磨损轻，但易自行扭转和松散。

（2）交叉绕捻的钢丝绳，交叉绕捻，即钢丝绕成股和股绕成绳的方向相反。其优点是不易自行松散打扭，应用广泛。

（3）混合绕捻的钢丝绳，相邻层股的钢丝绕捻方向是相反的。这种钢丝绳兼有前两种钢丝绳的优点。

Lb3F3009　对内拉线抱杆有什么要求？

答：（1）抱杆宜用无缝钢管或薄壁钢管制成，也可用三角断面或正方形断面的钢结构或铝合金结构。

（2）抱杆长度 L，可按下述经验公式确定，即

$$L=L_1+L_2=(1.5\sim1.75)H$$

式中 L——抱杆全长；

L_1——抱杆悬浮高度（即未露出桁架顶面的高度）；

L_2——抱杆有效高度，即露出桁架顶面的高度；

H——全塔最长段的高度，对酒杯型、猫头型塔由颈部高控制。

（3）抱杆顶焊有4块挂上拉线用的带孔钢板，上部装有朝天滑车，根部焊有两块连接下拉线平衡滑车的带孔钢板，在它的下面装有朝地滑车。

（4）抱杆外廓要光滑，以保证提升抱杆时，顺利通过腰环。

Lb3F3010　对固定杆塔的临时拉线有什么要求？

答：（1）应使用钢丝绳，不得使用白棕绳、麻绳和8号铁丝。

（2）在永久拉线未全部安装固定之前，严禁拆除临时拉线和登高作业。

（3）绑扎工作必须由技工担任。

（4）单杆、V型杆、有叉梁的双杆拉线不得少于4根，无叉梁的双杆拉线不得少于6根。

（5）组立杆塔的临时拉线不得过夜，如需过夜，必须采取加强措施。

（6）同一临时地锚上最多不得超过2根拉线。

（7）在永久拉线装好、构件装齐，回填土填满，施工负责人同意后方可拆除临时拉线。

Lb4F3011　冬季现场浇制混凝土时宜采取哪些养护方法？

答：室外平均气温连续5天稳定低于5℃，最低气温低于零下3℃时，可认为是冬季施工。宜采取下列方法：

（1）蓄热法：浇制完毕后立即用保温材料覆盖保温，保温

材料可用锯末、稻草及草袋等，覆盖要严密，防止冷风进入。

（2）预热法：将水及骨料加热后与水泥拌合成混凝土，水泥不得直接加热，在使用前宜放入暖棚保管。水加热温度不得超过 80℃，骨料加热不得超过 60℃，投料顺序先投入骨料和热水，然后再投入水泥。

（3）暖棚法：在已浇制的混凝土基础周围搭设保温棚，在棚内生火炉保温，温度以 10～15℃为宜，最低不能低于 5℃，并经常向混凝土基础洒水保持潮湿。

（4）蒸汽养护法：利用棚或罩将基础密封，通蒸汽养护混凝土。

（5）电加热法：① 电极加热法——将电极插入混凝土内，通电后对混凝土加热；② 电热毯加热法——用电热毯在基础及模板外布置电热毯，用电加热。

Lb4F4012　铁塔组立的方法有哪几种？各有何特点？

答：铁塔组立的方法很多，主要有：

（1）整体组立系列，有如下几种方法：

1）倒落式人字抱杆法。

2）小人字抱杆法。

3）直立式单抱杆法。

4）直立式双（门形）抱杆法。

5）起重机械或吊车整体组立法。

（2）分解组立系列，包括：

1）外拉线抱杆法。

2）内拉线抱杆法。

3）悬臂抱杆法。

4）倒装法。

5）塔吊或吊车吊装法。

各种方法的主要特点是：

（1）倒落式。人字抱杆整立的特点主要是基础塔脚与基础要用专用铰链连接。

（2）倒落式小人字抱杆整立时小抱杆跨座于塔脚上，利用杆塔下部根开，可提高抱杆有效高度。

（3）外拉线抱杆组立法，抱杆拉线固定在塔外地锚上，占地较大。

（4）内拉线抱杆组立法，抱杆拉线固定在塔内已组塔段主材上，占地较小。

（5）悬臂抱杆组立法的特点主要是靠主抱杆顶的四个悬臂梁作吊臂。

（6）倒装法是先组上部再靠提升架升起，留出空间，接组下部。

（7）起重机械或吊车整体组立法——用起重机械或吊车整体（或分段/片）吊装杆塔。适用于交通方便、有起重机械或吊车的地形，施工快、安全可靠。

（8）塔吊或吊车吊装法——利用建筑塔吊、专用塔吊或吊车进行分段/片吊装。

Lb3F3013　计算导线对地及被跨越物的距离时需考虑哪些因素？

答：导线与地面、建筑物、树木、铁路、道路、河流、管道、索道及各种架空线路的距离，应根据最高气温情况或覆冰无风情况求得的最大弧垂和最大风情况或覆冰情况求得的最大风偏进行计算。

计算上述距离，可不考虑由于电流、太阳辐射等引起的弧垂增大，但应计及导线架线后塑性伸长的影响和设计、施工的误差。重冰区的线路，还应计算导线覆冰不均匀情况下的弧垂增大。

大跨越的导线弧垂应按导线实际能够达到的最高温度计算。

送电线路与标准轨距铁路、高速公路及一级公路交叉时，如交叉档距超过200m，最大弧垂应按导线温度+70℃计算。

计算出的导线对地及被跨越物的距离，不应小于设计技术规程的规定。

Lb3F3014　线路施工中材料站的选择条件是什么？

答：（1）应考虑装运方便，降低运费。

（2）地形好，受天气影响较小。

（3）有较好的交通条件，车辆进出方便。

（4）离公路、铁路较近，具有装卸条件。

（5）具有通信条件。

Lb3F4015　试述混凝土配合比的计算程序？

答：（1）根据基础混凝土的设计强度，提高 20%，确定混凝土的试配强度。

（2）按照混凝土结构种类和施工方法确定混凝土的坍落度，参照砂石种类和粒径选择单位体积混凝土的用水量。

（3）根据试配强度，水泥品种和标号、粗骨料的种类按公式计算出水灰比。

（4）根据已确定的水灰比和用水量，计算单位体积混凝土的水泥用量。

（5）计算每立方米混凝土中砂、石的绝对体积 V，公式为

$$V=1000-\text{用水量}-\frac{\text{用水泥量}}{\text{水泥密度}}$$

并查表选定砂率。

（6）计算砂、石用量，公式为：

$$\text{砂用量}=V\times\text{砂率}\times\text{砂密度}$$

$$\text{石用量}=V\times(1-\text{砂率})\times\text{石密度}$$

（砂、石密度取化验单数据）

（7）以水泥用量为 1 算出水、砂、石的比例关系及混凝土的配合比；

（8）按照配合比用少量材料试拌及试压，适当调整，最后

确定混凝土的配合比。

Lb3F5016　如何选择牵、张场？

答：（1）放线区段长度以6～7km为宜。

（2）交通运输便利，牵、张设备、吊车、线盘的运输可以直达牵、张场内。

（3）不允许导线有接头的档距和档距内交叉跨越较多的不宜选为牵、张场。

（4）牵、张场地应满足机具布置所需面积的要求，张力场占地范围为25m×55m，牵引场占地范围为25m×35m。

（5）直线杆塔不能锚线的档距内，不得选为牵、张场。

（6）牵引场尽量选取在线路正下方离两侧杆塔100m以上。

（7）地势低洼、积水的档内不宜选做牵、张场。

Lb2F5017　何谓初步设计的“图上选线”？

答：“图上选线”是指先在地形图上标出路径起迄点、必经点。然后根据收集到的资料（有关城乡规划、工矿发展规划、水利规划、军事设施、线路和重要管道等），避开一些设施和影响范围，考虑地形和交通条件等因素，按照线路路径最短的原则，给出几个方案，经过比较，保留两个较好的方案。再根据系统远景规划，计算短路电流，验算对电信线路的影响，提出对路径的修正方案或防护措施。向邻近或交叉跨越设施的有关主管部门征求对线路路径的意见，并签订有关协议。此外，还应进行现场踏勘，验证图上方案是否符合实际。对重要跨越地段、拥挤地段、不良地质地段进行重点踏勘。经过上述各项工作后，再通过技术经济比较，选出一个合理的初步设计线路路径方案。

Lb3F3018　施工方案的作用是什么？

答：（1）指导具体施工作业。

（2）选择合适的施工机械工具。

（3）确定施工作业的准备工作和需要专门制做的机具。

（4）计算选择吊具、索具，核实方案的可行性和安全性。

（5）通过方案，贯彻推广新的施工技术和先进施工经验。

（6）对于招标工程，施工方案是体现施工技术水平和质量安全可靠性的重要资料。

Lb3F3019　施工安全管理的定义是什么?主要内容是什么?

答：施工安全管理是保护劳动者在施工过程中的人身安全和身体健康, 为改善劳动条件、预防工伤事故和职业病的发生, 以及保护生产设备的安全, 保证生产的正常进行所进行的各项管理活动的总称。

主要内容：（1）建立健全各项安全施工责任制。

（2）编制和实施安全技术措施计划。

（3）健全安全技术规程和有关的规章制度。

（4）加强施工人员的安全教育。

（5）加强安全施工、文明施工检查。

（6）搞好事故预测、预防。还要搞好防寒、防冻、防暑降温，正确的发放和指导使用个人防护用品。

Lb3F3020　施工技术管理工作的主要内容是什么?

答：（1）贯彻有关施工的技术标准、规程，制订企业内部的技术标准、操作规程和工艺卡片等。

（2）制订和贯彻技术管理制度，如技术责任制，质量管理制度等。

（3）工程技术资料、文件、档案的管理。

（4）解决施工中的重大技术问题。

（5）开展科技研究、开发新技术。

Lb3F4021　施工组织管理的基本任务是什么?

答:（1）采取组织措施对承担的施工任务或建设任务，保安全、保质、保量地按期或提前完成。

（2）正确处理施工过程中人力、物力、能源、时间和空间的关系，保证和协调施工的顺利进行。

（3）运用施工的规律，加强信息管理，提高对工程进展的预见性，对施工对象、施工手段和条件，实行科学的组织和管理，提高文明施工水平和施工效率。

（4）深入施工现场，掌握施工实际情况，发现施工中的薄弱环节，及时采取措施，予以解决。

Lb3F4022　安全生产管理的核心是什么?

答: 安全生产就是指生产经营活动中，为保证人身健康与生命安全，保证财产不受损失，确保生产经营活动得以顺利进行，促进社会经济发展、社会稳定和进步而采取的一系列措施和行动的总称。

安全生产管理是指管理者对安全生产工作进行的决策、计划、组织、指挥、协调和控制等一系列活动，实现生产过程中人与机器设备、物料、环境的和谐，达到安全生产的目标。

安全生产管理是为贯彻执行国家安全生产方针、政策、法律和法规，确保生产过程中的安全而采取的一系列组织措施。例如：建立健全安全组织机构，制定和完善现代安全管理制度，编制和实施安全技术措施计划，进行安全宣传教育，组织安全检查，开展安全竞赛以及总结评比、奖励、处分等。

安全生产管理包括安全生产法制管理、行政管理、监督检查、工艺技术管理、设备设施管理、作业环境和条件管理，其中企业安全生产的主要内容有安全生产责任制、安全技术措施计划、安全生产教育培训、安全生产检查、伤亡事故报告处理与事故防范等。

安全管理的核心是：“以人为本，关爱生命”，要依靠科学技术和管理，采取技术措施和管理措施，消除生产过程中危及人身安全和健康的不良环境、不安全设备和设施、不安全环境和不安全行为，防止伤亡事故和职业危害，保障劳动者在生产过程中的安全与健康。

Lb2F3023　施工阶段工程监理的主要内容是什么？

答：（1）协助业主与承建单位编写开工报告。

（2）审查承包单位报送的分包单位资格报审表和分包单位有关资质资料，符合有关规定后，由总监理工程师予以签认。

（3）审查承建单位提出的材料和设备清单及其所列的规格与质量。

（4）审查承建单位提出的施工组织设计、施工技术方案和施工进度计划，提出修改意见。

（5）督促、检查承建单位严格执行工程承包合同和工程技术标准。

（6）调解业主与承建单位之间的争议。

（7）监督、检查工程进度和施工质量，验收分部分项工程，签署工程付款凭证。

（8）督促整理合同文件和技术档案资料。

（9）组织设计单位和施工单位进行工程竣工初步验收，提出竣工验收报告。

（10）审查工程结算。

Lb2F3024　横道图（工程进度表）的主要缺点是什么？

答：横道图的主要缺点是：各个工序之间的相互依赖、相互制约关系不能清晰、严格地反映出来。这一弊病，使得它在应用时受到很大局限：某一工序推迟或提前对总工期的影响无法看出来；在时间进度上，哪些工序是关键的，哪些是非关键的，横道图无法反映出来；不同的计划安排不能比较其优劣，不能用计算机进行计算和优化。

Lb2F4025　试论述通常造成工程进度失控的主要原因有哪些？

答：造成进度失控的原因，可归纳为以下几种情况：

（1）未充分认识工程项目的建设特点及实现项目建设的客观条件。包括：

1）技术措施不当。

2）设计与施工未进行必要的科研和实验。

3）建设资金没有及时到位。

4）对多个施工承包商的进度协调不利。

5）对工程项目的自然环境因素与社会环境因素调查不充分而措施不当。

6）对物资设备供应的条件、特点及市场人格的变化趋势了解不够等。

（2）项目建设参加者的工作失误。工作失误包括：

1）业主在处理建设中某些关键问题没有及时做出必要的决策。

2）监理工程师协调与管理的作用发挥不够。

3）设计单位工作拖拉、影响供图设计进度。

4）各级政府的主管部门、监督部门拖延审批时间。

5）承包商与分包商相互间的配合不协调等。

（3）其他不可预见事件的发生。

Lc3F3026　安全工具使用前的检查应注意哪些问题？

答：不论是普通安全工具还是特殊作业绝缘工具，都应按照相关的规程规定进行检查。其主要内容有：

（1）工器具保管良好，外观清洁、干燥。无损伤痕迹和变形，无挪作他用的现象。

（2）安全工具的电压等级应与运行设备的电压等级相符，并在试验合格的有效期间内。

（3）使用安全工具时应严格执行规程规定。基本安全工具必须借助于辅助安全工具的配合，才可实施操作。

（4）检查发现安全工具存在损伤，绝缘性能降低的，严禁使用。否则，应进行可靠性试验证明。

Lc3F3027　试论述安全教育的主要内容是什么？

答：（1）进行安全思想教育。

（2）学习国家劳动保护法规、电力建设安全工作规程和安全施工管理条例，对电力建设安全工作规程中与本工种有关的部分，做到应知应会。

（3）进行安全技术、职业健康安全的科学知识教育。使员工了解和掌握电建施工及其本工种的安全施工规律，懂得预防各种事故的职业危害的科学技术知识。

（4）进行典型经验和事故教训的教育，丰富员工搞好安全施工的实践经验。

（5）进行法制教育，使员工知法、守法增强法制观念。

Lc4F3028　导线、地线连接的一般规定有哪些？

答：（1）不同金属、不同规格、不同绞制方向的导线或架空地线严禁在一个耐张段内连接。

（2）当导线或架空地线采用液压连接时，操作人员必须经过培训及考试合格、持有操作许可证。连接完成并自检合格后，应在压接管上打上操作人员的钢印。

（3）导线或架空地线，必须使用合格的电力金具配套接续管及耐张线夹进行连接。连接后的握着强度，应在架线施工前进行试件试验。试件不得少于 3 组（允许接续管与耐张线夹合为一组试件）。其试验握着强度不得小于导线或架空地线设计使用拉断力的 95%。

（4）切割导线铝股时严禁伤及钢芯，切口应整齐。

（5）导线及架空地线的连接部分不得有线股绞制不良、断股、缺股等缺陷；连接后管口附近不得有明显的松股现象。

（6）连接前必须将线材、压接管内侧清洗干净。在导线连接部分外层铝股在洗擦后应薄薄地涂上一层电力复合脂，并用细钢丝刷清刷表面氧化膜，应保留电力复合脂进行连接。

（7）液压管在第一模压好后应用精度不低于 0.1mm 的游标卡尺检查压后对边距尺寸，符合标准后继续进行液压操作，其允许偏差必须符合国家标准《110～500kV 架空送电线路施工及验收规范》（GB 50233）的规定。

（8）施压时应遵守压接规程所规定的顺序，相邻两模间至少应重叠 5mm。

（9）压完后管子有飞边、毛刺及表面未超过允许的损伤，时，应锉平并用 0 号砂纸磨光。

（10）液压后管子的弯曲度不得大于 2%，超过 2%尚可校直时应校直。校直后的接续管严禁有裂纹，达不到规定时应割断重接。

（11）裸露的钢管压后应涂防锈漆。

（12）在一个档距内每根导线或架空地线上只允许有一个接续管和三个补修管，张力放线时不应超过两个补修管。各类管与耐张线夹出口间的距离不应小于 15m；接续管或补修管与悬垂线夹中心的距离不应小于 5m；接续管或补修管与间隔棒中心的距离不宜小于 0.5m。

Lc3F4029　如何测定转角杆塔横担方向桩和杆塔位移桩？

答：转角杆塔基础一般为正方形，分坑方法不再赘述，但由于转角杆塔横担轴线不垂直于线路而和线路夹角（不是线路转角）的二等分线相重合，而且有些杆塔的中心桩需要位移，所以，转角杆塔分坑的关键就是测钉横担方向桩和转角杆塔位移桩。具体方法如下：

在线路转角桩 O 处支仪器，仪器对中操平后，对准后视相邻杆塔中心桩，倒镜，按设计方向水平转角度θ，复核线路转角桩是否正确，然后按原转向再转角度α=(180-θ)/2，打桩，这就是横担的方向桩。

横担方向桩测钉后，就可从线路转角桩 O 在横担轴线上量出位移距离 S，钉出位移后的杆塔中心桩 O_2，再以 O_2 为中心，以横担方向为基准，按直线杆塔正方形基础分坑法进行分坑。如转角杆塔不进行位移，用转角中心桩近似充当杆塔中心桩的话，分坑就是以 O 为中心，以横担方向为基准，再按直线杆塔正方形基础来对待。

Jd4F3030　对基础钢筋的加工质量有哪些要求？

答：（1）钢筋长度加工误差为±1%，最大不得超过 20mm。

（2）钢筋末端弯钩应符合对不同直径钢筋长度的要求及规定。

（3）箍筋弯钩应成 45°，钩长符合要求。

（4）钢筋接头用焊接法连接时，双面施焊，焊接长度不小于 4～5 倍的钢筋直径，单面施焊时，不得小于 8～10 倍的钢筋直径，焊缝高度为 $0.3d$（d 为钢筋直径），但不小于 4mm，焊缝宽度为 $0.7d$，但不小于 10mm。

（5）钢筋接头用绑扎法连接时，至少要绑扎 3 处，其搭接长度为：直径是 16mm 及以上的钢筋为 45 倍的直径，直径为 12mm 及以下钢筋为 30 倍的直径。

Jd2F4031　中间验收包括哪些项目？

答：（1）铁塔基础检查，包括：

1）基础地脚螺栓或主角钢的根开及对角线的距离偏差，同组地脚螺栓中心对立柱中心的偏移。

2）基础顶面或主角钢操平印记的相对高差。

3）基础立柱断面尺寸。

4）整基基础的中心位移及扭转。

5）混凝土强度。

6）回填土情况。

（2）杆塔及拉线检查，包括：

1）混凝土电杆焊接后焊接弯曲度及焊口焊接质量。

2）混凝土电杆的根开偏差、迈步及整基对中心桩的位移。

3）结构倾斜。

4）双立柱杆塔横担与主柱连接处的高差及立柱弯曲。

5）各部件规格及组装质量。

6）螺栓紧固程度、穿入方向、打冲等。

7）拉线的方位、安装质量及初应力情况。

8）NUT 线夹螺栓的可调范围。

9）保护帽浇制情况。

10）回填土情况。

（3）架线检查，包括：

1）弧垂及各项偏差。

2）悬垂绝缘子串倾斜、绝缘子清洗及绝缘测定。

3）金具的规格、安装位置及连接质量，螺栓、穿钉及弹簧销子的穿入方向。

4）杆塔在架线后的倾斜与挠曲。

5）引流线连接质量、弧垂及对各部位的电气间隙。

6）接头和补修的安装位置及数量。

7）防振装置的安装位置、数量及质量。

8）间隔棒的安装位置及质量。

9）导线及地线的换位情况。

10）均压环安装情况。

11）线路对建筑物的接近距离。

12）导线对地及跨越物的距离。

（4）接地检查，包括：

1）实测接地电阻值。

2）接地引下线与杆塔连接情况。

Jd4F4032　使用经纬仪有哪些注意事项？

答：（1）在仪器出箱前要记清仪器原来是怎样装箱的，用后按原样装回箱内。

（2）仪器出箱时要用手托轴座或度盘，不能用手提望远镜。

（3）三角架支稳后，安上仪器，并立即拧紧三角架与仪器的连接螺栓。

（4）仪器的各个制动螺丝不能拧的太紧或太松，应该松紧适度。

（5）转动仪器时，应手扶支架或度盘，平稳转动，不得用手持望远镜左右旋转。

（6）严禁用手、粗布或硬纸擦拭仪器，应用软毛刷轻轻地掸去灰尘。

（7）仪器避免在强烈日光下照射，以防水准管破裂及气泡偏移。

（8）仪器短距离移动时，应先旋紧各部螺丝，但不可太紧，长距离搬运须装箱，坐汽车要把仪器抱在身上防振。

（9）仪器使用一定阶段要进行擦拭、加油或进行检修。

（10）仪器用完后要除去灰尘（如被雨雪淋湿等），要用软布擦去水珠，晾干后装箱。

（11）仪器应放在清洁干燥且温度变化不大的地方保管。

Je5F4033　掏挖式基础怎样保证安全和质量？

答：（1）挖坑前必须对施工人员进行安全教育。

（2）整个施工过程中，要设安全监护，应经常检查坑壁、坑口有无裂纹现象；如有异常应立即停止工作，采取措施。

（3）坑口周围1.2m以内不准堆放土或放置重物。

（4）坑口作业人员要戴安全帽。

（5）上下要用梯子，严禁在坑内休息。

（6）提土索具要经常检查，坑上坑下要密切配合。

Je4F3034　放线前现场应做好哪些准备工作？

答：（1）根据现场调查和放、紧线方法进行合理的布线和选定牵、张力场。

（2）修路、平场、清除沿线障碍物。

（3）在放线之前完成线路需开挖的土石方工作。

（4）安装放线滑车，做好临时拉线，搭好越线架。

（5）埋设临时锚线和压线滑车等用的地锚。

（6）牵、张机械进场，布置好牵、张力场，展放导引绳。

Je4F3035 人工或一般机械牵引放线应注意哪些安全事项？

答：（1）在交叉跨越处和每隔三基杆的下方需设信号员监视放线情况，如发现导、地线跳槽、接续管卡住、放线滑车转动不灵、导线磨伤等情况，应立即发出信号，停止放线。

（2）放线轴设专人操作控制放线速度，防止导地线跑偏、松脱并检查导、地线的外观质量；如发现导、地线有缺陷时，应在缺陷处用布条扎牢做标记，待放线结束后进行处理。

（3）经过岩石或坚硬地质地段，应在导、地线下边垫木、草袋加以保护。

（4）导、地线穿过放线滑车后不得垂直向下拉。

（5）领线人应由技工担任，对准前方不得走偏，注意各相导、地线不得相互交叉，随时注意信号，控制牵引速度。

（6）放线后如不能在当天紧线，可将展放的导线临时收紧锚固，以免妨碍交通和被跨越物的正常运行；如锚固有困难，应在车道两侧用撑杆和支架将导、地线架起一定高度，以便车辆通过，或挖沟将导、地线埋置地下，以保护导、地线。

Je4F3036 杆塔组装应符合哪些要求？

答：（1）组装前应检查全部构件的质量是否符合质量标准和图纸要求。

（2）构件的连接要紧密，交叉杆件在交叉处有空隙时，应垫以相应的垫片。

（3）螺杆应露出螺母不小于两个螺距，对双螺母可与螺母相平。

（4）组装时不得强行敲打组装，扩孔不得超过 3mm，严禁用气焊扩孔，扩孔后需作防锈处理。

（5）螺栓的穿入方向要符合有关规定。

（6）传递工具不得抛掷，找正螺栓孔不得用手指伸入，应使用尖搬子。

（7）组装时需敲打时，应垫付垫木敲击垫木，不得直接敲打构件。

（8）组装和起吊工作同时进行时，吊件下边不得有人，应等待起吊完毕后再进行地面组装。

Je4F3037　人力放线布线应符合哪些要求？

答：（1）导线布线在平地丘陵裕度取 2%、山区取 3%、高山深谷取 5%。

（2）布线时导线接头应避开不准接头的档距。

（3）长度相等的导、地线尽量布置在同一区段，以便于连接。

（4）不同规格、不同捻向的导、地线不得布置在同一耐张段内。

（5）根据耐张段的长度合理布置不同线长的线盘，尽量避免切断导、地线，以免造成浪费。

（6）线盘放置地点应充分利用交通条件，减少人抬搬运距离。

（7）宜将两线盘布置在全长的中间，以便向两端展放。

（8）采用固定机械放线时，线盘应布置在一端，以便向另一端牵放。

Je4F4038　整体立杆现场如何布置？

答：（1）牵引绳地锚中心、制动绳地锚中心、人字抱杆顶点及电杆中心线必须在同一垂直平面上。

（2）制动绳锚坑与中心桩的距离为电杆高度的 1.3 倍。

（3）牵引绳锚坑与基坑的距离为电杆高度的 1.3～1.5 倍，牵引绳对地夹角一般不大于 30°。

（4）两侧拉线应垂直线路，拉线坑与中心桩的距离为杆高的 1.2 倍以上。

（5）抱杆位置距中心桩 3～5m，抱杆倾角为 60°～65°，抱杆根开为 1/4～1/3 抱杆高。

（6）人字抱杆的有效高度一般取杆塔重心高度的 0.8～1.1 倍。

Je4F4039　整体立杆使用倒落式抱杆应符合哪些要求？

答：（1）两抱杆根部应保持水平，并用钢丝绳连牢。

（2）两抱杆受力不一致时，应及时调整。

（3）在松软土地上支立，应采取防沉措施。

（4）在冰雪和解冻的土地上支立，应采取防滑措施。

（5）抱杆根部的制动绳应及时拆除。

（6）抱杆脱落绳应通过脱落环绑牢，抱杆脱落后由脱落绳控制将抱杆缓慢放下。

Je4F5040　杆塔在起吊过程中应注意哪些问题？

答：（1）电杆横担起吊离开地面 0.5m，停止牵引，在杆上做冲击试验，检查各部受力情况是否正常，各绳扣是否牢固可靠，锚坑表面土有无松动现象，电杆有无裂纹，吊点和吊绳是否合适，两抱杆受力是否均匀，根部有无滑动、下沉，然后松开抱杆制动绳，继续起吊。

（2）起吊过程中随时注意杆身及抱杆受力情况，随时调整两侧拉线调正杆身，电杆起吊到 40° 左右时，将杆根调正对准底盘。

（3）抱杆脱落前，应使杆根进入底盘，抱杆失效时，停止牵引，使抱杆缓缓落地。

（4）电杆到 70° 停止牵引，收紧四面临时拉线，反方向拉线尤为重要，以后起吊速度放慢，起立到 80° 时，停止牵引，用临时拉线和牵引系统将杆调正，反面拉线收紧并固定。

（5）杆立直后，用经纬找正，固定四面拉线，基坑回填夯实。

Je4F5041　冬季浇制混凝土时应注意哪些事项？

答：（1）冬季钢筋在室外焊接时，其最低气温不宜低于 –20℃，且应有防雪挡风措施，焊接的接头严禁立即碰到冰雪。

（2）选用强度 C42.5 的硅酸盐水泥和普通水泥，最小水泥用量不宜少于 300kg/m^3，水灰比不应大于 0.6。

（3）混凝土所用的骨料必须清洁，不得含有冰雪等冻结物。

（4）浇制混凝土前应清除模板和钢筋上的冰雪和污垢。

（5）采用蓄热法养护混凝土时，至少每 6h 测一次养护温度。

（6）室外气温每昼夜至少应定点测温四次。

（7）测温时，测温计应与外界气温隔离，测温计留置在测温孔的时间不应少于 3min，采用暖棚法养护时，应在离热源不同位置分别测温，测温孔深不宜小于 200mm。

（8）养护期间混凝土的最低温度不得低于 1℃。

Je4F5042　人字抱杆整体放倒杆塔的施工顺序是什么？

答：按照人字抱杆整体立杆的最后立直状态进行现场布置，不过人字抱杆应事先与脱帽环可靠连接，以防施工过程中抱杆脱落。具体施工顺序如下：

（1）准备工作就绪后，松开杆塔永久拉线，轻压反向拉线，使杆塔向放倒侧倾斜，使牵引系统处于受力状态。

（2）慢慢放松牵引钢丝绳，使杆塔徐徐倒下，同时随时拨动人字抱杆的根部位置，使它向放倒侧移动。

（3）当杆塔放倒至与地面夹角成 50°～70° 时，使抱杆处于受力状态，抱杆两落脚点位置应符合施工设计要求，并适当加以支垫，以防抱杆下沉。

（4）在杆根离开底盘前，应使制动绳处于良好的受力状态，以严格控制杆根位置。

（5）在杆塔与地面夹角小于 30° 时，抱杆各部受力都较大，应逐渐放慢速度，现场作业人员应集中精神，听从指挥，直至杆塔落地放稳。

Je3F3043　内拉线抱杆组立铁塔的现场布置原则是什么？

答：（1）露出已组塔段顶面的抱杆高 L_2 和未露出顶面的抱杆高 L_1 之比宜取 2.5。比值大，固然起吊的高度大，安装方便，但上拉线与抱杆的夹角减小，受力增大，下拉线与抱杆的夹角增大，受力亦增大，同时抱杆稳定性较差。

（2）采用双吊时，抱杆应正直；采用单吊时抱杆对铅垂线的夹角不宜大于 15°。

（3）起吊钢绳对铅垂线的夹角不宜大于 30°。

（4）上拉线固定在已组好塔段顶端四角主材节点上，下拉线固定在上拉线附近。

（5）在被吊件的背面和侧面绑控制大绳。

（6）为使下拉线受力相等，同一起吊侧的下拉线通过抱杆根部的平衡滑车固定于同侧的塔腿上，并且两侧下拉线的长度应相等，以保持抱杆位于桁架中心。

（7）牵引设备距基础中心大于 1.2 倍塔高，尽量顺线路或横线路方向设置。

（8）采用双吊方式时，地滑车应设在基础中心，以使两侧牵引条件相同。

（9）控制大绳的锚桩距塔中心应大于 1.2 倍塔高。

Je3F3044　张力放线过程中应注意哪些问题？

答：（1）放线前应检查牵、张机械、各种工器具、导、牵引绳及钢丝绳，不合格的不得使用。

（2）交叉跨越架要牢固可靠，并在线路中心，保证边线的安全距离。

（3）主要交通道路和通信畅通。

（4）在张力放线的各个环节要注意保护好导线不受损伤。

（5）严禁违章作业和误操作。

（6）放线段内各塔位，交叉跨越、道口和邻近有学校、村庄的地方均应有人监护。

（7）全体施工人员必须坚守工作岗位，发现问题立即上报。

Je3F3045 分项工程的评级标准是什么？

答：分项工程合格等级的标准如下：

（1）符合图纸和技术规范的要求。

（2）施工偏差不超过允许最大值。

（3）工艺水平一般。

（4）重要项目的记录完整，资料齐全，自检工作认真。

分项工程优良等级的标准如下：

（1）完全符合图纸和技术规范要求。

（2）施工偏差值小。

（3）工艺水平高，整齐美观。

（4）全项目自检认真，施工记录完整、准确、及时，资料齐全。

分项工程在施工过程中发生质量不合格时，应及时返工。分部及单位工程质量不合格者，应进行技术鉴定，严肃认真地决定处理办法。返工的工程，应重新评定质量等级。凡经过加固补强的项目不得评为优良。

由于设备、材料或设计缺陷造成施工人员无法处理的质量缺陷时，质量等级评定可以酌情放宽。

Je3F3046 对已架线的线路，如何组立混凝土电杆？

答：先挖坑下底盘，组装电杆，将导线横担中间接头暂不装，落线后进行立杆准备。当电杆离地 2～3m 时，暂停牵引，将中导线由抱杆上部穿过，放入横担下方，注意不得损伤导线，再连接横担接头，挂上中相悬式绝缘子串，将导线放入放线滑车槽内，然后继续牵引起立，调整好新起立电杆，并回填夯实；提升挂好新立电杆的地线及两边相导线，调整相邻杆塔线夹、防震锤位置，装好新立电杆的附件，并测出弧垂值。

Je3F4047　用补修金具补修导线、地线时，其方法及要求有哪些？

答：用补修金具补修导线、地线时，其方法有：缠绕处理、补修预绞丝补修和补修管补修。

1. 缠绕处理——该方法仅适用于非张力放线（人力或机械牵引放线）

（1）导线在同一处的损伤超过下列情况：

1）铝、铝合金单股损伤深度小于股直径的1/2。

2）钢芯铝绞线及钢芯铝合金绞线损伤截面积为导电部分截面积的5%及以下。且强度损失小于4%。

3）单金属绞线损伤截面积为4%及以下。

对于钢芯铝绞线与钢芯铝合金绞线因损伤导致强度损失不超过总拉断力的 5%，且截面积损伤又不超过总导电部分截面积的7%时。采用缠绕处理，在缠绕处理时应符合下列规定：

1）将受伤处线股处理平整。

2）缠绕材料应为铝单丝，缠绕应紧密，回头应绞紧，处理平整，其中心应位于损伤最严重处，并应将受伤部分全部覆盖。其长度不得小于100mm。

（2）19股镀锌钢绞线断1股时可以用镀锌铁线缠绕。

2. 补修预绞丝补修

（1）导线在同一处的损伤超过下列情况：

1）铝、铝合金单股损伤深度小于股直径的1/2。

2）钢芯铝绞线及钢芯铝合金绞线损伤截面积为导电部分截面积的5%及以下，且强度损失小于4%。

3）单金属绞线损伤截面积为4%及以下。

对于钢芯铝绞线与钢芯铝合金绞线因损伤导致强度损失不超过总拉断力的 5%，且截面积损伤又不超过总导电部分截面积的 7%时。损伤长度在预绞丝补修长度的 3 个节距以内，可用预绞丝补修。

（2）补修预绞丝补修要求：

1）将受伤处线股处理平整。

2）补修预绞丝长度不得小于 3 个节距，或符合现行国家标准《预绞丝》GB 2337 中的规定。

3）补修预绞丝应与导线接触紧密，其中心应位于损伤最严重处，并应将损伤部位全部覆盖。

3. 补修管补修

（1）导线（钢芯铝绞线与钢芯铝合金绞线）。

1）非张力放线：在同一处损伤的强度损失已经超过总拉断力的 5%，但不足 17%，且截面积损伤也不超过导电部分截面积的 25%时。

2）张力放线：当导线损伤已超过轻微损伤，但在同一处损伤的强度损失尚不超过总拉断力的 8.5%，且损伤截面积不超过导电部分截面积的 12.5%时为中度损伤。

（2）镀锌钢绞线 7 股断 1 股或 19 股断 2 股时可以用修补管补修。

（3）采用补修管补修时应符合下列规定：

1）将损伤处的线股先恢复原绞制状态。线股处理平整。

2）补修管的中心应位于损伤最严重处。需补修的范围应位于管内各 20mm。

3）补修管采用液压时，其操作必须符合施工及验收规范中导、地线连接的规定和要求。

Je3F4048　倒落式人字抱杆整体立杆的现场布置原则是什么？

答：（1）主牵引地锚中心、抱杆顶、制动地锚中心应成一直线，并和电杆平面中心线重合，以保证起吊平稳、不摆动和受力均匀。

（2）各地锚坑中心距杆位中心不小于以下值：

1）牵引地锚：1.2～1.5 倍杆高。

2）制动地锚：1.3 倍杆高。

3）两侧地锚：1.2 倍杆高。

（3）抱杆的选择和布置原则是：

1）抱杆的材质及截面形状不限，有效高度按经验取电杆重心高的 0.8～1.1 倍为宜。

2）抱杆初始角取 60°～70°。角度过小时，牵引绳、吊绳、抱杆等受力都过大。角度过大时，抱杆失效的太早，这时电杆离地不高，杆根不好控制，不能冒然放松制动绳，使电杆就位，因而加大了制动绳受力，将使吊绳最大受力由起始阶段转移到离地 46° 以后，增大了起吊风险。

3）抱杆根部距电杆支点 2～5m，以保证抱杆初始角。

4）抱杆根开 2.5～4.5m，以稳定不碰电杆为宜。

（4）吊点位置应按吊点分段后各段杆塔自重产生的最大弯矩基本相等且小于允许值来确定，否则应增加吊点。一股 15m 及以下电杆，可在横担下方选一点单吊点起吊；对 ϕ300 的 18～24m 等径杆，可用双吊点起吊，上吊点在导线横担的电杆连接处，下吊点与上吊点的距离宜取 6.5m 左右；对双混凝土杆，下吊点在下叉梁抱箍处，27～36m 等径杆宜用三点吊。酒杯型铁塔宜选用双吊点。

Je3F4049　铁塔现浇基础对搅拌和浇灌混凝土有哪些要求？

答：（1）按混凝土强度和所选水泥、砂、石进行配合比计算。

（2）严格掌握水灰比（水和水泥的质量比），它是影响混凝土质量的重要因素。水灰比小，混凝土强度高，但如果太小，则拌制困难，和易性差，混凝土太干，不易流动，捣固困难，又容易产生蜂窝、麻面，甚至出现空洞。常用测定坍落度来监视水灰比。

（3）认真按质量配合比配料，允许偏差：砂、石为±3%；水泥为±2%。

（4）分层浇灌，分层捣固，每层200mm。捣固宜用振捣器。

（5）浇制时密切注意模板及支撑是否变形、下沉、移动、有无跑浆现象；钢筋骨架与四周的空隙是否有过大过小现象；地脚螺栓位置是否有变动等。

（6）拌制用水必须清洁，不含油、糖、酸、碱类杂质。一般饮用水均可使用，泥水、污水、海水均不可用。必要时应经化验鉴定。

（7）设计允许在现浇混凝土基础中掺入大块石时，掺入的大块石不得有裂缝、夹层，其强度不得低于混凝土用石标准。大块石的尺寸宜为150～250mm，且不宜使用卵石。

Je3F5050　如何进行张力放线？

答：张力放线的工序为展放导引绳、展放牵引绳、展放导线和锚线四个工序。

（1）展放导引绳：在放线区段内用人力将导引绳展放在放线滑车上，全段放通；导引绳展放完毕后，两端临时锚固，使之保持一定张力，对地距离不低于5m。

（2）牵放牵引绳：已展放的导引绳一端与小张力机上的牵引绳连接，另一端与小牵引机连接，开动小牵引机和小张力机，用导引绳牵引牵引绳，牵引绳用抗弯连接器连接，当导引绳全部收回后，原来导引绳在滑轮上即为牵引绳所代替，将牵引绳两端临锚，保持一定的对地距离。

（3）牵引导线：牵引绳一端与牵引机相连，另一端通过旋转连接器、走板、蛇皮套与2根或4根导线相连接，导线缠绕在大张力机的张力轮上，先开动张力机，再开动牵引机，调整放线张力和牵引张力，使各子导线张力一致，一盘导线牵放结束，在张力机前将第二盘导线与前一根导线液压连接，并用压接管保护钢套安装于导线直线管外，保护直线管顺利通过滑车。当全部牵引绳被回收后，各子导线即在全区段放通，在导线两端临锚，即完成了张力放线全过程。

Je3F5051　紧线作业需注意哪些安全事项？

答：（1）沿线联系信号应始终保持畅通，信号中断时应停止紧线。

（2）任何人不得在悬空的导、地线下停留，应离导线20m以外。

（3）导、地线紧线即将离地时不准再横跨导、地线。

（4）导线升空时应操作压线滑车缓慢上升，以防导线跳槽。

（5）拖地放线，导、地线上挂留的杂物，紧线前应及时清除。

（6）在紧线过程中，应随时监视地锚、杆塔、过轮锚线、临时拉线、临锚等是否正常。

（7）后一紧线段的过轮锚线未安装完毕前不得拆除前一紧线段的过轮锚线。

（8）工作人员应集中精力，不得擅离工作岗位。

Je2F3052　张力放线需采取哪些安全措施？

答：（1）导线通过越线架时，距架顶不宜小于1.0m。

（2）在交叉跨越处以及每基杆塔下边设信号员监视走板和绳、线、管通过滑车的情况，发现绳索、线跳槽、卡住和抗扭锤搭在线上等情况，应立即通知现场指挥，停机处理。

（3）全线必须保持通信畅通。

（4）对牵引绳、导线有上拨现象的杆塔，应安装压线滑车并派专人看守。

（5）牵引板过直线塔放线滑车可不减速，但过转角塔时应减速通过，一般减至15m/min，通过前还要调整各子导线张力，使牵引板与滑轮的倾斜方向一致，当通过时发生翻板和抗扭锤搭在导线上，应立即停机处理。

（6）牵引板到达压线滑车时，应将该压线滑车取掉后继续牵引。

（7）放线顺序宜先放中相后放两边相，牵引时应先启动张力机后启动牵引机，停止牵引时先停牵引机后停张力机，以免拉断导线。

（8）在与带电的高压送电线路平行进行放线时，应采取相应的接地保护措施。

（9）开始牵引时速度要慢，以后逐渐加速，避免突然加速，易造成导线跳槽。

（10）导线展放速度可控制在 50～100m/min 左右。

Je2F3053　张力放线中如何防止导线磨损？

答：（1）导线不可在越线架顶摩擦通过，应采取防磨措施。

（2）导线落地压接时，张力场地应铺放苫布和草袋，切勿使导线与地面接触，导线不得与工具相碰撞。

（3）换线轴时，导线的两个头子用蛇皮套连接，余线绕在第二个线盘上时，应用布、板将蛇皮套衬垫，以防损伤导线。

（4）导线接续管的保护钢甲外面应缠绕黑胶布予以保护，以防伤线。

（5）锚线时，卡线器不得在导线上滑动，在卡线器的尾部导线包套开口橡胶管。

（6）高空锚线时，卡线器以外的导线尾线应使用软绳吊好，以防弯曲和鞭击钢绳伤线。

（7）过轮锚线时，临锚钢丝绳应与滑轮上导线隔开。

（8）锚线时各子导线应互相错开约 200mm，以防子导线互相鞭击。

（9）尽量缩短放线、紧线、附件安装各工序的操作时间，以防止因摆动鞭击伤线。

Je2F4054　悬臂抱杆分解组塔的技术原则是什么？

答：（1）在组塔过程中，主抱杆应呈正直状态，如为平衡需要，顶部偏移也不宜大于200mm。

（2）单片吊装时：待吊侧悬臂提升铁塔吊件、其他三侧呈水平状，并把它们的提升滑车的吊钩通过钢丝绳锚固在塔脚上，以起平衡和稳定作用；随着起吊侧悬臂受力逐渐加大，须同步调整平衡臂的平衡力；当起吊臂逐渐上仰时，要同步调小平衡力，以保持抱杆正直，当上仰角度大时，为防止抱杆向平衡侧倾斜，可使主抱杆稍向起吊侧倾斜。

（3）双片吊时：两片质量应相等，提升速度应相同，两臂上仰角度和速度以及就位情况均应尽量一致，以保证主抱杆正直。

（4）采用落地抱杆时，应随着铁塔的加高，用倒装提升法，从下端加高。这种抱杆由于细长比大，应沿其轴每隔一定距离设一个腰环，当作抱杆的中间支撑，提高它的稳定性。

（5）采用悬浮抱杆时，应视具体情况对下拉线的固定处予以补强，防止因下拉线指向抱杆的水平力过大，引起铁塔变形。

（6）悬臂的抗扭性较弱，待吊塔片应尽量放在悬臂中心线上。塔片就位时，应尽量用提升滑车和摇臂滑车调整吊件位置，少用或慎用大绳，以防主抱杆承受过大扭矩。

（7）牵引机具，控制地锚应距中心1.2倍塔高以上。

Je2F4055　试述基础混凝土发生蜂窝麻面的原因及处理方法。

答：（1）产生蜂窝比较严重的原因是材料配比不当浆少石多，搅拌不匀，捣固不密实，模板严重漏浆。处理方法：当蜂窝比较严重时，应凿去薄弱的混凝土层和突出的骨料颗粒，然后用钢丝刷清洗表面，再用高一级的细砂石混凝土填塞抹平，并加养护。

（2）产生一般麻面的原因是振捣不足，模板湿润不够，搅拌不匀或养护不好。处理方法：先用钢丝刷清洗，再用1:2.5水泥砂浆抹平并加养护。

Jf3F3056 试述人体触电后如何急救？

答：首先应设法使人立即脱离电源，然后仔细检查触电轻重程度，根据不同情况，就地迅速和准确地对症急救，急救方法如下：

（1）触电不太严重，触电人神志清醒，只见感到心慌，四肢发麻，全身无力或者曾一度昏迷，但很快恢复了知觉。在这种情况下，不要做人工呼吸和心脏挤压，应使触电者就地安静舒适地躺下来，休息 1～2h，让自己慢慢地恢复正常，但应随时注意观察病情变化。

（2）触电很严重，呼吸已经停止时，应立即进行人工呼吸。如果呼吸停止，心脏也不跳动了，就应同时采用人工呼吸和心脏挤压两种方法进行抢救。

（3）抢救触电人，往往需要很长时间才能把人救活，因此抢救要耐心，中间不能停止。经过长时间抢救后，如果触电者面色好转，嘴唇红润，瞳孔缩小，心跳和呼吸逐渐恢复，才能算初步脱离危险。只有在抢救确实无效，经断定触电人确已死亡（瞳孔放大，身上出现尸斑），才能停止抢救。

（4）如电伤很严重，非送医院不可时，在途中也不能停止人工呼吸及心脏挤压等抢救措施。

（5）在触电急救过程中，不能乱打强心针。因为人触电以后，心脏在电流的作用下，心室可能呈现剧烈的颤动，如果盲目注射强心针，会增加对心脏的刺激，加快死亡。

Jf3F3057 如何对触电者施行心脏挤压法？

答：做心脏挤压时，首先要选好挤压位置。使触电者面朝天躺下，头向后仰，救护人跪在一旁或跨跪在其腰部，两手交叉地叠在一起，下边的手掌根放在触电者的胸骨上，中指指尖接近胸骨上边的四处。挤压时要慢压快松，手掌不必离开胸膛，每分钟挤压 60～70 次。如触电者为儿童，可用一只手挤压，每分钟挤压 90 次左右，且深度要适当。挤压时不能用力过猛，以防压断肋骨，并注意不要压在胃部，以免把胃内食物压出堵住气管。一般情况下，触电者心跳停止，呼吸也就停止，应同时采用吹气法和心脏挤压法进行抢救，且最好由两人配合进行。配合方法是每挤压4～5次，吹一次气。如果只有一个人进行抢救，应先挤压心脏4～5次，再吹气一次，循序进行。

Jf3F3058　停电作业有哪些工作程序？

答：（1）停电作业应有施工方案和安全措施，并经公司（处）技术负责人批准。

（2）工作前必须由施工负责人填写停电作业票。在施工现场，施工负责人必须事先向全体施工人员交待清楚停电时间、停电范围以及工作内容；联系停电工作必须由施工负责人负责或指定专人负责停电具体操作，严禁采用口头或约时停送电。

（3）工作负责人接到命令后，应先进行验电，再挂接地线后，方可登高作业。

（4）工作结束，工作负责人必须对现场进行全面检查，待工作人员撤离现场，方可拆除接地线。接地线拆除后，无论线路是否送电，都严禁再进入带电危险区。

（5）交回停电命令，通知恢复供电。

Jf3F4059　如何防止高空作业摔伤事故？

答：（1）高度为2m以上工作属高空作业，高空作业人员必须扎安全带、戴安全帽，工作前严禁饮酒。

（2）登杆前必须检查杆根是否牢固，确认可靠方可登杆。

（3）新立电杆，登杆前须打好临时拉线，并已夯实基础，工作人员不得松动或拆除临时拉线。

（4）必须使用检查合格的登高工具，不得攀登拉线上下，也不得沿电杆滑下。

（5）攀登杆塔的脚钉时，应先用手晃动一下，无松动现象方可攀登，手扶斜材应先检查连接螺栓已安装并拧紧。

（6）杆塔积冰雪时，应清除冰雪后方可攀登。

（7）拆除或松开导、地线时，应先打好临时拉线，方可施工。

（8）在高空作业应栓好安全带，安全带应栓在主材上。

Jf4F4060　起重工作人员应注意哪些安全事项？

答：（1）起重用的一般设备工具，如起重机、滑轮与滑轮组、卷扬机、钢丝绳、千斤顶、桅杆等，要按照载重说明书或试验结果规定其起重能力。若系旧有的工具设备，必须详细检查有无损伤情况，必要时由工程技术人员进行计算或必要的试验。

（2）起重作业开始前，指挥人员必须与司机等有关人员研究方案，确定操作步骤和方法，统一行动与信号，以确保安全作业。

（3）起重作业开始前，起重人员必须详细检查被吊设备的捆绑是否牢固，重心是否找准以及附近是否有其他障碍物等。

（4）起吊设备前，必须明确所吊设备的实际质量，如不明确必须经过核算，绝对不允许被吊设备的质量超过起重机具的允许载重量。

（5）在被吊设备下面禁止站人，在起吊时不许任何人靠近被吊设备，更不允许将头伸进被吊设备下面观察情况。

（6）吊车司机与起重工在工作中不得擅离岗位；将设备吊起后，更不准离开，若必须离开时，应将设备放下或采取防护措施。

（7）用起重机起吊设备时，吊钩钢丝绳应保持垂直状态，不得用吊钩钢丝绳从倾斜方向拖拉设备或斜吊，如果必须用这种方法工作时，应在前方设置导向滑轮，以策安全。

（8）当起重机设有主钩和副钩时，主钩和副钩不能同时并用。

（9）起重机司机和起重工均需熟悉起重技术基础知识和安全操作方法，以及有关的安全技术守则等，必须经过学习或训练，并经考试合格后，方能正式担任工作。

Jf4F4061　建设工程在施工过程中，总监理工程师应定期主持召开工地例会。会议纪要应由项目监理机构负责起草，并经与会各方代表会签。工地例会应包括哪些主要内容？

答：（1）检查上次例会议定事项的落实情况，分析未完事项原因。

（2）检查分析工程项目进度计划完成情况，提出下一阶段进度目标及其落实措施。

（3）检查分析工程项目质量状况，针对存在的质量问题提出改进措施。

（4）检查工程量核定及工程款支付情况。

（5）解决需要协调的有关事项。

（6）其他有关事宜。

Jf4F5062　接续管和耐张线夹在液压前对管线的清洗有哪些要求？

答：接续管和耐张线夹在液压前对管线的清洗有如下要求：

（1）对使用的各种规格的接续管及耐张线夹，应用汽油清洗管内壁的油垢，并清除影响穿管的锌疤与焊渣。短期不使用时，清洗后应将管口临时封堵，并以塑料袋封装。

（2）镀锌钢绞线的液压部分穿管前应以棉纱擦去泥土。如有油垢应以汽油清洗。清洗长度应不短于穿管长的1.5倍。

（3）钢芯铝绞线的液压部分在穿管前，应以汽油清除其表面油垢，清除的长度对先套入铝管端应不短于铝管套入部位；对另一端应不短于半管长的1.5倍。

（4）对轻型防腐型钢芯铝绞线的清洗应按下列规定进行：

1）对外层铝股应以棉纱蘸少量汽油(以用手攥不出油滴为适度)，擦净表面油垢。

2）当将防腐型钢芯铝绞线割断铝股裸露钢芯后，用棉纱蘸汽油将钢芯上的防腐剂擦洗干净。

（5）涂电力脂及清除钢芯铝绞线铝股表面氧化膜的操作程

序如下：

1）涂电力脂及清除铝股氧化膜的范围为铝股进入铝管部分。

2）将外层铝股用汽油清洗并干燥后，再将电力脂薄薄地均匀涂上一层，以将外层铝股覆盖住。

3)用钢丝刷沿钢芯铝绞线轴线方向对已涂电力脂部分进行擦刷，将液压后能与铝管接触的铝股表面全部刷到。

（6）对已运行过的旧导线，应先用钢丝刷将表面灰、黑色物质全部刷去，至显露出银白色铝为止。然后再涂电力脂。

（7）用补修管补修导线前，其覆盖部分的导线表面应用干净棉纱将泥土脏物擦干净（如有断股，应在断股两侧涂刷少量电力脂），再套上补修管进行液压。

Jf4F5063　捆绑起吊操作的要点是什么？

答：（1）捆绑物件或设备之前，应根据物件或设备的形状及其重心的位置确定适当的绑扎点。一般情况下，构件或设备都设有专供起吊的吊环。未开箱的货件常标明吊点位置。搬运时，应该利用吊环和按照指定吊点起吊。起吊竖直细长的物件时，应在重心两侧的对称位置捆绑牢固。起吊前应先行试吊，如发现倾斜，应立即将物件落下，重新捆绑后再起吊。

（2）捆绑重物，还必须考虑起吊时吊索与水平面要具有一定的角度，一般以60°为宜。角度过小，吊索所受的力过大。角度过大，则需很长的吊索，使用也不方便，同时，还要考虑吊索拆除是否方便，重物就位后，会不会把吊索压住或压坏。

（3）捆绑有棱角的物件时，应垫木板、旧轮胎、麻袋等物，以免物件棱角和钢丝绳受到损伤。

（4）起吊过程中，要检查钢丝绳是否有拧劲现象，如有应放松钢丝绳使其恢复平顺，以防拧劲处损伤。

（5）起吊各种零散物件时，如麻袋包、货箱、生铁块、钢板、钢管等，须采用与其相适应的捆缚夹具，以保证吊运平稳安全。

（6）一般不得用单根吊索悬吊重物，以防重物旋转而将吊索扭伤。使用两根或多根吊索悬吊重物时，应避免吊索并列，否则，吊索由于长短不同，短吊索受力过大，容易断裂。正确的方法应使用两根吊索，并有适当的角度。

Jf3F3064　如何检查导、地线的液压连接质量？

答：（1）每种型式的试件不得少于三根试件，试件试验的握着力导、地线均不得小于其相应的设计使用拉断力的95%。

（2）如果发现有一根试件握着力未达到要求，应查明原因，改进后做加倍的试件再试，直至全部合格。

（3）各种液压管压后对边距尺寸 S 的最大允许值为：$S=0.866\times(0.993D)+0.2$，其中 D 为管外径（mm）。但三个对边距只允许有一个达到最大值，超过此规定时应更换钢模重压。

（4）液压后，弯曲度不得大于 2%,有明显弯曲时应校直，校直后的连接管严禁有裂纹，达不到规定时，割断重接。

Jf3F4065　光纤复合架空地线在光纤熔接施工时应符合哪些要求？

答：（1）剥离光纤的外层套管、骨架时不得损伤光纤。

（2）防止光纤接线盒内有潮气或水分进入，安装接线盒时螺栓应紧固，橡皮封条必须安装到位。

（3）光纤熔接后应进行接头光纤衰减值测试，不合格者应重接。

（4）雨天、大风、沙尘或空气湿度过大时不应熔接。

Jf3F5066　液压连接导、地线需注意哪些要求？

答：（1）在切割前应用细铁丝将切割点两边绑扎紧固，防止切割后发生导、地线松股现象；切割导、地线时应与轴线垂直，穿管时应按导、地线扭绞方向穿入。

（2）切割铝股不得伤及钢芯。

（3）导线划印后应立即复查一次，并作出标记。

（4）液压钢模，上模与下模有固定方向时不得放错，液压机的缸体应垂直地面，放置平稳，操作人员不得处于液压机顶盖上方。

（5）液压时操作人员应扶好导、地线，与接续管保持水平并与液压机轴心相一致，以免接续管弯曲。

（6）必须使每模都达到规定的压力，不能以合模为标准，相邻两模之间至少应重叠 5mm。

（7）压完第一模之后，应立即检查边距尺寸，符合标准后再继续施压。

（8）钢模要随时检查，发现变形时应停止使用。

（9）液压机应装有压力表和顶盖，否则不准使用。

（10）管子压完后应锉掉飞边，并用细砂纸将锉过的地方磨光，以免发生电晕放电现象。

（11）裸露的钢管压后应涂防锈漆。

（12）工作油液应清洁，不得含有砂、泥等脏物，工作前要充满液压油。

Jf1F3067 《电力建设安全健康与环境管理工作规定》中班组长安全职责是什么？

答：班组长安全职责：

（1）对本班组人员在施工过程中的安全与健康负直接管理责任。

（2）负责组织本班组人员学习与执行上级有关安全健康与环境保护的规程、制度及措施。带头遵章守纪，及时纠正并查处违章违纪行为。

（3）认真组织每周一次的安全日活动，及时总结与布置班组安全工作，并作好安全活动记录。

（4）认真进行每天的“站班会”和班后安全小结。

（5）每天检查施工场所的安全文明施工情况，督促本班组人员正确使用职业安全防护用品和用具。

（6）负责进行新入厂人员的第三级安全教育和变换工种人员的岗位安全教育。

（7）在工程项目开工前，负责组织本班组参加施工的人员接受安全技术交底并签字。对未签字的人员，不得安排参加该项目的施工。

（8）负责本班组施工项目开工前的安全文明施工条件的检查、落实并签证确认。对危险作业的施工点，必须设安全监护人。送变电公司的班组长，应负责安全施工作业票的审批工作。

（9）督促本班组人员进行文明施工，收工时及时清扫整理作业场所。

（10）贯彻实施安全工作与经济挂钩的管理办法，做到奖罚严明。

（11）组织本班组人员分析事故原因，吸取教训，及时改进班组安全工作。

Jf1F4068　不停电搭设毛竹跨越架的安全措施有哪些？

答：（1）施工前应向运行部门书面申请“退出重合闸”，落实后方可进行不停电跨越施工。

（2）跨越不停电电力线路施工过程中，必须邀请被跨越电力线的运行部门进行现场监护。施工单位也专设安全监护人。

（3）施工中必须严格执行《电业安全工作规程（电力线路部分）》（DL 409—1991）规定的工作票制度。

（4）在跨越档相邻两侧杆塔上，导、地线应设置可靠接地装置。

（5）绝缘工具必须定期进行绝缘试验，其绝缘性能应符合要求，每次使用前应进行外观检查。

（6）施工人员应熟悉工器具使用方法、使用范围及额定负荷，不得使用不合格的工器具。

（7）邻近带电体作业时，上下传递物体必须使用绝缘绳索。

（8）在带电体附近作业时，人体与带电体之间的最小安全距离应满足有关规定。

（9）跨越顶端两侧应设外伸羊角，宽度应超出新建线路两边线各 2m。

（10）绑扎用铁丝单根展开长度不得大于 1.6m。

（11）施工应在良好天气下进行，遇雷电、雨、雪、霜、雾相对湿度大于 85%或 5 级以上大风时，应停止工作。

（12）拆除跨越架时，应由上向下逐根拆除。拆下的材料应有人传送，不得向下抛扔。

Jf1F4069 《750kV 架空电力线路施工及验收规范》（GB 50389—2006）杆塔工程“一般规定”中，铁塔采用螺栓连接构件时，应符合那些规定？

答：（1）铁塔螺栓应使用防卸、防松装置。

（2）螺栓应与构件平面垂直，螺栓头与构件间的接触处不应有空隙。

（3）螺母拧紧后，螺杆露出螺母的长度：对单螺母，不应小于两个螺距；对双螺母，可与螺母相平。

（4）螺栓必须加垫者，每端不宜超过两个垫圈。

Jf1F4070 送电线路在埋设水平接地体时应符合哪些规定？

答：（1）遇倾斜地形宜沿等高线埋设。

（2）两接地体间的平行距离不应小于 5m。

（3）接地体敷设应平直。

（4）对无法满足上述要求的特殊地形，应与设计协商解决。

Jf1F4071 起重机在装卸作业时应遵守哪些规定？

答：（1）吊件和起重臂下方严禁有人。

（2）吊件吊起 10cm 时应暂停，检查制动装置，确认完好后方可继续起吊。

（3）严禁吊件从人或驾驶室上空越过。

（4）起重臂及吊件上严禁有人或有浮置物。

（5）起吊速度均匀、平稳，不得突然起落。

（6）吊挂钢丝绳间的夹角不得大于 120°。

（7）吊件不得长时间悬空停留；短时间停留时，操作人员、指挥人员不得离开现场。

（8）起重机运转时，不得进行检修。

（9）工作结束后，起重机的各部应恢复原状。

Jf1F4072 送电线路工程在使用挖掘机开挖土方时应遵守哪些规定？

答：（1）应注意工作点周围的障碍物及架空线。

（2）严禁在伸臂及挖斗下面通过或逗留。

（3）严禁人员进入斗内；不得利用挖斗递送物件。

（4）暂停作业时，应将挖斗放到地面。

Jf1F4073 送电线路工程灌注桩施工应遵守哪些规定？

答：（1）潜水钻机的电钻应使用封闭式防水电机，接入电机的电缆不得破损、漏电。

（2）孔顶应埋设护筒，埋深应不小于 1m。

（3）不得超负荷进钻。

（4）应由专人收放电缆线和进浆胶管。

（5）接钻杆时，应先停止电钻转动，后提升钻杆。

（6）严禁作业人员进入没有护筒或其他防护设施的钻孔中工作。

（7）应按规定排放泥浆，保护好环境。

Jc1F4074 《科学技术档案案卷构成的一般要求》（GB/T 11822—2000）中，对“组卷要求”有哪些内容？

答：（1）案卷内科技文件材料内容必须准确反映生产、科研、基建、设备及其管理活动的真实情况。

（2）案卷内科技文件材料要齐全、完整。

（3）案卷内科技文件材料的载体和书写材料应符合耐久性要求。不能有热敏纸，不能有铅笔、圆珠笔、红墨水、纯蓝墨水、复写纸等书写的字迹。

Jc1F4075 送电线路工程的施工组织设计或项目管理实施规划包含哪些内容？

答：（1）工程情况简介。包括工程发承包方式，业主、设计、监理和施工单位，要求工期，开竣工日期，质量等级以及对工程施工提出的重要要求等。

（2）工程概况。包括工程特点、工程量、线路路径特点，沿线地形几气象条件、交通运输及地方资源条件、交叉跨越情况等。

（3）编制依据。

（4）施工组织和施工方案。包括施工组织机构的设置和人力资源计划，施工程序和综合进度计划（包括影响项目工程施工进度的主要因素分析和保证工期措施），施工方案。

（5）施工总平面布置图及说明。包括工程项目部、材料站和施工队驻地。

（6）主要施工方案和重大施工措施（包括主要交叉配合施工方案、重大起吊运输方案、关键性和季节性施工措施）。

（7）技术和物资供应计划（包括图纸交付进度、物资供应计划、劳动力供应计划、机械及主要工器具配备计划、技术文件供应计划、运输计划、培训计划、资金使用计划）。

（8）质量规划、质量计划和保证措施。

（9）安全文明施工和职业健康及环境保护目标和保证措施（包括危险点分析）。

（10）降低工程成本和推广新技术等主要计划和措施。

（11）信息管理。

Jf1F4076 《国家电网公司电力安全工作规程（电力线路部分）》工作票制度规定中填写第一种工作票的工作有哪些？

答：填写第一种工作票的工作为：

（1）在停电的线路或同杆（塔）架设多回路中的部分停电线路上的工作。

（2）在全部或部分停电的配电设备上的工作。所谓全部停电，系指供给该配电设备上的所有电源线路均已全部断开者。

（3）高压电力电缆停电的工作。

Jf1F4077 《国家电网公司电力安全工作规程（电力线路部分）》工作票制度规定中工作负责人（监护人）的安全责任有哪些内容？

答：工作负责人（监护人）的安全责任：

（1）正确安全的组织工作。

（2）负责检查工作票所列安全措施是否正确完备和工作许可人所做的安全措施是否符合现场实际条件，必要时予以补充。

（3）工作前对工作班成员进行危险点告知、交待安全措施和技术措施，并确认每一个工作班成员都已知晓。

（4）严格执行工作票所列安全措施。

（5）督促、监护工作班成员遵守本规程、正确使用劳动保护用品和执行现场安全措施。

（6）工作班成员精神状态是否良好。

（7）工作班成员变动是否合适。

Jc1F4078 质量管理的原则或质量管理体系标准的基础是什么？

答：为了成功地领导和运作一个组织，需要采用一种系统和透明的方式进行管理。针对所有相关方的需求，实施并保持持续改进其业绩的管理体系，可使组织获得成功。质量管理是组织各项管理的内容之一。

八项质量管理原则已得到确认，最高管理者可运用这些原则，领导组织进行业绩改进：

（1）以顾客为关注焦点：组织依存于顾客。因此，组织应当理解顾客当前和未来的需求，满足顾客要求并争取超越顾客期望。

（2）领导作用：领导者确立组织统一的宗旨及方向。他们应当创造并保持使员工能充分参与实现组织目标的内部环境。

（3）全员参与：各级人员都是组织之本，只有他们的充分参与，才能使他们的才干为组织带来收益。

（4）过程方法：将活动和相关的资源作为过程进行管理，可以更高效地得到期望的结果。

（5）管理的系统方法：将相互关联的过程作为系统加以识别、理解和管理，有助于组织提高实现目标的有效性和效率。

（6）持续改进：持续改进总体业绩应当是组织的一个永恒目标。

（7）基于事实的决策方法：有效决策是建立在数据和信息分析的基础上。

（8）与供方互利的关系：组织与供方是相互依存的，互利的关系可增强双方创造价值的能力。

这八项质量管理原则形成了 ISO 9000 族质量管理体系标准的基础。

Jc1F4079　对危险源辨识和风险评价的方法有哪些？

答：组织（企业）对危险源辨识和风险评价的方法有：

（1）依据风险的范围、性质和时限性进行确定，以确保该方法是主动性的而不是被动性的。

（2）规定风险分级，识别可通过目标和职业健康安全管理方案中所规定的措施来消除或控制的风险。

（3）与运行经验和所采取的风险控制措施的能力相适应。

（4）为确定设施要求、识别培训需求和（或）开展运行控制提供输入信息。

（5）规定对所有要求的活动进行监视，以确保其及时有效的实施。

Jf1F3080　导线切割及连接时有哪些规定？

答：（1）切割导线铝股时严禁伤及钢芯。

（2）切口应整齐。

（3）导线及架空地线的连接部分不得有线股绞制不良、断股、缺股等缺陷。

（4）连接后管口附近不得有明显的松股现象。

Jf1F4081　氧气瓶的存放和保管应遵守哪些规定？

答：（1）存放处周围 10m 内严禁明火，严禁与易燃易爆物品同间存放。

（2）严禁气瓶和瓶阀沾染油脂。

（3）严禁与乙炔气瓶混放在一起。

（4）卧放时不宜超过 5 层，两侧应设立桩，立放时应有支架固定。

（5）应有瓶帽和两个防振圈。

（6）瓶帽应拧紧，气阀应朝向一侧。

（7）严禁靠近热源或在烈日下曝晒。

（8）存放间应设专人管理,并在醒目处设置“严禁烟火”的标志。

Jf1F4082　施工用低压电缆应遵守哪些规定？

答：低压施工用电缆线路有下列要求：

（1）电缆中必须包含全部工作芯线和用作保护零线或保护线的芯线。需要三相四线制配电的电缆线路必须采用五芯电缆。

（2）电缆截面的选择应根据其长期连续负荷允许载流量和允许电压偏移确定。

（3）电缆线路应采用埋地或架空敷设，严禁沿地面明设，并应避免机械损伤和介质腐蚀。埋地电缆路径应设方位标志。

（4）电缆类型应根据敷设方式、环境条件选择。

（5）电缆直接埋地敷设的深度不应小于 0.7m，并应在电缆紧邻上、下、左、右侧均匀敷设不小于 50m 厚的细砂，然后覆盖砖或混凝土板等硬质保护层。

（6）埋地电缆在穿越建筑物、构筑物、道路、易受机械损伤、介质腐蚀场所及引出地面从 2.0m 高到地下 0.2m 处，必须加设防护套管，防护套管内径不应小于电缆外径的 1.5 倍。

（7）埋地电缆与其附近外电电缆和管沟的平行间距不得小于 2m，交叉间距不得小于 1m。

（8）埋地电缆的接头应设在地面上的接线盒内，接线盒应能防水、防尘、防机械损伤，并应远离易燃、易爆、易腐蚀场所。

（9）架空电缆应沿电杆、支架或墙壁敷设，并采用绝缘子固定，绑扎线必须采用绝缘线，固定点间距应保证电缆能承受自重所带来的荷载，敷设高度应符合规范的要求，但沿墙壁敷设时最大弧垂距地不得小于 2.0m。架空电缆严禁沿脚手架、树术或其他设施敷设。

（10）电缆线路必须有短路保护和过载保护。

Jf1F4083　在送电线路工程施工中，电气设备及电动工具的使用应遵守哪些规定？

答：（1）不得超铭牌使用。

（2）外壳必须接地或接零。

（3)严禁将电线直接钩挂在闸刀上或直接插入插座内使用。

（4）严禁一个开关或一个插座接 2 台及以上电气设备或电动工具。

（5）移动式电气设备或电动工具应使用软橡胶电缆；电缆

不得破损、漏电；手持部位绝缘良好。

（6）不得用软橡胶电缆电源线拖拉或移动电动工具。

（7）严禁用湿手接触电源开关。

（8）工作中断必须切断电源。

Jf1F4084　紧急救护的基本原则是哪些？

答：紧急救护的基本原则是在现场采取积极措施保护伤员生命，减轻伤情，减少痛苦，并根据伤情需要，迅速联系医疗部门救治。急救的成功条件是动作快、操作正确。任何拖延和操作错误都会导致伤员伤情加重或死亡。

Jc1F4085　工程施工作业指导书的作用有哪些？

答：作业指导书是控制工序质量的重要文件。其作用是在班组施工时，通过图纸及作业指导书来明确操作过程、方法和质量要求、安全措施与技术记录等规定，从而达到以工作质量来保证工程质量的目的。

由于作业指导书能够指导作业人员按规定的程序及要求进行操作、控制和记录；能够指导检验人员按规定的要求实施监督、检验和检查；能够进一步明确质量责任，促进技术人员、操作人员、检验人员及其他相关人员提高工作质量，从而保证了工程质量，所以施工企业必须十分重视作业指导书的编制工作。

Jc1F4086　作业指导书的基本内容有哪些？

答：作业指导书应包括下列基本内容，视作业指导书范围及要求可有所增删，但必须有保证质量和安全的措施。对特殊操作工艺应详细明确。主要包括如下内容：

（1）工程概况（及工程量）。

（2）准备工作（包括施工组织）。

（3）主要施工方案（含作业流程）。

（4）质量要求。

（5）职业健康安全与环境保护管理要求（包括安全文明施工、危险源辨识和预控措施）。

（6）附录：① 作业过程系统流程图；② 施工场地布置图；③ 安装作业示意图（必要时提供主要计算结果）；④ 特殊工艺要求；⑤ 施工机具、计量器具配备表。

Jf1F4087　迪尼玛绳在使用中应该注意哪些事项？

答：（1）迪尼玛绳在使用前应进行外观检查，发现有断股或烧伤时严禁。发现迪尼玛绳有破损、断丝，强度降低 5%以上时不得使用。

（2）迪尼玛绳在使用中应避免与尖锐硬物摩擦、撞击和挤压，严禁接触火源、热源和电弧烧伤。在使用过程中不允许和硬物件间发生摩擦，防止发热损伤迪尼玛绳。迪尼玛绳的使用环境温度应低于 60℃。

（3）迪尼玛绳在使用中必须通过绳端的环形套经 U 形环或专用连接器与钢丝绳连接。严禁采用打绳结、系扣或打背扣等不正确的方法与钢丝绳连接。

（4）迪尼玛绳在使用中如要通过滑车时，滑车的槽底直径应大于迪尼玛绳直径的 11 倍；用作牵引的迪尼玛绳宜使用双摩擦卷筒，卷筒直径应大于迪尼玛绳直径的 25 倍。

（5）用于不停电跨越架线的迪尼玛绳在使用前应进行绝缘电阻的测量。严禁在雨天或湿度超过 75%的气候条件下使用。

（6）迪尼玛绳在使用、运输和保管中，应保持干燥、清洁，注意防潮，不得粘染水、油污、固定颗粒等，不得接触地面。

（7）迪尼玛绳在使用后应清理干净。

（8）迪尼玛绳应存放在通风干燥的库房内。

（9）迪尼玛绳应定期进行绝缘试验。

Jc1F4088　项目部应急预案应包括哪些内容？

答：（1）工程概况。含规模、工程开工、竣工日期。

（2）项目部简介。含项目经理、安全负责人、安全员等姓名、证书号码等。

（3）施工现场安全事故应急救护组织。包括具体责任人的职务、联系电话等。

（4）救援器材、设备的配备。

（5）安全事故救护单位。包括建设工程所在市、县医疗救护中心、医院的名称、电话，行驶路线等。

（6）应急保障措施。

Jc1F4089　项目职业健康安全技术措施计划应在项目管理实施规划中编制，在编制项目职业健康安全技术措施计划时应遵循哪些步骤？

答：① 工作分类；② 识别危险源；③ 确定风险；④ 评价风险；⑤ 制订风险对策；⑥ 评审风险对策的充分性。

Jf1F4090　试阐述全站仪测量的主要使用步骤？

答：主要步骤包括：

（1）在观测站安置好三脚架，将仪器安放在机座上，并进行对中、整平，这与光学经纬仪相同，然后开启电源开关。

（2）设置气象改正、大地曲率等参数（参数值由仪器说明书查取）。

（3）量取仪器高。

（4）在目标点安置棱镜，根据测程选择不同的棱镜组，经对中整平后，将棱镜的反光镜对准全站仪。

（5）用望远镜瞄准反光镜后，按下“测量”按钮，测量结果显示在仪器显示屏上，运用键盘可显示平距、高差等数据。

Jf1F5091　试从至少五个方面阐述提高 GPS 线路复测准确性的具体措施？

答：提高 GPS 线路复测准确性的具体措施包括：

（1）采用规划部门提供的线路复测段落内的任意 3 个标准点（具备 WGS84 和北京 54 坐标），建立匹配三点的坐标系，匹配的精度越高，复测时的准确性越高。

（2）直接采用勘查定位人员提供的各桩位点北京 54 坐标进行复测。

（3）参考基站最好选择在高而开阔的位置，保证电台信号发射的通畅。

（4）建立转换坐标系的 3 个控制点所连区域尽量能够覆盖整个复测段落。

（5）将基站电台的发射频率调至高频。

（6）采用不同的转换坐标系复测同一点，尤其是相邻复测段落的衔接点。

Jf1F5092　GPS 线路复测通常采用一点匹配法、二点匹配法、三点匹配法定义转换坐标系进行线路桩位复测，试阐述各种方法的适用范围？

答：（1）一点匹配法测量精度较低，大体可控制在 10m 范围内，通常用于：在只知道前一桩位的情况下，匹配计算前一桩位点北京 54 坐标和 WGS84 坐标建立转换坐标系，并根据下一桩位的北京 54 坐标采用搜索下一桩位的大概位置。

（2）二点匹配法定义的转换坐标系通常用于某一直线耐张段内的桩位复测，并且定义转换坐标系的控制点能够覆盖该复测直线耐张段（即控制点间距离大于耐张段长度），这样能便保证了该耐张段复测的准确性，当复测至下一耐张段时，原先定义的转换坐标系将无法保证桩位的复测的准确性，需重新定义转换坐标系；

（3）三点匹配法定义的转换坐标系通常用于几个耐张段甚至整条线路的复测，建立三点转换坐标系的控制点可以是复测时已找到的线路桩位点，也可是测绘部门提供的标准控制点（WGS84 坐标无约束平差且已知这些点的北京 54 坐标），3 控制点所连接形成的三角形应能够覆盖整个测量区域中的各点。采用三点匹配法定义转换坐标系进行线路复测时，复测的准确度和效率将大大提高，因此GPS线路复测补桩时优先考虑采用三点匹配建立转换坐标系。

Jf1F4093《国家电网公司电力建设安全健康与环境管理工作规定2003》中施工人员的安全施工责任是什么？

答：施工人员的安全施工责任是：

（1）认真学习有关安全健康与环境保护的规程、规定、制度和措施，自觉遵章守纪，不违章作业。

（2）正确使用职业安全防护用品、用具，并在使用前进行可靠性检查。

（3）施工项目开工前，认真接受安全施工措施交底，并在交底书上签字。

（4）作业前检查工作场所，做好安全防护措施，以确保不伤害自己，不伤害他人，不被他人伤害。下班前及时清扫整理作业场所。

（5）不操作自己不熟悉的或非本专业使用的机械设备及工器具。

（6）正确使用与爱护安全设施，未经工地专职安全员批准，不得拆除或挪用安全设施。

（7）施工中发现不安全问题应妥善处理或向上级报告。对无安全施工措施和未经安全交底的施工项目，有权拒绝施工并可越级报告。有权制止他人违章；有权拒绝违章指挥；对危害生命安全和健康的行为，有权提出批评、检举和控告。

（8）认真参加安全活动，积极提出改进安全工作的建议。

（9）发生人身事故时应立即抢救伤者，保护事故现场并及时报告；调查事故时必须如实反映情况；分析事故时应积极提出改进意见和防范措施。

4.2 技能操作试题

4.2.1 单项操作

行业：电力工程　　　工种：送电线路架设　　　　　等级：初

<table>
<tr><td>编　　号</td><td>C05A001</td><td>行为领域</td><td>d</td><td>鉴定范围</td><td>1</td></tr>
<tr><td>考核时限</td><td>20min</td><td>题　型</td><td>A</td><td>题　分</td><td>100（20）</td></tr>
<tr><td>试题正文</td><td colspan="5">钢丝绳穿 2—2 滑车组</td></tr>
<tr><td>需要说明的问题和要求</td><td colspan="5">1. 要求自己准备牵引钢绳及滑车
2. 要求绳尾从地滑车（单滑车）穿出
3. 要求钢丝绳不互相扭结</td></tr>
<tr><td>工具、材料、设备场地</td><td colspan="5">1. 两轮滑车 2 个
2. 采用ϕ9 至ϕ12 钢丝绳 50m 左右
3. 单轮滑车一个
4. 室外一般场地</td></tr>
<tr><td rowspan="9">评分标准</td><td>序号</td><td>项 目 名 称</td><td>质 量 要 求</td><td>满分</td><td>得分与扣分</td></tr>
<tr><td>1</td><td>工作准备</td><td></td><td>40</td><td></td></tr>
<tr><td>1.1</td><td>准备牵引钢绳</td><td>能正确选择钢绳规格及长度</td><td></td><td>不正确者扣 15 分</td></tr>
<tr><td>1.2</td><td>准备滑车</td><td>能正确选择滑车吨位及轮数</td><td></td><td>不正确者扣 15 分</td></tr>
<tr><td>1.3</td><td>操作前对工器具的检查</td><td>进行了检查，并懂得检查要点</td><td></td><td>根据情况给分</td></tr>
<tr><td>2</td><td>实际操作</td><td></td><td>60</td><td></td></tr>
<tr><td>2.1</td><td>穿插正确，互不扭结</td><td>符合要求</td><td></td><td>根据情况扣分，穿错者不得分</td></tr>
<tr><td>2.2</td><td>绳尾从动滑车穿出</td><td>正确</td><td></td><td>不正确者扣 20 分</td></tr>
<tr><td>2.3</td><td>时限</td><td></td><td></td><td>每超时 1min 扣 2 分</td></tr>
</table>

行业：电力工程　　工种：送电线路架设　　等级：初

编　号	C05A002	行为领域	d	鉴定范围	2
考核时限	30min	题　型	A	题　分	100（20）
试题正文	缠绕预绞丝补修损伤导线				
需要说明的问题和要求	1. 要求单独操作 2. 导线两端固定，地面操作 3. 一根导线两处损伤，一处缠绕处理，一处补修预绞丝处理 4. 正确着装				
工具、材料、设备场地	1. 个人工用具：钢卷尺、记号笔 2. 配套的预绞丝及铝单丝 3. 棉纱、油盘、汽油等				

序号	项目名称	质量要求	满分	得分与扣分
1	缠绕补修工作准备		7	
1.1	选择缠绕补修点	正确		不正确扣3分
1.2	准备材料	缠绕材料应为铝单丝		不正确扣2分
1.3	铝单丝绕成直径约15cm的线圈	不能扭转单丝，保持平滑弧度		不合要求视情况扣1～2分
2	操作过程		17	
2.1	顺导线方向平压一段单丝	位置正确		不合要求视情况扣1～2分
2.2	缠绕	缠绕时压紧，每圈都应压紧		一圈不紧扣1分
2.3	缠绕方向	与外层铝股绞制方向一致		不正确扣2分
2.4	铝单丝线圈位置	外侧方向应靠紧导线		不正确扣2分
2.5	线头处理	线头应先压单丝头绞紧		不合要求视情况扣1～4分
2.6	绞紧的线头位置	压平紧靠导线		不合要求视情况扣1～4分
3	技术要求		12	
3.1	缠绕中心	应位于损伤最严重处		不合要求视情况扣1～3分
3.2	缠绕位置	应将受伤部分全部覆盖		不正确扣4分
3.3	缠绕长度	最短不得小于100mm		每少2mm扣1分

续表

	序号	项目名称	质量要求	满分	得分与扣分
评分标准	4	预绞丝补修工作准备		25	
	4.1	选择预绞丝	正确		不正确扣4分
	4.2	清洗预绞丝	干净并干燥		不合要求视情况扣1～3分
	4.3	损伤导线处理	处理平整		不合要求视情况扣1～3分
	4.4	判断导线损伤最严重处	正确		不正确扣4分
	4.5	用钢卷尺量预绞丝	长度正确		不正确扣3分
	4.6	定预绞丝在导线上的位置	长度正确		不正确扣3分
	4.7	用记号笔在导线上画出预绞丝端头位置	正确		不正确扣3分
	5	安装预绞丝	正确	7	不正确扣3分
	5.1	将预绞丝一根一根安装上	安装流畅		不合要求视情况扣1～3分
	5.2	用钢丝钳轻敲预绞丝头部	不能擦伤导线及伤预绞丝		不合要求视情况扣1～3分
	6	预绞丝补修技术要求		16	
	6.1	补修预绞丝中心	应位于损伤最严重处		不正确扣4分
	6.2	预绞丝不能变形	应与导线接触紧密		变形一根不给分，倒扣3分
	6.3	预绞丝端头	应对平齐		不合要求视情况扣1～3分
	6.4	预绞丝位置	应将损伤部位全部覆盖		不正确扣4分
	7	其他要求		16	
	7.1	着装正确	工作服、工作胶鞋、安全帽		漏一项扣2分
	7.2	操作熟练	熟练流畅		不熟练扣4分
	7.3	清理工作现场	整理工器具，符合文明生产的要求		不合格扣2～4分
	7.4	工作顺利	按时完成		每超过1min扣2分

行业：电力工程　　　工种：送电线路架设　　　　等级：初

<table>
<tr><td colspan="2">编　号</td><td>C05A003</td><td>行为领域</td><td>e</td><td>鉴定范围</td><td colspan="2">2</td></tr>
<tr><td colspan="2">考核时限</td><td>50min</td><td>题　型</td><td>A</td><td>题　分</td><td colspan="2">100（20）</td></tr>
<tr><td colspan="2">试题正文</td><td colspan="6">制作 UT 型拉线线夹</td></tr>
<tr><td colspan="2">需要说明的问题和要求</td><td colspan="6">1. 要求单独操作
2. 采用 UT—1 型线夹及与之相配套的钢绞线
3. 要求着装正确（工作服、工作胶鞋、安全帽）
4. 要求正确剪断钢绞线</td></tr>
<tr><td colspan="2">工具、材料、设备场地</td><td colspan="6">工具材料自选</td></tr>
<tr><td rowspan="16">评
分
标
准</td><td>序号</td><td colspan="2">项目名称</td><td colspan="2">质量要求</td><td>满分</td><td>得分与扣分</td></tr>
<tr><td>1</td><td colspan="2">工具选用</td><td colspan="2"></td><td>4</td><td></td></tr>
<tr><td>1.1</td><td colspan="2">个人用具</td><td colspan="2">钢丝钳 1 把，活动扳手 2 把</td><td></td><td rowspan="2">错、漏一项扣 1 分</td></tr>
<tr><td>1.2</td><td colspan="2">专用工具</td><td colspan="2">木锤、断线钳、紧线钳</td><td></td></tr>
<tr><td>2</td><td colspan="2">材料选用</td><td colspan="2"></td><td>6</td><td></td></tr>
<tr><td>2.1</td><td colspan="2">扎钢绞线的铁丝</td><td colspan="2">10 号～12 号铁丝
18 号～20 号铁丝</td><td></td><td>错、漏一项扣 1 分</td></tr>
<tr><td>2.2</td><td colspan="2">UT 型线夹</td><td colspan="2">UT 型线夹（双螺母带平垫圈）</td><td></td><td>螺帽垫圈每漏 1 件扣 1 分，型号错扣 3 分</td></tr>
<tr><td>3</td><td colspan="2">剪钢绞线</td><td colspan="2"></td><td>13</td><td></td></tr>
<tr><td>3.1</td><td colspan="2">量出钢绞线的长度画印（必要时使用紧线器拉紧画印）</td><td colspan="2">画印准确</td><td></td><td rowspan="2">不正确的视情况扣 1～3 分</td></tr>
<tr><td>3.2</td><td colspan="2">量出钢绞线剪断处两侧扎紧</td><td colspan="2">位置正确</td><td></td></tr>
<tr><td>3.3</td><td colspan="2">用细铁丝在钢绞线剪断处两侧扎紧</td><td colspan="2">剪断处两侧扎紧细铁丝不能断</td><td></td><td>细铁丝拧断 1 次扣 2 分；不紧扣 1～2 分</td></tr>
<tr><td>3.4</td><td colspan="2">剪断钢绞线</td><td colspan="2">操作正确，一次剪断</td><td></td><td>不合要求视情况扣 1～3 分</td></tr>
<tr><td>4</td><td colspan="2">做拉线下把</td><td colspan="2"></td><td>28</td><td></td></tr>
<tr><td>4.1</td><td colspan="2">弯曲钢绞线</td><td colspan="2">脚踩住主线，一手拉住钢绞线头，另一手控制钢绞线弯曲部位，进行弯曲</td><td></td><td>不合要求视情况扣 1～3 分</td></tr>
<tr><td>4.2</td><td colspan="2">线夹套筒套入钢绞线</td><td colspan="2">线夹套筒套入正确</td><td></td><td>套反 1 次扣 3 分</td></tr>
<tr><td>4.4</td><td colspan="2">放入楔子</td><td colspan="2">方向正确并拉紧凑</td><td></td><td>不合要求视情况扣 1～3 分</td></tr>
</table>

续表

	序号	项　目　名　称	质　量　要　求	满分	得分与扣分
评分标准	4.5	用木锤敲打	牢固，无缝隙	28	不合要求视情况扣1～3分
	4.6	安装UT型线夹	用紧线器拉紧		安装不上扣10分，要求返工继续进行
	4.7	按要求调紧拉线	按规范要求		不合要求视情况扣1～3分
	4.8	紧螺母	双螺母并紧		不合要求视情况扣1～4分
	5	绑扎		14	
	5.1	绑扎方法	正确（先顺钢绞线平压一段扎丝，再缠绕压紧该端头）		不合要求视情况扣1～3分
	5.2	扎铁丝	每圈铁丝都扎紧		1圈不紧扣1分
	5.3	铁丝两端头处理	两端头绞紧		不合要求视情况扣1～3分
	5.4	铁丝绞头处理	弯进两钢绞线中间		弯进不好扣2分
	6	工艺要求和技术规范		17	
	6.1	尾线位置	线夹的凸肚位置应在尾线侧		错误扣8分
	6.2	尾线长度	尾线露出长度为300～500mm		每长或短10mm扣2分
	6.3	结合部检查	钢绞线与线夹的舌板半圆弯曲结合处不得有死角和空隙		每1mm间隙扣2分
	6.4	绑线长度	尾线与本线绑扎长度为40～50mm		每少5mm扣1分
	6.5	出丝检查	UT行线夹双母出丝不得大于丝纹总长的1/2	17	出丝大于丝纹总长的1/2扣5分
	7	其他要求		14	
	7.1	操作动作	熟练连贯		动作不熟练扣1～4分
	7.2	着装正确	工作服，工作胶鞋，安全帽		漏一项扣2分
	7.3	整理工具，清理工作现场	符合文明施工要求		不合要求视情况扣1～3分
	7.4	规定时间内完成	按要求完成		每延长2min倒扣2分

行业：电力工程　　　工种：送电线路架设　　　　　等级：初

编　　号	C05A004	行为领域	e	鉴定范围	3
考核时限	30min	题　　型	A	题　　分	100（20）
试题正文	组装一套 110kV 送电线路双联耐张瓷绝缘子串				
需要说明的问题和要求	1. 要求单独操作，地面操作 2. 所有要用的材料应一次找出，并按次序摆放好 3. 给出 1 张组装图纸 4. 告知导线型号，告知挂线点位置方向，告知线路受电方向 5. 要求着装正确（工作服，工作胶鞋，安全帽） 6. 绝缘子检查，要求讲出检查内容 7. 金具只检查 2 件，要求讲出检查内容 8. 组装内容包括耐张线夹				
工具、材料、设备场地	1. U 形环 3 只 2. 延长环 1 只 3. 双联板 2 块 4. 直角挂板 2 只 5. 球头挂环 2 只 6. 16 片悬式瓷绝缘子（要求型号颜色一致） 7. 双联碗头 2 只 8. 耐张线夹 1 只（螺栓式、液压式均可，要求与导线配合） 9. 个人工具 10. 拔销钳 11. 棉纱或毛巾等				

评分标准	序号	项 目 名 称	质 量 要 求	满分	得分与扣分
	1	材料选择		16	错、漏 1 项扣该项的分
	1.1	U 形环 3 只	符合图纸要求	3	
	1.2	延长环 1 只	符合图纸要求	1	
	1.3	双联板 2 块	符合图纸要求	2	
	1.4	直角挂板 2 只	符合图纸要求	2	
	1.5	球头挂环 2 只	符合图纸要求	2	
	1.6	悬式瓷绝缘子 16 片	符合图纸要求	2	
	1.7	双联碗头 2 只	符合图纸要求	2	
	1.8	耐张线夹 1 只	符合图纸要求	2	
	2	工具选择		8	型号错 1 件、漏 1 件扣 1 分
	2.1	个人工具	钢丝钳，扳手		
	2.2	专用工具	拔销钳 棉纱等		
	3	金具检查及处理(要求讲出检查及处理内容)		8	
	3.1	锌层检查	镀锌层有没有碰损、剥落或缺锌		不正确扣 1～2 分

续表

	序号	项目名称	质量要求	满分	得分与扣分
评分标准	3.2	损坏锌层的处理	如有以上现象应更换	8	不正确扣1～2分
	4	绝缘子检查（要求讲出检查内容）		10	
	4.1	进行外观检查	逐个将表面清擦干净，并进行外观检查		
	4.2	检查碗头，球头与弹簧销子之间的间隙	在安装好弹簧销子的情况下球头不得自碗头中脱出		
	5	操作		24	
	5.1	材料摆放	整齐有序，绝缘子串方向正确		
	5.2	取出弹簧销	正确取出		
	5.3	绝缘子组装	绝缘子组装成两串，每串8片		方向错误扣3分，排列不整齐扣1～2分
	5.4	安装弹簧销	正确安装		不正确扣1～4分
	5.5	组装时顺序正确	从横担部分开始向线夹方向组装，依次完成		每反复一次扣2分
	6	规范要求		10	
	6.1	耐张线夹安装	出线方向正确		不正确扣1～3分
	6.2	螺栓，穿打，弹簧销子插入方向正确	一律由上向下穿，特殊情况由内向外，由左向右穿	10	每穿错1件扣0.5分
	7	其他要求		14	
	7.1	着装正确	工作服，工作胶鞋，安全帽		漏一项扣2分
	7.2	拆除瓷绝缘子串，材料运回	符合文明生产要求		不整理扣4分
	7.3	操作动作	动作熟练流畅		不熟练扣1～4分
	7.4	按时完成	按要求时间完成		每延时2min扣1分

行业：电力工程　　工种：送电线路架设　　等级：初/中

<table>
<tr><td>编　号</td><td colspan="2">C54A005</td><td>行为领域</td><td>e</td><td>鉴定范围</td><td>3</td></tr>
<tr><td>考核时限</td><td colspan="2">40min</td><td>题　型</td><td>A</td><td>题　分</td><td>100（20）</td></tr>
<tr><td>试题正文</td><td colspan="6">做 220kV 送电线路 OPGW（光缆）单联悬垂金具串组装</td></tr>
<tr><td>需要说明的问题和要求</td><td colspan="6">1. 要求单独操作，地面操作
2. 所有要用的材料应一次找出，并按次序摆放好
3. 给出一张组装图纸
4. 告知 OPGW（光缆）型号，告知挂线点位置和线路受电方向
5. 要求着装正确（工作服，工作胶鞋，安全帽）
6. OPGW（光缆）单联悬垂金具检查，要求讲出检查内容
7. 组装悬垂金具串</td></tr>
<tr><td>工具、材料、设备场地</td><td colspan="6">1. 接地线 JDX-120-2000（含并沟线夹）
2. UB 挂板 UB-10
3. PD 挂板 PD-10
4. ZS 挂板 ZS-10
5. 套壳 TK-10
6. 橡胶夹块 JC-15.8
7. 外绞丝 OXC-W-1600
8. 内绞丝 OXC-N-2200
9. 光缆（OPGW-140/20B）
10. 个人工具
11. 毛巾</td></tr>
<tr><td rowspan="14">评分标准</td><td>序号</td><td>项　目　名　称</td><td colspan="2">质　量　要　求</td><td>满分</td><td>得分与扣分</td></tr>
<tr><td>1</td><td>材料选择</td><td colspan="2"></td><td>10</td><td rowspan="11">每漏、错一项扣 1 分</td></tr>
<tr><td>1.1</td><td>接地线</td><td colspan="2">型号和质量符合要求</td><td>1</td></tr>
<tr><td>1.2</td><td>UB 挂板</td><td colspan="2">型号和质量符合要求</td><td>1</td></tr>
<tr><td>1.3</td><td>PD 挂板</td><td colspan="2">型号和质量符合要求</td><td>1</td></tr>
<tr><td>1.4</td><td>ZS 挂板</td><td colspan="2">型号和质量符合要求</td><td>1</td></tr>
<tr><td>1.5</td><td>套壳</td><td colspan="2">型号和质量符合要求</td><td>1</td></tr>
<tr><td>1.6</td><td>橡胶夹块</td><td colspan="2">型号和质量符合要求</td><td>1</td></tr>
<tr><td>1.7</td><td>外绞丝</td><td colspan="2">型号和质量符合要求</td><td>1</td></tr>
<tr><td>1.8</td><td>内绞丝</td><td colspan="2">型号和质量符合要求</td><td>1</td></tr>
<tr><td>1.9</td><td>光缆</td><td colspan="2">型号和质量符合要求</td><td>1</td></tr>
<tr><td>1.10</td><td>并沟线夹</td><td colspan="2">型号和质量符合要求</td><td>1</td></tr>
<tr><td>2</td><td>工具选择</td><td colspan="2"></td><td>10</td><td></td></tr>
<tr><td>2.1</td><td>个人工具</td><td colspan="2">钢丝钳，扳手 2 把；记号笔；钢卷尺</td><td></td><td>每项不正确扣 1 分</td></tr>
</table>

续表

	序号	项 目 名 称	质 量 要 求	满分	得分与扣分
评分标准	3	金具检查及处理（要求讲出检查及处理内容）		15	
	3.1	锌层检查	镀锌层有没有碰损、剥落或缺锌		不正确扣 1～2 分
	3.2	损坏锌层的处理	如有以上现象应更换		不正确扣 1～2 分
	3.3	内、外预绞丝检查	擦干净，无变形		
	3.4	套壳进行外观检查	清擦干净		
	3.5	橡胶夹块的检查	清擦干净		
	4	操作		35	
	4.1	材料摆放	整齐有序		
	4.2	用记号笔标出光缆中心点	标记正确		
	4.3	用记号笔标出套壳、橡胶夹块和内外绞丝的中心点	标记正确		错误一处扣 1 分，标注不标准扣 1 分
	4.4	安装内绞丝	安装正确，无松股，预绞丝中心点与光缆中心点重合，预绞丝服帖		不正确扣 2 分
	4.5	安装橡胶夹块	安装正确，橡胶夹块中心点与预绞丝中心点重合，橡胶夹块服帖		不正确扣 2 分
	4.6	安装外绞丝	安装正确，外绞丝中心点与橡胶夹块中心点重合，外预绞丝服帖		不正确扣 2 分

续表

	序号	项目名称	质量要求	满分	得分与扣分
评分标准	4.7	安装套壳	安装正确，套壳中心点与外绞丝中心点重合，套壳与外预绞丝结合服帖	35	不正确扣2分
	4.8	安装ZS挂板、PD挂板、UB挂板	安装正确		不正确扣1分
	4.9	安装并沟线夹和接地光缆（线）	安装正确		不正确扣1分
	5	规范要求		15	
	5.1	光缆线夹（套壳）	正直、方向正确		不正确扣1～3分
	5.2	螺栓穿向符合规范要求，销钉插入方向正确	一律由上向下穿，特殊情况由内向外，由左向右穿		每错一件扣0.5分
	5.3	预绞丝端部	整齐平整		端部不整齐扣2分
	6	其他要求		15	
	6.1	着装正确	工作服，工作胶鞋，安全帽		漏一项扣2分
	6.2	拆除材料运回	符合文明施工要求		不整理扣4分
	6.3	操作动作	动作熟练流畅		不熟练扣1～4分
	6.4	按时完成	按要求时间完成		每延时2min扣1分

行业：电力工程　　工种：送电线路架设　　等级：初/中

编　号	C54A006	行为领域	e	鉴定范围	3
考核时限	40min	题　型	A	题　分	100（20）
试题正文	紧线前耐张杆横担安装一根临时补强拉线的操作				
需要说明的问题和要求	1. 杆上1人，杆下1人，均单独操作，设1监护人 2. 也可2人一组，杆上、杆下交叉考核 3. 要求着装正确（工作服，工作胶鞋，安全帽） 4. 桩锚已安装好或使用拉棒作为桩锚				
工具、材料、设备场地	1. 在培训线路上操作 2. 工用具自选，登杆工具自选				

评分标准	序号	项目名称	质量要求	满分	得分与扣分
	1	工用具准备		6	
	1.1	登杆工具、安全带检查	外观检查无缺陷		每错、漏一项扣1分
	1.2	登杆工具、安全带冲击试验	在电杆0.3～0.5m高处人力冲击无问题		
	1.3	钢丝绳1根，传递绳1根	直径10～12.5mm，长度足够		
	1.4	紧线器	双钩紧线器，再配合用夹钢丝绳的钢丝绳卡头		
	1.5	U形环或卸口2只	60～100kN		
	1.6	扎钢丝绳的铁丝	10号铁丝		
	2	登杆		12	不熟练扣1～3分；吊绳没带扣2分
	2.1	登杆动作	登杆动作熟练，带吊绳上杆		
	2.2	上横担动作	上横担动作熟练，带吊绳上杆		不正确扣1～2分
	2.3	登杆工具放置	上横担后将登杆工具放稳当		
	3	定位置和使用安全带		8	
	3.1	正确使用安全带	安全带系好后应检查扣环是否扣牢		未检查扣2分；未扣牢扣4分
	3.2	工作位置选择正确	不来回移动	8	不正确扣1～3分

续表

	序号	项目名称	质量要求	满分	得分与扣分
评分标准	4	杆上操作		24	
	4.1	将钢丝绳一端头吊至杆上	动作不熟练，吊绳与钢丝绳不缠绕		不正确扣 1～4 分
	4.2	钢丝绳缠绕横担头	缠绕正确，自上而下成 8 字型缠绕		不正确扣 1～4 分
	4.3	位置要求	钢丝绳不妨碍挂线		妨碍挂线扣 2～4 分
			临时拉线靠近挂线点		不正确扣 1～2 分
	4.4	临时拉线方向	方向正确（拉线在紧线挂线点反方向）		不正确扣 4 分
	5	杆下操作		10	
	5.1	钢丝绳尾的固定			
	5.2	用双钩紧线或棘轮紧线器收紧钢丝绳	使临时拉线受力正常		不正确扣 1～4 分
	5.3	紧线器使用	操作熟练正确		不正确扣 1～4 分
	6	技术要求		20	
	6.1	钢丝绳尾在锚桩上或拉棒上绑扎正确	绳尾在钢丝绳上最少要折回两次		不正确扣 1～4 分
	6.2	钢丝绳绑扎时要拉紧	临时拉线受力合适		
	6.3	钢丝绳绑扎	钢丝绳尾绳从折环中穿出		
	6.4	钢丝绳尾用扎丝扎牢或用钢丝绳卡子卡住	扎丝不得小于 10 号，缠扎长度不小于 50mm，钢丝绳卡子不少于 3 只		
	6.5	拆除紧线工具	动作正确		
	7	其他要求		16	
	7.1	工具用吊绳传递	杆上不能掉东西		每掉一件倒扣 2 分
	7.2	着装正确	工作服，工作胶鞋，安全帽		每漏一项扣 2 分
	7.3	操作动作	动作熟练流畅		动作不熟练扣 2 分
	7.4	按时完成	按要求完成		每超过 2min 扣 1 分

行业：电力工程　　　工种：送电线路架设　　　等级：初/中

编号	C54A007	行为领域	d	鉴定范围	1
考核时限	30min	题型	A	题分	100（20）
试题正文	光学经纬仪的对中、整平、对光、调焦的操作				
需要说明的问题和要求	1. 学会使用光学对点器对中 2. 在平坦的地面钉一木桩，桩头中心钉一颗小铁钉作为测量站点				
工具、材料、设备场地	1. 使用光学对点器对中 2. 在平坦的地面钉一木桩，桩头钉一颗小铁钉作为测量站点				
评分标准	序号	项目名称	质量要求	满分	得分与扣分
	1	仪器安装		15	
	1.1	将三脚架高度调节好后架于测站点上	高度便于操作		不正确扣1～3分
	1.2	仪器从箱中取出	一手握扶照准部，一手握住三角机座		
	1.3	将仪器放于三脚架上，转动中心固定螺栓	将仪器固定于三脚架上，不能拧太紧，留有余地		
	2	光学对点器对中		20	
	2.1	旋转对点器目镜	使分化板清晰		
	2.2	拉伸对点器镜筒	使对中标志清晰		
	2.3	两手各持三脚架中两脚，另一脚用右（左）手胳膊与右（左）脚配合好，将仪器平稳托离地来回移动	找到木桩		每项不正确扣1～4分
	2.4	将仪器平稳放落地。将分化板的小圆圈套住桩上小铁钉	仪器一次放成功		每超过二次扣2分
	2.5	仪器调平后再滑动仪器调整	使小铁钉准确处于分划板的小圆圈中心		小铁钉在圈外扣4分；不在中心视情况扣1～2分
	3	调整圆水泡		5	
	3.1	将三脚架踩紧或调整各脚的高度	使圆水泡居中		不正确扣1～5分
	4	精确对中		5	
	4.1	将仪器照准部转动180°后再检查仪器对中情况，然后拧紧中心固定螺栓	仪器调平后还要再精细对中一次。使小铁钉准确处于分划板的小圆圈中心		不正确扣1～5分

续表

	序号	项目名称	质量要求	满分	得分与扣分
评分标准	5	仪器调平		12	
	5.1	以相反方向等量转动此两脚螺旋	使气泡正确居中		
	5.2	将仪器转动 90°旋转第三个脚螺旋	使气泡居中		
	5.3	反复调整两次	仪器旋转至任何位置，水准器泡最大偏离值都不超过 1/4 格值		反复超过二次扣 2 分
	5.4	仪器精对中后还要再检查调平一次	所有要求合格		每 1/4 格扣 2 分
	6	对光		6	
	6.1	将望远镜向着光亮均匀的背景（天空），转动目镜	使分划板十字丝清晰明确		不正确扣 1～2 分
	6.2	记住屈光度后再重调一次 A	要求两次屈光度一致		不一致扣 1～2 分
	7	调焦		17	
	7.1	从瞄准器上对准目标后，拧紧照准部制动手轮	对准目标		不正确扣 1～3 分
	7.2	旋转望远镜调焦手轮	使标杆的影像清晰		不正确扣 1～2 分
	7.3	旋动照准部微动手轮	使标杆在十字丝双丝正中		不正确扣 1～4 分
	7.4	眼睛上下左右移动，检查有无视差	如有视差，再进行调焦清除		不正确扣 1～3 分
	7.5	旋动照准部微动手轮	仔细调整使标杆在十字丝双丝正中		
	8	收仪器		20	
	8.1	松动所有制动手轮	仪器活动	20	
	8.2	松开仪器中心固定螺旋	一手握住仪器，一手旋下固定螺栓		不正确扣 1～3 分
	8.3	双手将仪器轻轻拿下放进箱内	要求位置正确，一次成功		失误一次扣 3 分
	8.4	清除三脚架上的泥土	将三脚架收回，扣上皮带		不正确扣 3 分
	8.5	操作时动作	熟练流畅		不熟练扣 1～4 分
	8.6	按时完成	按要求完成		超过时间 10min 不给分

行业：电力工程　　　工种：送电线路架设　　　　等级：初/中

<table>
<tr><td>编　　号</td><td>C54A008</td><td>行为领域</td><td>d</td><td>鉴定范围</td><td>1</td></tr>
<tr><td>考核时限</td><td>60min</td><td>题　　型</td><td>A</td><td>题　　分</td><td>100（20）</td></tr>
<tr><td>试题正文</td><td colspan="5">钢丝绳插编绳套的操作</td></tr>
<tr><td>需要说明的问题和要求</td><td colspan="5">1. 要求单独完成
2. 试验可由专人进行</td></tr>
<tr><td>工具、材料、设备场地</td><td colspan="5">1. 个人工具
2. 断线钳
3. 专用编插头锥
4. 木锤
5. 钢卷尺、细铁丝、胶带胶布</td></tr>
</table>

<table>
<tr><td rowspan="16">评分标准</td><td>序号</td><td>项　目　名　称</td><td>质　量　要　求</td><td>满分</td><td>得分与扣分</td></tr>
<tr><td>1</td><td>工具材料选择</td><td></td><td>9</td><td></td></tr>
<tr><td>1.1</td><td>钢丝绳</td><td>符合要求</td><td></td><td>每错、漏一项扣1～2分</td></tr>
<tr><td>1.2</td><td>个人工具</td><td>齐全</td><td></td><td></td></tr>
<tr><td>1.3</td><td>断线钳</td><td>合格</td><td></td><td></td></tr>
<tr><td>1.4</td><td>专用编插矛锥</td><td>合格</td><td></td><td></td></tr>
<tr><td>1.5</td><td>木锤</td><td>合格</td><td></td><td></td></tr>
<tr><td>1.6</td><td>钢卷尺</td><td>合格</td><td></td><td></td></tr>
<tr><td>1.7</td><td>细铁丝、胶带、胶布等</td><td>合格</td><td></td><td></td></tr>
<tr><td>2</td><td>剪取长度正确的钢丝绳</td><td></td><td>16</td><td></td></tr>
<tr><td>2.1</td><td>决定钢丝绳返头长度</td><td>绳套一侧双钢丝绳部分长度（20～24倍钢丝绳直径）+穿插长度（20～24倍钢丝绳直径）+余量</td><td></td><td>不正确扣1～3分</td></tr>
<tr><td>2.2</td><td>决定钢丝绳长度</td><td>钢丝绳绳套总长度+2倍钢丝绳返头长度</td><td></td><td></td></tr>
<tr><td>2.3</td><td>用钢卷尺在钢丝绳上量出需要的长度及钢丝绳返头位置</td><td>共画3个印记</td><td></td><td></td></tr>
<tr><td>2.4</td><td>在规定的地方剪断钢丝绳</td><td>尺寸正确</td><td></td><td></td></tr>
<tr><td>3</td><td>钢丝绳处理</td><td></td><td>12</td><td></td></tr>
</table>

续表

	序号	项 目 名 称	质 量 要 求	满分	得分与扣分
评分标准	3.1	用细铁丝在破头长度处将两钢丝绳扎紧	保证尺寸正确	12	不正确扣1～3分
	3.2	将钢丝绳在返头印记处弯折过来	尺寸正确		不正确扣1～2分
	3.3	钢丝绳每股头处理正确	直径较小的钢丝绳可用胶布或胶带包扎每股头部，直径较大的钢丝绳可用氧焊处理		不正确扣1～2分
	4	穿插钢丝绳		18	
	4.1	专用工具插入顺利	单根钢丝绳不被插变形		不正确扣1～3分
	4.2	钢丝绳破头	每股叉开长度合适		
	4.3	拆开一股穿入一股	顺序正确		错1根、1次扣2分
	4.4	穿入方向	正确		每返工1次扣3分
	5	技术要求		23	
	5.1	穿入要求	穿入后每股拉紧		不正确扣1～3分
	5.2	穿入情况	要求后穿入一股压紧前穿入一股		不整齐不给分
	5.3	穿插次数	各股穿插次数不小于4次		每少1次扣5分
	5.4	用木锤修整编插部分	美观整齐		不正确扣1～3分
	5.5	剩余钢丝绳股修剪整齐	美观整齐		
	6	其他要求		22	
	6.1	外观检查	完成编插的绳套整齐美观		酌情给分
	6.2	拉力试验	经过125%超负荷试验合格		不合格不给分
	6.3	操作情况	动作熟练		动作不熟练扣1～5分
	6.4	清理工作现场	符合文明生产要求		不正确扣1～2分
	6.5	按时完成	按要求完成		每超过2min倒扣1分

行业：电力工程　　　工种：送电线路架设　　　　　等级：中

编　　号	C04A009	行为领域	e	鉴定范围	1
考核时限	20min	难度等级	A	题　　分	100（20）
试题正文	根据基础图配置模板				
需要说明的问题和要求	1. 本题基础图见图 F-1 2. 模板配置要合理，答案可以有多种，只要能满足施工即可 3. 为节省时间可省略模板间连接工序 图 F-1				
工具、材料、设备场地	1. 记录本、笔、尖扳手、手锤 2. 模板（200×600，3 块；300×600，4 块；200×900，2 块；200×1500，2 块；200×1200，2 块；300×1200，4 块；300×1500，2 块）及相应阳角、模板卡子 3. 室外平整的场地				

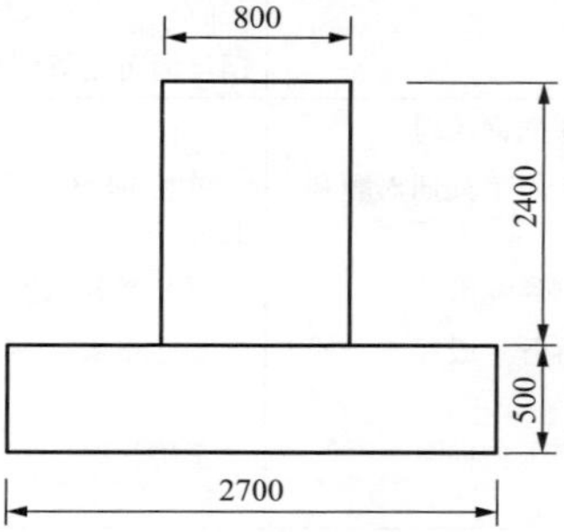

评分标准	序号	项目名称	质量要求	满分	得分与扣分
	1	准备		39	
	1.1	检查工具是否适用	检查适用		未检查扣 5 分
	1.2	检查模板数量、完整性	检查并记录		未检查扣 5 分，未记录扣 3 分
	1.3	检查阳角数量、完好性	检查并记录		未检查扣 5 分，未记录扣 3 分
	1.4	检查模板卡子数量、适用性	检查并记录		未检查扣 5 分，未记录扣 3 分
	1.5	校正模板、卡子、阳角	操作正确		未校正完全扣 5 分

续表

	序号	项 目 名 称	质 量 要 求	满分	得分与扣分
评分标准	2	计算、试配		31	
	2.1	根据清查结果在记录本上试配	试配合理、正确		不正确扣15分，不合理扣5分
	2.2	计算试配所用模板、卡子及阳角	计算正确		未计算扣8分，计算不正确扣5分
	2.3	检查模板、卡子充足	检查配齐		未检查扣5分
	3	组装模板		25	
	3.1	根据试配记录组装模板	正确齐全		不正确扣10分
	3.2	根据试配记录组装阳角	正确齐全		不正确扣5分
	3.3	实际摆放模板卡子	正确齐全		不正确扣5分
	3.4	收拾现场	清洁整齐		未收拾扣5分，未整齐扣2分
	4	全面检查	正确合格	5	未检查扣5分

行业：电力工程　　工种：送电线路架设　　等级：中级

<table>
<tr><td>编　号</td><td>C04A010</td><td>行为领域</td><td>e</td><td>鉴定范围</td><td colspan="2">1</td></tr>
<tr><td>考核时限</td><td>20min</td><td>题　型</td><td>A</td><td>题　分</td><td colspan="2">100（30）</td></tr>
<tr><td>试题正文</td><td colspan="6">用经纬仪测量出 A、B 两点间的水平距离和高差（测点由考核人现场指定）</td></tr>
<tr><td>需要说明的问题和要求</td><td colspan="6">1. 本题包括测量和计算两部分
2. 使用光学经纬仪用视距法测量，视距常数 K=100
3. 操作时需 1 名普工配合</td></tr>
<tr><td>工具、材料、设备场地</td><td colspan="6">1. 经纬仪 1 台、塔尺、钢卷尺
2. 室外一般场地</td></tr>
<tr><td rowspan="10">评分标准</td><td>序号</td><td>项　目　名　称</td><td>质　量　要　求</td><td>满分</td><td colspan="2">得分与扣分</td></tr>
<tr><td>1</td><td>经纬仪的使用</td><td></td><td>8</td><td colspan="2"></td></tr>
<tr><td>1.1</td><td>仪器出箱</td><td>操作正确</td><td></td><td colspan="2">操作不正确扣 0.5～1 分</td></tr>
<tr><td>1.2</td><td>仪器架设高度</td><td>同操作身高相符</td><td></td><td colspan="2">不符者扣 1 分</td></tr>
<tr><td>1.3</td><td>经纬仪对中</td><td>对中准确</td><td></td><td colspan="2">对中准确得 2 分；基本准确得 1 分，否则不得分</td></tr>
<tr><td>1.4</td><td>经纬仪整平</td><td>水准管气泡居中</td><td></td><td colspan="2">水准管气泡误差在 1 格以内（含 1 格）得 2 分，否则不得分</td></tr>
<tr><td>1.5</td><td>经纬仪的精平</td><td>水准管气泡居中</td><td></td><td colspan="2">经纬仪瞄准目标，读数时仪器精平，水准管气泡居中，水准管气泡居中得 2 分，否则扣 1～2 分</td></tr>
<tr><td>2</td><td>读取数据</td><td></td><td>8</td><td colspan="2"></td></tr>
<tr><td>2.1</td><td>仪高的量取</td><td>准确</td><td></td><td colspan="2">数据准确得 2 分，否则不得分</td></tr>
<tr><td>2.2</td><td>塔尺读数</td><td>准确。根据考核人实际情况分为读半视和全视两种</td><td></td><td colspan="2">塔尺读数准确（在误差范围内）得 3 分，超出不得分</td></tr>
<tr><td></td><td>2.3</td><td>竖直角读数</td><td>竖直角读数准确</td><td></td><td colspan="2">竖直角读数准确在误差范围内得 3 分，否则不得分</td></tr>
</table>

续表

	序号	项目名称	质量要求	满分	得分与扣分
评分标准	3	计算		10	
	3.1	水平距离计算	操作者视准线同尺垂直时，利用公式 $D=KL$ 计算；经纬仪视准线与塔尺不垂直时，利用公式 $D=KL\cos^2\alpha$ 计算。L 代表全视距离，K 为常数取 100，α 代表观测的竖直角		计算公式正确 2 分；结果正确得 4 分
	3.2	高差计算	经纬仪视准线与塔尺垂直时，利用公式 $H=i-s$ 计算；经纬仪视准线与塔尺不垂直呈仰角，用公式 $D=1/2KL\sin2\alpha+i-s$ 计算。L 代表全视距离，K 代表常数 100，α 代表观测的竖直角，i 代表仪高，s 代表标高经纬仪视准线与塔尺不垂直呈俯角时，利用公式 $D=1/2KL\sin 2\alpha-i+s$ 计算。L 代表全视距离，K 代表常数 100，α 代表观测的竖直角		计算公式正确 4 分；结果正确得 6 分
	4	操作熟练程度	熟练	4	操作熟练，动作连贯得 4 分，基本熟练连贯得 2 分

行业：电力工程　　　工种：送电线路架设　　　　　等级：中

编　　号	C04A011	行为领域	e	鉴定范围	4
考核时限	70min	题　　型	A	题　　分	100（50）
试题正文	单导线上安装带预绞丝护线条的悬垂线夹				
需要说明的问题和要求	1. 登上铁塔作业 2. 地面有一名普工配合				
工具、材料、设备场地	1. 起重工具：导链（手拉葫芦）、钢丝绳套、提线器、滑轮、卸扣、棕绳 2. 其他工具：小绳、扳手、手钳、钢卷尺、划印笔、工具袋 3. 预绞丝护线条1组、悬垂线夹1套 4. 实际线路现场或培训基地模拟线路				

评分标准	序号	项　目　名　称	质　量　要　求	满分	得分与扣分
	1	工具选用		13	
	1.1	起重工具	符合要求		每错、漏一项扣2分
	1.2	其他工具	符合要求		每错、漏一项扣1分
	1.3	棕绳、小绳	长度		错一项扣1分
	2	材料选用	符合要求	6	每错、漏一项扣2分
	3	登塔		12	
	3.1	登塔动作 安全带、小绳	正确、熟练 佩戴正确		基本正确扣2分 每错、漏一项扣2分
	4	换下导线滑轮		25	
	4.1	导链、钢丝绳套、提线器	位置安装正确		位置不恰当扣2分
	4.2	提线器	与导线接触部分垫胶皮或在导线上缠铝包带		错、漏此项扣3分
	4.3	用导链提起导线	动作熟练		基本熟练扣2分

续表

	序号	项目名称	质量要求	满分	得分与扣分
评分标准	4.4	从塔上放下导线滑轮	用起重滑轮穿棕绳吊起导线滑轮，缓缓放置地面	25	不正确扣1～6分
	4.5	提吊护线条和线夹	零件齐备		空中掉落一个部件扣1分
	5	安装护线条		18	
	5.1	护线条安装位置	正确		错位扣3分
	5.2	护线条安装工艺	缠绕紧密		松一根扣1分
	5.3	护线条端头	端头一致		一根不齐扣1分
	6	安装线夹		11	
	6.1	安装位置	正确		错扣3分
	6.2	线夹螺栓	紧固		每错、漏一项扣2分
	7	放下工器具		6	
	7.1	松开导链	动作熟练		基本熟练扣1分
	7.2	放下工器具	全部用绳索放下		空中掉落或抛扔一件扣1分
	8	下塔	正确、熟练	4	基本正确扣2分
	9	整理工器具	有条理	5	每错、漏一项扣1分

行业：电力工程　　工种：送电线路架设　　等级：中/高

编　　号	C43A012	行为领域	e	鉴定范围	3
考核时限	40min	题　　型	A	题　　分	100（20）
试题正文	交叉跨越物测量				
需要说明的问题和要求	1 人操作、1 人配合				
工具、材料、设备场地	1. 在培训线路上测量或选用一处有交叉线路的地方测量 2. 选用光学经纬仪均可 3. 塔尺、钢卷尺等				

评分标准	序号	项　目　名　称	质　量　要　求	满分	得分与扣分
	1	工器具选择		6	
	1.1	经纬仪	合格		漏、错一项扣 2 分
	1.2	塔尺	合格		
	1.3	计算器	合格		
	2	选定仪器站点		9	
	2.1	选用站点正确	站点位置，在线路交叉角的平分线上的四个位置任选一个		不正确扣 1～4 分
	2.2	选用站点距离正确	站点位置距离线路交叉点距离约 20～40m		不正确扣 1～3 分
	3	仪器调平、对光、调焦		12	
	3.1	指挥在线路交叉点正下方树一塔尺	塔尺竖直		不正确扣 1～3 分
	3.2	仪器在站点上调平、对光	操作正确		
	3.3	将镜筒瞄准塔尺、调焦	使塔尺刻度最清晰		
	4	测距离		16	
	4.1	将照准部锁紧螺旋及望远镜锁紧螺旋锁紧	操作正确		
	4.2	转动照准部微动螺旋，使十字丝上下丝能夹住塔尺	操作正确	16	不正确扣 1～3 分
	4.3	转动望远镜微动螺旋，使十字丝上丝与塔尺上某一起始刻度重合	操作正确		
	4.4	读出上丝及下丝所夹塔尺刻度长度乘 100 得出距离 *A*	视距时镜筒尽量保持水平读数准确		

续表

	序号	项目名称	质量要求	满分	得分与扣分
评分标准	5	测角度准备工作		16	
	5.1	松开望远镜锁紧螺旋	操作正确		不正确扣1～3分
	5.2	将换向手轮转至竖直位置	换向手轮标记白线为垂直		
	5.3	打开仪器竖盘照明反光镜并转动或调整装开角度	使显微镜中读数最明亮		
	5.4	转动显微镜目镜	使读数最清晰		
	6	测垂直角		23	
	6.1	将镜筒瞄准上层导线(也可先测下层线路或被跨越物)	锁紧望远镜制动手轮		不正确扣1～3分
	6.2	转动望远镜微动手轮	使十字丝与导线精确相切		不正确扣1～3分
	6.3	旋转竖盘指标微动手轮	使观察棱镜内看到竖盘水准器水泡精确符合		不正确扣1～4分
	6.4	转动测微手轮,使读数显微镜内见到有上下两部分影像相对移动	直到上下格线精确符合为止,读出度、分、秒得β		
	6.5	用同样方法读出下层线的垂直角度α			
	7	计算	利用公式计算出交叉跨越间的距离=$A(\tan\beta-\tan\alpha)$	5	不正确不给分
	8	其他要求		13	
	8.1	将仪器装箱、三脚架清理干净	要求一次装箱成功		每反复2次扣2分;不清理扣2分
	8.2	操作动作	动作熟练流畅		动作不熟练扣1～4分
	8.3	按时完成	按时按要求完成		每超过2min倒扣1分

行业：电力工程　　工种：送电线路架设　　等级：中/高

<table>
<tr><td colspan="2">编　　号</td><td>C43A013</td><td>行为领域</td><td>e</td><td>鉴定范围</td><td>2</td></tr>
<tr><td colspan="2">考核时限</td><td>40min</td><td>题　　型</td><td>A</td><td>题　　分</td><td>100（20）</td></tr>
<tr><td colspan="2">试题正文</td><td colspan="5">拉线直线杆施工分坑测量</td></tr>
<tr><td colspan="2">需要说明的问题和要求</td><td colspan="5">1. 平坦地面打一桩，桩头上钉一钉作为杆位桩；前、后方各打一桩，作为线路方向桩
2. 直线杆呼称高 15m，拉线对地夹角 60°，拉线与线路方向成 45°
3. 拉线盘坑 0.6m×1.2m，坑深 2.2m
4. 派 2 人配合</td></tr>
<tr><td colspan="2">工具、材料、设备场地</td><td colspan="5">1. 在一能打桩的地上操作
2. 光学经纬仪均可
3. 卷尺、标杆、锤、桩等
4. 计算器</td></tr>
<tr><td rowspan="15">评
分
标
准</td><td>序号</td><td>项　目　名　称</td><td>质　量　要　求</td><td>满分</td><td colspan="2">得分与扣分</td></tr>
<tr><td>1</td><td>准备工作</td><td></td><td>9</td><td colspan="2"></td></tr>
<tr><td>1.1</td><td>查看断面图、杆塔明细表、杆型图等</td><td>了解所需要的技术数据</td><td></td><td colspan="2">不正确扣 1～3 分</td></tr>
<tr><td>1.2</td><td>计算出中心桩至拉线棒出土桩间的距离</td><td>15/tan60°=8.66m</td><td></td><td colspan="2">不正确扣 1～3 分</td></tr>
<tr><td>1.3</td><td>计算出拉线棒出土桩至拉线棒中心桩的距离</td><td>2.2/tan60°=1.27m</td><td></td><td colspan="2"></td></tr>
<tr><td>2</td><td>核对线路方向</td><td></td><td>16</td><td colspan="2"></td></tr>
<tr><td>2.1</td><td>将经纬仪放于电杆中心桩上</td><td>对中、调平、对光</td><td></td><td colspan="2">不正确扣 1～4 分</td></tr>
<tr><td>2.2</td><td>将标杆插于线路方向桩上</td><td>前后方向桩均要插标杆</td><td></td><td colspan="2"></td></tr>
<tr><td>2.3</td><td>望远镜瞄准标杆，调焦并将十字丝双丝段精密夹着标杆</td><td>核对线路方向无误</td><td></td><td colspan="2"></td></tr>
<tr><td>2.4</td><td>钉前、后方向桩</td><td>在杆位前后方向 3～5m 处各钉一副桩作为立杆定位用</td><td></td><td colspan="2"></td></tr>
<tr><td>3</td><td>钉拉线盘中心桩及拉线棒出土桩</td><td></td><td>47</td><td colspan="2"></td></tr>
<tr><td>3.1</td><td>将仪器换向手轮转于水平位置</td><td>手轮上标线为水平</td><td></td><td colspan="2">不正确扣 1～3 分</td></tr>
<tr><td>3.2</td><td>打开水平度盘照明反光镜并调整</td><td>使显微镜中读数最明亮</td><td></td><td colspan="2"></td></tr>
</table>

续表

	序号	项 目 名 称	质 量 要 求	满分	得分与扣分
评分标准	3.3	转动显微镜目镜	使读数最清晰	47	
	3.4	转动水平度盘手轮	使读数为一个好计算的整数角度（或直接记住原先读数）		不正确扣 1～4 分
	3.5	将镜筒顺时针方向旋转 45°左右，锁住照准部制动手轮，转动照准部微动手轮	使读数准确为旋转 45°后的读数		
	3.6	卷尺控制计算出的距离，仪器控制角度，钉出第一拉线棒出土桩及拉线盘中心桩	拉线盘中心桩准确		
	3.7	将镜筒倒转 180°，按上法钉出另一根拉线的拉线棒出土桩及拉线盘中心桩	拉线盘中心桩准确		不正确扣 1～4 分
	3.8	将镜筒顺时针方向旋转 90°，钉出第三根拉线的拉线棒出土桩及拉线盘中心桩	拉线盘中心桩准确		
	3.9	将镜筒倒转 180°，钉出第四根拉线的拉线棒出土桩及拉线盘中心桩	拉线盘中心桩准确		
	3.10	用仪器检查一次	拉线与线路方向夹角均为 45°，拉线之间的夹角均为 90°		不检查不给分

续表

	序号	项 目 名 称	质 量 要 求	满分	得分与扣分
评分标准	4	钉横担方向桩		10	
	4.1	在线路垂直方向的两侧离中心桩约 20m 左右处，各钉一个横担方向桩	桩位置准确		所有木桩钉得不准，视情况扣 1～5 分
	4.2	桩位置选择	钉横担方向桩处要考虑立杆时好观测		
	5	杆坑分坑及画出开挖面		5	
	5.1	用卷尺和木桩，以拉线棒出土桩及拉线盘中心桩为基准画出开挖面	要求拉线盘长方向与拉线方向垂直		开挖面画的不准，视情况扣 1～5 分
	6	其他要求		13	
	6.1	操作动作	熟练流畅		不熟练扣 1～4 分
	6.2	仪器收起装箱	一次放成功，清理脚架		不正确扣 1～3 分
	6.3	考核时间	按时完成		每超过 2min 倒扣 1 分

行业：电力工程　　工种：送电线路架设　　等级：中/高

<table>
<tr><td>编　号</td><td>C43A014</td><td>行为领域</td><td>e</td><td colspan="2">鉴定范围</td><td>1</td></tr>
<tr><td>考核时限</td><td>30min</td><td>题　型</td><td>A</td><td colspan="2">题　分</td><td>100（20）</td></tr>
<tr><td>试题正文</td><td colspan="6">杆塔接地电阻测量的操作</td></tr>
<tr><td>需要说明的问题和要求</td><td colspan="6">1. 用国产 ZC-8 型接地绝缘电阻表测试
2. 只测一组接地体电阻值
3. 告知接地体形式
4. 提供接地体形式图</td></tr>
<tr><td>工具、材料、设备场地</td><td colspan="6">1. ZC-8 型接地绝缘电阻表 1 只
2. 连接线
3. 接地棒
4. 手锤
5. 在培训线路上操作</td></tr>
<tr><td rowspan="12">评
分
标
准</td><td>序号</td><td>项 目 名 称</td><td>质 量 要 求</td><td>满分</td><td colspan="2">得分与扣分</td></tr>
<tr><td>1</td><td>电表检查调整</td><td></td><td>8</td><td colspan="2"></td></tr>
<tr><td>1.1</td><td>外观检查</td><td>检查合格并有有效的检测合格证</td><td></td><td colspan="2">不正确扣 1～2 分</td></tr>
<tr><td>1.2</td><td>指针度盘检查</td><td>检查并静态调正指针</td><td></td><td colspan="2"></td></tr>
<tr><td>1.3</td><td>将电表桩头短接，摇动摇把</td><td>动态检查，阻值应为零</td><td></td><td colspan="2"></td></tr>
<tr><td>1.4</td><td>连接线的检查</td><td>截面不小于 1～1.5mm^2，塑铜线质量好</td><td></td><td colspan="2"></td></tr>
<tr><td>1.5</td><td>连接线外绝缘层检查</td><td>绝缘层良好，无脱落与龟裂</td><td></td><td colspan="2"></td></tr>
<tr><td>2</td><td>布置电流极和电压极</td><td></td><td>2</td><td colspan="2"></td></tr>
<tr><td>3</td><td>查看有关图纸资料</td><td>了解接地形式及接地体的长度</td><td>18</td><td colspan="2">不正确扣 1～3 分</td></tr>
<tr><td>3.1</td><td>断开接地装置与塔身的连接</td><td>操作正确</td><td></td><td colspan="2"></td></tr>
<tr><td>3.2</td><td>布置电流极接线长度</td><td>为接地体长的 4 倍左右</td><td></td><td colspan="2">不正确扣 1～4 分</td></tr>
<tr><td>3.3</td><td>布置电压极接线长度</td><td>为接地体长的 2.5 倍左右</td><td></td><td colspan="2"></td></tr>
<tr><td></td><td>4</td><td>技术要求</td><td></td><td></td><td colspan="2"></td></tr>
</table>

续表

	序号	项目名称	质量要求	满分	得分与扣分
评分标准	4.1	布线要求	布线方向应与线路或地下金属管道垂直	5	不正确扣1～4分
	4.2	连接线要求	连接线与接地棒接触良好	4	不正确扣1～3分
	4.3	引线要求	电压极与电流极引线应保持1m以上的距离	5	不正确扣1～4分
	4.4	接地棒打入土中	打入土中的深度不小于接地棒长度的3/4，并与土壤接触良好	4	不正确扣1～2分
	4.5	电表上接线	正确	5	不正确不给分
	4.6	将接地极清理干净，将接线连接好	保证接触可靠	5	不正确扣1～5分
	5	操作绝缘电阻表及读数		28	
	5.1	将表放于平坦处，一手扶住转盘并压住使绝缘电阻表平稳	姿势正确		不正确扣1～4分
	5.2	另一手摇动摇把	转速为120r/min		不正确扣1～4分
	5.3	适当选用倍率并转动转盘	操作正确		
	5.4	使指针指向零位并平稳加速，要感觉到调速器起作用	并使指针稳定的指向零位		
	5.5	读数报出电阻值	正确读数。读数乘以倍率，报出电阻值正确		不正确扣1～3分
	5.6	再遥测一次	要求两次测量读数基本一致，相差较大要查明原因		
	6	恢复接地线与塔身的连接合格	螺栓确实拧紧，接地极整理整齐	4	不正确扣1～2分
	7	其他要求		12	
	7.1	操作动作	动作熟练流畅		不熟练扣1～4分
	7.2	整理工用具	符合文明生产要求		不正确扣1～2分
	7.3	按时完成	在规定的时间内完成		每超过1min倒扣1分

行业：电力工程　　　工种：送电线路架设　　　等级：中/高

编　　号	C43A015	行为领域	e	鉴定范围	3
考核时限	40min	题　　型	A	题　　分	100（20）
试题正文	做一只 JL/G1A-400/50-54/7 导线直线压接管接头的操作				
需要说明的问题和要求	1. 要求一人独立操作，地面操作 2. 不需要压接，仅做准备工作 3. JL/G1A-400/50-54/7 型导线和直线液压管（钢芯为对接）				
工具、材料、设备场地	1. 个人工具 2. 直线压接管、汽油、毛刷、油盘、钢锯、钢卷尺、记号笔、棉纱等				

评分标准	序号	项　目　名　称	质　量　要　求	满分	得分与扣分
	1	压接管选择、检查、清洗		7	
	1.1	选用压接管	型号正确，特别注意导线与压接管配套		不正确扣 1～3 分
	1.2	压接管检查	压接管不得有裂纹、沙眼、气孔等外观缺陷		
	1.3	压接管清洗	压接管里外都应用汽油清洗干净，并彻底干燥		
	2	导线清洗	导线清洗，无泥污。清洗部分一般为压接长度的 2.5 倍	3	不正确扣 1～2 分
	3	导线切割		15	
	3.1	导线切割前，应用细铁丝在切口两端扎牢再割导线	以防切割后散股，切口断面应整齐，无毛刺并和轴线垂直		不正确扣 1～3 分
	3.2	量钢芯管长度为 140mm，在每根导线上量出 70mm 画印，并用细铁丝在 80mm 左右处扎牢	位置正确		
	3.3	用钢锯沿印处锯一圈，锯到第二层铝线时，锯口深度稍小于单股导线，再将锯后的铝股一根根轻轻折下或用专用断线钳轻轻剪断	铝线端部要整齐，不准伤及钢芯，根据钢管压接后的伸长余量，可大于 140mm		
	3.4	钢芯端部绑扎	位置正确，不散股		散股扣 1 分
	3.5	在钢管上划印	划印长度=140/2		不正确扣 1 分
	3.6	在钢芯上划印	划印长度=140/2+压接伸长余量		不正确扣 1 分
	3.7	在铝管上划印	铝管中心点		不正确扣 1 分
	3.8	在铝线上划印	划印长度=管长/2+钢管压接伸长余量		不正确扣 1 分
	3.9	穿铝管			
	3.10	钢芯对接	位置正确		不正确扣 2 分

行业：电力工程　　工种：送电线路架设　　等级：高/技师

<table>
<tr><td>编　　号</td><td>C32C016</td><td>行为领域</td><td>e</td><td>鉴定范围</td><td>1</td></tr>
<tr><td>考核时限</td><td>45min</td><td>题　　型</td><td>A</td><td>题　　分</td><td>100（50）</td></tr>
<tr><td>试题正文</td><td colspan="5">用经纬仪测量图 F-2 所示中 AB 间的水平距离</td></tr>
<tr><td>需要说明的问题和要求</td><td colspan="5">1. 本题包括测量和计算两部分
2. 测量时需 1 名普工配合
3. D 为障碍物，测点由考核人员在现场确定 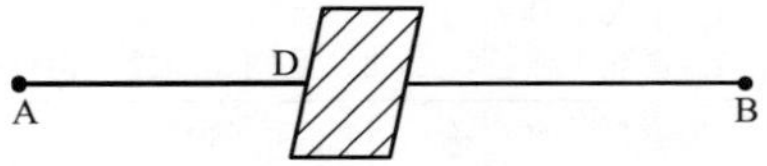
A D B
图 F-2 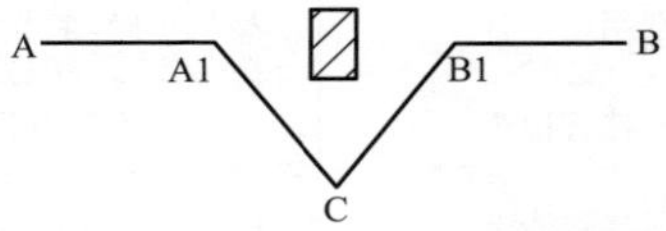
A A1 B1 B C
图 F-3 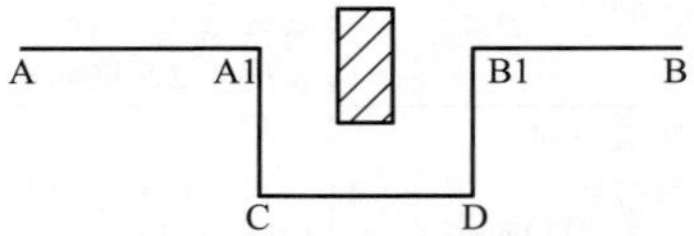
A A1 B1 B C D
图 F-4</td></tr>
<tr><td>工具、材料、设备场地</td><td colspan="5">1. 经纬仪、花杆、50m 皮尺、塔尺、木桩、小铁锤、小铁钉
2. 室外符合题意的场地</td></tr>
</table>

<table>
<tr><td rowspan="6">评分标准</td><td>序号</td><td>项　目　名　称</td><td>质　量　要　求</td><td>满分</td><td>得分与扣分</td></tr>
<tr><td>1</td><td>经纬仪的使用</td><td></td><td>7</td><td></td></tr>
<tr><td>1.1</td><td>仪器出箱</td><td>操作正确</td><td></td><td>操作不正确扣 0.5～1 分</td></tr>
<tr><td>1.2</td><td>仪器架设高度</td><td>同操作身高相符</td><td></td><td>不符者扣 1 分</td></tr>
<tr><td>1.3</td><td>经纬仪对中</td><td>对中准确</td><td></td><td>对中准确得 2 分；基本准确得 1 分，否则不得分</td></tr>
<tr><td>1.4</td><td>经纬仪整平</td><td>水准管气泡居中</td><td></td><td>水准管气泡误差在 1 格以内（含 1 格）得 2 分，否则不得分</td></tr>
</table>

续表

	序号	项 目 名 称	质 量 要 求	满分	得分与扣分
	1.5	经纬仪的精平	水准管气泡居中	7	经纬仪瞄准目标，读数时仪器精平，水准管气泡居中，水准管气泡居中得1分，否则扣0.5～1分
评分标准	2	测量方法		40	
	2.1	等腰三角形法	见图F-3		
	2.1.1	延长线上架设仪器	在AB延长线架设仪器于A1，瞄准A点		
	2.1.2	利用测回法定线	在A1点架设仪器，利用测回法旋转120°角测设出A1C线		
	2.1.3	利用视距法定出A1C距离	利用视距法水平距离计算公式，确定A1C距离，做好记录		每项中有不符合要求、计算不准确的扣1～5分
	2.1.4	定出A1C线	A1C 线长度应躲过障碍物，定出C点		
	2.1.5	利用测回法定线	在C点架设仪器，利用测回法旋转 60°角测设出CB1线		
	2.1.6	定出CB1线	A1C等于CB1		
	2.1.7	利用视距法定出CB1距离	利用视距法水平距离计算公式，确定CB1距离，做好记录		
	2.1.8	测回法校正角度	在B1架设仪器，利用测回法测设∠CB1B等于120°角。则B1B线为AA1的延长线		每项中有不符合要求、计算不准确的扣1～5分
	2.2	矩形法	见图F-4		以下每项中有不符合要求、计算不准确的扣1～4分
	2.2.1	延长线上架设仪器	在AB延长线架设仪器于A1，瞄准A点	4	
	2.2.2	利用测回法定线	在A1点架设仪器，利用测回法旋转 90°角测设出A1C线	4	

续表

	序号	项 目 名 称	质 量 要 求	满分	得分与扣分
评分标准	2.2.3	利用视距法定出A1C距离	利用视距法水平距离计算公式，确定A1C距离，做好记录	4	
	2.2.4	定出A1C线	A1C 线长度应躲过障碍物，定出C点	4	
	2.2.5	利用测回法定线	在C点架设仪器，利用测回法旋转90°角，测设出CD线	4	
	2.2.6	定出CD线	CD线应该越过障碍物	4	
	2.2.7	利用视距法定出CD距离	利用视距法水平距离计算公式，确定CD距离，做好记录	4	
	2.2.8	利用测回法定线	在D点架设仪器，利用测回法旋转90°角，测设出DB1线	4	
	2.2.9	利用视距法定出DB1距离	利用视距法水平距离计算公式，确定DB1距离，DB1线应该等于A1C线。做好记录	4	
	2.2.10	测回法校正角度	在B1架设仪器，利用测回法，测设∠DB1B等于90°角。则B1B线为AA1的延长线	4	
	3	操作熟练程度	熟练	3	操作熟练，动作连贯得3分；基本熟练连贯得1.5分

4.2.2 多项操作

行业：电力工程　　　工种：送电线路架设　　　等级：初

<table>
<tr><td>编　号</td><td>C05B017</td><td>行为领域</td><td>e</td><td>鉴定范围</td><td colspan="2">3</td></tr>
<tr><td>考核时限</td><td>40min</td><td>题　型</td><td>B</td><td>题　分</td><td colspan="2">100（30）</td></tr>
<tr><td>试题正文</td><td colspan="6">110kV 送电线路直线杆上拆除悬垂线夹、换上放线滑轮的操作</td></tr>
<tr><td>需要说明的问题和要求</td><td colspan="6">1. 杆上单独操作，杆下 1 人监护配合
2. 用双钩紧线器提升导线
3. 直径 300mm 等径混凝土电杆
4. 要求着装正确（工作服、工作鞋、安全帽）</td></tr>
<tr><td>工具、材料、设备场地</td><td colspan="6">1. 在不带电的培训线路上操作
2. 使用工具、材料自选
3. 选用登杆工具：升降板或脚扣、安全带、传递绳</td></tr>
<tr><td rowspan="15">评分标准</td><td>序号</td><td>项目名称</td><td colspan="2">质量要求</td><td>满分</td><td>得分与扣分</td></tr>
<tr><td>1</td><td>登杆工具选用、检查</td><td colspan="2"></td><td>6</td><td></td></tr>
<tr><td>1.1</td><td>登杆工具选用</td><td colspan="2">选用直径 300mm 混凝土电杆升降板或脚扣</td><td></td><td>遗漏或错误扣 1 分</td></tr>
<tr><td>1.2</td><td>外观检查</td><td colspan="2">无缺陷</td><td></td><td>不检查扣 2 分</td></tr>
<tr><td>1.3</td><td>升降板（或脚扣）、安全带冲击试验</td><td colspan="2">在电杆 0.3～0.5m 高处人力冲击无问题、无损伤</td><td></td><td>安全工具没冲击试验扣 3 分</td></tr>
<tr><td>2</td><td>工具材料准备</td><td colspan="2"></td><td>6</td><td></td></tr>
<tr><td>2.1</td><td>个人工具</td><td colspan="2">齐全（钢丝钳、活动扳手、螺丝刀、工具包等）</td><td></td><td></td></tr>
<tr><td>2.2</td><td>钢丝绳套 1 只</td><td colspan="2">符合要求</td><td></td><td></td></tr>
<tr><td>2.3</td><td>双钩紧线器 1 只</td><td colspan="2">符合要求</td><td></td><td></td></tr>
<tr><td>2.4</td><td>传递绳 1 根</td><td colspan="2">符合要求</td><td></td><td></td></tr>
<tr><td>2.5</td><td>放线滑轮 1 只</td><td colspan="2">符合要求</td><td></td><td></td></tr>
<tr><td>2.6</td><td>U 形环 1 只</td><td colspan="2">符合要求</td><td></td><td></td></tr>
<tr><td>3</td><td>登杆基本功和熟练程度</td><td colspan="2"></td><td>30</td><td></td></tr>
</table>

续表

	序号	项目名称	质量要求	满分	得分与扣分
评分标准	3.1	挂板、上板、挂上板	一脚绷紧升降板绳子挂上板	30	不正确扣 1～2 分
	3.2	上上板	一手抓紧上板两根绳子，另一手压紧踩板头部上板		不正确扣 1～2 分
	3.3	蹬板倒挂	升降板靠近大腿，一膝肘部挂紧升降板绳子		不正确扣 1～2 分
	3.4	侧身脱钩取板	动作安全、正确	30	不正确扣 1～2 分
	3.5	调整脚扣皮带（脚扣登杆）	脚扣皮带调整正确		不正确扣 1～2 分
	3.6	脚扣扣在杆上（脚扣登杆）	位置正确		不正确扣 1～2 分
	3.7	手扶电杆，重心稍向后（脚扣登杆）	姿势正确		不正确扣 1～2 分
	3.8	一步一步升高（脚扣登杆）	每步升高高度正确		不正确扣 1～2 分
	3.9	体型协调	灵活、轻巧		不正确扣 1～2 分
	3.10	上横担动作	安全正确		不正确扣 1～2 分
	3.11	正确使用安全带	位置正确，检查扣环		不正确扣 1～2 分
	4	横担上的工作		14	
	4.1	使用传递绳吊工具	运输熟练正确		不熟练扣 1～2 分
	4.2	调整双钩紧线器	调到中间合适位置		不正确扣 1～3 分
	4.3	坐在横担上挂好钢丝绳套	位置正确		不正确扣 1～3 分
	4.4	挂双钩紧线器	安全、可靠		不正确扣 1～3 分
	5	导线上的操作		7	

续表

	序号	项目名称	质量要求	满分	得分与扣分
评分标准	5.1	沿绝缘子串下至导线上	动作安全正确	7	不正确扣 1～3 分
	5.2	坐在升降板上，双脚蹬在导线上或坐在导线上	动作安全、正确、平稳		不正确扣 1～3 分
	6	拆除悬垂线夹		16	
	6.1	将双钩紧线器下钩钩住导线	操作正确		不正确扣 1～2 分
	6.2	拆卸悬垂线夹固定螺母	操作正确		不正确扣 1～2 分
	6.3	操作双钩紧线器	操作正确		不正确扣 1～2 分
	6.4	检查受力部件并用脚蹬冲击试验	操作正确		不检查试验扣 4 分
	6.5	拆下悬垂线夹	操作正确		不正确扣 1～2 分
	7	装上滑轮		11	
	7.1	装上放线滑轮，导线放进滑轮	合上盖，关上保险		不正确扣 1～4 分
	7.2	放松双钩紧线器	使导线重力落在放线滑轮上，并认真检查		不正确扣 1～4 分
	7.3	取下双钩紧线器	用传递绳传送到地面		不正确扣 1～2 分
	8	其他要求		22	
	8.1	清理现场	符合文明生产要求		不正确扣 1～2 分
	8.2	着装正确	工作服、工作胶鞋、安全帽		漏一项扣 2 分
	8.3	操作动作	动作熟练流畅		动作不熟练扣 1～4 分
	8.4	在规定时间内完成	按要求完成		每超 2min 扣 1 分
	8.5	杆上不能掉东西	符合安规要求		掉一件材料扣 2 分；掉一件工具扣 5 分

行业：电力工程　　　工种：送电线路架设　　　　　等级：初

<table>
<tr><td>编　　号</td><td colspan="2">C05B018</td><td>行为领域</td><td>e</td><td>鉴定范围</td><td>3</td></tr>
<tr><td>考核时限</td><td colspan="2">30min</td><td>题　　型</td><td>B</td><td>题　　分</td><td>100（30）</td></tr>
<tr><td>试题正文</td><td colspan="6">110kV 送电线路直线杆上安装导线防振锤的操作</td></tr>
<tr><td>需要说明的问题和要求</td><td colspan="6">1. 要求单独操作，杆下设 1 人监护，1 人配合
2. 用升降板或脚扣登杆
3. 要求着装正确（工作服、工作鞋、安全帽）
4. 告知安装尺寸</td></tr>
<tr><td>工具、材料、设备场地</td><td colspan="6">1. 在不带电的培训线路上操作
2. 使用工具、材料自选
3. 个人工具
4. 登杆工具：安全带、传递绳</td></tr>
<tr><td rowspan="11">评分标准</td><td>序号</td><td>项 目 名 称</td><td colspan="2">质 量 要 求</td><td>满分</td><td>得分与扣分</td></tr>
<tr><td>1</td><td>工作准备</td><td colspan="2"></td><td>11</td><td></td></tr>
<tr><td>1.1</td><td>升降板（或脚扣）外观检查</td><td colspan="2">无缺陷</td><td></td><td>不正确扣 1～3 分</td></tr>
<tr><td>1.2</td><td>升降板（或脚扣）、安全带进行人体冲击试验</td><td colspan="2">在电杆 0.3～0.5m 高处人力冲击无问题、无损伤</td><td></td><td>没冲击试验扣 4 分</td></tr>
<tr><td>1.3</td><td>材料选择</td><td colspan="2">导线防振锤（含螺栓平垫圈、弹簧垫圈）铝包带</td><td></td><td>每错、漏一项扣 1 分</td></tr>
<tr><td>2</td><td>登杆基本功和熟练程度</td><td colspan="2"></td><td>34</td><td></td></tr>
<tr><td>2.1</td><td>挂板、上板、挂上板（升降板登杆）</td><td colspan="2">一脚绷紧升降板绳子挂上板</td><td></td><td>不正确扣 1～3 分</td></tr>
<tr><td>2.2</td><td>上上板（升降板登杆）</td><td colspan="2">一手抓紧紧上板两根绳子，另一手压紧踩板头部上板</td><td></td><td>不正确扣 1～3 分</td></tr>
<tr><td>2.3</td><td>板倒挂（升降板登杆）</td><td colspan="2">升降板靠近大腿，一膝肘部挂紧升降板绳子</td><td></td><td>不正确扣 1～3 分</td></tr>
<tr><td>2.4</td><td>侧身脱钩取板（升降板登杆）</td><td colspan="2">动作正确</td><td></td><td>不正确扣 1～3 分</td></tr>
<tr><td>2.5</td><td>调整脚扣皮带（脚扣登杆）</td><td colspan="2">脚扣皮带调整正确</td><td></td><td>不正确扣 1～3 分</td></tr>
<tr><td></td><td>2.6</td><td>脚扣扣在杆（脚扣登杆）</td><td colspan="2">位置正确</td><td></td><td>不正确扣 1～3 分</td></tr>
</table>

续表

	序号	项 目 名 称	质 量 要 求	满分	得分与扣分
	2.7	手扶电杆，重心稍向后（脚扣登杆）	姿势正确	34	不正确扣 1～3 分
	2.8	一步一步升高（脚扣登杆）	每步升高高度正确		不正确扣 1～3 分
	2.9	体形协调	灵活、轻巧		不正确扣 1～3 分
	2.10	上横担动作安全正确	动作正确		不正确扣 1～3 分
评分标准	3	操作方法和步骤		32	
	3.1	登杆工具杆上摆放	摆放正确、安全、不掉下		不正确扣 1～3 分
	3.2	正确使用安全带	符合安规要求		不正确扣 1～3 分
	3.3	人体沿绝缘子下至导线	动作正确		不正确扣 1～3 分
	3.4	出导线至工作点	动作正确		不正确扣 1～3 分
	3.5	量出安装尺寸，作好印记	尺寸正确		不正确扣 1 分
	3.6	缠绕铝包带	按规范要求		不正确扣 2 分
	3.7	吊材料上杆动作熟练	操作正确		不正确扣 1～3 分
	3.8	安装防振锤	操作正确		不正确扣 1～3 分
	3.9	按规定拧紧螺栓	操作正确		不正确扣 1～3 分

续表

评分标准	序号	项 目 名 称	质 量 要 求	满分	得分与扣分
	4	技术规范和工艺要求		19	
	4.1	铝包带应紧密缠绕，其方向应与外层铝股的绞制方向一致	达到技术要求		不正确扣4分
	4.2	所缠铝包带可以露出夹口，但不应超过10mm，其端头应回夹于夹内压住	达到技术要求		不正确扣4分
	4.3	螺栓穿向：两边线由内向外穿，中线由左向右穿	达到技术要求	19	不正确扣4分
	4.4	安全距离偏差不应大于±30mm	达到技术要求		有偏差扣1～3分
	4.5	防振锤应与地面垂直	达到技术要求		不正确扣1～2分
	5	其他要求		17	
	5.1	着装正确	工作服、工作胶鞋、安全帽		每漏一项扣1分
	5.2	操作动作	熟练流畅		不熟练扣1～4分
	5.3	按时完成	在规定时间内完成下杆至地面		每超过2min倒扣1分
	5.4	杆上不得掉东西	按安规要求操作		掉一件材料扣2分；掉一件工具扣5分

行业：电力工程　　　工种：送电线路架设　　　等级：中/高

<table>
<tr><td>编　　号</td><td>C43B019</td><td>行为领域</td><td>e</td><td>鉴定范围</td><td>2</td></tr>
<tr><td>考核时限</td><td>30min</td><td>题　　型</td><td>B</td><td>题　　分</td><td>100（30）</td></tr>
<tr><td>试题正文</td><td colspan="5">直线杆分坑</td></tr>
<tr><td>需要说明的问题和要求</td><td colspan="5">1. 本题包括测量和计算两部分
2. 计算时可忽略电杆的厚度，近似认为拉线挂点与横担等高
3. 测量时需 2 名普工配合操作
4. 杆型为 Z1+3，已知：Z1+3 杆呼称高为 15000mm，双杆根开为 4500mm，拉线坑深为 2600mm，拉线对地夹角为 60°，拉线挂线点高度与呼称高相同，杆坑只需测出坑中心点，拉线需测出马道口和坑中心点
5. 示意图见图 F-5 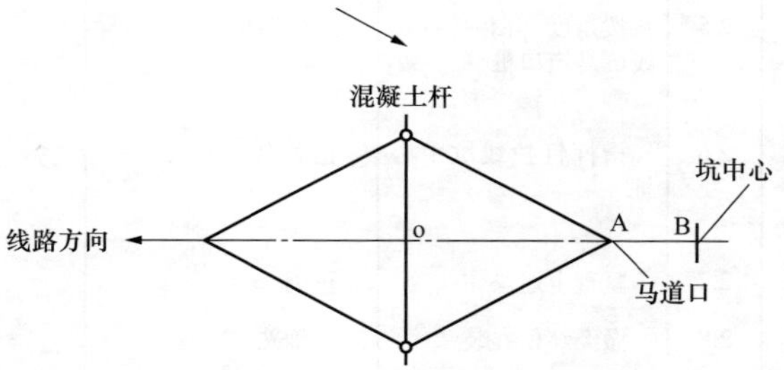

图 F-5</td></tr>
<tr><td>工具、材料、设备场地</td><td colspan="5">经纬仪、计算器、记录本、笔、花杆、皮尺、粉笔、铁锤铁钉、木桩
室外一般场地</td></tr>
</table>

评分标准	序号	项目名称	质量要求	满分	得分与扣分
	1	计算数据		25	
	1.1	计算机开机并检查符合使用要求	开机并检查		未检查扣 5 分
	1.2	计算中心桩至主杆中心距离	正确		算错扣 5 分
	1.3	计算中心桩至拉线马道口距离	正确		算错扣 5 分
	1.4	计算拉线马道口至拉线坑中心距离	正确		算错扣 5 分
	1.5	复核数据	复核且结果正确		未复核扣 5 分
	2	测量		40	
	2.1	检查经纬仪已校验并在有效期	检查并有效		未检查扣 5 分

续表

	序号	项 目 名 称	质 量 要 求	满分	得分与扣分
评分标准	2.2	在中心桩架设经纬仪	对中、整平	40	不熟练扣2分；操作错扣5分
	2.3	经纬仪归零并瞄方向桩	正确熟练		不熟练扣2分；操作错扣5分
	2.4	拨角度，并指挥钉主杆坑中心桩	正确熟练		不熟练扣2分；操作错扣5分
	2.5	拨角度，并指挥钉拉线坑马道口桩	正确熟练		不熟练扣2分；操作错扣5分
	2.6	指挥钉拉线坑中心桩	正确熟练		不熟练扣2分；操作错扣5分
	2.7	复查上述操作	正确		未复查扣5分
	2.8	撤经纬仪并装盒	正确熟练		不熟练扣2分；操作错扣5分
	3	操作		30	
	3.1	检查工具是否齐全	检查并齐全		未检查扣5分
	3.2	检查量具有CMC标志	检查并符合		未检查扣5分
	3.3	主杆坑量距、钉桩	量距正确、钉桩牢固		不熟练扣1分；操作错扣3分
	3.4	拉线马道口桩量距、钉桩	量距正确、钉桩牢固		量距错扣4分；钉桩不牢扣1分
	3.5	拉线坑中心桩量距、钉桩	量距正确、钉桩牢固		量距错扣4分；钉桩不牢扣1分
	3.6	收拾现场	清洁整齐		未收拾扣5分；未整齐扣2分
	4	全面检查	正确美观	5	未检查扣5分

行业：电力工程　　　工种：送电线路架设　　　　等级：中/高

编　号	C43B020	行为领域	e	鉴定范围	3
考核时限	50min	题　型	B	题　分	100（30）
试题正文	单耐张串绝缘子紧线画印及挂线的操作				
需要说明的问题和要求	1. 杆塔上单人操作 2. 指挥1人，监护1人，杆塔下配合2人 3. 机动绞磨1台（含人员） 4. 弧垂观测人员 5. 导线一端已经挂上，桩锚已设好，临时拉线已装好 6. 可同时鉴定弧垂观测人员及杆塔下配合人员、指挥人员、操作一相导线				
工具、材料、设备场地	1. 在不带电的培训线路上操作 2. 经纬仪、机动绞磨、牵引钢丝绳、滑车、卡线器、钢丝绳套等紧线工具 3. 导线、绝缘子、金具、地锚，每人带个人工具				

评分标准	序号	项　目　名　称	质　量　要　求	满分	得分与扣分
	1	登杆		8	
	1.1	整理吊绳，登杆	动作正确，带吊绳		不正确扣1～2分
	1.2	正确使用安全带	安全带所系位置正确，并检查扣环是否扣牢		不正确扣1～2分
	2	安装紧线工具		27	
	2.1	站在或坐在横担挂线点附近，将钢丝绳套吊上电杆	操作正确		不正确扣1～3分
	2.2	钢丝绳套所挂位置正确	要求牵引钢丝绳在不妨碍挂线情况下，离挂线点越近越好		不正确扣1～4分
	2.3	将牵引钢丝绳及紧线滑轮车吊上杆塔	操作正确		不正确扣1～4分
	2.4	紧线滑车挂在钢丝绳套上	要求滑车口离挂线点高差越小越好		不正确扣1～4分
	2.5	检查滑车开盖	切实关好并上保险		不正确扣4分
	2.6	检查并整理牵引钢丝绳	不得缠绕		不正确扣1～3分
	3	画印		13	
	3.1	导线紧到弧垂合格时，听从指挥画印	一般用胶带或胶布在牵引钢丝绳上做印记		不正确扣1～3分

续表

	序号	项 目 名 称	质 量 要 求	满分	得分与扣分
评分标准	3.2	看准位置画印	要求从挂线孔中心的铅垂线与横担中心线平行的铅垂面与牵引钢丝绳交点处为印记处	13	不正确扣 1～5 分
	3.3	印画好后，通知指挥人员将导线落地	通知语言或手势信号正确		不正确扣 1～2 分
	4	地面人员卡耐张线夹挂线		15	
	4.1	紧线快到位时，一手拉住直角挂板，另一手拿着直角挂板的螺栓，通知再牵引一点	用正确的语言或手势信号指挥牵引		不正确扣 1～4 分
	4.2	紧线到位后将直角挂板螺栓孔对齐挂线孔，将螺栓穿上	螺栓穿入方向由上向下，拧紧螺母，插上开口销		不正确扣 1～4 分
	4.3	转动绝缘子串，检查弹簧销及线夹位置正确，通知松牵引	使弹簧销一律由上往下穿，线夹位置正确		不正确扣 1～4 分
	5	清理工作现场		17	
	5.1	从导线上取下卡线器	用双股吊绳一端挂在碗头处，另一端绑于横担上，人坐在吊绳上，取下卡线器		不正确扣 1～4 分
	5.2	人回到横担上，解下吊绳	动作正确		不正确扣 1～3 分
	5.3	将杆塔上工用具用吊绳吊下	动作正确		不正确扣 1～4 分
	5.4	杆下放松临时拉线，杆上拆除临时拉线吊下	操作正确		不正确扣 1～2 分
	6	其他要求		20	
	6.1	着装要求	正确着装		每漏一项扣 2 分
	6.2	动作要求	动作熟练流畅		不熟练扣 1～4 分
	6.3	时间要求	按时完成		每超过 2min 倒扣 1 分
	6.4	安全要求	杆上不能掉东西		每掉一件小材料扣 1 分；掉一件工具扣 3 分

行业：电力工程　　工种：送电线路架设　　等级：中/高

<table>
<tr><td>编　　号</td><td>C43B021</td><td>行为领域</td><td>e</td><td>鉴定范围</td><td>3</td></tr>
<tr><td>考核时限</td><td>40min</td><td>题　　型</td><td>B</td><td>题　　分</td><td>100（30）</td></tr>
<tr><td>试题正文</td><td colspan="5">JG1A-100-19 钢绞线耐张线夹（耐张管）液压操作</td></tr>
<tr><td>需要说明的问题和要求</td><td colspan="5">有两人配合操作</td></tr>
<tr><td>工具、材料、设备场地</td><td colspan="5">1. 200t 液压机、钢模、钢丝刷、砂布、卷尺、划印笔、钢锯、板锉、游标卡尺（读数值为 0.02）
2. JG1A-100-19 钢绞线和配套的耐张线夹（耐张压接管）、汽油、棉丝、细铁丝等
3. 室外平地</td></tr>
</table>

<table>
<tr><td rowspan="15">评分标准</td><td>序号</td><td>项目名称</td><td>质量要求</td><td>满分</td><td>得分与扣分</td></tr>
<tr><td>1</td><td>工具设备检查</td><td></td><td>24</td><td></td></tr>
<tr><td>1.1</td><td>检查液压机</td><td>油管、表计等完好</td><td></td><td>每漏一项扣 1 分</td></tr>
<tr><td>1.2</td><td>检查钢模压钳</td><td>规格符合、相配</td><td></td><td>每错、漏一项扣 1 分</td></tr>
<tr><td>1.3</td><td>液压机试车</td><td>机器平稳、转动正常</td><td></td><td>每错、漏一项扣 1 分</td></tr>
<tr><td>1.4</td><td>检查液压回路</td><td>无渗漏、压力正常</td><td></td><td>每错、漏一项扣 2 分</td></tr>
<tr><td>2</td><td>耐张管钢绞线检查</td><td></td><td>8</td><td></td></tr>
<tr><td>2.1</td><td>检查耐张管规格</td><td>规格正确、外观完好</td><td></td><td>测量不正确扣 2 分</td></tr>
<tr><td>2.2</td><td>检查钢绞线规格</td><td>规格正确、外观完好</td><td></td><td>测量不正确扣 2 分</td></tr>
<tr><td>3</td><td>耐张管钢绞线清洗</td><td></td><td>15</td><td></td></tr>
<tr><td>3.1</td><td>耐张管清洗</td><td>用棉纱蘸汽油擦洗净耐张管内外壁并使其干燥</td><td></td><td>不干净扣 2 分</td></tr>
<tr><td>3.2</td><td>用细铁丝绑扎钢绞线并用钢锯切割端头</td><td>防止散股，切割整齐并与轴线垂直</td><td></td><td>不正确扣 1～3 分</td></tr>
<tr><td>3.3</td><td>钢绞线清洗</td><td>用棉纱蘸汽油擦洗净钢绞线并使其干燥</td><td></td><td>不干净扣 2 分</td></tr>
</table>

续表

	序号	项 目 名 称	质 量 要 求	满分	得分与扣分
评分标准	4	穿管		14	
	4.1	穿管	将钢绞线端头自管口穿入，应顺绞线绞制方向推入，直至线端露出 5mm 为止		不正确扣 1～6 分
	4.2	检查印记	位置正确		不正确扣 1～3 分
	4.3	握住钢绞线端头和钢管	使钢绞线不能窜动		不正确扣 1～3 分
	5	压耐张管		17	
	5.1	检查第一模位置	位于钢锚端，钢绞线未窜动，钢锚水平		不正确扣 1～3 分
	5.2	第一模压好后，检查对边距尺寸	用游标卡尺检查压后尺寸，合格后继续工作		不正确扣 1～6 分
	5.3	继续施压第二模，相邻两模重叠至少 5mm	每一模的压力都达到 80MPa		不正确扣 1～6 分
	6	尺寸检查和压后整理		20	
	6.1	压后整理	锉去飞边毛刺		不正确扣 1～4 分
	6.2	检查尺寸	距压管端各 20mm 左右，量取压后尺寸数据，两组（每组 3 个对边）数据正确		不正确扣 1～6 分
	6.3	涂防锈漆	用钢丝刷和砂布清除钢管压过部分，然后涂防锈漆		不正确扣 1～4 分

行业：电力工程　　　工种：送电线路架设　　　等级：中/高

编号	C43B022	行为领域	e	鉴定范围	3
考核时限	60min	题型	B	题分	100（30）
试题正文	压接引流线（耐张跳线、弓子线）并安装的操作				
需要说明的问题和要求	1. 杆塔上两人操作，尽量两人同时鉴定，杆塔下一人监护 2. 引流线长度已知，耐张绝缘子为双串 3. 要求着装正确（工作服、工作胶鞋、安全帽） 4. 准备工具：吊绳及个人工具、油盘、汽油、画线笔等，细钢丝刷、电力脂、卷尺、液压机、断线钳等				
工具、材料、设备场地	在不带电的培训线路上操作				

评分标准	序号	项目名称	质量要求	满分	得分与扣分
	1	工作准备		9	
	1.1	检查钢芯铝绞线	符合设计要求，不扭曲		不正确扣1～2分
	1.2	检查液压引流板	符合设计要求，带螺栓及垫圈，无损伤及脏污		不正确扣1～2分
	1.3	检查液压机	性能正常，选用的压模合格		不正确扣1～4分
	2	压接引流板		32	
	2.1	用卷尺量出所需钢芯铝绞线	画印准确		不正确扣1～2分
	2.2	剪取所需的长度	长度正确		每误差2cm扣1分
	2.3	清洗引流板及导线压接部分	晾干		不正确扣1～2分
	2.4	画记号并按记号穿入导线	注意导线自然弧度方向		不正确扣1～2分
	2.5	引流板方向检查	平面与自然弧度一致（一人拿起一端引流板，让引流线离地进行检查）		不正确扣1～2分
	2.6	施压前检查印记	正确到位		不正确扣1～2分
	2.7	由管底向管口连续施压	正确使用液压机，按压接规程压接引流板		不正确扣1～6分
	2.8	检查压后尺寸并回答提问（判定合格的标准）	正确使用游标卡尺，判定正确		不正确扣1～4分
	2.9	修掉飞边毛刺	正确使用锉刀		不正确扣1～2分

续表

	序号	项 目 名 称	质 量 要 求	满分	得分与扣分
评分标准	3	安装引流线		28	
	3.1	两人分别登杆塔	动作熟练安全		不正确扣 1～3 分
	3.2	坐在绝缘子串上移动或手扶一串，脚踩一串绝缘子移动至线夹侧	动作正确		不正确扣 1～3 分
	3.3	使用安全带	所系位置正确，检查扣环是否扣牢		不正确扣 1～3 分
	3.4	两人用两根吊绳，同时吊压接好的引流线，上杆塔	操作正确		不正确扣 1～3 分
	3.5	拆下螺栓，用钢丝刷沾电力脂，刷线夹与引流板接触面，清除其表面氧化膜，保留导电胶	操作正确		不正确扣 1～3 分
	3.6	先穿上方侧螺栓，螺栓用手拧紧	操作正确		不正确扣 1～3 分
	3.7	用脚蹬出引流线，使下方侧螺栓两个孔对齐，穿入螺栓（另一个同样操作）	操作正确		不正确扣 1～3 分
	4	技术要求		17	
	4.1	对螺栓要求	螺栓穿入方向正确（边线由内向外，中间由左向右穿）		不正确扣 1～3 分
	4.2	对螺母要求	螺母规定拧紧		不正确扣 1～3 分
	4.3	对引流线要求	检查且调整引流线，使之美观		不正确扣 1～3 分
	4.4	检查要求	检查引流线至杆塔的电气间隙符合设计要求	17	不正确扣 1～3 分；不检查扣 4 分
	5	其他要求		16	
	5.1	着装要求	着装正确		每漏一项扣 1 分
	5.2	动作要求	动作熟练流畅		不熟练扣 1～3 分
	5.3	安全要求	杆上不准掉东西		每掉一件材料扣 2 分；每掉一件工具扣 3 分
	5.4	时间要求	在规定时间内完成		每超过 2min 倒扣 1 分

行业：电力工程　　工种：送电线路架设　　等级：高/技师

编　号	C21B023	行为领域	d	鉴定范围	1
考核时限	30min	题　型	B	题　分	100（30）
试题正文	机动绞磨的使用操作				
需要说明的问题和要求	1. 派两人协助，并设指挥一人 2. 实际操作可在培训地吊起一重物				
工具、材料、设备场地	机动绞磨、牵引绳、桩锚或地锚等				
评分标准	序号	项目名称	质量要求	满分	得分与扣分
	1	机动绞磨安放位置的选择		10	
	1.1	有操作场所，现场开阔、视线好	地势较平坦，能看见指挥信号和起吊过程		不正确扣1～2分
	1.2	符合安全规定的要求	全面考虑操作人员的安全		不正确扣2～4分
	1.3	符合现场工作的要求	尽量不妨碍其他项目的操作，布置时要考虑一点多用，尽量不发生一个工作现场转移绞磨的工作		不正确扣1～2分
	2	检查绞磨		11	
	2.1	机动绞磨放平	绞磨平稳		不平稳扣1～2分
	2.2	检查机油、汽油、齿轮箱油	机油油面合格，汽油够用，齿轮箱油面合格		一项不检查扣2分
	2.3	认真检查锚桩	必须有可靠的地锚或桩锚		不正确扣1～3分
	3	准备牵引		15	
	3.1	后钢丝绳与锚桩连接好	绞磨芯筒中线对准牵引方向		不正确扣1～3分
	3.2	打开油管开关，按下加油按钮	操作正确		不正确扣1～3分
	3.3	变速箱挂空档，离合器处于离位	操作正确		不正确扣1～3分
	3.4	调速杆放在中偏低的位置上，视汽油机温度适当关上阻风门	操作正确	15	不正确扣1～3分

续表

	序号	项目名称	质量要求	满分	得分与扣分
评分标准	3.5	拉动启动绳，使汽油机启动预热，打开阻风门	操作正确	15	不正确扣 1～3 分
	4	牵引		27	
	4.1	松开档板，将牵引钢丝绳缠上绞磨芯	受力绳从绞磨芯下方进入顺时针缠绕，不少于 5 圈		不正确扣 1～4 分
	4.2	尾绳人员拉紧尾绳	操作正确		不正确扣 1～2 分
	4.3	装上档板并切实固定	操作正确		不正确扣 1～3 分
	4.4	将绞磨芯拨至自由转动位置收紧属绳	使牵引绳预受力		不正确扣 1～2 分
	4.5	将绞磨芯拨至牵引位置	切实固定		不正确扣 1～2 分
	4.6	挂上高速档，平稳合上离合器	使牵引绳和绞磨后钢丝绳受力		不正确扣 1～3 分
	4.7	牵引工作中尾绳应及时收紧	尾绳保持受力状态		不正确扣 1～2 分
	4.8	必要时停止牵引，移动绞磨	使绞磨芯中线对准牵引方向		不正确扣 1～3 分
	4.9	根据工作情况配合档位，调速器（油门大小）进行牵引工作	操作正确		不正确扣 1～3 分
	5	技术要求		10	
	5.1	密切注意指挥和起吊过程	手不能离开离合器操作杆，及时减慢牵引速度或及时停止牵引		不正确扣 1～3 分
	5.2	感觉到机动绞磨受力大时要及时减至慢档，同时检查桩锚是否松动	操作正确		不正确扣 1～4 分

续表

	序号	项目名称	质量要求	满分	得分与扣分
评分标准	5.3	牵引工作结束后，要先用倒档，松劲后，再从绞磨芯上拆出钢丝绳，人力拖松	准备下一次牵引进行技术工作	10	不正确扣1～2分
	6	工作结束		7	
	6.1	调速器(油门)加大，让汽油机高速运转几秒钟再熄灭	操作正确		不正确扣1～2分
	6.2	调速器（油门）放至怠速位置，关上油管开关	操作正确		不正确扣1～2分
	6.3	从绞磨芯上拆出牵引钢丝绳并复位	操作正确		不正确扣0.5～1分
	6.4	从桩锚上拆出后钢丝绳套并作好绞磨运走的准备	操作正确		不正确扣0.5～1分
	7	其他要求		20	
	7.1	动作要求	动作熟练流畅		不熟练扣1～4分
	7.2	对离合器分合要求	离合器分合切实到位		不正确扣1～2分
	7.3	技术要求	熟悉指挥信号，反应迅速		不正确扣1～2分
	7.4	时间要求	按时完成		每超过2min扣1分

行业：电力工程　　工种：送电线路架设　　等级：高/技师

编　号	C32B024	行为领域	e	鉴定范围	3
考核时限	60min	题　型	B	题　分	100（30）
试题正文	螺栓式耐张线夹制作及配合单耐张绝缘子串挂线的操作				
需要说明的问题和要求	1. 杆塔上单独操作，指挥一人，监护一人 2. 杆塔下单人操作，派两人配合 3. 机动绞磨一台（含人员）弧垂观测人员一人 4. 导线一端已经挂上，桩锚已设好，临时拉线已装好 5. 可同时鉴定，弧垂观测及机动绞磨操作人员，杆上操作人员 6. 操作一相导线 7. 螺栓式线夹可以重复使用				
工具、材料、设备场地	1. 在不带电的培训线路上操作 2. 经纬仪 3. 机动绞磨、牵引钢丝绳、滑车、紧线卡头、钢丝绳套、U型挂环等紧线工具 4. 导线、绝缘子、金具、桩锚等，每人带个人工具				

评分标准	序号	项　目　名　称	质　量　要　求	满分	得分与扣分
	1	工作准备		10	
	1.1	所选工作面正确	处于画印点正投影处		不正确扣1～2分
	1.2	所有工器具及材料认真检查	摆放整齐有序		不正确扣1～2分
	1.3	组装耐张绝缘子串	绝缘子串排列方向正确，直角挂板处朝挂线点		不正确扣1～2分
	1.4	装绝缘子弹簧销	绝缘子弹簧销插入方向一致		不正确扣1～2分
	1.5	制作一根与耐张串的实际长度等长的比尺	从直角挂板孔中心量至耐张线夹导线拐弯处，尺寸准备		不正确扣1～2分
	2	定出耐张线夹的位置	紧线工具在杆上已安装上	27	
	2.1	拖动紧线滑轮上的牵引钢丝绳至工作面，在绳套头上装上卡线器	操作正确		不正确扣1～3分
	2.2	将卡线器卡在导线的适当位置	线紧到弧垂合格后，卡线器离紧线滑车距离在不妨碍画印情况下越近越好，不能返工		不正确扣1～4分；返工一次扣4分

续表

	序号	项 目 名 称	质 量 要 求	满分	得分与扣分
评分标准	2.3	紧线、观测弧垂、画印		27	
	2.4	画印后放下导线，不能动卡线器，拉紧导线和钢丝绳，每人用双手同时捏紧导线和牵引钢丝绳比平面印	将钢丝绳上印记比在导线上，并清除钢丝绳上的印记，以利于下次紧线		不正确扣1～5分
	2.5	比尺一头对准印记，一头朝卡线器方向，比出耐张线夹安装位置并画印	尺寸准确		不正确扣1～5分
	2.6	量出耐张线夹需要缠绕铝包带的位置并画印	位置准确		不准确扣1～2分
	2.7	留出引流线（耐张跳线）的长度，剪断导线	留出引流线的长度符合设计要求		不正确扣1～4分
	3	制作耐张线夹		23	
	3.1	缠绕铝包带	应紧密缠绕，其缠绕方向应与外层铝股绞制方向一致，从中间画印处开始向两边缠绕		不正确扣1～4分
	3.2	将导线上的印记转移到铝包带上，铝包带端头应压回线夹内	所缠铝包带可露出夹口，但不应超过10min，端头应压回线夹内		不正确扣1～4分
	3.3	耐张线夹导线拐弯处，对准导线上的印记，安装耐张线夹	耐张线夹安装方向正确，倒装式线夹、U型螺栓在引流线上		不正确扣1～4分
	3.4	注意留下作引流线（耐张跳线）的导线的自然弧度	要与引流线（耐张跳线）弧度方向一致		不正确扣1～4分
	3.5	装耐张线夹	耐张线夹压块要装正，U型螺栓两侧出丝一样长。螺栓按规定拧紧，所有垫圈、销钉不能丢失，螺栓销钉穿向正确		不正确扣1～4分

续表

	序号	项 目 名 称	质 量 要 求	满分	得分与扣分
评分标准	4	装防振锤		13	
	4.1	按图纸要求量出防振锤安装位置	防振锤安装距离偏差不大于±30mm		不正确扣 1～4 分
	4.2	按规定要求缠绕铝包带	所缠铝包带可露出夹口，但不应超过10mm，端头应压回夹口内		不正确扣 1～4 分
	5	挂线		9	
	5.1	拆下三角卡线器后，将其卡于防振锤附近，以不碰防振锤即可	操作正确		不正确扣 1～2 分
	5.2	用铁丝将绝缘子串绑于牵引钢丝绳上，必要时多绑几道或用专用托架将绝缘子串托住绑于牵引钢丝绳上	操作正确		不正确扣 1～2 分
	5.3	紧线、挂线	符合规定要求		
	6	其他要求		18	
	6.1	动作要求	动作熟练流畅		不熟练扣 1～4 分
	6.2	着装要求	着装正确		漏一项扣 2 分
	6.3	时间要求	按时完成		每超过 2min 倒扣 1 分

行业：电力工程　　工种：送电线路架设　　等级：高/技师

<table>
<tr><td>编　号</td><td>C32B025</td><td>行为领域</td><td>e</td><td>鉴定范围</td><td>3</td></tr>
<tr><td>考核时限</td><td>50min</td><td>题　型</td><td>B</td><td>题　分</td><td>100（30）</td></tr>
<tr><td>试题正文</td><td colspan="5">大截面钢芯铝绞线直线管液压连接的操作</td></tr>
<tr><td>需要说明的问题和要求</td><td colspan="5">两人配合在一平地上操作</td></tr>
<tr><td>工具、材料、设备场地</td><td colspan="5">液压机及钢模、液压管、导电脂、油盘、锉刀、汽油、专用毛刷、棉纱等</td></tr>
<tr><td rowspan="14">评分标准</td><td>序号</td><td>项目名称</td><td>质量要求</td><td>满分</td><td>得分与扣分</td></tr>
<tr><td>1</td><td>工作准备</td><td></td><td>8</td><td></td></tr>
<tr><td>1.1</td><td>检查液压机及钢模</td><td>液压机性能良好，两组钢模合格</td><td></td><td>不正确扣1～3分</td></tr>
<tr><td>1.2</td><td>检查液压管（含钢管）</td><td>液压管规格正确，质量良好，清洗干净，并使其干燥</td><td></td><td>不正确扣1～3分</td></tr>
<tr><td>2</td><td>机械准备</td><td></td><td>5</td><td></td></tr>
<tr><td>2.1</td><td>检查并正确连接液压机</td><td>液压机的缸体应垂直地平面，并放置平稳</td><td></td><td>不正确扣1～2分</td></tr>
<tr><td>2.2</td><td>选择并安装钢模</td><td>选择的钢模应与被压管配套，钢模安装正确</td><td></td><td>不正确扣1～3分</td></tr>
<tr><td>3</td><td>导线切割</td><td></td><td>18</td><td></td></tr>
<tr><td>3.1</td><td>将被压接的导线掰直，两端头绑线扎好</td><td>防止散股，切割整齐并与轴线垂直</td><td></td><td>不正确扣1～3分</td></tr>
<tr><td>3.2</td><td>导线两端头清洗</td><td>清洗长度不短于管长的1.5倍</td><td></td><td>不正确扣1～2分</td></tr>
<tr><td>3.3</td><td>在管两端部各量出钢管长度的1/2加20mm处加绑扎线</td><td>尺寸准确</td><td></td><td>不正确扣1～3分</td></tr>
<tr><td>3.4</td><td>在距绑扎线5～8mm处，用割线器或钢锯割去铝股部分</td><td>在切割内层铝股时，只割到每股直径的3/4处，然后将铝股逐股掰断</td><td></td><td>伤及钢芯扣5分；不正确扣1～3分</td></tr>
<tr><td>3.5</td><td>检查两端部割线尺寸</td><td>正确</td><td></td><td>不正确扣1～2分</td></tr>
</table>

续表

	序号	项目名称	质量要求	满分	得分与扣分
评分标准	3.6	用汽油或其他清洗剂清洗露出的钢芯	擦净并使其干燥	18	不正确扣1～3分
	4	穿钢芯管		9	
	4.1	在钢管中心及钢芯的1/2钢管长度画一印记后，将导线的钢芯穿入钢管中	画印记后应立即检查印记位置是否正确		不正确扣1～3分
	4.2	检查两钢芯的端头在钢管中心相碰	位置正确		不正确扣1～3分
	4.3	握住钢绞线两端头并控制钢管	使钢绞线不能窜动		不正确扣1～3分
	5	压钢芯管		15	
	5.1	检查定位印记是否在指定位置。先在钢管中心压第一模	被压管放入下钢模时，位置正确，定位印记在指定位置		不正确扣1～3分
	5.2	第一模压好后应检查压后对边距尺寸	用游标卡尺检查压后尺寸，合格后再继续工作		不正确扣1～4分
	5.3	然后向一端进行施压，相邻两模至少应重叠5mm	液压机的操作必须使每一模都达到规定压力		不正确扣1～3分
	5.4	压完一端后再压另一端	操作正确		不正确扣1～2分
	5.5	钢管全部压完后检查合格	外观检查，尺寸检查，弯曲度检查		不正确扣1～3分
	6	穿铝管		19	
	6.1	以钢管中心为准，在两端导地线上各量1/2铝管长度划两印记。在两印记外侧50mm处各画一印记	操作正确		不正确扣1～3分
	6.2	画印记后应立即检查印记位置是否正确	尺寸准确		不正确扣1～3分
	6.3	管长两印记内的导线表面涂导电脂。先将导电脂薄薄地均匀涂上一层，以将外层铝股覆盖住，再用钢丝刷沿钢芯铝绞线轴线方向进行擦刷	操作准确，使液压后能与铝管接触的铝股表面全部刷到	19	不正确扣1～3分

续表

	序号	项目名称	质量要求	满分	得分与扣分
评分标准	6.4	以铝管中心为准，向两侧各量1/2钢管长度在铝管上面两印记并认真检查印记准确	印记位置准确	19	不正确扣1～3分
	6.5	将铝管移至两导线所画的印记内，使钢管中心和铝管中心重合	操作正确，位置准确		中心每偏差1mm扣1分
	7	压铝管		14	
	7.1	在钢管印记外10mm处对准压模边压第一模，然后朝铝管口方向侧压第二模	操作正确，钢管及钢管两端各10mm不压，每一模都达到压力		不正确扣1～3分
	7.2	从第二模开始，相邻两模至少应重叠5mm	压完一侧后压另一侧		不正确扣1～2分
	7.3	压接完成后，进行压接尺寸检查，锉去飞边毛刺	操作正确		不正确扣1～3分
	7.4	对有弯曲的压接管在规程允许范围内进行校直	操作正确		不正确扣1～3分
	8	其他要求		12	
	8.1	动作要求	动作熟练流畅		不熟练扣1～4分
	8.2	安全要求	操作人员头部应在液压机侧面并避开钢模，防止钢模压碎飞出伤人		不正确扣2分
	8.3	计算要求	计算压后对边距尺寸S，S=0.86×0.933D+0.2mm，D是压接管外径尺寸		不正确扣2分
	8.4	时间要求	按时完成		每超过1min倒扣1分

行业：电力工程　　　工种：送电线路架设　　　等级：高/技师

编　　号	C32B026	行为领域	e	鉴定范围	3
考核时限	100min	题　　型	B	题　　分	100（30）
试题正文	部分损伤导线修补处理				
需要说明的问题和要求	1. 档距中导线损伤严重，需更换导线 JL/G1A-160/26-26/7 型约 70m 2. 一人操作，派两人配合 3. 受损导线已放至地面 4. 地形平坦 5. 液压连接				
工具、材料、设备场地	1. 在不带电的培训线路上模拟操作 2. 工具、材料准备：紧线钳（三角卡线器）4 只，双钩紧线器或手拉葫芦 1 套，钢丝绳套 1 只，断线钳 1 把，卸扣或 U 形环 4 只，JL/G1A-160/26-26/7 型导线约 70m 3. 与导线配套的液压管 2 套和液压机、黑胶布、油盘、游标卡尺、汽油、记号笔等				

评分标准	序号	项　目　名　称	质　量　要　求	满分	得分与扣分
	1	工作准备		6	
	1.1	检查所有紧线工具（外观无缺陷，规格正确）	检查认真，合格适用		不正确扣 1～2 分
	1.2	检查所有金具（外观无缺陷，规格正确）检查认真，合格适用	检查认真，合格适用		不正确扣 1～2 分
	1.3	检查液压管（清洗干净，规格正确）	检查认真，合格适用		不正确扣 1～2 分
	2	定出导线液压管位置（考问）		6	
	2.1	距离要求	离悬垂线夹距离大于 5m；离耐张线夹距离大于 15m		不正确扣 1～2 分
	2.2	数量要求	一档内不许有两个液压管		不正确扣 1～2 分
	2.3	处理受损导线	受损导线要求全部换下		不正确扣 1～2 分
	3	导线展开		6	
	3.1	将导线抬至两液压管之间位置	操作方法正确		不正确扣 1～2 分
	3.2	由中间向两边滚动导线圈，将导线展开	操作方法正确		不正确扣 1～2 分
	3.3	尽力靠近需要更换的旧导线但不能压住旧导线	操作方法正确		不正确扣 1～2 分

续表

	序号	项 目 名 称	质 量 要 求	满分	得分与扣分
评分标准	4	新导线一端卡线		11	
	4.1	将两只紧线钳用卸扣或U形环连在一起	连接可靠		不正确扣1～2分
	4.2	将一只紧线钳卡过导线损伤部位，留有未损伤导线作为压接用	操作正确		不正确扣1～2分
	4.3	将新导线头部用汽油清洗干净并晾干	清洗长度为3～4倍液压管长度		不正确扣1～2分
	4.4	将新导线穿过液压管，新导线头用另一只紧线钳卡紧	操作正确		不正确扣1～2分
	5	新导线另一端紧线		11	
	5.1	将双钩紧线器或手拉葫芦放松	操作正确		不正确扣1～2分
	5.2	将紧线钳夹紧新导线，夹后需留下1m左右的线头	操作正确		不正确扣1～2分
	5.3	紧线钳后部用U形环或卸口连接一钢丝绳套	操作正确		
	5.4	钢丝绳套另一端连接双钩紧线器一端			
	5.5	拉紧新导线	操作正确		不正确扣1～2分
	5.6	收紧双钩紧线器或收紧手拉葫芦，并冲击检查	操作正确，使旧导线上的拉力慢慢转移到新导线上来		不正确扣1～2分
	6	新线一端液压		18	
	6.1	将液压管一端靠紧紧线钳，将液压管另一端在旧导线上比齐画印，再在印外10mm处剪断旧导线（如模拟操作不能断线，以下口头回答）	操作正确		不正确扣1～2分

续表

	序号	项目名称	质量要求	满分	得分与扣分
评分标准	6.2	清除旧导线头的氧化层，清洗旧导线头晾干后，移动液压管使旧导线头也穿进液压管	要求旧导线头出液压管 10mm，穿进铝衬垫。铝衬垫两端出头长度一致	18	不正确扣 1～3 分
	6.3	液压	操作正确		不正确扣 1～2 分
	6.4	认真检查液压质量，用游标尺认真检查	两端及中间正面侧面的压后尺寸合格		不正确扣 1～3 分
	6.5	将新导线在液压管和紧线钳间剪断，注意新导线头出液压管 10mm	操作正确		不正确扣 1～3 分
	6.6	取下两把紧线夹头	操作正确		不正确扣 1～2 分
	7	新线另一端液压		24	
	7.1	将新导线头清洗干净	清洗长度为液压管长度的 1.2 倍		不正确扣 1～3 分
	7.2	将新导线头穿进液压管，新线头露出压管一端 20mm，并在液压管另一侧比齐在旧导线上画印	操作正确		不正确扣 1～3 分
	7.3	在画印处将旧导线剪断			不正确扣 1～3 分
	7.4	清除旧导线头的氧化层并清洗，清洗长度为 1.2 倍液压管长，晾干	操作正确		不正确扣 1～3 分

续表

	序号	项 目 名 称	质 量 要 求	满分	得分与扣分
评分标准	7.5	将旧导线穿过液压管塞进铝衬垫。要求铝衬垫两端出头长度一致。新旧导线出液压管的长度各 10mm	操作正确	24	不正确扣 1～2 分
	7.6	液压	操作正确		不正确扣 1～2 分
	7.7	认真检查液压质量，用游标卡尺认真量两端及中间正面、侧面的压后尺寸合格	操作正确		不正确扣 1～2 分
	7.8	松开钩或手拉葫芦，取下两把紧线钳	操作正确		不正确扣 1～3 分
	7.9	应将液压管安排在钢丝绳部分，不能在双钩和紧线夹头部位	操作正确，要在钢丝绳套上加保护层。如改用一根短拉棒代替钢丝绳套则更安全		不正确扣 1～2 分
	8	其他要求		10	
	8.1	认真检查工作现场，整理工用具，收回旧导线	符合文明生产要求		不正确扣 1～2 分
	8.2	动作要求	动作熟练流畅		不熟练扣 1～4 分
	8.3	时间要求	按时完成		每超过 2min 倒扣 1 分

行业：电力工程　　　工种：送电线路架设　　　等级：高/技师

<table>
<tr><td colspan="2">编　　号</td><td>C32C027</td><td>行为领域</td><td colspan="2">e</td><td>鉴定范围</td><td>2</td></tr>
<tr><td colspan="2">考核时限</td><td>60min</td><td>题　　型</td><td colspan="2">B</td><td>题　　分</td><td>100（50）</td></tr>
<tr><td colspan="2">试题正文</td><td colspan="6">转角杆基础分坑（包括拉线基础）</td></tr>
<tr><td colspan="2">需要说明的问题和要求</td><td colspan="6">1. 本题包括测量和计算两部分
2. 分坑时，主杆坑只需定出坑中心，拉线坑需定出马道口和坑中心，不需要画坑
3. 数数据时，可不考虑横担宽度，地线拉线、侧拉线挂点高按 16000mm 计算
4. 测量时需 2 名普工配合操作
5. J1 型转角杆，已知：呼称高为 12 000mm 导线拉线挂点高度与呼称高相同，地线拉线挂点高度 16000mm，根开为 4500mm；导线拉线对地夹角 45°，对横担夹角 75°，拉线盘埋深 2.6m；地线拉线对地夹角 60°，对横担夹角 90°，拉线盘埋深 2.2m，侧拉线对地夹角 45°，对横担夹角 0°，拉线盘埋深 2.0m（杆位不考虑横向位移）
6. 示意图见图 F-6
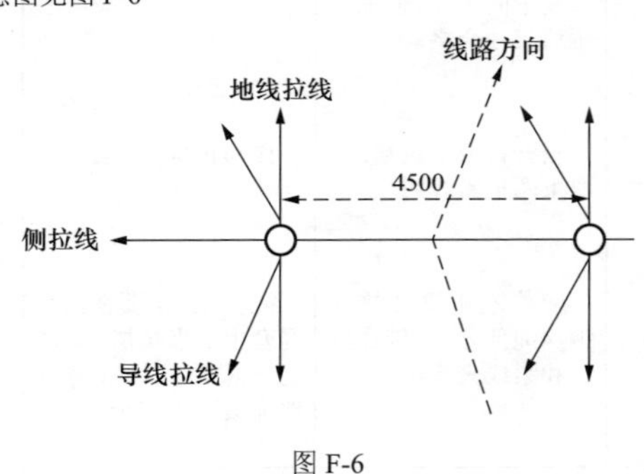

图 F-6</td></tr>
<tr><td colspan="2">工具、材料、设备场地</td><td colspan="6">经纬仪、计算器、记录本、笔、花杆、皮尺、塔尺、小锤、木桩、铁钉室外开阔场地</td></tr>
<tr><td rowspan="5">评分标准</td><td>序号</td><td colspan="2">项　目　名　称</td><td colspan="2">质　量　要　求</td><td>满分</td><td>得分与扣分</td></tr>
<tr><td>1</td><td colspan="2">计算数据</td><td colspan="2"></td><td>37</td><td></td></tr>
<tr><td>1.1</td><td colspan="2">计算机开机，并检查其是否符合使用要求</td><td colspan="2">开机并检查</td><td></td><td>未检查扣 1 分</td></tr>
<tr><td>1.2</td><td colspan="2">计算分角桩角度值</td><td colspan="2">计算正确</td><td></td><td>计算错扣 3 分</td></tr>
<tr><td>1.3</td><td colspan="2">计算主杆坑至中心桩的距离</td><td colspan="2">计算正确</td><td></td><td>计算错扣 3 分</td></tr>
</table>

续表

	序号	项 目 名 称	质 量 要 求	满分	得分与扣分
评分标准	1.4	计算水平地面时辅助桩至导线拉线马道口桩的距离	计算正确	37	计算错扣3分
	1.5	计算地形高差对导线拉线距离的影响	计算正确		计算错扣3分
	1.6	计算导线拉线马道口桩至拉线坑中心桩的距离	计算正确		计算错扣3分
	1.7	计算水平地面时辅助桩至地线拉线马道口桩的距离	计算正确		计算错扣3分
	1.8	计算地形高差对地线拉线距离的影响	计算正确		计算错扣3分
	1.9	计算地线拉线马道口桩至拉线坑中心桩的距离	计算正确		计算错扣3分
	1.10	计算水平地面辅助桩至侧拉线马道口桩的距离	计算正确		计算错扣3分
	1.11	计算地形高差对侧拉线距离的影响	计算正确		计算错扣3分
	1.12	计算侧拉线马道口桩至拉线坑中心桩的距离	计算正确		计算错扣3分
	1.13	复核上述计算结果	复核并正确		未复核扣3分
	2	测量		39	
	2.1	检查经纬仪已校验并在有效期	检查并有效		未检查或错扣2分
	2.2	在中心桩架设经纬仪	对中并整平		不熟练扣1分;操作错扣2.5分
	2.3	经纬仪归零并瞄方向桩	正确熟练		不熟练扣1分;操作错扣2.5分

续表

	序号	项目名称	质量要求	满分	得分与扣分
评分标准	2.4	拨角度并指挥钉分角桩	正确熟练	39	不熟练扣1分；操作错扣3分
	2.5	指挥钉主杆中心桩	正确熟练		不熟练扣1分;操作错扣2.5分
	2.6	辅助桩架设经纬仪	对中并整平		不熟练扣1分;操作错扣2.5分
	2.7	经纬仪瞄分角桩并归零	正确熟练		不熟练扣1分;操作错扣2.5分
	2.8	指挥钉侧拉线马道口桩	正确熟练		不熟练扣1分；操作错扣3分
	2.9	指挥钉侧拉线坑中心桩	正确熟练		不熟练扣1分;操作错扣2.5分
	2.10	拨角度并指挥钉导线拉线坑马道口桩	正确熟练		不熟练扣1分；操作错扣3分
	2.11	指挥钉导线拉线坑中心桩	正确熟练		不熟练扣1分;操作错扣2.5分
	2.12	拨角度并指挥钉地线拉线坑马道口桩	正确熟练		不熟练扣1分；操作错扣3分
	2.13	指挥钉地线拉线坑中心桩	正确熟练		不熟练扣1分;操作错扣2.5分
	2.14	另一辅助桩架设经纬仪并指挥钉导线拉线、地线拉线马道口桩及坑中心桩	正确熟练		不熟练扣2分；操作错扣5分
	3	实际操作		24	
	3.1	检查工具齐全	检查并齐全		未检查扣1分

续表

	序号	项目名称	质量要求	满分	得分与扣分
评分标准	3.2	检查量具有“CMC”标志	检查并符合	24	未检查扣1分
	3.3	钉分角桩并钉钉	距离合适并牢固		量距错扣2分；钉桩不牢扣0.5分
	3.4	钉主杆坑中心桩并钉钉	量距正确，钉桩牢固		量距错扣2分；钉桩不牢扣0.5分
	3.5	钉侧拉线马道口桩	量距正确，钉桩牢固		量距错扣2分；钉桩不牢扣0.5分
	3.6	钉侧拉线坑中心桩	量距正确，钉桩牢固		量距错扣2分；钉桩不牢扣0.5分
	3.7	钉导线拉线马道口桩	量距正确，钉桩牢固		量距错扣2分；钉桩不牢扣0.5分
	3.8	钉导线拉线坑中心桩	量距正确，钉桩牢固		量距错扣2分；钉桩不牢扣0.5分
	3.9	钉地线拉线马道口桩	量距正确，钉桩牢固		量距错扣2分；钉桩不牢扣0.5分
	3.10	钉地线拉线坑中心桩	量距正确，钉桩牢固		量距错扣2分；钉桩不牢扣0.5分
	3.11	钉另一辅助桩对应的导线拉线、地线拉线马道口桩及坑中心桩	量距正确，钉桩牢固		量距错扣2分；钉桩不牢扣0.5分
	3.12	清理现场	清洁整齐		未收拾扣2分；未整齐扣1分
	4	全面检查	正确美观	2	未检查扣2分

行业：电力工程　　工种：送电线路架设　　等级：技师

<table>
<tr><td>编　　号</td><td>C02B028</td><td>行为领域</td><td>e</td><td>鉴定范围</td><td>3</td></tr>
<tr><td>考核时限</td><td>60min</td><td>题　　型</td><td>B</td><td>题　　分</td><td>100（30）</td></tr>
<tr><td>试题正文</td><td colspan="5">指挥更换110kV线路孤立档导线的操作</td></tr>
<tr><td>需要说明的问题和要求</td><td colspan="5">1. 操作时只要换一相导线（只准备更换一相导线的材料）
2. 引流线（跳线、弓子线）并沟线夹连接
3. 耐张绝缘子单串
4. 准备足够的熟练工作人员
5. 可模拟现场进行考试或采取笔答的方法，个别细节由考官提问回答</td></tr>
<tr><td>工具、材料、设备场地</td><td colspan="5">1. 在不带电的培训线路模拟运行中操作
2. 准备以下材料：钢芯铝绞线、绝缘子16片或110kV合成绝缘子2只、直角挂板2只、球头挂环2只、碗头挂板2只、螺栓式耐张线夹2只、防振锤2只、铝包带若干、并沟线夹6只
3. 准备以下工具：放线盘1只、110kV验电笔1支、接地线2副、绝缘手套1副、临时拉线用钢丝绳2根、紧线器1～2套（做临时拉线用）、大锤1～2把、紧线钳（鬼爪夹线器）1把、牵引钢丝绳1根、机动绞磨1台、角铁桩4根、断线钳1～2把、滑轮20～30kN 2只、滑轮10kN 1只、钢丝绳套3～4只</td></tr>
</table>

评分标准	序号	项目名称	质量要求	满分	得分与扣分
	1	工作准备		19	
	1.1	材料齐备情况	指定专人检查并亲自抽查		不正确扣1～2分
	1.2	检查材料规格型号及质量	指定专人检查并亲自抽查		不正确扣2～3分
	1.3	检查工具齐备情况	指定专人检查并亲自抽查		不正确扣1～3分
	1.4	检查工具规格型号、质量及符合安全要求	指定专人检查并亲自抽查		不正确扣1～3分
	1.5	检查验电笔是否正常	指定专人试验检查		不正确扣2～4分
	1.6	检查机动绞磨	指定专人检查并启动试验		不正确扣2～4分
	2	办理停电手续，领取工作票	手续正确	4	不正确扣2～4分
	3	人员分工		6	
	3.1	安全员（副指挥）	1人		不正确扣1分
	3.2	杆上人员	1号杆1～2人，2号杆2人		不正确扣0.5～1分

续表

	序号	项目名称	质量要求	满分	得分与扣分
	3.3	杆下人员	1号杆3人（含作业组负责人1人）；2号杆3人（含作业组负责人1人）；指定做临时拉线人员	6	不正确扣0.5～1分
	3.4	操作绞磨人员	2人（指定机手及拉尾绳人）		不正确扣1～2分
	3.5	放线盘管理人员	2人（指定1人负责）		不正确扣0.5～1分
	3.6	拖线人员	足够（指定1人负责）		不正确扣1～2分
	4	宣讲安全措施（要求结合实际）		10	
	4.1	切实作好验电、挂接地线工作	指定专人操作并指定专人监护		
评分标准	4.2	所使用的起重用具必须严格检查，严禁超载使用	指定专人操作		
	4.3	松线前要认真检查杆根及拉线，必要时调整时更换拉线	指定专人负责		
	4.4	只有安装好可靠的临时拉线后方可松线	指定专人负责		
	4.5	工作中要统一指挥，保持通信良好	现场检查通信设备		每错、漏一项扣1分
	4.6	杆上工作人员要使用合格的安全带，现场人员应戴好安全帽	指定安全员检查		
	4.7	牵引绳在绞磨芯上缠绕不少于5圈	指定专人负责		
	4.8	任何人不得跨越受力钢丝绳或停留在受力钢丝绳内侧	相互提醒		
	4.9	受力时要认真检查受力装备	指定专人负责		
	4.10	安全措施应根据具体情况增加	安全员、工作人员发言		

续表

	序号	项目名称	质量要求	满分	得分与扣分
评分标准	5	指挥现场布置及操作		8	
	5.1	1 号杆挂线，2 号杆放紧线	布置正确、清楚、全面		
	5.2	放线盘	放至 2 号杆杆根附近		每错、漏一项扣 1～2 分
	5.3	绞磨	放至 2 号杆适当位置松、紧线		
	5.4	绞磨及绞磨导向滑轮	固定于专用锚桩上		
	6	展放新导线		4	
	6.1	指挥展放新导线。展放导线时 3 根线要切实分开，不得相互压住，并尽量在两挂线点间的直线上	注意检查，能发现问题		不正确扣 1～2 分
	6.2	检查电杆及拉线，必要时调整或更换拉线	注意检查，能发现问题		
	7	撤线		20	
	7.1	验电、挂接地线	指挥正确		
	7.2	在两耐张杆横担上安装临时拉线	指挥正确，切实拉紧，方向正确，方向为靠换新线一侧		
	7.3	临时拉线上端应在两杆横担头部，用 8 字形结锁紧，并不得妨碍松紧线工作	指挥正确		
	7.4	指挥杆上人员拆开引流线（跳线、弓子线）	指挥正确		一项不正确扣 1～2 分
	7.5	将紧线用滑车和用钢丝绳套固定于横担挂线点附近	指挥正确		
	7.6	将牵引钢丝绳及紧线钳吊上杆塔并安装	指挥正确		

续表

	序号	项 目 名 称	质 量 要 求	满分	得分与扣分
评分标准	7.7	将紧线钳卡在线夹与防振锤之间，绝缘子串和牵引钢丝绳绑扎在一起，绑扎不少于两点	指挥正确	20	
	7.8	指挥绞磨收紧牵引钢丝绳，使绝缘子串不再受拉力	指挥正确		
	7.9	拆下绝缘子串，指挥绞磨放下旧导线	指挥正确		一项不正确扣1～2分
	7.10	拆下1号杆的绝缘子串，放下旧导线（放下的旧导线要及时回收，以免妨碍新线紧线）	指挥正确		
	8	安装新导线		12	
	8.1	1号杆挂上新导线和新绝缘子串	指挥正确，操作正确		
	8.2	紧新线并观测弧垂，画印	指挥正确，操作正确		
	8.3	将新导线和新绝缘子串挂上2号杆挂点	指挥正确，操作正确		一项不正确扣1～2分
	8.4	搭接引流线（跳线、弓子线）	指挥正确，操作正确		
	8.5	拆除临时拉线	指挥正确，操作正确		
	8.6	检查施工现场，拆除接地线	清理现场，仔细检查确无问题，撤离工作现场		不正确扣1～2分
	9	其他要求		17	
	9.1	指挥	指挥熟悉、果断、正确		不正确扣1～3分
	9.2	处理问题	处理问题快捷、正确		不正确扣1～5分
	9.3	工作终结恢复送电	以清晰、准确、规定语言报告工作终结，恢复送电		不正确扣1～5分
	9.4	考核时间	按时完成		超过时间不给分提前完成酌情加分

行业：电力工程　　工种：送电线路架设　等级：技师/高级技师

<table>
<tr><td>编　　号</td><td>C32C029</td><td>行为领域</td><td>e</td><td>鉴定范围</td><td>4</td></tr>
<tr><td>考核时限</td><td>120min</td><td>题　　型</td><td>C</td><td>题　　分</td><td>100（50）</td></tr>
<tr><td>试题正文</td><td colspan="5">组织指挥500kV带电线路停电落线耐张转角塔耐张串换绝缘子</td></tr>
<tr><td>需要说明的问题和要求</td><td colspan="5">1. 全过程的负责指挥
2. 模拟实际操作，人员分工好后，指挥工作人员进行每项操作
3. 准备作业指导书
4. 现场模拟实际操作
5. 作业人员</td></tr>
<tr><td>工具、材料、设备场地</td><td colspan="5">在培训场地指挥与操作</td></tr>
</table>

<table>
<tr><td rowspan="14">评分标准</td><td>序号</td><td>项　目　名　称</td><td>质　量　要　求</td><td>满分</td><td>得分与扣分</td></tr>
<tr><td>1</td><td>认真看施工图纸，了解工程情况</td><td>写好答案后口头回答</td><td rowspan="7">10</td><td rowspan="7">错、漏一项扣0.5分</td></tr>
<tr><td>1.1</td><td>换绝缘子档长度</td><td>回答内容正确</td></tr>
<tr><td>1.2</td><td>导线型号</td><td>回答内容正确</td></tr>
<tr><td>1.3</td><td>绝缘子、金具型号及连接方式</td><td>回答内容正确</td></tr>
<tr><td>1.4</td><td>地形情况</td><td>回答内容正确</td></tr>
<tr><td>1.5</td><td>交叉跨越情况</td><td>回答内容正确</td></tr>
<tr><td>1.6</td><td>讲出工程所需要材料名称及数量</td><td>回答内容正确</td></tr>
<tr><td>2</td><td>模拟回答查看工作现场的内容</td><td>回答内容正确</td><td rowspan="5">15</td><td rowspan="5">错、漏一项扣0.5分</td></tr>
<tr><td>2.1</td><td>线路名称、编号，需要办停电申请的范围。明确停电联系人和工作负责人，安全员等</td><td>回答内容正确</td></tr>
<tr><td>2.2</td><td>作业地点档内交叉跨越情况，需要对交叉跨越采取的措施，如电力线、通信线、低压线路、房屋等</td><td>回答内容正确</td></tr>
<tr><td>2.3</td><td>查耐张塔情况，确定临时拉线的方案和位置</td><td>回答内容正确</td></tr>
<tr><td>2.4</td><td>查直线塔做过轮临锚的方案和位置</td><td>回答内容正确</td></tr>
</table>

续表

	序号	项 目 名 称	质 量 要 求	满分	得分与扣分
评分标准	2.5	查上述 2 基塔的地形、地貌及特殊地形需要采取特殊措施	回答内容正确	15	错、漏一项扣 0.5 分
	2.6	查沿线村庄和庄稼，派对外联系人进行赔偿洽谈	回答内容正确		
	3	组织分工，确定作业人员		20	错、漏一项扣 0.5 分
	3.1	作业负责人	人员安排正确		
	3.2	安全员	人员安排正确		
	3.3	停、送电联系人员	人员安排正确		
	3.4	对外联系人员	人员安排正确		
	3.5	技术负责人员	人员安排正确		
	3.6	质检员	人员安排正确		
	3.7	材料管理人员	人员安排正确		
	3.8	施工班组	人员安排正确，充足		
	4	作业准备		20	
	4.1	停电线路停电，运行单位挂接地	指定专人负责		未挂接地扣 2 分
	4.2	宣讲技术规范及要求，对作业人员进行作业指导书交底，要求全体施工人员参加，对技术、安全和质量的要求，特别对安全措施和要求应交代清楚	指定专人负责检查（模拟技术交底口头回答）		未交底扣 2 分
	4.3	跨越有人通行但没有跨越架的地方有专人看守	指定专人负责看守		错、漏一项扣 1 分

续表

	序号	项目名称	质量要求	满分	得分与扣分
评分标准	4.4	指挥人员以及作业人员之间的通信联络要畅通	通信设备良好		错、漏一项扣1分
	4.5	跨越档内的跨越架要保证高度和宽度，要牢固，并派专人看守	指定专人负责，亲自检查		
	4.6	所有工具要认真检查，不合格者严禁使用，严禁超载使用	指定安全员负责检查		
	4.7	现场工作人员要正确着装，戴安全帽	督促所有工作人员执行		
	4.8	塔上工作人员要使用安全带，要按安规操作，塔下要加强监护	督促所有工作人员执行		
	4.9	现场工作人员要严守《安全工作规程》，互相关心施工安全，监督《安全工作规程》及现场安全措施的落实	督促所有工作人员执行		
	4.10	增加补充安全措施	安全员和大家发言		
	5	施工作业		35	
	5.1	停电线路停电、运行单位挂接地后，在施工区域挂施工接地（在耐张塔和直线塔）	指定专人负责		未挂施工接地扣2分
	5.2	施工跨越档内被跨的电力线停电并挂接地			错、漏一项扣1分
	5.3	在直线塔将线夹换成放线滑车，做过轮临锚	指定专人负责		
	5.4	将耐张塔到直线塔档内，换绝缘子的一相线上的间隔棒拆除			
	5.5	在耐张塔上进行塔上临锚，临锚钢绞线要有护胶保护导线，钢绞线长度要保证绝缘子串能够放到地面	指定专人负责检查		

续表

	序号	项目名称	质量要求	满分	得分与扣分
评分标准	5.6	将换绝缘子侧的跳线拆除		35	
	5.7	收紧导线临锚钢绞线			
	5.8	用走1走2滑车组将绝缘子串放至地面			
	5.9	清洁并检查绝缘子，换去坏绝缘子，装上新绝缘子	做好记录		错、漏一项扣1分
	5.10	对绝缘子金具等要求检查	做好记录		错、漏一项扣1分
	5.11	挂绝缘子串			
	5.12	放松导线临锚钢绞线，拆除锚线工具			
	5.13	拆除挂绝缘子工具			
	5.14	间隔棒安装和跳线安装			错、漏一项扣1分
	5.15	拆除过轮临锚，换上悬垂线夹			
	5.16	清理耐张塔和直线塔上的工具			错、漏一项扣1分
	5.17	接地线拆除，人员下塔			
	5.18	清理现场，工作结束			
	5.19	工作负责人再次检查后，向运行单位停电联系人汇报			

行业：电力工程　　工种：送电线路架设　　等级：技师/高级技师

<table>
<tr><td>编　　号</td><td>C32C030</td><td>行为领域</td><td>e</td><td>鉴定范围</td><td colspan="2">2</td></tr>
<tr><td>考核时限</td><td>60min</td><td>题　　型</td><td>B</td><td>题　　分</td><td colspan="2">（100）50</td></tr>
<tr><td>试题正文</td><td colspan="6">不等高基础腿分坑</td></tr>
<tr><td>需要说明的问题和要求</td><td colspan="6">1. 本题包括测量和计算两部分
2. 分坑时，钉四个基础底板外角坑分角桩，不需要画坑
3. 计算数据时不考虑边坡距离
4. 测量时需二名普工配合操作
5. 已知：直线塔水平半根开、基础底板宽度和柱顶标高
（柱顶标高是基础立柱顶面与杆塔中心桩处地面标高的高差）

腿编号 | 水平半根开（mm） | 底板宽度（mm） | 柱顶标高（mm）
A | a=7533 | K=6000 | +1500
B | b=7730 | K=6000 | 0
C | c=7730 | K=6000 | 0
D | d=8218 | K=6000 | −1500

6. 示意图见图 F-7
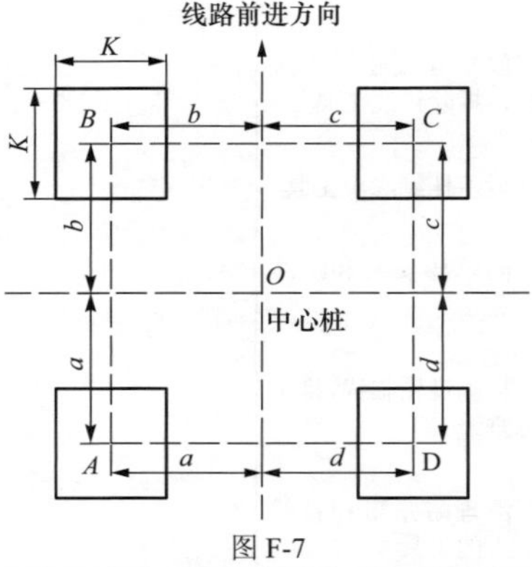

图 F-7</td></tr>
<tr><td>工具、材料、设备场地</td><td colspan="6">经纬仪、计算器、记录本、笔、花杆、皮尺、塔尺、小锤、木桩、铁钉室外开阔场地</td></tr>
<tr><td rowspan="4">评分标准</td><td>序号</td><td>项　目　名　称</td><td colspan="2">质　量　要　求</td><td>满分</td><td>得分与扣分</td></tr>
<tr><td>1</td><td>计算数据</td><td colspan="2"></td><td>43</td><td></td></tr>
<tr><td>1.1</td><td>计算器开机，并检查其是否符合使用要求</td><td colspan="2">开机并检查</td><td></td><td>未检查扣 1 分</td></tr>
<tr><td>1.2</td><td>计算 A 腿桩角度值</td><td colspan="2">计算正确</td><td></td><td>计算错扣 5 分</td></tr>
</table>

续表

	序号	项目名称	质量要求	满分	得分与扣分
评分标准	1.3	计算中心桩至A腿桩的距离	计算正确	43	计算错扣5分
	1.4	计算B腿桩角度值	计算正确		计算错扣5分
	1.5	计算中心桩至B腿桩的距离	计算正确		计算错扣5分
	1.6	计算C腿桩角度值	计算正确		计算错扣5分
	1.7	计算中心桩至C腿桩的距离	计算正确		计算错扣5分
	1.8	计算D腿桩角度值	计算正确		计算错扣5分
	1.9	计算中心桩至D腿桩的距离	计算正确		计算错扣5分
	1.10	复核上述计算结果	复核并正确		未复核扣6分
	2	测量		34	
	2.1	检查经纬仪已校验并在有效期内	检查并有效		未检查或错扣4分
	2.2	在中心桩架设经纬仪	对中并整平		不熟练扣2分；操作错扣5分
	2.3	经纬仪归零并瞄准方向桩	正确熟练		不熟练扣2分；操作错扣5分
	2.4	拨角度并指挥钉A腿桩	正确熟练		不熟练扣2分；操作错扣5分
	2.5	指挥并钉C腿桩	正确熟练		不熟练扣2分；操作错扣5分
	2.6	拨角度并指挥钉D腿桩	正确熟练		不熟练扣2分；操作错扣5分
	2.7	指挥并钉B腿桩	正确熟练		不熟练扣2分；操作错扣5分
	3	实际操作		21	
	3.1	检查工具齐全	检查并齐全		未检查扣1分
	3.2	检查量具有“CMC”标志 钉A腿四角分角桩并钉钉	检查并符合 量距正确，钉桩牢固		未检查扣2分 量距错扣3分，钉桩不牢扣0.5分
	3.3	钉C腿四角分角桩并钉钉	量距正确，钉桩牢固		量距错扣3分，钉桩不牢扣0.5分
	3.4	钉D腿四角分角桩并钉钉	量距正确，钉桩牢固		量距错扣3分，钉桩不牢扣0.5分
	3.5	钉B腿四角分角桩并钉钉	量距正确，钉桩牢固		量距错扣3分，钉桩不牢扣0.5分
	3.6	收拾现场	清洁美观		未收拾扣4分；未整齐扣2分
	4	全面检查	正确美观	2	未检查扣2分

行业：电力工程　　工种：送电线路架设　　等级：高级技师

<table>
<tr><td>编　　号</td><td>C32C031</td><td>行为领域</td><td>e</td><td>鉴定范围</td><td colspan="2">4</td></tr>
<tr><td>考核时限</td><td>100min</td><td>题　　型</td><td>C</td><td>题　　分</td><td colspan="2">100（30）</td></tr>
<tr><td>试题正文</td><td colspan="6">220kV 送电线路酒杯塔横担（片）吊装</td></tr>
<tr><td>需要说明的问题和要求</td><td colspan="6">1. 220kV 送电线路酒杯塔横担（片）吊装工作，工作内容包括工器具准备（以上为口头或现场考问内容）、安全措施、技术交底及技术要求、人员分工、现场布置及操作（以上模拟指挥内容）
2. 模拟指挥：工作人员分工后要求到达工作位置，了解所要工作的内容及工器具分配；指挥下达命令后可以询问，清楚明白后回答
3. 抱杆升到位，横担（片）地面组装好，摆放位置正确
4. 可模拟现场进行考试或采取笔答的方法，个别细节由考官提问回答</td></tr>
<tr><td>工具、材料、设备场地</td><td colspan="6">1. 要求在培训场地操作
2. 外拉线内悬浮 450×450 钢质抱杆，落地拉线 4 根，机动绞磨 2 台；临时拉线钢丝绳 8 根；单滑车；地锚，滑轮 100kN，三轮、二轮；吊点钢丝绳；牵引钢丝绳直径 11～12.5mm、300m，2 根；卸扣，指挥旗等</td></tr>
<tr><td rowspan="13">评
分
标
准</td><td>序号</td><td>项　目　名　称</td><td>质　量　要　求</td><td>满分</td><td colspan="2">得分与扣分</td></tr>
<tr><td>1</td><td>工作准备</td><td></td><td>10</td><td colspan="2"></td></tr>
<tr><td>1.1</td><td>检查材料齐备情况</td><td>指定专人检查并亲自抽查</td><td></td><td colspan="2">不正确不给分</td></tr>
<tr><td>1.2</td><td>检查材料规格型号及质量</td><td>指定专人检查并亲自抽查</td><td></td><td colspan="2">不正确不给分</td></tr>
<tr><td>1.3</td><td>检查工具齐备情况</td><td>指定专人检查并亲自抽查</td><td></td><td colspan="2">不正确不给分</td></tr>
<tr><td>1.4</td><td>检查工具规格型号、质量及符合安全要求</td><td>指定专人检查并亲自抽查</td><td></td><td colspan="2">不正确不给分</td></tr>
<tr><td>1.5</td><td>检查机动绞绞磨</td><td>指定专人检查并启动试验</td><td></td><td colspan="2">不正确扣 1～2 分</td></tr>
<tr><td>2</td><td>人员分工</td><td></td><td>5</td><td colspan="2"></td></tr>
<tr><td>2.1</td><td>副指挥 1 人</td><td>人员安排正确</td><td>5</td><td colspan="2"></td></tr>
<tr><td>2.2</td><td>安全员 1 人</td><td>人员安排正确</td><td></td><td colspan="2"></td></tr>
<tr><td>2.3</td><td>塔上作业人员 8 人</td><td></td><td></td><td colspan="2"></td></tr>
<tr><td>2.4</td><td>临时拉线（包括控制绳）每点 2 人，共 8 人</td><td>人员安排正确</td><td></td><td colspan="2">一项不正确扣 1 分</td></tr>
<tr><td>2.5</td><td>机动绞磨每台 2 人，共 4 人</td><td>人员安排正确</td><td></td><td colspan="2"></td></tr>
<tr><td></td><td>2.6</td><td>机动人员 2～4 人</td><td>人员安排正确</td><td></td><td colspan="2"></td></tr>
</table>

续表

	序号	项 目 名 称	质 量 要 求	满分	得分与扣分
评分标准	3	宣讲安全措施		9	每错一项扣 1 分
	3.1	所有起重工用具认真检查,不合格者严禁使用，严禁超载使用	指定安全员督促所有工作人员执行		
	3.2	现场工作人员要听从指挥，注意信号，密切配合。除指定人员，其他人员都应在塔高 1.2 倍距离以外，并不得让行人进入工作现场	指定安全员督促所有工作人员执行		
	3.3	地锚与临时拉线安装牢固,受力后要认真检查，并应有人看护	指定专人负责		
	3.4	铁塔横担（片）离地后要认真检查各受力点，并冲击检查	指定专人负责并亲自参与		
	3.5	铁塔横担（片）吊点绑扎要对称,要选择有水平材或斜材支撑的地方,要有防止滑动的措施	指定专人负责		
	3.6	铁塔横担（片）起吊离地后,要慢慢移动靠近塔身，不得冲击	指定专人负责		
	3.7	铁塔横担（片）起吊过程中要密切监护,铁塔横担（片）不得挂塔身或其他设施(安全措施要根据现场情况增加)	指定副指挥负责		
	3.8	铁塔横担（片）的吊点绑扎要考虑不能损伤铁塔,绑扎点要用麻包等保护,必要时要补强或加吊点	指定专人负责并亲自参与		
	3.9	铁塔横担（片）螺栓需要紧固的应紧固	指定专人负责并亲自参与		
	4	按要求布置临时拉线的位置,临时拉线地锚和绞动绞地锚应符合作业指导书的要求		8	

续表

	序号	项 目 名 称	质 量 要 求	满分	得分与扣分
评分标准	4.1	抱杆落地拉线地锚位置距基础应大于1.2倍塔高，落地拉线可以45°或十字布置	现场布置正确，交代清楚	8	不正确扣1～2分
	4.2	铁塔横担控制绳与地面夹角不大于30°	指挥正确，交代清楚，要求正确		不正确扣1～2分
	4.3	抱杆落地拉线地锚应视土质情况，至少应用2只地锚，地锚间连接可靠	指挥正确，交代清楚，要求正确		不正确扣1～2分
	4.4	绞磨锚桩位置分别位于铁塔根部桩位置外侧，并不影响绞磨操作	指挥正确，交代清楚，要求正确		不正确扣1分
	4.5	要求所有地锚位置大于铁塔全高的1.2倍以外	指挥正确，交代清楚，要求正确		不正确扣1分
	5	铁塔横担（片）吊装（人员分工、交代工作、提出要求）		18	
	5.1	悬浮抱杆位于铁塔当中，承托绳受力均匀。抱杆的位置可用临时拉线和承托绳来调整	操作正确		
	5.2	起吊滑车组挂于抱杆头部顺线路两侧，滑车组钢丝绳通过地面的转向滑车去机动绞磨	操作正确		
	5.3	悬浮抱杆顶部固定四根落地拉线，要注意落地拉线钢丝绳不能妨碍滑车组合横担起吊	操作正确		
	5.4	牵引钢丝绳上绞磨	操作正确		不正确扣1～2分
	5.5	铁塔横担（片）的带铁应绑扎固定	指挥正确，操作正确		
	6	铁塔横担（片）起吊		34	
	6.1	铁塔横担（片）按技术要求绑扎吊点	操作正确		一项不正确扣1～2分评
	6.2	将滑车组与吊点钢丝绳连接	操作正确		

续表

	序号	项目名称	质量要求	满分	得分与扣分
评分标准	6.3	牵引钢丝绳经转向滑车进绞磨芯，在绞磨芯上缠绕不得少于5圈	操作正确	34	
	6.4	开动机动绞磨，使牵引绳受力，检查各滑车及绑扎点	操作正确		
	6.5	指挥机动绞磨工作，使铁塔横担（片）平稳离地	指挥正确，操作正确		
	6.6	铁塔横担（片）离地后停止牵引，进一步检查各受力点及所有地锚和拉线，并冲击检查	指挥正确，操作正确		一项不正确扣1～2分评
	6.7	检查铁塔横担（片）的受力情况，横担无变形，各吊点钢丝绳受力均匀	指挥正确，操作正确		
	6.8	铁塔横担（片）的控制钢丝绳收紧	指挥正确，操作正确		
	6.9	指挥机动绞磨工作，控制牵引速度，使铁塔横担（片）平稳起吊	指挥正确，操作正确		
	6.10	副指挥负责指挥控制绳使铁塔横担（片）水平与垂直地面，并靠近塔身	指挥正确，操作正确		
	6.11	铁塔横担（片）离地1m时，检查抱杆落地拉线	指挥正确，操作正确		
	6.12	铁塔横担（片）离地缓慢上升时，控制绳徐徐松出，使横担（片）与塔身保持一定距离（约200～500mm）左右	指挥正确，操作正确		一项不正确扣1～2分
	6.13	铁塔横担（片）过酒杯型塔的平口后，通知高处作业人员登塔	指挥正确，操作正确		
	6.14	高处作业人员登塔后站位正确，安全保护使用正确			一项不正确扣1～2分

续表

	序号	项目名称	质量要求	满分	得分与扣分
评分标准	6.15	铁塔横担（片）到达就位位置时，机动绞磨停止牵引，慢慢松出控制绳，由塔上人员指挥控制绳和绞磨，使横担（片）位于适合就位的最佳位置	指挥正确，操作正确	34	
	6.16	铁塔横担（片）低的一侧先就位，上好一只螺栓后，机动绞磨慢牵，另一侧到位后停止牵引，铁塔横担得一侧片就位	指挥正确，操作正确		
	6.17	铁塔横担两片都就位后，高处作业人员将带铁安装，并将螺栓紧固。吊点绳拆除。横担要留下拆除抱杆的空间	指挥正确，操作正确		一项不正确扣1～2分
	7	抱杆拆除		6	
	7.1	用滑车组慢慢松出承托绳，四根抱杆落地拉线徐徐收紧，抱杆端部降至横担下面时，四根落地拉线拆除，将横担未装塔材全部装好，螺栓紧固	指挥正确，操作正确 落地拉线应用大绳松下		一项不正确扣1～2分
	7.2	在铁塔横担中部绑扎落抱杆的钢丝绳千斤套，用走2走2滑车组与抱杆端部连接，钢丝绳收紧后，松去抱杆承托绳和腰箍，抱杆根部用大绳控制	指挥正确，操作正确		
	7.3	抱杆松倒地面后，拆除松抱杆滑车组	指挥正确，操作正确	6	一项不正确扣1～2分
	8	其他要求		10	
	8.1	指挥清理现场	整齐、干净		不正确扣1分
	8.2	指挥要求	指挥熟练、有条理、正确		酌情给、扣分
	8.3	处理问题	处理问题果断、正确		酌情给、扣分
	8.4	时间要求	按时完成		酌情给、扣分

行业：电力工程　　工种：送电线路架设　　等级：技师/高级技师

<table>
<tr><td colspan="2">编　　号</td><td>C32C032</td><td>行为领域</td><td>e</td><td>鉴定范围</td><td>4</td></tr>
<tr><td colspan="2">考核时限</td><td>120min</td><td>题　　型</td><td>C</td><td>题　　分</td><td>100（50）</td></tr>
<tr><td colspan="2">试题正文</td><td colspan="5">指挥 500kV 送电线路四分裂导线（一相）转角塔地面紧挂线的操作</td></tr>
<tr><td colspan="2">需要说明的问题和要求</td><td colspan="5">1. 负责指挥 500kV 送电线路四分裂导线转角塔地面紧挂线的操作
2. 指挥工作人员进行每项操作
3. 准备作业指导书
4. 现场模拟实际操作
5. 作业人员</td></tr>
<tr><td colspan="2">工具、材料、设备场地</td><td colspan="5">1. 在培训场地指挥与操作
2. 现场有耐张塔、直线塔、直线塔
3. 工器具：直线塔过轮临锚一相；弧垂扳二块；地面紧线走 2 走 2 滑车组 60kN 四组；直线塔放线滑车 3 只（其中直线塔过轮临锚滑车 1 只）；地锚；U 形环；双钩（或拉棒，地锚连接用）；紧线钢丝绳（ϕ11×200m）；卡线器；链条葫芦；过轮临锚钢绞线；耐张塔临时拉线；液压机</td></tr>
<tr><td rowspan="10">评
分
标
准</td><td>序号</td><td>项　目　名　称</td><td>质　量　要　求</td><td>满分</td><td colspan="2">得分与扣分</td></tr>
<tr><td>1</td><td>认真看施工图纸，了解工程情况</td><td>写好答案后口头回答</td><td>10</td><td colspan="2"></td></tr>
<tr><td>1.1</td><td>紧线段的长度</td><td>回答内容正确</td><td></td><td colspan="2"></td></tr>
<tr><td>1.2</td><td>导线型号</td><td>回答内容正确</td><td></td><td colspan="2"></td></tr>
<tr><td>1.3</td><td>绝缘子、金具型号及连接方式</td><td>回答内容正确</td><td></td><td colspan="2">错、漏一项扣 0.5 分</td></tr>
<tr><td>1.4</td><td>地形情况</td><td>回答内容正确</td><td></td><td colspan="2"></td></tr>
<tr><td>1.5</td><td>交叉跨越情况</td><td>回答内容正确</td><td></td><td colspan="2"></td></tr>
<tr><td>1.6</td><td>讲出工程所需要材料名称及数量</td><td>回答内容正确</td><td></td><td colspan="2"></td></tr>
<tr><td>2</td><td>模拟回答查看工作现场的内容</td><td>回答内容正确</td><td>10</td><td colspan="2">错、漏一项扣 0.5 分</td></tr>
<tr><td>2.1</td><td>紧线段内有跨电力线需要办停电申请的，要提供停电的范围（线路名称、编号和时间），明确停电联系人和工作负责人，安全员等</td><td>回答内容正确</td><td></td><td colspan="2">错、漏一项扣 0.5 分</td></tr>
</table>

续表

	序号	项目名称	质量要求	满分	得分与扣分
评分标准	2.2	作业地点档内交叉跨越情况，如电力线、通信线、低压线路、房屋等，需要对交叉跨越采取措施	回答内容正确	10	错、漏一项扣0.5分
	2.3	查耐张塔情况，确定临时拉线的方案和位置	回答内容正确		
	2.4	查直线塔做过轮临锚的方案和位置	回答内容正确		
	2.5	查上述3基塔的地形、地貌及特殊地形需要采取特殊措施	回答内容正确		
	2.6	查沿线村庄和庄稼，派对外联系人进行赔偿洽谈	回答内容正确		
	3	组织分工，确定作业人员		15	错、漏一项扣0.5分
	3.1	工作负责人	人员安排正确		
	3.2	安全员	人员安排正确		
	3.3	停、送电联系人员	人员安排正确		
	3.4	对外联系人员	人员安排正确		
	3.5	技术员	人员安排正确		
	3.6	质检员	人员安排正确		
	3.7	材料管理人员	人员安排正确		
	3.8	施工班组	人员安排正确，充足		
	4	作业准备		20	
	4.1	停电线路停电，由运行单位挂接地	指定专人负责		未挂接地扣2分
	4.2	宣讲技术规范及要求，对作业人员进行作业指导书交底，要求全体施工人员参加，对技术、安全和质量的要求，特别对安全措施和要求应交代清楚	指定专人负责检查（模拟技术交底口头回答）		未交底扣2分

续表

	序号	项目名称	质量要求	满分	得分与扣分
评分标准	4.3	跨越有人通行但没有跨越架的地方有专人看守	指定专人负责看守	20	错、漏一项扣1分
	4.4	指挥人员与作业人员之间的通信联络要畅通	通信设备良好		
	4.5	跨越档内的跨越架要保证高度和宽度，要牢固，并派专人看守	指定专人负责，亲自检查		
	4.6	所有工具要认真检查，不合格者严禁使用，严禁超载使用	指定安全员负责检查		
	4.7	现场工作人员要正确着装，戴安全帽	督促所有工作人员执行		
	4.8	塔上工作人员要正确使用安全带，遵守安全规程，塔下要加强监护	督促所有工作人员执行		
	4.9	现场工作人员要严格遵守相关安全工作规程，监督现场安全措施的落实	督促所有工作人员执行		
	4.10	需要增加的补充安全措施	安全员和大家发言		
	5	施工作业		35	
	5.1	施工跨越档内被跨的电力线停电并挂接地。带电线路需要搭设跨越架			未挂施工接地扣2分
	5.2	在直线塔（近耐张塔）做过轮临锚准备	指定专人负责		
	5.3	在2直线塔绑弧垂观测板			
	5.4	耐张塔做紧线准备	指定专人负责检查		
	5.5	耐张塔做临时拉线	指定专人负责检查		
	5.6	在耐张塔挂线点下方挂放线滑车，该相导线放入滑车	指定专人负责检查		
	5.7	导线收余线			

续表

	序号	项目名称	质量要求	满分	得分与扣分
评分标准	5.8	用走2走2滑车组（或链条葫芦）将导线收紧，观测弧垂	弧垂观测与调整，四线看平，弧垂误差符合规范要求		错、漏一项扣1分
	5.9	在耐张塔划印	按照作业指导书的要求		错、漏一项扣1分
	5.10	对绝缘子金具等进行检查，按照设计要求进行地面组装	做好绝缘子金具等保护		错、漏一项扣1分，未做保护扣2分
	5.11	前直线塔做过轮临锚	按照作业指导书的要求		错、漏一项扣1分
	5.12	放松导线至地面，拆除紧线工具	做好导线的保护		错、漏一项扣1分，未做保护扣2分
	5.13	导线耐张线夹压接，并将导线耐张线夹与绝缘子连接	注意：① 绝缘子检查；② 金具螺栓穿向与紧固检查；③ 开口销或R销安装正确；④做好耐张线夹压接记录		
	5.14	耐张塔将放线滑车换成挂线滑车			错、漏一项扣1分
	5.15	做挂线准备（穿挂线滑车组）等			
	5.16	将导线与挂线部分的金具短接（接地）			错、漏一项扣1分
	5.17	挂线	挂线完成后，再次复测弧垂，弧垂误差在规范以内。弧垂值记录		错、漏一项扣1分，未做记录扣3分
	5.18	拆除前直线塔过轮临锚和观测弧垂板	钢绞线等锚线工具应用绳放下；做好观测		
	5.19	清理现场			
	5.20	工作结束，通知沿线工作人员，停电线路告知工作结束等			
	6	其他要求		10	
	6.1	动作要求	动作熟练流畅		不熟练扣1～4分
	6.2	着装要求	着装正确		漏一项扣2分
	6.3	时间要求	按时完成		每超过2min倒扣1分

行业：电力工程　　工种：送电线路架设　　等级：技师/高级技师

编　　号	C32C033	行为领域	e	鉴定范围	2
考核时限	60min	题　　型	B	题　　分	（100）50
试题正文	指挥500kV送电线路四分裂导线高空紧挂线的操作				
需要说明的问题和要求	1. 全过程的负责指挥500kV送电线路四分裂导线高空紧挂线操作 2. 模拟实际操作，人员分工好后，指挥工作人员进行每项操作 3. 准备施工图纸一套				
工具、材料、设备场地	1. 在不带电的培训线路上操作 2. 经纬仪、机动绞磨（含磨绳）、滑车、液压剪刀、包胶钢绞线、卡线器、高空压接机、高空操作吊篮、对讲机、钢丝绳套等紧线工具 3. 导线、绝缘子、金具，每人带个人工具				
评分标准	序号	项　目　名　称	质　量　要　求	满分	得分与扣分
	1	认真查看施工图纸，了解相关参数	写好答案后口头回答	6	错、漏一项扣2分
	1.1	导线型号			
	1.2	绝缘子、金具型号及连接方式	回答内容正确		
	1.3	初步选定弧垂观测档			
	2	计算数据	计算正确	12	错、漏一项扣4分
	2.1	整基耐张塔所需材料名称、规格型号及数量			
	2.2	各分裂子导线割线尺寸			
	2.3	观测档弧垂计算值			
	3	查看工作现场内容		6	错、漏一项扣2分
	3.1	检查材料规格、质量及齐备情况	指定专人检查并亲自抽查		

续表

	序号	项 目 名 称	质 量 要 求	满分	得分与扣分
评分标准	3.2	检查工具规格型号、质量及符合安全要求	指定专人检查并亲自抽查，绞磨做试启动	6	错、漏一项扣2分
	3.3	确定临时补强拉线位置及数量	回答内容正确		
	4	人员分工	具体落实到人	6	错、漏一项扣1分
	4.1	指挥1人			
	4.2	安全监护1人			
	4.3	弧垂观测1人			
	4.4	压接1人	人员安排正确		
	4.5	机动绞磨3人			
	4.6	塔上人员4人			
	4.7	地面人员4人			
	5	宣传安全注意事项		15	错、漏一项扣1～3分
	5.1	认真检查补强临时拉线，安装可靠后方可开线	指定专人负责		
	5.2	所使用的起重工具必须严格检查，严禁超载使用	指定专人负责		
	5.3	工作中要统一指挥，保持通信良好	现场检查通信设备		
	5.4	高空人员使用合格的安全带，佩戴好个人防护用品	指定安全员检查		
	5.5	根据现场情况补充安全措施内容	安全员、工作人员发言		
	6	紧线操作	模拟实际操作，按人员分工、提出要求	48	错、漏一项扣1～4分
	6.1	高空临时锚线，导线卡线处衬垫胶管	指挥正确，操作正确		

续表

	序号	项 目 名 称	质 量 要 求	满分	得分与扣分
评分标准	6.2	在铁塔送受两侧同时收紧导线，使放线滑车处导线自然松弛	指挥正确，操作正确	48	错、漏一项扣1～4分
	6.3	用液压剪刀在放线滑车处高空开断导线			
	6.4	用钢丝绳将放线滑车送至地面			
	6.5	地面进行耐张串组装			
	6.6	吊装已组装完成的耐张串			
	6.7	紧线快至合格弧垂后，慢速牵引，听从弧垂观测人员的指挥，至弧垂合格后停止牵引			错、漏一项扣1～4分
	6.8	高空作业人员进行画印，在标记处缠绕胶带吊篮内作业人员进行高空压接，按要求制作耐张线夹			
	6.9	再次紧线将线挂上			
	6.10	再次观测弧垂并要求合格			
	6.11	重复操作将所有线全部挂上			
	7	其他要求		7	不正确扣1～2分 酌情给、扣分
	7.1	整理工器具	清洁整齐		
	7.2	指挥要求	指挥熟练、果断、正确		
	7.3	时间要求	按时完成		

行业：电力工程　　工种：送电线路架设　　等级：技师/高级技师

编　　号	C32C034	行为领域	e	鉴定范围	4
考核时限	60min	题　　型	C	题　　分	100（30）
试题正文	500kV 送电线路安装四分裂导线间隔棒的操作				
需要说明的问题和要求	1. 四分裂导线上单独操作，指挥一人，地面监护一人 2. 四分裂导线紧线完成，直线悬垂和耐张串附件安装完成 3. 安装一只四分裂导线间隔棒，位置：直线塔→耐张塔档 4. 间隔棒由作业人员在导线上安装				
工具、材料、设备场地	1. 在不带电的培训线路上操作 2. 四分裂导线间隔棒（型号：JZF 型—铝合金方框支撑型间隔棒） 3. 吊绳、小滑车、绝缘测绳 4. 个人工具				

评分标准	序号	项　目　名　称	质　量　要　求	满分	得分与扣分
	1	工作准备		10	
	1.1	个人安全保护（保安接地线、安全带、安全帽等）准备与检查	准备与检查		不正确扣 1～2 分
	1.2	间隔棒安装所需要的工具（吊绳、小滑车、绝缘测绳等）准备与检查	准备与检查		不正确扣 1～2 分
	1.3	个人工具准备与检查	准备与检查		不正确扣 1～2 分
	1.4	间隔棒	准备与检查		不正确扣 1～2 分
	2	间隔棒安装准备		25	
	2.1	安全要求：作业人员着装正确，个人安全保护（安全带、安全帽等）准备	准备与检查		不正确扣 1～2 分
	2.2	安全要求：个人保安接地线和速差保护器准备	准备与检查		不正确扣 1～2 分
	2.3	作业人员上塔，登塔基本功和熟练程度			

续表

	序号	项目名称	质量要求	满分	得分与扣分
评分标准	2.4	体型协调	灵活、轻巧	25	不正确扣1～2分
	2.5	上铁塔和横担的动作	安全正确		不正确扣1～2分
	2.6	正确使用安全带	使用正确，检查扣环		不正确扣1～2分
	2.7	挂个人保安接地线	操作正确		不正确扣2分
	2.8	正确使用速差保护器，下到导线上	使用正确		不正确扣1～2分
	3	间隔棒安装		45	
	3.1	根据设计提供的间隔棒的安装距离，用绝缘测绳由直线塔的悬垂位置测量第一只间隔棒的位置，并在导线上划印	安装距离偏差不应大于端次档距的±1.5%，其余不应大于次档距的±3%		不正确扣1～3分
	3.2	出线，安全带应拴在一根子导线上。到达间隔棒安装位置	位置准确		不准确扣1～4分
	3.3	利用小滑车和小吊绳将间隔棒吊到安装部位	操作正确		不正确扣1～4分
	3.4	取下间隔棒上的胶管，在导线划印点位置安装	间隔棒有胶管（垫）不需要缠铝包带		不正确扣1～2分
	3.5	注意间隔棒的安装方向：① 间隔棒整体安装方向；② 子导线夹头的方向	设计有要求的应按设计要求安装，设计或有关单位无要求的，依据规范要求安装		不正确扣1～2分
	3.6	间隔棒整体安装方向：由直线塔→耐张转角塔	方向正确		不正确扣1～2分
	3.7	子导线夹头的方向：由外向内	方向正确		不正确扣1～2分

续表

	序号	项　目　名　称	质　量　要　求	满分	得分与扣分
评分标准	3.8	先在上线安装夹头，按规定穿入夹头螺栓、垫片等，螺栓稍紧	安装正确	45	不正确扣 1～2 分
	3.9	后安装下线夹头，按规定穿入夹头螺栓、垫片等，螺栓稍紧	安装正确		不正确扣 1～2 分
	3.10	调整间隔棒方向，夹头螺栓紧固	间隔棒的结构面应与导线垂直，螺栓紧固有力矩要求的应用扭力扳手紧固		不正确扣 1～4 分
	3.11	间隔棒安装后检查其与压接管（或补修管）的位置	符合规范要求		不正确扣 1～2 分
	3.12	回到直线塔悬垂线夹处	符合安全规程要求		不正确扣 1～2 分
	3.13	用速差保护器上到铁塔横担上	符合安全规程要求		不正确扣 1～2 分
	3.14	拆除个人保安接地线	符合安全规程要求		不正确扣 1～2 分
	3.15	放下工具，下塔	符合安全规程要求		不正确扣 1～2 分
	4	其他要求		20	
	4.1	动作要求	动作熟练流畅		不熟练扣 1～4 分
	4.2	着装要求	着装正确		漏一项扣 2 分
	4.3	时间要求	按时完成		每超过 2min 倒扣 1 分

行业：电力工程　　工种：送电线路架设　　等级：技师/高级技师

<table>
<tr><td>编　　号</td><td>C32C035</td><td>行为领域</td><td>e</td><td>鉴定范围</td><td colspan="2">4</td></tr>
<tr><td>考核时限</td><td>100min</td><td>题　　型</td><td>C</td><td>题　　分</td><td colspan="2">100（50）</td></tr>
<tr><td>试题正文</td><td colspan="6">500kV 送电线路直线塔上安装导线悬垂线夹的操作</td></tr>
<tr><td>需要说明的问题和要求</td><td colspan="6">1. 500kV 送电线路四分裂导线，塔上二人操作，塔下监护与配合
2. 用四线提线器提升导线
3. 保安接地线和个人安全保护
4. 要求着装正确（工作服、工作鞋、安全帽）</td></tr>
<tr><td>工具、材料、设备场地</td><td colspan="6">1. 在不带电的培训线路上操作
2. 使用工具、材料
3. 安全工器具和辅助工具（如吊绳）等</td></tr>
<tr><td rowspan="13">评
分
标
准</td><td>序号</td><td>项　目　名　称</td><td colspan="2">质　量　要　求</td><td>满分</td><td>得分与扣分</td></tr>
<tr><td>1</td><td>工具材料准备</td><td colspan="2"></td><td>20</td><td></td></tr>
<tr><td>1.1</td><td>个人工具</td><td colspan="2">齐全（钢丝钳、活动扳手、螺丝刀、工具包等）</td><td></td><td></td></tr>
<tr><td>1.2</td><td>钢丝绳套 1 只（防止导线脱落用）</td><td colspan="2">符合要求</td><td></td><td></td></tr>
<tr><td>1.3</td><td>四线提线器和链条葫芦</td><td colspan="2">符合要求</td><td></td><td></td></tr>
<tr><td>1.4</td><td>个人保安接地线 1 付和速差保护器</td><td colspan="2">符合要求</td><td></td><td>缺一项扣 1 分</td></tr>
<tr><td>1.5</td><td>钢丝绳 1 根（放滑车用、$\Phi 11\times200$m）</td><td colspan="2"></td><td></td><td></td></tr>
<tr><td>1.6</td><td>其他供器具（如滑车、U 形环、吊绳）等</td><td colspan="2"></td><td></td><td></td></tr>
<tr><td>1.7</td><td>机动绞磨</td><td colspan="2"></td><td></td><td></td></tr>
<tr><td>1.8</td><td>直线塔悬垂线夹</td><td colspan="2"></td><td></td><td></td></tr>
<tr><td>2</td><td>登杆基本功和熟练程度</td><td colspan="2"></td><td>15</td><td></td></tr>
<tr><td>2.1</td><td>体型协调</td><td colspan="2">灵活、轻巧</td><td></td><td>不正确扣 1～2 分</td></tr>
<tr><td>2.2</td><td>上横担动作</td><td colspan="2">安全正确</td><td></td><td>不正确扣 1～2 分</td></tr>
<tr><td></td><td>2.3</td><td>正确使用安全带</td><td colspan="2">位置正确，检查扣环</td><td></td><td>不正确扣 1～2 分</td></tr>
</table>

续表

	序号	项目名称	质量要求	满分	得分与扣分
评分标准	3	横担上的工作		45	
	3.1	挂个人保安接地线	操作正确		不正确扣2分
	3.2	使用传递绳吊工具	熟练正确		不熟练扣1～2分
	3.3	安装放放线滑车的工具（钢丝绳套、小滑车、钢丝绳）等	位置合适		不正确扣1～2分
	3.4	如合成绝缘子串，需要挂下线爬梯	熟练正确、位置合适		不正确扣1～2分
	3.5	地面材料准备			
	3.6	附件安装人员下到放线滑车上，应采用速差保护器	使用正确，站位合适		不正确扣1～2分
	3.7	安装防导线脱落钢丝绳保护	正确		不正确扣1～2分
	3.8	复核导线上的划印点	正确		
	3.9	提升链条葫芦和四线提线器并固定于铁塔的预留位置上	正确		
	3.10	用链条葫芦和四线提线器提升导线，注意导线的保护	正确		
	3.11	（拉棒）、放线滑车的拆除、放到地面			
	3.12	复合绝缘子的安装			
	3.13	碗头挂板和连板的安装			
	3.14	调整子导线的排列位置			
	3.15	线夹内导线上需顺外层铝股的绕向，紧密缠绕铝包带	安装正确		不正确扣1～2分
	3.16	安装子导线线夹	安装正确		
	3.17	螺栓紧固，开口销安装与检查	安装正确，开口销齐全		

续表

	序号	项目名称	质量要求	满分	得分与扣分
评分标准	3.18	松链条葫芦	操作正确	45	不正确扣1～2分
	3.19	检查绝缘子碗口、绝缘子串的垂直度等			不正确扣1～2分
	3.20	将链条葫芦和四线提线器松下，放至地面			
	3.21	作业人员上到横担，放下作业工具			
	3.22	拆除个人保安接地线			不正确扣1～2分
	4	其他要求		20	
	4.1	清理现场	符合文明生产要求		不正确扣1～2分
	4.2	着装正确	工作服、工作胶鞋、安全帽		漏一项扣2分
	4.3	操作动作	动作熟练流畅		动作不熟练扣1～4分
	4.4	在规定时间内完成	按要求完成		每超2min扣1分
	4.5	塔上不能掉东西	符合安规要求		掉一件材料扣2分；掉一件工具扣5分

4.2.3 综合操作

行业：电力工程　　　工种：送电线路架设　　　　等级：初

<table>
<tr><td>编　　号</td><td>C43C036</td><td>行为领域</td><td>e</td><td>鉴定范围</td><td>2</td></tr>
<tr><td>考核时限</td><td>90min</td><td>题　　型</td><td>C</td><td>题　　分</td><td>100</td></tr>
<tr><td>试题正文</td><td colspan="5">耐张转角双杆地面组装</td></tr>
<tr><td>需要说明的问题要求</td><td colspan="5">1. 要求检查全部构件，不合格者不得使用
2. 构件的连接应紧密
3. 螺栓头平面与构件之间不得有空隙，螺杆露出螺母长度不小于2扣，双帽应平扣
4. 螺栓穿向符合有关规定
5. 按施工图组装
6. 组装时不得直接敲打构件
7. 双杆的方向应与水平转角的平分线平行
8. 可模拟现场进行考试或采取笔答的方法，个别细节由考官提问回答</td></tr>
<tr><td>工具、材料、设备场地</td><td colspan="5">1. 活扳手、尖扳手、抬杠、大绳、钢钎、小锤、钢卷尺、经纬仪、施工图等
2. 转角杆组装所需的全部材料
3. 现场相应的杆位或培训基地</td></tr>
</table>

<table>
<tr><td rowspan="7">评分标准</td><td>序号</td><td>项　目　名　称</td><td>质　量　要　求</td><td>满分</td><td>得分与扣分</td></tr>
<tr><td>1</td><td>工作准备</td><td></td><td>12</td><td></td></tr>
<tr><td>1.1</td><td>检查材料齐备情况</td><td>指定专人检查并亲自抽查</td><td></td><td>未检者扣1分</td></tr>
<tr><td>1.2</td><td>检查材料规格型号及质量</td><td>指定专人检查并亲自抽查</td><td></td><td>未检者扣1分</td></tr>
<tr><td>1.3</td><td>检查工器具齐备情况</td><td>指定专人检查并亲自抽查</td><td></td><td>根据情况给1～2分</td></tr>
<tr><td>1.4</td><td>检查工器具规格型号、质量符合安全要求</td><td>指定专人检查并亲自检查</td><td></td><td>根据情况给1～2分</td></tr>
<tr><td>1.5</td><td>检查上道工序——“排杆”情况是否符合施工要求。耐张转角双杆应排在与水平转角的平分线平行的方向上</td><td>亲自检查</td><td></td><td>未检查扣3分；检查不正确扣1～2分</td></tr>
</table>

续表

	序号	项目名称	质量要求	满分	得分与扣分
评分标准	1.6	检查排好的混凝土杆的杆根距坑中心间的距离是否符合起吊方法的要求	亲自检查	12	未检查扣3分；检查不正确扣1～3分
	2	人员分工（具体落实到人）		6	
	2.1	现场负责1人	具体落实到人		每错、漏一项扣1分
	2.2	技工2人	人员安排正确		
	2.3	普工4人	人员安排正确		
	3	宣讲安全工作命令票		14	
	3.1	交代每个施工人员的具体施工任务	讲解正确		不正确扣1～4分
	3.2	交代每项工作完成的具体方法及质量标准	讲解正确并全面		未交代扣4分；交代不正确扣1～3分
	3.3	交代每项工作的主要危险点及防范措施	讲解正确并全面		未交代扣4分；交代不正确扣1～3分
	3.4	根据现场情况补充	补充全面		不正确不给分
	4	电杆组装		70	
	4.1	组装前的检查			
	4.1.1	检查杆段、穿芯孔是否符合图纸；检查杆身有无裂纹及其他缺陷	检查全面，能够把住现场材料检验关		未检查扣5分；检查不正确扣1～4分
	4.1.2	检查电杆焊接质量是否良好，杆身是否正直	检查全面，结果正确		未检查扣5分；检查不正确扣1～4分

续表

	序号	项 目 名 称	质 量 要 求	满分	得分与扣分
评分标准	4.1.3	检查各构件及零件的焊接、镀锌质量是否良好	检查全面，能够把住现场材料检验关	70	未检查扣3分；检查不全面扣1～2分
	4.2	电杆的组装			
	4.2.1	先组装导线横担后安装地线横担，最后安装叉梁	次序正确，安装结果符合质量标准（横担两端稍微翘起 10～20mm）		次序不正确或安装质量未达到标准要求扣1～5分
	4.2.2	转角杆的长短横担安装位置	安装位置正确		不正确扣5分
	4.2.3	叉梁的安装。叉梁中间节点处用垫木垫起，上叉梁包箍螺栓应拧紧，下叉梁包箍螺栓应呈松动状态	操作要点满足要求，安装位置符合图纸及标准规定（与设计值比，最大偏差±50mm）		未满足图纸要求或超出标准规定扣1～4分
	4.2.4	组装横担、叉梁、抱箍等构件，发现组装困难时的处理	不得强行组装，查明原因后再行组装		违反规定扣1～4分
	4.2.5	组装过程是否出现用锤直击构件现象	需要锤击时，应垫以木板		违反规定扣1～4分
	4.3	铁构件缺陷的处理			
	4.3.1	角钢件弯曲的处理	弯曲超出标准要求的，可采用冷矫法矫正，矫正后严禁出现裂纹		没有弯曲的给3分；有弯曲但未矫正者扣3分；有弯曲但矫正方法不正确者扣1～2分

续表

	序号	项 目 名 称	质 量 要 求	满分	得分与扣分
评分标准	4.3.2	角钢切角不够或联板边距过大时的处理	可采用钢锯将多余部分锯掉，并采取防锈处理	70	处理方法正确给3分；违反规定扣1～2分
	4.4	螺栓安装的规定			
	4.4.1	螺杆与构件表面	安装正确。螺杆与构件表面垂直且无空隙		未满足规定的扣1～3分
	4.4.2	螺杆露出螺母的长度	单螺母者应不小于两个螺距；双螺母者可与螺母相平		未满足规定的扣1～3分
	4.4.3	交叉构件在交叉处留有空隙者	装设相应厚度的垫圈或垫板		未按规定安装者扣1～3分
	4.4.4	无丝扣部分过长时的处理	可加垫片，但每端不得超过2个垫片		未按规定施工者扣1～3分
	4.4.5	螺栓的穿向	符合规范要求		未按规定加装者扣1～3分
	5	安全措施		12	
	5.1	搬运较重器材时	应使用抬杠及绳索，并注意同起同落		违反规定扣1～4分
	5.2	组装找正眼孔时	严禁用手找正		违反规定扣1～4分
	5.3	组装需移动杆身时	不准用钢钎穿入杆身内撬动，应用绳索或木杠移动		违反规定扣1～4分

行业：电力工程　　工种：送电线路架设　　等级：初/中

<table>
<tr><td>编　　号</td><td>C02C037</td><td>行为领域</td><td>e</td><td>鉴定范围</td><td>2</td></tr>
<tr><td>考核时限</td><td>100min</td><td>题　　型</td><td>C</td><td>题　　分</td><td>100（30）</td></tr>
<tr><td>试题正文</td><td colspan="5">指挥用两根单抱杆整体立15m呼称高铁塔的操作</td></tr>
<tr><td>需要说明的问题和要求</td><td colspan="5">1. 模拟整体立塔工作，工作内容包括工器具准备（以上为口头或现场考问内容）、安全措施、技术交底及技术要求、人员分工、现场布置及操作（以上模拟指挥内容）
2. 模拟指挥：工作人员分工后要求到达工作位置，了解所要工作的内容及工器具分配；指挥下达命令后可以询问，清楚明白后回答，该项工作已模拟作好。如此直至全部工作结束
3. 铁塔组装好，摆放位置正确（铁塔轴线与线路方向重合，重心在基础中心上）
4. 可模拟现场进行考试或采取笔答的方法，个别细节由考官提问回答</td></tr>
<tr><td>工具、材料、设备场地</td><td colspan="5">1. 要求在培训场地操作
2. 50kN抱杆，12～15m高，2根；机动绞磨2台；临时拉线钢丝绳直径11～12.5mm，30m左右8根；单滑车20～30kN，2只；地锚；铁塔地脚螺母套筒扳手牵引滑轮50kN，三轮、二轮各2台；钢丝绳直径15.5mm，6根；牵引钢丝绳直径11～12.5mm、150～200m，2根；卸扣，大锤，指挥旗</td></tr>
</table>

<table>
<tr><td rowspan="10">评分标准</td><td>序号</td><td>项目名称</td><td>质量要求</td><td>满分</td><td>得分与扣分</td></tr>
<tr><td>1</td><td>工作准备</td><td></td><td>10</td><td></td></tr>
<tr><td>1.1</td><td>检查材料齐备情况</td><td>指定专人检查并亲自抽查</td><td></td><td>不正确不给分</td></tr>
<tr><td>1.2</td><td>检查材料规格型号及质量</td><td>指定专人检查并亲自抽查</td><td></td><td>不正确不给分</td></tr>
<tr><td>1.3</td><td>检查工具齐备情况</td><td>指定专人检查并亲自抽查</td><td></td><td>不正确不给分</td></tr>
<tr><td>1.4</td><td>检查工具规格型号、质量及符合安全要求</td><td>指定专人检查并亲自抽查</td><td></td><td>不正确不给分</td></tr>
<tr><td>1.5</td><td>检查机动绞绞磨</td><td>指定专人检查并启动试验</td><td></td><td>不正确扣1～2分</td></tr>
<tr><td>1.6</td><td>检查基础尺寸</td><td>指定专人检查并亲自参与</td><td></td><td>不正确扣1～2分</td></tr>
<tr><td>1.7</td><td>基础铁塔组装情况</td><td>指定专人检查并亲自参与</td><td></td><td>不正确扣1～2分</td></tr>
<tr><td>2</td><td>人员分工</td><td></td><td>5</td><td></td></tr>
</table>

续表

	序号	项 目 名 称	质 量 要 求	满分	得分与扣分
评分标准	2.1	副指挥 1 人	人员安排正确	5	一项不正确扣 1 分
	2.2	安全员 1 人	人员安排正确		
	2.3	临时拉线每点 2 人，共 12 人	人员安排正确，立塔可抽出 6 人帮忙		
	2.4	机动绞磨每台 2 人，共 4 人	人员安排正确		
	2.5	机动人员 2～4 人	人员安排正确		
	3	宣讲安全措施		9	每错一项扣 1 分
	3.1	所有起重工用具认真检查，不合格者严禁使用，严禁超载使用	指定安全员督促所有工作人员执行		
	3.2	现场工作人员要听从指挥，注意信号，密切配合。除指定人员，其他人员都应在塔高 1.2 倍距离以外，并不得让行人进入工作现场	指定安全员督促所有工作人员执行		
	3.3	锚桩要安装牢固，受力后要认真检查，并应有一人看护	指定专人负责		
	3.4	铁塔离地后要认真检查各受力点，并冲击检查	指定专人负责并亲自参与		
	3.5	铁塔吊点绑扎要对称，要选择有水平材或斜材支撑的地方要有防止滑动的措施	指定专人负责		
	3.6	铁塔立起离地后，要慢慢移动对准螺栓，不得用冲击力	指定专人负责		
	3.7	起立过程中要密切监护，铁塔不得挂住其他设施（安全措施要根据现场情况增加）	指定副指挥负责		

续表

	序号	项 目 名 称	质 量 要 求	满分	得分与扣分
评分标准	3.8	吊点绑扎要考虑不能损伤铁塔，绑扎点要用麻包等保护，必要时要补强或加吊点	指定专人负责并亲自参与	9	
	3.9	地脚螺栓要按要求拧紧，铁塔组立偏差合格	指定专人负责并亲自参与		每错一项扣 1 分
	4	按要求布置六处临时拉线锚桩及两处绞磨机锚桩，如土质不行要埋钢地锚（分派人员、交代工作、提出要求）		8	
	4.1	铁塔根部 2 处：锚桩位置距基础应大于 1.2 倍塔高，临时拉线基本平行线路方向，2 处锚桩之间的距离应稍大于铁塔根开	指挥正确，交代清楚，要求正确		不正确扣 1～2 分
	4.2	铁塔根部 2 处：锚桩位置距基础应大于 1.2 倍塔高，临时拉线基本平行线路方向，锚桩之间的距离应稍大于铁塔左右横担展伸总宽度	指挥正确，交代清楚，要求正确		不正确扣 1～2 分
	4.3	左右两处：锚桩位置距基础应大于 1.2 倍塔高，两锚位置连线与抱杆根部连线在一条直线上并垂直于线方向	指挥正确，交代清楚，要求正确		不正确扣 1～2 分
	4.4	绞磨锚桩位置分别位于铁塔根部桩位置外侧，并不影响绞磨操作	指挥正确，交代清楚，要求正确		不正确扣 1 分
	4.5	要求所有锚桩位置大于铁塔全高的 1.2 倍以外	指挥正确，交代清楚，要求正确		不正确扣 1 分
	5	抱杆组立（分派人员、交代工作、提出要求）		18	

续表

	序号	项 目 名 称	质 量 要 求	满分	得分与扣分
评分标准	5.1	将两根抱杆放于铁塔两边并平行于铁塔，抱杆头部放在铁塔下横担上，两腿齐平紧靠基础	指挥正确，操作正确	18	不正确扣 1～2 分
	5.2	将滑轮组三轮滑车一侧挂于抱杆头部，滑轮组两轮滑车侧挂于抱杆根部	指挥正确，操作正确		
	5.3	每根抱杆顶上绑好四根临时拉线，要注意浪风绳方向，注意不能妨碍滑轮组工作，临时拉线之间又不得互相干扰	指挥正确，操作正确		
	5.4	抱杆根用钢丝绳与铁塔基础连接作制动用	指挥正确，操作正确		
	5.5	将牵引钢丝绳上绞磨控制好左右后临时拉线，用一副木抱杆将抱杆立起	指挥正确，操作正确		
	5.6	木抱杆失效时要拉紧控制绳，让木抱杆缓缓放倒在地面	指挥正确，操作正确		
	5.7	重复操作将第二根抱杆立起	指挥正确，操作正确		
	5.8	拆除抱杆制动，检查并调整抱杆位置（土质不好抱杆腿部要支垫）	指挥正确，操作正确		
	5.9	调整临时拉线，并将临时拉线切实扎牢在锚桩上	指挥正确，操作正确		
	5.10	注意左右两侧有两根妨碍铁塔起立的临时拉线要作好拆除准备，绑扎时不能被压住	指挥正确，操作正确		
	6	铁塔起立（分派人员、交代工作、提出要求）		34	
	6.1	铁塔上按技术要求绑扎吊点	指挥正确，操作正确		

续表

	序号	项 目 名 称	质 量 要 求	满分	得分与扣分
评分标准	6.2	将滑轮组的二轮滑车从抱杆根部取下挂至铁塔吊点上	指挥正确，操作正确	34	一项不正确扣1～2分评
	6.3	在每根抱杆根部加一垂直角铁桩(要求靠紧抱杆)	指挥正确，操作正确		
	6.4	角铁桩及抱杆根部用一钢丝绳套套住并挂一转向滑车	指挥正确，操作正确		
	6.5	牵引钢丝绳经转向滑车进绞磨芯，在绞磨芯上缠绕不得少于5圈	指挥正确，操作正确		
	6.6	开动机动绞磨，使牵引绳受力，检查各滑轮及绑扎点	指挥正确，操作正确		
	6.7	指挥同时开动两台机绞磨，使铁塔头部平稳离地	指挥正确，操作正确		
	6.8	铁塔头部离地后停止牵引，进一步检查各受力点及所有锚桩，并冲击检查	指挥正确，操作正确		
	6.9	确无问题后将中间两根妨碍铁塔起立的临时拉线从桩锚上拆下并抛过塔身	指挥正确，操作正确		
	6.10	前方临时拉线上准备两根大绳，必要时用大绳拉动临时拉线，让铁塔横担过前临时拉线	指挥正确，操作正确		
	6.11	指挥两台绞磨同时工作，总指挥控制其牵引速度，使铁塔平稳起立。铁塔根部人员及时用钢钎移动铁塔	指挥正确，操作正确		
	6.12	副指挥负责指挥控制使滑轮组始终垂直地面	指挥正确，操作正确		
	6.13	指挥时密切注意铁塔始终不能碰触抱杆、临时拉线等	指挥正确，操作正确		

续表

	序号	项 目 名 称	质 量 要 求	满分	得分与扣分
评分标准	6.14	铁塔全部离地前，要用大绳绑住铁塔脚（最少绑两脚），并指定人员拉住。同时通知负责监护临时拉线人员，凡是未受力的临时拉线都要派人压紧，防止临时拉线及锚桩受冲击力	指挥正确，操作正确	34	一项不正确扣1～2分
	6.15	铁塔全离地时，左右临时拉线受力成倍增大，要密切监视锚桩受力情况以确保安全	指挥正确，操作正确		
	6.16	铁塔悬空后塔下工作人员稳住塔脚，看哪只脚最低就先连接哪只脚的地脚螺栓	指挥正确，操作正确		
	6.17	机动绞磨慢慢放松，一个地脚螺栓上一个螺母（一只铁塔脚只上一个不加垫片的螺母），四脚落地后加垫片将螺母拧紧	指挥正确，操作正确		
	7	拆除抱杆（分派人员、交代工作、提出要求）		6	
	7.1	慢慢压松左右两侧临时拉线，并控制前后临时拉线配合松动机动绞磨，使抱杆缓缓倒下	指挥正确，操作正确		一项不正确扣1～2分
	7.2	倒抱杆时，抱杆根部用钢丝绳锁住，在铁塔基础上控制作为制动	指挥正确，操作正确		
	7.3	抱杆倒地后派人上塔拆下滑轮且用吊绳慢慢放下，检查铁塔组立偏差	指挥正确，操作正确		一项不正确扣1～2分
	8	其他要求		10	
	8.1	指挥清理现场	整齐、干净		不正确扣1分
	8.2	指挥要求	指挥熟练、有条理、正确		酌情给、扣分
	8.3	处理问题	处理问题果断、正确		酌情给、扣分
	8.4	时间要求	按时完成		酌情给、扣分

行业：电力工程　　工种：送电线路架设　　等级：初/中

<table>
<tr><td>编　　号</td><td>C54C038</td><td>行为领域</td><td>e</td><td>鉴定范围</td><td>2</td></tr>
<tr><td>考核时限</td><td>60min</td><td>题　　型</td><td>C</td><td>题　　分</td><td>100（50）</td></tr>
<tr><td>试题正文</td><td colspan="5">指挥用单抱杆起立15m拔销杆的操作</td></tr>
<tr><td>需要说明的问题和要求</td><td colspan="5">1. 工具、材料已在现场，所有锚桩已经安装好
2. 指挥布置工作现场，指挥各道工序，设一安全员协助检查
3. 立电杆的单抱杆用上抱杆起立
4. 准备以下工具：长度10m左右30kN以上抱杆1根，6m左右小抱杆1副，机动绞磨1台，直径11～12.5mm牵引钢丝绳约100m，角铁桩（12～14根）；直径11mm临时拉线，大于20m，4根；30kN滑轮组（两轮、三轮各1只），20kN滑轮1只，钢丝绳套3～4只，大锤3～5把，铁锹2把，夯1只，卸扣，登杆工具，个人工具，吊绳3～4根，花篮螺栓式联板扣5副，钢钎等，红、白旗，地锚
5. 可模拟现场进行考试或采取笔答的方法，个别细节由考官提问回答</td></tr>
<tr><td>工具、材料、设备场地</td><td colspan="5">培训场地操作</td></tr>
</table>

<table>
<tr><td rowspan="12">评
分
标
准</td><td>序号</td><td>项　目　名　称</td><td>质　量　要　求</td><td>满分</td><td>得分与扣分</td></tr>
<tr><td>1</td><td>工作准备</td><td></td><td>12</td><td></td></tr>
<tr><td>1.1</td><td>检查材料齐备情况</td><td>指定专人检查并亲自抽查</td><td></td><td>不正确扣1分</td></tr>
<tr><td>1.2</td><td>检查材料规格型号及质量</td><td>指定专人检查并亲自抽查</td><td></td><td>不正确扣1分</td></tr>
<tr><td>1.3</td><td>检查工具齐备情况</td><td>指定专人检查并亲自抽查</td><td></td><td>不正确扣1～2分</td></tr>
<tr><td>1.4</td><td>检查工具规格型号、质量及符合安全要求</td><td>指定专人检查并亲自抽查</td><td></td><td>不正确扣1～2分</td></tr>
<tr><td>1.5</td><td>检查机动绞磨</td><td>指定专人检查并启动试验</td><td></td><td>不正确扣1～2分</td></tr>
<tr><td>1.6</td><td>检查杆坑尺寸</td><td>指定专人检查并亲自参与</td><td></td><td>不正确扣1～2分</td></tr>
<tr><td>2</td><td>人员分工（具体落实到人）</td><td></td><td>5</td><td></td></tr>
<tr><td>2.1</td><td>副指挥1人</td><td>具体落实到人</td><td></td><td></td></tr>
<tr><td>2.2</td><td>安全员1人</td><td>人员安排正确</td><td></td><td></td></tr>
<tr><td>2.3</td><td>临时拉线每点2人，共8人</td><td>人员安排正确</td><td></td><td>每错、漏一项扣1分评</td></tr>
</table>

续表

	序号	项 目 名 称	质 量 要 求	满分	得分与扣分
	2.4	机动绞磨2人	人员安排正确	5	
	2.5	杆上人员及机动人员	人员安排正确		
	3	宣传安全事项		9	
	3.1	统一指挥信号	讲解正确		
	3.2	所有工作人员要服从指挥，互相关心施工安全	督促大家执行		
	3.3	所有起重工具认真检查，不合格者不准使用，不准超载	指派安全员或专人负责检查落实		
	3.4	电杆起立时，除指定人员外，其他人员在杆高1.2倍距离以外	督促大家执行		
	3.5	不能站在受力钢丝绳内侧，不准跨越受力钢丝绳	督促大家执行		一项不正确扣1分
	3.6	各桩锚有专人看守	指派专人负责		
评分标准	3.7	不准闲人进入工作现场	督促大家执行		
	3.8	现场工作人员应戴安全帽，杆上工作人员应使用安全带	督促大家执行		
	3.9	根据现场情况补充	安全员和大家发言		
	4	起立抱杆准备工作	要求现场实际操作。如果是模拟操作，要仔细分派人员、交代工作、提出要求	27	
	4.1	将四方的临时拉线锚桩安装好	指挥正确，结果也正确。安装距离为杆高1.2～1.3倍，方向各为90°，其中两根应与电杆和抱杆脚连线方向一致，并在一条直线上		每错、漏一项扣1～3分
	4.2	将机动绞磨锚桩安装好	指挥正确，结果也正确。安装方向应与电杆摆设方向一致，距离为电杆高度1.2倍以上		
	4.3	单抱杆脚应设在离杆坑1m左右，视土质情况，距离近些为好。必要时采取防沉、防塌措施	指挥正确，结果正确		

续表

	序号	项 目 名 称	质 量 要 求	满分	得分与扣分
评分标准	4.4	单抱杆摆放应与电杆同一方向，根部朝机动绞磨方向	指挥正确，结果正确	27	
	4.5	在单抱杆根部安一角桩，代替制动，必要时安装抱杆制动系统	指挥正确，结果正确		
	4.6	小抱杆双脚分开1.8m左右，双脚放在单抱杆根部，向头部方向前进约1.5m，两脚连线与大抱杆垂直	指挥正确，结果正确		每错、漏一项扣1～3分
	4.7	将滑轮组及四方临时拉线挂在单抱杆头部，动滑轮挂在单抱杆根部	指挥正确，结果正确		
	4.8	四方临时拉线分开拉至各自的锚桩	指挥正确，结果正确		
	4.9	将牵引钢丝绳放在小抱杆顶部，并用一根吊绳中部绑紧小抱杆头，一端翻过牵引钢丝绳作为小抱杆反向拉绳，另一端作为木抱杆起立拉绳	指挥正确，结果正确		
	5	起立抱杆	要求现场实际操作。如果是模拟操作，要仔细分派人员、交待工作、提出要求	12	
	5.1	派两人各自稳住木抱杆根部，再派两人扛起小抱杆。两人拉起立拉绳的一端将木抱杆拉起至60°左右，并将吊绳两端暂时固定	指挥正确，结果也正确。检查调整使单抱杆中心、小抱杆中心、单抱杆制动中心、牵引中心在一条直线上		
	5.2	收紧牵引钢丝绳，使它受力，松开吊绳两端，开动绞磨并指挥临时拉线使单抱杆平稳立起	指挥正确，结果正确		一项不正确扣1～3分
	5.3	小抱杆快失效时要拉紧小抱杆反向拉绳，使小抱杆轻轻倒下并及时收走	指挥正确，结果正确		

续表

	序号	项 目 名 称	质 量 要 求	满分	得分与扣分
	5.4	松开动滑轮与抱杆根部的连接，将四方临时拉线调整好并扎紧	指挥正确，结果正确。使动滑轮自然下垂对准杆坑的边部(抱杆一受力就能对准杆坑中心)	12	
	6	起立电杆	要求现场实际操作。如果是模拟操作，要仔细分派人员、交待工作、提出要求	21	
	6.1	计算出抱杆有效高度并留下 0.5m 左右余量，确定电杆吊点位置，一定要在重心以上	在不影响工作前提下，吊点高些有利于电杆调直。指挥正确，结果正确		一项不正确扣 1～3 分
	6.2	用大于 12.5mm 的钢丝绳套套在吊点位置上，并用卸扣与动滑轮连接好，杆梢绑两根棕绳	指挥正确，结果正确		
	6.3	用大于 12.5mm 的钢丝扣在抱杆根部，上连接 10～20kN 的导向滑轮，牵引绳从滑轮穿出	指挥正确，结果正确		
评分标准	6.4	开动绞磨，待电杆离地后认真检查各受力点及各锚桩并冲击检查，确无问题后，继续起吊。密切注意电杆重心变化，必要时用钢纤移动电杆，将电杆重心对准杆坑	指挥正确，结果正确		
	6.5	电杆根部快离地时，派二人用绳子套住电杆根部，控制电杆摆动，继续起吊，并将电杆对准杆坑，及时停止牵引	指挥正确，结果正确		
	6.6	绞磨倒车将电杆慢慢放入杆坑，到位后拉动杆梢绳子，调整电杆垂直，并及时回土分层夯实	指挥正确，结果正确		
	6.7	杆根牢固后，登杆拆除吊绳及吊点	指挥正确，结果正确		
	7	其他要求		14	
	7.1	技术要求	指挥熟练、果断、正确、有条理		不正确扣 1～5 分
	7.2	处理问题	老练正确		不正确扣 1～5 分
	7.3	时间要求	按时完成		

行业：电力工程　　工种：送电线路架设　　等级：中/高

编　号	C43C039	行为领域	e	鉴定范围	2
考核时限	60min	题　型	C	题　分	100（50）
试题正文	指挥 30m 双杆整体组立的操作				
需要说明的问题和要求	1. 电杆已经组装完毕，所有地锚已经安装好 2. 所有工具已在现场 3. 模拟实际操作，人员分工后，指挥工作人员进行每项操作				
工具、材料、设备场地	在培训场地操作				

	序号	项 目 名 称	质 量 要 求	满分	得分与扣分
评分标准	1	宣讲安全措施（模拟实际操作）		9	一项不正确扣1分
	1.1	讲明施工方法及信号，工作人员要明确分工，密切配合，服从指挥，并保持通信畅通	检查通信工具		
	1.2	使用前严格检查起重工用具，严禁过载使用	指派安全员督促检查并亲自参与，所有起重工用具合格		
	1.3	除指挥人员及指定人员外，其他人员必须远离杆下1.2倍杆高距离以外，行人不得进入工作现场	督促大家执行		
	1.4	主牵引、制动系统中心，杆塔中心及抱杆中心（抱杆顶）应在同一垂直面上	指派专人（副指挥）负责检查		
	1.5	抱杆受力均匀、两侧拉绳应控制好、不得左右倾斜。根据土质地形采取防沉、防滑措施	指派专人（副指挥）负责检查		
	1.6	杆塔起立离地后，应对各受力点处、各地锚做一次全面检查并冲击，确无问题，再继续起立。起立60°后，应减慢速度，拉好后方拉线，并密切注意各侧拉线	指挥有关人员负责检查并亲自参与		

续表

	序号	项 目 名 称	质 量 要 求	满分	得分与扣分
评分标准	1.7	只有正式拉线做好、杆基回土夯实后、方可登杆拆除所有牵引和临时拉线	指派专人负责检查	9	一项不正确扣1分
	1.8	工作现场人员应着装正确，戴安全帽，杆上人员使用安全带	督促大家执行		
	1.9	安全措施根据现场情况增加	安全员和大家发言		
	2	人员分工（模拟实际操作）		8	错、漏一项扣1分
	2.1	副指挥1人，并负责电杆侧面指挥	人员安排正确		
	2.2	安全员1人	人员安排正确		
	2.3	两制动系统各2人，共4人（并负责反方向拉绳）	人员安排正确		
	2.4	左右临时拉线各2人，共4人	人员安排正确		
	2.5	机动绞磨1人，尾绳2人，共3人	人员安排正确		
	2.6	做拉线4人（制动系统和左右临时拉线抽4人协助）	人员安排正确		
	2.7	登杆工作2人	人员安排正确		
	2.8	其他工作人员4～6人	人员安排正确		
	3	工作开始前的检查	模拟操作时要仔细分派人员、交代工作、提出要求	8	一项不正确扣1分
	3.1	检查双杆横担处与双杆根部交叉距离是否相等	指派专人负责检查		
	3.2	检查根开是否正确	指派专人负责检查		
	3.3	杆坑内有无余土			

续表

	序号	项目名称	质量要求	满分	得分与扣分
评分标准	3.4	马道是否合格，双马道坡度是否一致	指派专人负责检查	8	一项不正确扣1分
	3.5	检查总牵引地锚与电杆中心，制动双地锚中心是否在一条直线上	指派专人负责检查并亲自参与		
	3.6	检查制动地锚操作人员及总牵引地锚位置是否符合要求（大于杆高1.2倍的距离）	指派专人负责检查并亲自参与		
	3.7	检查左右临时拉线地锚位置是否正确，与两主杆坑为一直线，距离大于杆高1.2倍	指派专人负责检查并亲自参与		
	3.8	检查各绑扎点及吊点钢丝绳套锁紧情况及位置是否正确	指派专人负责检查并亲自参与		
	4	制动系统安装	模拟操作时，要仔细分派人员、交待工作、提出要求	2	
	4.1	将两根直径25mm制动钢丝绳分别一端锁紧在电杆根部，锁紧位置距离杆根应为20cm，左右并有防止滑动措施；另一端通过滑轮组锁紧在制动地锚上	锁紧位置距离杆根应为20cm左右，并有防止滑动措施。指挥正确，结果正确		不正确扣1～2分
	5	抱杆安装	模拟操作时，要仔细分派人员、交待工作、提出要求	21	
	5.1	将一副16～18m高的抱杆布置好，抱杆根部距离电杆根部约6m处	指挥正确，操作正确		不正确扣1～3分
	5.2	抱杆两根部距离约5～6m，并用钢丝绳锁紧腿部	指挥正确，操作正确		

续表

	序号	项 目 名 称	质 量 要 求	满分	得分与扣分
评分标准	5.3	将两根等长的、直径不小于15.5mm的吊点钢丝绳套穿过抱杆顶端的两只单轮滑轮。吊点钢丝绳套上端绑于双杆横担处	指挥正确，操作正确	21	不正确扣 1～3 分
	5.4	两下端连接两只不小于50kN的滑车作滑动吊点，连接下吊点钢丝绳套	指挥正确，操作正确		
	5.5	下吊点钢丝绳套绑扎点要正确，两点大致将电杆高度分为三部分	指挥正确，操作正确		
	5.6	将两只 100kN 四轮滑轮组安装于至牵引地锚及脱帽环上	指挥正确，操作正确		
	5.7	将抱杆脚制动钢丝绳锁紧在电杆上。锁紧受力要均衡，方向要正确	指挥正确，操作正确		
	6	抱杆起立	模拟操作时，要仔细分派人员、交待工作、提出要求	12	不正确扣 1～2 分
	6.1	一副小抱杆置于主抱杆根部，小抱杆顶支起总牵引绳，并将抱杆立起至对地夹角为 60°左右，用白棕绳一根，翻过主牵引钢丝绳绑住小抱杆	指挥正确，操作正确		
	6.2	开动绞磨牵引，使小抱杆慢慢倒下、大抱杆慢慢立起，小抱杆失效前应控制绑小抱杆的棕绳，使小抱杆慢慢放倒地面后，将棕绳及小抱杆收起	指挥正确，操作正确		

续表

	序号	项 目 名 称	质 量 要 求	满分	得分与扣分
评分标准	6.3	大抱杆起立至 60°差一点停止牵引，将所有吊点钢丝绳套调平，并受力均衡（也可用专用钢丝绳牵引起立大抱杆，牵引至角度后再挂上总牵引绳，使总牵引绳受力）	指挥正确，操作正确	12	
	6.4	大抱杆起立过程中要注意，及时放松制动钢丝绳，大抱杆到位后要将制动钢丝绳水平转 180°，安装成反向制动绳	指挥正确，操作正确		不正确扣 1～2 分
	6.5	将牵引钢丝绳缠上绞磨芯，所缠圈数为 5～6 圈	注意督促检查		
	7	起立电杆	模拟操作时，要仔细分派人员、交待工作、提出要求	30	
	7.1	收紧制动钢丝绳至电杆快移动时止	指挥正确，操作正确		
	7.2	开动绞磨，指挥左右临时拉线，使电杆慢慢受力	指挥正确，操作正确		
	7.3	检查左右吊点钢丝绳套是否平衡，不平衡应松牵引及时调整	指挥正确，操作正确		不正确扣 1～3 分
	7.4	检查制动，要求杆根位置正确	指挥正确，操作正确		
	7.5	开动绞磨，使电杆慢慢离开地面，至横担离地 30～50cm 时再检查各受力点，各地锚，再冲击检查，确无问题，继续起立电杆	指挥正确，操作正确		
	7.6	立杆过程中控制左右临时拉线，使电杆中心线制动系统中心线、抱杆中心线，牵引系统四部分一直处于同一垂直面上	指挥正确，操作正确		

续表

	序号	项 目 名 称	质 量 要 求	满分	得分与扣分
评分标准	7.7	电杆起立过程中还要由侧向指挥人员指挥，及时调整制动，使电杆根对准底盘中心	指挥正确，操作正确	30	
	7.8	密切监视抱杆，抱杆失效前要控制好绑住抱杆的绳子，抱杆一失效慢慢松开，使抱杆慢慢倒下	指挥正确，操作正确		不正确扣 1～3 分
	7.9	电杆起立至 60°左右时，要减慢牵引速度，拴好反方向拉线	指挥正确，操作正确		
	7.10	电杆起立至 80°时，要停止牵引，将正式拉线用紧线器卡好，调整拉线，使杆身缓缓正直	指挥正确，操作正确		
	8	调正电杆及做拉线	模拟操作时，要仔细分派人员、交待工作，提出要求	3	
	8.1	做好四方及做拉线	指挥正确，操作正确		不正确扣 0.5～1 分
	8.2	及时回填土并夯实	指挥正确，操作正确		
	8.3	拆除吊点钢丝绳套及牵引设备，拆除临时拉线	指挥正确，操作正确		
	9	其他要求		7	
	9.1	指挥要求	指挥熟练，果断、正确		不正确扣 1～5 分
	9.2	时间要求	按时完成		超过时间不给分，每超过 2min 倒扣 1 分

行业：电力工程　　工种：送电线路架设　　等级：高/技师

<table>
<tr><td>编　　号</td><td colspan="2">C32C040</td><td>行为领域</td><td>e</td><td>鉴定范围</td><td>3</td></tr>
<tr><td>考核时限</td><td colspan="2">120min</td><td>题　　型</td><td>C</td><td>题　　分</td><td>100（50）</td></tr>
<tr><td>试题正文</td><td colspan="6">组织指挥导线、地线架设的操作</td></tr>
<tr><td>需要说明的问题和要求</td><td colspan="6">1. 全过程的负责指挥，非张力架线
2. 模拟实际操作，人员分工好后，指挥工作人员进行每项操作
3. 准备施工图纸一套
4. 现场模拟实际操作
5. 准备部分工作人员</td></tr>
<tr><td>工具、材料、设备场地</td><td colspan="6">在培训场地操作</td></tr>
<tr><td rowspan="14">评分标准</td><td>序号</td><td>项　目　名　称</td><td colspan="2">质　量　要　求</td><td>满分</td><td>得分与扣分</td></tr>
<tr><td>1</td><td>认真看施工图纸，了解工程概况</td><td colspan="2">写好答案后口头回答</td><td>3.5</td><td rowspan="8">错、漏一项扣0.5分</td></tr>
<tr><td>1.1</td><td>线路架设长度</td><td colspan="2">回答内容正确</td><td></td></tr>
<tr><td>1.2</td><td>导线、地线型号</td><td colspan="2">回答内容正确</td><td></td></tr>
<tr><td>1.3</td><td>绝缘子、金具型号及连接方式，导线、地线不准接头情况</td><td colspan="2">回答内容正确</td><td></td></tr>
<tr><td>1.4</td><td>地形情况</td><td colspan="2">回答内容正确</td><td></td></tr>
<tr><td>1.5</td><td>交叉跨越情况</td><td colspan="2">回答内容正确</td><td></td></tr>
<tr><td>1.6</td><td>初步选定弧垂观测档并计算观测值</td><td colspan="2">回答内容正确，计算结果正确</td><td></td></tr>
<tr><td>1.7</td><td>讲出工程所需要材料名称及数量</td><td colspan="2">回答内容正确</td><td></td></tr>
<tr><td>2</td><td>模拟回答查看工作现场的内容</td><td colspan="2">回答内容正确</td><td>3.5</td><td rowspan="5">错、漏一项扣0.5分</td></tr>
<tr><td>2.1</td><td>查交叉跨越的电力线、通信线、公路、铁路、河流等（含需要办停电申请的被跨电力线名称及电源点）</td><td colspan="2">回答内容正确</td><td></td></tr>
<tr><td>2.2</td><td>查运输道路、选定紧线、挂线点及导线展放方向</td><td colspan="2">回答内容正确</td><td></td></tr>
<tr><td>2.3</td><td>查各杆塔、拉线情况，必要时调整及加固</td><td colspan="2">回答内容正确</td><td></td></tr>
<tr><td>2.4</td><td>确定临时补强拉线位置及数量</td><td colspan="2">回答内容正确</td><td></td></tr>
</table>

续表

	序号	项 目 名 称	质 量 要 求	满分	得分与扣分
评分标准	2.5	查地形、地貌及特殊地形选用的特殊措施	回答内容正确	3.5	
	2.6	查沿线村庄和庄稼，派对外联系人进行赔偿洽谈	回答内容正确		错、漏一项扣0.5分
	2.7	确定弧垂观测档及观测点，确定弧垂观测方式	回答内容正确		
	3	组织分工，确定以下人员		4.5	
	3.1	作业负责人	人员安排正确		
	3.2	安全员	人员安排正确		
	3.3	停、送电联系人员	人员安排正确		
	3.4	对外联系人员	人员安排正确		
	3.5	技术负责人员	人员安排正确		错、漏一项扣0.5分
	3.6	质检员	人员安排正确		
	3.7	材料管理人员	人员安排正确		
	3.8	弧垂观测人员	人员安排正确		
	3.9	液压人员	人员安排正确		
	3.10	施工班组	人员安排正确、充足		
	4	宣讲安全措施清楚明了（模拟实际操作）		13	
	4.1	所有被跨越电力线必须停电并做好验电、接地工作。所有断路器要挂警告牌或设专人看守	指定专人负责		
	4.2	所有跨越架要保证高度和宽度，并要切实牢固，并派专人看守	指定专人负责，亲自检查		错、漏一项扣1分
	4.3	跨越有人通行但没有跨越架的地方有专人看守	指定专人负责看守		
	4.4	在有可能磨伤导线的地方、有可能挂住导线的地方，要采取措施并派人看守	指定专人负责看守		

续表

	序号	项 目 名 称	质 量 要 求	满分	得分与扣分
评分标准	4.5	每基杆塔要挂上合格的放线滑车，每基杆塔都要有专人看守	指定专人负责看守	13	错、漏一项扣1分
	4.6	所有看守人员、牵引人员或人力拖线带队人员、指挥人员之间的通信联络要畅通	通信设备良好		
	4.7	爆炸压接人员要严格按《安规》操作，起爆一定要保持安全距离	指定专人负责		
	4.8	所有紧线工用具要认真检查，不合格者严禁使用，严禁超载使用	指定安全员负责检查		
	4.9	所有工作人员不得跨在导线上或站在导线内角侧	督促所有工作人员执行		
	4.10	现场工作人员要正确着装，戴安全帽	督促所有工作人员执行		
	4.11	杆塔上工作人员要使用安全带，要按安规操作，杆塔下要加强监护	督促所有工作人员执行		
	4.12	现场工作人员要严守《安规》，互相关心施工安全，监督《安规》及现场安全措施的落实	督促所有工作人员执行		
	4.13	增加补充安全措施	安全员和大家发言		
	5	宣讲技术规范及要求	指定专人负责检查（模拟技术交底口头回答）	11	错、漏一项扣1分
	5.1	放线过程中，对展放的导线及地线应认真进行外观检查。对制造厂在线上设有损伤或断头标志的地方，应查明情况，妥善处理	指定专人负责检查		
	5.2	放线滑车的轮槽尺寸、轮槽底部直径及轮槽材料应与导线或地线相适应，保证符合国家现行标准	指定专人负责检查，保证导线、地线通过时不受损伤		

续表

	序号	项 目 名 称	质 量 要 求	满分	得分与扣分
评分标准	5.3	尽力减小导线损伤，如受损伤要按规范标准进行补修处理或割断重新以接续管连接	指定专人负责检查，讲出导线损伤补修标准	11	
	5.4	导线、地线的弧垂不平衡偏差应在允许范围内	讲出标准		
	5.5	架线后应测量导线与被跨越物的净空距离，计入导线蠕变伸长换算到最大弧垂时，必须符合设计规定	讲出规定		
	5.6	绝缘子金具等要求检查测试合格	指定专人负责检查		
	5.7	架线后要及时进行附件安装	指定专人负责通知		
	5.8	悬垂线夹安装后，绝缘子串应垂直地面。个别情况的位移不应超过 5°，偏移最大值不超过 200mm	指定质检人员负责检查		
	5.9	各种螺栓、穿钉及弹簧销穿入方向合格	讲解穿钉及弹簧销穿入方向，指定质检人员负责检查		
	5.10	导线与线夹、导线与防振锤夹紧部位应缠绕铝包带，铝包带缠绕方向应与导线外层铝股的绞制方向一致。铝包带可需露出夹口，但不应超过 10mm，其端头应回夹内压住	指定质检人员负责检查		
	5.11	引流线（耐张跳线）应呈近似悬链线状自然下垂，其对杆塔及拉线等的电气间隙必须符合设计要求	指定专人负责检查	11	
	6	施工准备	模拟实际操作，要仔细分派人员、交待工作、提出要求	8	

续表

	序号	项 目 名 称	质 量 要 求	满分	得分与扣分
评分标准	6.1	导地线提前运至导线展放点，并放好放线盘，要派专人看守	指挥正确，操作正确	8	错、漏一项扣1～2分
	6.2	通过选择线轴控制压接管的位置	指挥正确，操作正确		每错一项扣1～2分
	6.3	每基杆塔提前挂好放线滑车	指挥正确，操作正确		
	6.4	耐张杆塔提前拉好临时拉线	指挥正确，操作正确		
	7	跨越架搭设	模拟实际操作，要仔细分派人员、交待工作、提出要求	12	每错一项扣1～2分
	7.1	重要公路、铁路、河流等要事先联系好，搭好可靠的跨越架	指定专人负责		
	7.2	该搭跨越架的地方都要搭好可靠的跨越架	指定专人负责		
	7.3	跨越架要注意高度符合下方通行车、船安全通过限距	指定专人负责检查并亲自参与		
	7.4	跨越架方向要与线路方向垂直	指定专人负责检查并亲自参与		
	7.5	跨越架中心要以线路中心吻合	指定专人负责检查并亲自参与		
	7.6	跨越架宽度要比两边距离大1～1.5m	指定专人负责检查并亲自参与		
	8	导线、地线展放	模拟实际操作：要仔细分派人员、交待工作、提出要求	6	
	8.1	派专人带领人员拖导线、地线（或牵引钢丝绳）。所拖放的线要尽量走直线，而且线与线之间不能交叉	指挥正确，操作正确		
	8.2	导线、地线拖至直线杆塔后，应及时通过放线滑轮	指定专人负责		

续表

	序号	项 目 名 称	质 量 要 求	满分	得分与扣分
	8.3	滑轮上应挂上一根大绳，大绳一端绑住在导线或地线（或牵引钢丝绳），另一端将导线通过滑轮。注意线头一定要绑好	指定专人负责	6	每错一项扣1分
	8.4	线拉至挂线点应多拖点距离，考虑导线及耐张绝缘子串挂上杆塔	指定专人负责		
	8.5	导线如和地面坚硬物发生摩擦应采取措施防止导线受损	指定专人负责		
	8.6	如需要拉头要由专人负责压接，接头检查合格要打钢印	指定专人负责		
评分标准	9	紧线及弧垂观测	模拟实际操作，要仔细分派人员、交待工作、提出要求	20	每错一项扣1～2分
	9.1	导线、地线挂好后，及时通知紧线	指挥正确，操作正确		
	9.2	紧线牵引应在导线方向的直线延长线上。对地夹角一般为30°左右，尽量不用换向滑轮	指挥正确，操作正确		
	9.3	紧线牵引受力后要通知全线检查，确没有挂住其他障碍物后方可继续紧线	指挥正确，操作正确		
	9.4	紧线快至合格弧垂时要减慢牵引速度，听从弧垂观测人员的指挥	指挥正确，操作正确		
	9.5	弧垂观测人员要注意气温变化。变化如超过5℃要及时调整观测值	指挥正确，操作正确		
	9.6	弧垂合格后要停止牵引，让导线或地线稳定后再次观测，合格后再通知在牵引绳上画印	指挥正确，操作正确		

续表

	序号	项 目 名 称	质 量 要 求	满分	得分与扣分
评分标准	9.7	牵引绳放松，将牵引绳上的印记比至导线或地线上，按要求做耐张线夹	指挥正确，操作正确	20	
	9.8	再次紧线将线挂上	指挥正确，操作正确		
	9.9	再次观测弧垂并要求合格	指挥正确，操作正确		
	9.10	重复操作至所有线全部挂上	指挥正确，操作正确		
	10	模拟实际操作	要仔细分派人员、交待工作、提出要求	8.5	每错一项扣 1 分
	10.1	导线（或地线）全部挂好后就可以通知附件安装	指挥正确，操作正确		
	10.2	一般由杆上作业人员用专用工具自行提升导线或地线，安装线夹	指挥正确，操作正确		
	10.3	按设计要求安装防振锤，注意包好铝包带及螺栓空入方向	指挥正确，操作正确		
	10.4	按要求安装引流线（耐张跳线）。如果是用螺栓或耐张线夹做线夹时就要注意导线自然弧垂方向	指挥正确，操作正确		
	11	自检工作	模拟实际操作，要仔细分派人员、交待工作、提出要求	10	每错一项扣 1 分
	11.1	认真检查工作现场并验收施工质量	质检人员组织检查		
	11.2	测量交叉距离	测量人员负责检查		
	11.3	整理工用具，拆除跨越架	指挥正确，操作正确		
	11.4	被停电线路联系恢复送电	停电联系人员负责		
	12	其他要求			
	12.1	措施要求	措施全面（要求根据现场情况补充）		酌情给、扣分
	12.2	指挥要求	指挥熟练、果断、正确		酌情给、扣分
	12.3	时间要求	按时完成		酌情给、扣分

行业：电力工程　　工种：送电线路架设　　等级：技师/高级技师

<table>
<tr><td>编　号</td><td>C32C041</td><td>行为领域</td><td>e</td><td>鉴定范围</td><td>4</td></tr>
<tr><td>考核时限</td><td>120min</td><td>题　型</td><td>C</td><td>题　分</td><td>100（50）</td></tr>
<tr><td>试题正文</td><td colspan="5">组织指挥 500kV 带电线路停电落线耐张转角塔耐张串换绝缘子</td></tr>
<tr><td>需要说明的问题和要求</td><td colspan="5">1. 全过程的负责指挥
2. 模拟实际操作，人员分工好后，指挥工作人员进行每项操作
3. 准备作业指导书
4. 现场模拟实际操作
5. 作业人员</td></tr>
<tr><td>工具、材料、设备场地</td><td colspan="5">在培训场地指挥与操作</td></tr>
</table>

<table>
<tr><td rowspan="14">评分标准</td><td>序号</td><td>项目名称</td><td>质量要求</td><td>满分</td><td>得分与扣分</td></tr>
<tr><td>1</td><td>认真看施工图纸，了解工程情况</td><td>写好答案后口头回答</td><td rowspan="7">10</td><td rowspan="7">错、漏一项扣0.5分</td></tr>
<tr><td>1.1</td><td>换绝缘子档长度</td><td>回答内容正确</td></tr>
<tr><td>1.2</td><td>导线型号</td><td>回答内容正确</td></tr>
<tr><td>1.3</td><td>绝缘子、金具型号及连接方式</td><td>回答内容正确</td></tr>
<tr><td>1.4</td><td>地形情况</td><td>回答内容正确</td></tr>
<tr><td>1.5</td><td>交叉跨越情况</td><td>回答内容正确</td></tr>
<tr><td>1.6</td><td>讲出工程所需要材料名称及数量</td><td>回答内容正确</td></tr>
<tr><td>2</td><td>模拟回答查看工作现场的内容</td><td>回答内容正确</td><td rowspan="5">15</td><td rowspan="5">错、漏一项扣0.5分</td></tr>
<tr><td>2.1</td><td>线路名称、编号，需要办停电申请的范围。明确停电联系人和工作负责人，安全员等</td><td>回答内容正确</td></tr>
<tr><td>2.2</td><td>作业地点档内交叉跨越情况，需要对交叉跨越采取的措施，如电力线、通信线、低压线路、房屋等</td><td>回答内容正确</td></tr>
<tr><td>2.3</td><td>查耐张塔情况，确定临时拉线的方案和位置</td><td>回答内容正确</td></tr>
<tr><td>2.4</td><td>查直线塔做过轮临锚的方案和位置</td><td>回答内容正确</td></tr>
</table>

续表

	序号	项 目 名 称	质 量 要 求	满分	得分与扣分
评分标准	2.5	查上述 2 基塔的地形、地貌及特殊地形需要采取特殊措施	回答内容正确	15	错、漏一项扣 0.5 分
	2.6	查沿线村庄和庄稼，派对外联系人进行赔偿洽谈	回答内容正确		
	3	组织分工，确定作业人员		20	错、漏一项扣 0.5 分
	3.1	作业负责人	人员安排正确		
	3.2	安全员	人员安排正确		
	3.3	停、送电联系人员	人员安排正确		
	3.4	对外联系人员	人员安排正确		
	3.5	技术负责人员	人员安排正确		
	3.6	质检员	人员安排正确		
	3.7	材料管理人员	人员安排正确		
	3.8	施工班组	人员安排正确，充足		
	4	作业准备		20	
	4.1	停电线路停电，运行单位挂接地	指定专人负责		未挂接地扣 2 分
	4.2	宣讲技术规范及要求，对作业人员进行作业指导书交底，要求全体施工人员参加，对技术、安全和质量的要求，特别对安全措施和要求应交代清楚	指定专人负责检查（模拟技术交底口头回答）		未交底扣 2 分
	4.3	跨越有人通行但没有跨越架的地方有专人看守	指定专人负责看守		错、漏一项扣 1 分
	4.4	指挥人员以及作业人员之间的通信联络要畅通	通信设备良好		

续表

	序号	项目名称	质量要求	满分	得分与扣分
	4.5	跨越档内的跨越架要保证高度和宽度，要牢固，并派专人看守	指定专人负责，亲自检查	20	
	4.6	所有工具要认真检查，不合格者严禁使用，严禁超载使用	指定安全员负责检查		
	4.7	现场工作人员要正确着装，戴安全帽	督促所有工作人员执行		
	4.8	塔上工作人员要使用安全带，要按安规操作，塔下要加强监护	督促所有工作人员执行		
评	4.9	现场工作人员要严守《安规》，互相关心施工安全，监督《安规》及现场安全措施的落实	督促所有工作人员执行		
分	4.10	增加补充安全措施	安全员和大家发言		
标	5	施工作业		30	
准	5.1	停电线路停电、运行单位挂接地后，在施工区域挂施工接地（在耐张塔和直线塔）	指定专人负责		未挂施工接地扣2分
	5.2	施工跨越档内被跨的电力线停电并挂接地			错、漏一项扣1分
	5.3	在直线塔将线夹换成放线滑车，做过轮临锚	指定专人负责		
	5.4	将耐张塔到直线塔档内，换绝缘子的一相线上的间隔棒拆除			
	5.5	在耐张塔上进行塔上临锚，临锚钢绞线要有护胶保护导线，钢绞线长度要保证绝缘子串能够放到地面	指定专人负责检查		

续表

	序号	项 目 名 称	质 量 要 求	满分	得分与扣分
评分标准	5.6	将换绝缘子侧的跳线拆除		30	错、漏一项扣1分
	5.7	收紧导线临锚钢绞线			
	5.8	用走1走2滑车组将绝缘子串放至地面			
	5.9	清洁并检查绝缘子，换去坏绝缘子，装上新绝缘子			
	5.10	对绝缘子金具等要求检查			
	5.11	挂绝缘子串			
	5.12	放松导线临锚钢绞线，拆除锚线工具			
	5.13	拆除挂绝缘子工具			
	5.14	间隔棒安装和跳线安装			
	5.15	拆除过轮临锚，换上悬垂线夹			
	5.16	清理耐张塔和直线塔上的工具			
	5.17	接地线拆除，人员下塔			
	5.18	清理现场，工作结束			
	5.19	工作负责人再次检查后，向运行单位停电联系人汇报			

行业：电力工程　　工种：送电线路架设　　等级：高级技师

编　　号	C32C042	行为领域	e	鉴定范围	4
考核时限	120min	题　　型	C	题　　分	100（30）
试题正文	组织指挥 500kV 送电线路单回路转角塔吊装				
需要说明的问题和要求	1. 500kV 送电线路单回路转角塔吊装工作，工作内容包括工器具准备（以上为口头或现场考问内容）、安全措施、技术交底及技术要求、人员分工、现场布置及操作（以上模拟指挥内容） 2. 模拟指挥：工作人员分工后要求到达工作位置，了解所要工作的内容及工器具分配；指挥下达命令后可以询问，清楚明白后回答 3. 抱杆组立，塔塔身地面组装好，摆放位置正确 4. 可模拟现场进行考试或采取笔答的方法，个别细节由考官提问回答				
工具、材料、设备场地	1. 要求在培训场地操作 2. 外拉线内悬浮 500×500 钢质抱杆，落地拉线 4 根，机动绞磨 2 台；临时拉线钢丝绳 8 根；单滑车；地锚，滑轮 100kN，三轮、二轮；吊点钢丝绳；牵引钢丝绳直径 11～12.5mm、300m，2 根；卸扣，指挥旗等				

评分标准	序号	项目名称	质量要求	满分	得分与扣分
	1	工作准备		10	
	1.1	检查材料齐备情况	指定专人检查并亲自抽查		不正确不给分
	1.2	检查材料规格型号及质量	指定专人检查并亲自抽查		不正确不给分
	1.3	检查工具器准备情况	指定专人检查并亲自抽查		不正确不给分
	1.4	检查工具规格型号、质量及符合安全要求	指定专人检查并亲自抽查		不正确不给分
	1.5	检查机动绞绞磨	指定专人检查并启动试验		不正确扣 1～2 分
	2	人员分工		5	
	2.1	副指挥一人	人员安排正确		
	2.2	安全员 1 人	人员安排正确		

续表

	序号	项目名称	质量要求	满分	得分与扣分
评分标准	2.3	塔上作业人员8人			
	2.4	临时拉线（包括控制绳）每点2人，共8人	人员安排正确		一项不正确扣1分
	2.5	机动绞磨每台2人，共4人	人员安排正确		
	2.6	机动人员2～4人	人员安排正确		
	3	宣讲安全措施		5	
	3.1	所有起重工用具认真检查，不合格者严禁使用，严禁超载使用	指定安全员督促所有工作人员执行		
	3.2	现场工作人员要听从指挥，注意信号，密切配合。除指定人员，其他人员都应在塔高1.2倍距离以外，并不得让行人进入工作现场	指定安全员督促所有工作人员执行		
	3.3	地锚与临时拉线安装牢固，受力后要认真检查，并应有人看护	指定专人负责		
	3.4	起吊塔片离地后要认真检查各受力点，并冲击检查	指定专人负责并亲自参与		
	3.5	铁塔塔片吊点绑扎要对称，要选择有水平材或斜材支撑的地方要有防止滑动的措施	指定专人负责		每错一项扣1分
	3.6	铁塔塔片起吊离地后，要慢慢移动靠近塔身，不得冲击	指定专人负责		
	3.7	铁塔塔片起吊过程中要密切监护，铁塔塔片不得挂塔身或其他设施（安全措施要根据现场情况增加）	指定副指挥负责		

续表

	序号	项目名称	质量要求	满分	得分与扣分
评分标准	3.8	铁塔塔片的吊点绑扎要考虑不能损伤铁塔，绑扎点要用麻包等保护，必要时要补强或加吊点	指定专人负责并亲自参与	5	
	3.9	铁塔塔片螺栓需要紧固的应紧固	指定专人负责并亲自参与		每错一项扣1分
	4	按要求布置临时拉线的位置，临时拉线地锚和绞动绞地锚应符合作业指导书的要求		10	
	4.1	抱杆落地拉线地锚位置距基础应大于1.2倍塔高，落地拉线可采用45°或十字布置	现场布置正确，交代清楚		不正确扣1～2分
	4.2	铁塔塔片控制绳与地面夹角不大于30°	指挥正确，交代清楚，要求正确		不正确扣1～2分
	4.3	抱杆落地拉线地锚应视土质情况，至少应用2只地锚，地锚间连接可靠	指挥正确，交代清楚，要求正确		不正确扣1～2分
	4.4	绞磨地锚位置分别位于铁塔根部桩位置外侧，并不影响绞磨操作	指挥正确，交代清楚，要求正确		不正确扣1分
	4.5	要求所有地锚位置大于铁塔全高的1.2倍以外	指挥正确，交代清楚，要求正确		不正确扣1分
	5	铁塔塔片吊装（人员分工、交代工作、提出要求）		18	

续表

	序号	项 目 名 称	质 量 要 求	满分	得分与扣分
评分标准	5.1	悬浮抱杆位于铁塔当中，承托绳受力均匀。抱杆的位置可用临时拉线和承托绳来调整	操作正确	18	不正确扣1～2分
	5.2	起吊滑车组挂于抱杆头部顺线路两侧，滑车组钢丝绳通过地面的转向滑车去机动绞磨	操作正确		
	5.3	悬浮抱杆顶部固定四根落地拉线，要注意落地拉线钢丝绳不能妨碍滑车组合横担起吊	操作正确		
	5.4	牵引钢丝绳上绞磨	操作正确		
	5.5	铁塔塔片的带铁应绑扎固定	指挥正确，操作正确		
	6	铁塔塔片起吊		36	一项不正确扣1～2分评
	6.1	铁塔塔片按技术要求绑扎吊点	操作正确		
	6.2	将滑车组与吊点钢丝绳连接	操作正确		
	6.3	牵引钢丝绳经转向滑车进绞磨芯，在绞磨芯上缠绕不得少于5圈	操作正确		
	6.4	开动机动绞磨，使牵引绳受力，检查各滑车及绑扎点	操作正确		
	6.5	指挥机动绞磨工作，使铁塔塔片平稳离地	指挥正确，操作正确		
	6.6	铁塔塔片离地后停止牵引，进一步检查各受力点及所有地锚和拉线，并冲击检查	指挥正确，操作正确		

续表

	序号	项 目 名 称	质 量 要 求	满分	得分与扣分
评分标准	6.7	检查铁塔塔片的受力情况，塔片无变形，各吊点钢丝绳受力均匀	指挥正确，操作正确	36	
	6.8	铁塔塔片的控制钢丝绳收紧	指挥正确，操作正确		
	6.9	指挥机动绞磨工作，控制牵引速度，使铁塔塔片平稳起吊	指挥正确，操作正确		
	6.10	副指挥负责指挥控制绳使铁塔塔片水平与垂直地面，并靠近塔身	指挥正确，操作正确		
	6.11	铁塔塔片离地 1m 时，检查抱杆落地拉线	指挥正确，操作正确		
	6.12	铁塔塔片离地缓慢上升时，控制绳徐徐松出，使塔片与塔身保持一定距离（约 200～500mm）左右	指挥正确，操作正确		一项不正确扣 1～2 分
	6.13	铁塔塔片过快后，通知高处作业人员登塔	指挥正确，操作正确		
	6.14	高处作业人员登塔后站位正确，安全保护使用正确			一项不正确扣 1～2 分
	6.15	铁塔塔片到达就位位置时，机动绞磨停止牵引，慢慢松出控制绳，由塔上人员指挥控制绳和绞磨，使塔片位于最佳位置，适合就位	指挥正确，操作正确		
	6.16	铁塔塔片低的一侧先就位，上好一只螺栓后，机动绞磨慢牵，另一侧到位后停止牵引，铁塔塔片得一侧片就位	指挥正确，操作正确		

续表

	序号	项 目 名 称	质 量 要 求	满分	得分与扣分
评分标准	6.17	铁塔塔片两片都就位后，高处作业人员将带铁安装，并将螺栓紧固。吊点绳拆除	指挥正确，操作正确	36	一项不正确扣1～2分
	6.18	铁塔地线支架和横担的吊装，用抱杆在横线路先吊地线支架，后吊横担			
	7	抱杆的提升和拆除		6	
	7.1	抱杆的提升： 用提升抱杆滑车组慢慢提升抱杆，四根抱杆落地拉线徐徐松出，直至吊下段的需要高度时，安装并收紧承托绳。松出送提升抱杆滑车组，抱杆的四根落地拉线收紧，倒下起吊滑车组，做下一段的起吊准备	指挥正确，操作正确		一项不正确扣1～2分
	7.2	抱杆的拆除： 用滑车组慢慢松出承托绳，四根抱杆落地拉线徐徐收紧，抱杆端部降至塔身下面时，将塔身塔材全部装好，螺栓紧固。四根落地拉线拆除	指挥正确，操作正确 落地拉线应用大绳松下		一项不正确扣1～2分
	7.3	在塔身上部绑扎落抱杆的钢丝绳千斤套，用走二走二滑车组与抱杆端部连接，钢丝绳收紧后，松去抱杆承托绳和腰箍，抱杆根部用大绳控制	指挥正确，操作正确		
	7.4	抱杆松倒地面后，拆除松抱杆滑车组	指挥正确，操作正确		一项不正确扣1～2分
	8	其他要求		10	
	8.1	指挥清理现场	整齐、干净		不正确扣1分
	8.2	指挥要求	指挥熟练、有条理、正确		酌情给、扣分
	8.3	处理问题	处理问题果断、正确		酌情给、扣分
	8.4	时间要求	按时完成		酌情给、扣分

行业：电力工程　　工种：送电线路架设　　等级：高级技师

<table>
<tr><td colspan="2">编　　号</td><td>C32C043</td><td>行为领域</td><td>e</td><td>鉴定范围</td><td>3</td></tr>
<tr><td colspan="2">考核时限</td><td>60min</td><td>题　　型</td><td>C</td><td>题　　分</td><td>（100）50</td></tr>
<tr><td colspan="2">试题正文</td><td colspan="5">500kV 送电线路导引绳在直线塔上绕牵的操作</td></tr>
<tr><td colspan="2">需要说明的问题和要求</td><td colspan="5">1. 负责指挥导引绳在直线塔上绕牵操作
2. 人员分工后，指挥工作人员进行每项操作
3. ϕ13 迪尼玛绳已展放完毕</td></tr>
<tr><td colspan="2">工具、材料、设备场地</td><td colspan="5">1. 在待放线的铁塔上操作
2. 小牵、迪尼玛绳专用张力机、汽油发电机、一牵五走板、五轮朝天滑车、五轮防磨滑车、对口滑车、转角塔用滑车、抗弯连接器、ϕ5/ϕ13 迪尼玛绳，导地线放线滑车等</td></tr>
<tr><td rowspan="4">评
分
标
准</td><td>序号</td><td>项　目　名　称</td><td>质　量　要　求</td><td>满分</td><td colspan="2">得分与扣分</td></tr>
<tr><td>1
1.1
1.2
1.3</td><td>材料、工器具检查
材料检查
工器具检查
个人防护用品</td><td>指定专人检查并亲自抽查
材料规格齐全，质量符合要求
规格齐全，符合安全要求
配置齐全，符合安规要求</td><td>3</td><td colspan="2">错、漏一项扣1分</td></tr>
<tr><td>2
2.1
2.2
2.3
2.4
2.5
2.6</td><td>人员安排
指挥 1 人
安全监护 1 人
张力场 5 人
牵引场 3 人
高空绕牵人员 4 人
地面人员 1 人</td><td>具体落实到人
人员安排正确</td><td>6</td><td colspan="2">错、漏一项扣1分</td></tr>
<tr><td>3
3.1
3.2
3.3</td><td>迪尼玛绳
迪尼玛绳保管要求
迪尼玛绳连接要求
迪尼玛绳与其他物体接触时的注意点</td><td>保持干燥、清洁、不接触水、油污等。严禁接触火源、电源和热源，避免烧伤
严禁打结后使用，接头需用专用抗弯连接器连接
不得与粗糙的表面摩擦，禁止绳子在同一点上摩擦</td><td>15</td><td colspan="2">错、漏一项扣5分</td></tr>
</table>

续表

评分标准	序号	项目名称	质量要求	满分	得分与扣分
	4	施工准备		22	错、漏一项扣1～5分
	4.1	宣讲安全技术措施	重点突出，清楚明了		
	4.2	通讯联络	统一指挥，通讯良好		
	4.3	地面连接ϕ13 牵引绳、走板及被牵放ϕ5绳			
	4.4	派人上塔，将引渡绳逐相穿过对口滑车	指挥正确，操作正确		
	4.5	将引渡绳两绳头引至顶架送受电两侧固定牢			
	5	绕牵施工		45	错、漏一项扣1～5分
	5.1	通知牵引，走板过塔顶			
	5.2	慢速牵引，抗弯连接器至塔顶停止牵引			
	5.3	解开一根被牵放ϕ5绳抗弯连接器，两绳头在五轮滑车上固定牢	指挥正确，操作正确		
	5.4	将引渡绳的一端用抗弯连接器连接走板			
	5.5	将引渡绳的另一端用抗弯连接器连接被牵放的ϕ5绳			
	5.6	人工松开引渡绳并通知张力场反牵使被牵放ϕ5绳收紧	指挥正确，操作正确		
	5.7	逐相操作直至全部完成			
	5.8	查看迪尼玛绳是否缠绕			
	5.9	通知牵引场继续牵引，直线塔绕牵完成			
	6	其他要求		9	
	6.1	指挥清理现场	整齐、干净		不整理扣1～2分
	6.2	指挥要求	指挥熟练、果断、正确		酌情给、扣分
	6.3	时间要求	按时完成		

行业：电力工程　　　工种：送电线路架设　　　等级：高级技师

<table>
<tr><td>编　号</td><td>C32C044</td><td>行为领域</td><td>e</td><td>鉴定范围</td><td>3</td></tr>
<tr><td>考核时限</td><td>120min</td><td>题　型</td><td>C</td><td>题　分</td><td>（100）50</td></tr>
<tr><td>试题正文</td><td colspan="5">组织指挥 OPGW 张力放线的操作</td></tr>
<tr><td>需要说明的问题和要求</td><td colspan="5">1. 全过程的负责指挥 OPGW 光缆张力放线
2. 模拟实际操作，人员分工后，指挥工作人员进行每项操作
3. 准备施工图纸一套
4. 现场模拟实际操作
5. 准备部分工作人员</td></tr>
<tr><td>工具、材料、设备场地</td><td colspan="5">在培训场地操作</td></tr>
<tr><td rowspan="16">评
分
标
准</td><td>序号</td><td>项　目　名　称</td><td>质　量　要　求</td><td>满分</td><td>得分与扣分</td></tr>
<tr><td>1</td><td>认真看施工图纸，了解工程概况</td><td>写好答案后口头回答</td><td>3</td><td>错、漏一项扣0.5分</td></tr>
<tr><td>1.1</td><td>线路架设长度</td><td rowspan="6">回答内容正确</td><td></td><td></td></tr>
<tr><td>1.2</td><td>OPGW 型号</td><td></td><td></td></tr>
<tr><td>1.3</td><td>地形情况</td><td></td><td></td></tr>
<tr><td>1.4</td><td>交叉跨越情况</td><td></td><td></td></tr>
<tr><td>1.5</td><td>初步选定弧垂观测档</td><td></td><td></td></tr>
<tr><td>1.6</td><td>初步选定牵张场地</td><td></td><td></td></tr>
<tr><td>2</td><td>相关主要计算</td><td rowspan="4">计算正确</td><td>6</td><td>错、漏一项扣2分</td></tr>
<tr><td>2.1</td><td>牵、张机选型计算</td><td></td><td></td></tr>
<tr><td>2.2</td><td>牵引绳选型及用量计算</td><td></td><td></td></tr>
<tr><td>2.3</td><td>放线张力计算</td><td></td><td></td></tr>
<tr><td>3</td><td>查看工作现场</td><td></td><td>6</td><td>错、漏一项扣1分</td></tr>
<tr><td>3.1</td><td>查看交叉跨越</td><td>电力线、通信线、公路、铁路、河流等（含需要办停电申请的被跨越电力线名称及电源点）</td><td></td><td></td></tr>
</table>

续表

	序号	项目名称	质量要求	满分	得分与扣分
评分标准	3.2	查看运输道路、施工场地	选定牵、张场	6	错、漏一项扣1分
	3.3	查看耐张塔拉线情况	耐张塔需打临时拉线，临时拉线的设置符合要求		
	3.4	查看地形、地貌及特殊地形	特殊地形处采用的特殊措施		
	3.5	选定观测档及弧垂观测方式	选择原则符合规范要求		
	4	主要人员安排	人员安排正确、合理	5	错、漏一项扣0.5分
	4.1	牵引场指挥			
	4.2	张力场指挥			
	4.3	牵引场安全监护			
	4.4	张力场安全监护			
	4.5	牵引机操作工			
	4.6	张力机操作工			
	4.7	停电联系人			
	4.8	对外联系人			
	4.9	沿线护线人员			
	4.10	弧垂观测人员			
	4.11	施工队其他人员			
	5	施工准备		30	错、漏一项扣1～3分
	5.1	宣讲安全技术措施	重点突出，清楚明了		
	5.2	个人防护用品	配置齐全，符合安全要求		
	5.3	通信联络	统一指挥，通信良好		
	5.4	OPGW 检查	品种、规格、盘号、长度、端头密封性进行检查，符合设计要求和规范要求		

续表

	序号	项 目 名 称	质 量 要 求	满分	得分与扣分
评分标准	5.5	主要工器具检查	张力机主卷筒、放线滑车槽底直径及材料应与 OPGW 相适应；防捻走板、专用编织套、专用紧线夹具、锚线工具符合规范和技术措施的要求	30	错、漏一项扣 1～3 分
	5.6	被跨越电力线处理	所有被跨越电力线必须停电并做好验电、接地工作		
	5.7	跨越架要求	符合规范和安规要求。在有可能磨伤 OPGW 的地方要采取措施。组织验收，并派专人看守		
	5.8	悬挂放线滑车	放线滑车符合要求		
	5.9	判断是否上扬	上扬采取措施		
	5.10	张力场布场	确定张力机、吊车、OPGW 临锚区域		
	5.11	牵引场布场	确定牵引机、牵引绳换盘、临锚线区域		
	5.12	牵引机和张力机接地要求	牵引机及张力机出线端的牵引绳和 OPGW 上必须安装接地滑车		
	5.13	沿线护线人员	指定专人负责		
	6	OPGW 展放	指挥正确，操作正确	40	错漏一项扣 1～3 分
	6.1	沿线护线人员逐一试联络畅通，通知准备展放 OPGW			
	6.2	通知牵张两场，牵引机、张力机发动准备开牵 OPGW			

续表

	序号	项 目 名 称	质 量 要 求	满分	得分与扣分
评分标准	6.3	通知牵引场慢速牵引		40	错漏一项扣1～3分
	6.4	通知牵引场中速牵引	指挥正确、操作正确		
	6.5	询问沿线重要跨越处OPGW距跨越物安全距离，在满足安规要求下尽量低张力展放			
	6.6	通知牵引机慢速牵引并告知牵、张两场牵引绳即将换盘			
	6.7	通知牵张场停机并指挥牵引场人员牵引绳换盘			
	6.8	通知牵张两场OPGW继续牵引			
	6.9	OPGW展放结束，通知牵张两场停机并指挥人员将OPGW临时锚线			
	6.10	OPGW在同一处损伤、强度不超过总拉断力的17%时，采用专用预绞丝补修			
	7	自检工作		2	错漏一项扣1分
	7.1	整理工器具	指挥正确、操作正确		
	7.2	被停电线路联系并回复送电	停电联系人员负责		
	8	其他要求		8	酌情给、扣分
	8.1	措施要求	措施全面（要求根据现场情况补充）		
	8.2	指挥要求	指挥熟练、果断、正确		
	8.3	时间要求	按时完成		

行业：电力工程　　　工种：送电线路架设　　　等级：高级技师

<table>
<tr><td>编　号</td><td>C32C045</td><td>行为领域</td><td>e</td><td>鉴定范围</td><td colspan="2">3</td></tr>
<tr><td>考核时限</td><td>120min</td><td>题　型</td><td>C</td><td>题　分</td><td colspan="2">（100）50</td></tr>
<tr><td>试题正文</td><td colspan="6">组织指挥 500kV 导线张力放线的操作</td></tr>
<tr><td>需要说明的问题和要求</td><td colspan="6">1. 全过程的负责指挥导线张力放线
2. 模拟实际操作，人员分工后，指挥工作人员进行每项操作
3. 准备施工图纸一套
4. 现场模拟实际操作
5. 准备部分工作人员</td></tr>
<tr><td>工具、材料、设备场地</td><td colspan="6">在培训场地操作</td></tr>
<tr><td rowspan="19">评
分
标
准</td><td>序号</td><td>项　目　名　称</td><td>质　量　要　求</td><td>满分</td><td colspan="2">得分与扣分</td></tr>
<tr><td>1</td><td>认真看施工图纸，了解工程概况</td><td>写好答案后口头回答</td><td>4</td><td colspan="2">错、漏一项扣 0.5 分</td></tr>
<tr><td>1.1</td><td>线路架设长度</td><td></td><td></td><td colspan="2"></td></tr>
<tr><td>1.2</td><td>导线型号</td><td></td><td></td><td colspan="2"></td></tr>
<tr><td>1.3</td><td>导线不准接头情况</td><td>回答内容正确</td><td></td><td colspan="2"></td></tr>
<tr><td>1.4</td><td>地形情况</td><td></td><td></td><td colspan="2"></td></tr>
<tr><td>1.5</td><td>交叉跨越情况</td><td></td><td></td><td colspan="2"></td></tr>
<tr><td>1.6</td><td>初步选定弧垂观测档</td><td></td><td></td><td colspan="2"></td></tr>
<tr><td>1.7</td><td>初步选定牵张场地</td><td></td><td></td><td colspan="2"></td></tr>
<tr><td>2</td><td>相关主要计算</td><td></td><td>8</td><td colspan="2">错、漏一项扣 2 分</td></tr>
<tr><td>2.1</td><td>牵、张机选型计算</td><td>计算正确</td><td></td><td colspan="2"></td></tr>
<tr><td>2.2</td><td>牵引绳选型及用量计算</td><td></td><td></td><td colspan="2"></td></tr>
<tr><td>2.3</td><td>导引绳选型及用量计算</td><td>计算正确，布线合理</td><td></td><td colspan="2"></td></tr>
<tr><td>2.4</td><td>导线布线计划及用量计算</td><td></td><td></td><td colspan="2"></td></tr>
<tr><td>3</td><td>查看工作现场</td><td></td><td>5</td><td colspan="2">错、漏一项扣 1 分</td></tr>
<tr><td>3.1</td><td>查看交叉跨越</td><td>电力线、通讯线、公路、铁路、河流等（含需要办停电申请的被跨越电力线名称及电源点）</td><td></td><td colspan="2"></td></tr>
</table>

续表

	序号	项目名称	质量要求	满分	得分与扣分
评分标准	3.2	查看运输道路、施工场地	选定牵、张场	5	错、漏一项扣1分
	3.3	查看耐张塔拉线情况	耐张塔需打临时拉线，临时拉线的设置符合要求		
	3.4	查看地形、地貌及特殊地形	特殊地形处采用的特殊措施		
	3.5	选定观测档及弧垂观测方式	选择原则符合规范要求		
	4	主要人员安排	人员安排正确、合理	6	错、漏一项扣0.5分
	4.1	牵引场指挥			
	4.2	张力场指挥			
	4.3	牵引场安全监护			
	4.4	张力场安全监护			
	4.5	牵引机操作工			
	4.6	张力机操作工			
	4.7	停电联系人			
	4.8	对外联系人			
	4.9	沿线护线人员			
	4.10	弧垂观测人员			
	4.11	张力场压接人员			
	4.12	施工队其他人员			
	5	施工准备		30	错、漏一项扣1～3分
	5.1	宣讲安全技术措施	重点突出，清楚明了		
	5.2	个人防护用品	配置齐全，符合安全要求		
	5.3	通信联络	统一指挥，通信良好		
	5.4	导线检查	品种、规格、盘号、长度等进行检查，符合设计要求和规范要求		
	5.5	主要工器具检查	张力机主卷筒、放线滑车槽底直径及材料与导线相适应；防捻走板、抗弯和旋转连接器、网套、紧线器、锚线工具符合施工规范和技术措施要求		

续表

	序号	项目名称	质量要求	满分	得分与扣分
评分标准	5.6	被跨越电力线处理	所有被跨越电力线必须停电并做好验电、接地工作	30	错、漏一项扣1～3分
	5.7	跨越架要求	符合规范和安规要求。在有可能磨伤导线的地方要采取措施。组织验收，并派专人看守		
	5.8	悬挂放线滑车	放线滑车符合要求		
	5.9	判断是否上扬	上扬采取措施		
	5.10	张力场布场	确定张力机、吊车、导线临锚线区域		
	5.11	牵引场布场	确定牵引机、牵引绳换盘、临锚区域		
	5.12	牵引机和张力机接地要求	牵引机及张力机出线端的牵引绳和导线上必须安装接地滑车		
	5.13	沿线护线人员	指定专人负责		
	6	导线展放	指挥正确、操作正确	36	错、漏一项扣1～3分
	6.1	沿线护线人员逐一试联络畅通，通知准备展放导线			
	6.2	通知牵张两场，牵引机、张力机发动准备开牵导线			
	6.3	通知牵引场慢速牵引			
	6.4	通知牵引场中速牵引			
	6.5	询问沿线重要跨越处导线距跨越物安全距离，并调整导线张力			
	6.6	通知牵引机慢速牵引并告知牵、张两场导线换盘			
	6.7	通知牵张场停机并指挥张力场人员导线换盘			

续表

	序号	项 目 名 称	质 量 要 求	满分	得分与扣分
评分标准	6.8	指挥人员进行导线压接	指挥正确、操作正确	36	错、漏一项扣1～3分
	6.9	通知牵张两场导线继续牵引			
	6.10	导线展放结束，通知牵张两场停机并指挥人员将导线临时锚线			
	6.11	放线过程中，对导线进行外观检查。对制造厂在线上设有损伤或断头标志的地方，应查明原因，妥善处理			
	6.12	尽力减小导线损伤，如受损伤要按规范标准进行补修处理或割断重新以接续管连接			
	6.13	导线弧垂不平衡偏差应在允许范围内，展放过程中需调整导线张力			
	6.14	做好展放下一相导线准备			
	7	自检工作		3	
	7.1	复核交叉跨越距离	指定测量人员负责检查		错、漏一项扣1分
	7.2	指挥整理工器具	整齐、干净		错、漏一项扣1分
	7.3	被停电线路联系并回复送电	停电联系人员负责		
	8	其他要求		8	酌情给、扣分
	8.1	措施要求	措施全面（要求根据现场情况补充）		
	8.2	指挥要求	指挥熟练、果断、正确		
	8.3	时间要求	按时完成		

行业：电力工程　　工种：送电线路架设　　等级：高级技师

编　　号	C32C046	行为领域	e	鉴定范围	3
考核时限	60min	题　　型	C	题　　分	（100）50
试题正文	500kV送电线路初导绳不落地展放操作				
需要说明的问题和要求	1. 全过程的负责指挥初导绳不落地展放操作 2. 模拟实际操作，人员分工后，指挥工作人员进行每项操作				
工具、材料、设备场地	1. 飞行器、专用迪尼玛绳张力机、汽油发电机、抗弯连接器、$\phi5/\phi13$迪尼玛绳，放线滑车等 2. 在培训场地操作				
评分标准	序号	项　目　名　称	质　量　要　求	满分	得分与扣分
	1	查看图纸	写好答案后口头回答	10	错、漏一项扣1～2分
	1.1	线路展放长度			
	1.2	铁塔全高			
	1.3	交叉跨越情况	回答内容正确		
	1.4	初步选定牵张场地			
	1.5	讲出所需主要工器具名称及数量			
	2	查看工作现场和材料工器具检查	回答内容正确	8	错、漏一项扣1～2分
	2.1	查交叉跨越的电力线、通信线、公路、铁路、河流等（线路名称及跨越点）	指定专人检查并亲自抽查		
	2.2	飞行器飞行方向	飞行方向正确		
	2.3	材料检查	材料规格齐全，质量符合要求		
	2.4	工器具检查	规格齐全，符合安全要求。飞行器做试启动		

续表

	序号	项目名称	质量要求	满分	得分与扣分
评分标准	3	人员安排	具体分配到人	10	错、漏一项扣1～2分
	3.1	指挥1人			
	3.2	安全监护1人			
	3.3	停电联系1人			
	3.4	专用张力机操作3人	人员安排正确		
	3.5	每塔顶1人			
	3.6	飞行器操作班			
	3.7	施工队其他人员			
	4	施工准备		30	错、漏一项扣1～3分
	4.1	宣讲安全技术措施	重点突出，清楚明了		
	4.2	所有被跨越电力线必须停电并做好验电、接地工作	指定专人负责		
	4.3	跨越架搭设要求	所有跨越架要保证高度和宽度，并切实牢固，并派专人看守		
	4.4	每基塔设置绕牵滑车	验收跨越架		
	4.5	通讯联络	绕牵滑车设置正确		
	4.6	个人防护用品	统一指挥，通讯良好 配置齐全，符合安规要求		
	4.7	初导绳展放过程中观察与被跨越物的净空距离及对地距离	重要跨越点指定人员测量，符合安规要求		
	4.8	迪尼玛绳保管及存放要求	保持干燥、清洁、不接触水、油污等。严禁接触火源、电源和热源，避免烧伤		
	4.9	迪尼玛绳接头处理要求	严禁打结后使用，接头需用专用抗弯连接器连接		

续表

	序号	项目名称	质量要求	满分	得分与扣分
评分标准	4.10	迪尼玛绳张力机就位，被牵放绳头引好	专人负责	30	错、漏一项扣1～3分
	4.11	塔上人员就位	塔上人员登至塔顶、就位待命		
	4.12	飞行器启动待命	飞行器运转正常		
	5	初导绳展放	模拟实际操作	35	错、漏一项扣1～5分
	5.1	飞行器飞越展放段铁塔，通知其悬停			
	5.2	塔上人员将初导绳放进专用放线滑车			
	5.3	询问沿线各跨越处安全距离，并调整初导绳张力	指挥、操作正确		
	5.4	飞行器继续飞行，依次飞越完成展放段所有铁塔			
	5.5	飞行器降落，地面人员将初导绳锚固			
	5.6	被停电线路联系并回复送电	停电联系人员负责		
	5.7	注意观察Φ5 迪尼玛绳在防磨装置上的走动情况	要求多点移动，防止单点摩擦		
	6	其他要求		7	不整理扣1～2分 酌情给、扣分
	6.1	指挥整理工器具	整齐、干净		
	6.2	措施要求	措施全面（要求根据现场情况补充）		
	6.3	指挥要求	指挥熟练、果断、正确		
	6.4	时间要求	按时完成		

5 试卷样例

中级送电线路架设工知识要求试卷

一、选择题（每题 1.5 分，共 30 分）

下列每题都有 4 个答案，其中只有一个是正确答案，将正确答案的代号填入括号内。

1. 当转角塔为不等长横担或横担较宽时，分坑中心桩应向（　　）侧位移。

（A）内角；（B）外角；（C）前后；（D）左右。

2. 坍落度是为测定混凝土（　　）而做的实验。

（A）强度；（B）和易性；（C）流动性；（D）水灰比。

3. 普通钢筋混凝土电杆和细长预制杆件不得有（　　）。

（A）纵向裂纹；（B）横向裂纹；（C）水纹；（D）裂纹。

4. 一根 9m 长的电杆，外径 30cm，内径 20cm，约需混凝土（　　）。

（A）$0.115\pi m^3$；（B）$0.2\pi m^3$；（C）$0.3\pi m^3$；（D）$0.25\pi m^3$。

5. 混凝土强度可根据原材料和配合比的变化来选择和掌握，因此要求（　　）。

（A）水泥标号与混凝土标号一致；（B）水泥标号大于混凝土标号 1.5～2.5；（C）水泥标号小于混凝土标号，但不得低于 300 号；（D）不作规定。

6. 电动葫芦的电气控制线路是一种（　　）线路。

（A）点动控制；（B）自锁控制；（C）连锁的正反转控制；（D）电气连锁正转控制。

7. 地线放电间隙的安装距离偏差不应大于（　　）。

（A）±2mm；（B）±3mm；（C）±4mm；（D）±5mm。

8. 接地体的（　　）不应小于设计规定。

（A）埋深；（B）尺寸；（C）规格与埋深；（D）长度。

9. 线夹安装完毕，悬垂绝缘子串应垂直地面，个别情况下，其在顺线路方向与垂直位置的倾斜角不超过（　　）。

（A）10°；（B）5°；（C）15°；（D）20°。

10. 接地体接地电阻的大小与（　　）。

（A）结构形状有关；（B）土壤电阻率有关；（C）气候环境条件有关；（D）结构、形状土壤电阻率和气候环境条件都有关。

11. 用机动绞磨和拖拉机直接通过滑车组立杆塔或紧线用的牵引绳的安全系数应取（　　）。

（A）3.5；（B）4.0；（C）4.5；（D）5.0。

12. 防振锤及阻尼线应与地面垂直，其安装距离不应大于（　　）。

（A）±30%；（B）±20%；（C）±10%；（D）±5%。

13. 分裂导线的间隔棒的安装误差不应大于次档距的（　　）。

（A）±1.0；（B）±2.0；（C）±1.5；（D）±2.5。

14. 紧线弧垂在挂线后随即在该档检查，220kV 及以上电压等级的允许偏差为（　　）。

（A）±1.5%；（B）±2%；（C）±2.5%；（D）±3%。

15. 对一般架线档，导线为水平排列时，导地线各相间的弧垂误差，应不大于（　　）。

（A）100mm；（B）200mm；（C）300mm；（D）250mm。

16. 浇制铁塔基础时钢筋的保护层厚度为（　　）。

（A）−5mm；（B）+5mm；（C）+10mm；（D）零。

17. 杆塔基础的坑深，应以设计图纸的施工基面为（　　）。

（A）基准；（B）条件；（C）前提；（D）依据。

18. 送电线路的垂直档距（　　）。

（A）决定杆塔承受水平荷载的档距；（B）决定杆塔承受

风压的档距；（C）决定杆塔导（地）线自重、冰重的档距；（D）决定杆塔水平与垂直荷重的档距。

19. 浇制基础拆模时，混凝土强度不应低于（　　）MPa。

（A）2.0；（B）2.5；（C）3.0；（D）1.0。

20. 整体起吊混凝土电杆，抱杆的高度是杆的重心高度的（　　）倍。

（A）0.6～0.7；（B）0.8～1.1；（C）3.0；（D）0.5～0.6。

二、判断题（每题 1.5 分，共 30 分）

判断下列描述是否正确，对的在括号内打“√”，错的在括号内打“×”。

1. 合力在任一轴上的投影等于所有分力在同一轴上的投影。（　　）

2. 线夹、压板的线槽和喇叭口不允许有毛刺、锌刺。（　　）

3. 1-2 滑轮组，绳索由动滑轮引出，如不考虑摩擦阻力，则其牵引力约为物体重力的 1/3。（　　）

4. 立杆时制动绳刚开始起吊阶段受力最大。（　　）

5. 架空线换位是为了减少三相参数不平衡。（　　）

6. 一定湿度条件下，温度越高混凝土强度增长越快。（　　）

7. 水灰比越大，混凝土强度越大。（　　）

8. 视距测量是用经纬仪和视距尺间接测定两点间水平距离和高差的一种方法。（　　）

9. 用 19 股钢绞线作地线，若已经断一股绞线，必须割断重接。（　　）

10. 钢芯铝绞线的钢芯断一股，必须断开重接。（　　）

11. 代表档距是耐张段中各档距的平均值。（　　）

12. 绝缘子运到现场前，应用 2500V 绝缘电阻表逐个进行绝缘测定，其绝缘电阻不得小于 500Ω。（　　）

13. 采用倒装式人字抱杆整立电杆时，选择抱杆长一点为宜。 （　　）

14. 采用内拉线抱杆时，抱杆在起吊塔材过程中，腰环不允许受力。 （　　）

15. 线路测量断面图的比例分别是：横向 1/5000；纵向 1/500。 （　　）

16. 连接金具的机械强度，应按导线的荷重选择。 （　　）

17. 混凝土用砂根据具体情况在允许范围内应选用较粗的砂。 （　　）

18. 钢筋绑扎接头与钢筋弯曲处相距不得大于10倍钢筋直径。 （　　）

19. 大型现浇基础必须采用机械搅拌和机械振捣。 （　　）

20. 混凝土的用砂一般采用中砂，特细砂不得采用。 （　　）

三、简答题（每题 4 分，共 20 分）

1. 简述施工现场调查的内容。

2. 张力放线主要需用哪些工器具？

3. 简述张力放线施工现场准备工作有哪几大部分？

4. 使用起重工具应注意哪些事项？

5. 现浇混凝土基础工程的质量验收标准有哪些？

四、计算题（每题 5 分，共 20 分）

1. 某耐张段内各档的档距值为 382、415、436、481、395、325m，试求其代表档距。

2. 某耐张段代表档距 L_0=410m，观测档距 L=460m，设计给定的代表档距对应的弧垂为 12.5m，试求观测档距弧垂（悬点高 h<10%）。

3. 某送电线路架线完后用档端角度法检查某档弧垂，因三线水平排列且线间误差合格，只检查中相，测得数据如下：a=19.2、L=347m、θ_1=3°38′、θ=3°12′，检查时气温为+10℃，该档的标准弧垂为9.03m，试问中相导线弧垂是否符合要求？

4. 计算12m人字抱杆根开3.5m、初始角65°的有效高度。

中级送电线路架设工技能要求试卷

一、紧线前耐张杆横担安装一根临时补强拉线的操作（20分）

二、单耐张串绝缘子紧线画印及挂线操作（30分）

三、指挥用单抱杆起立15m拔梢杆的操作（50分）

中级送电线路架设工知识要求试卷答案

一、选择题

1.（B）；2.（B）；3.（A）；4.（A）；5.（B）；6.（C）；7.（B）；8.（C）；9.（B）；10.（D）；11.（C）；12.（A）；13.（C）；14.（C）；15.（B）；16.（A）；17.（A）；18.（C）；19.（B）；20.（B）。

二、判断题

1.（√）；2.（√）；3.（×）；4.（×）；5.（×）；6.（√）；7.（×）；8.（√）；9.（×）；10.（√）；11.（×）；12.（×）；13.（×）；14.（√）；15.（√）；16.（√）；17.（√）；18.（×）；19.（×）；20.（×）。

三、简答题

1. 答：施工现场调查内容有：① 线路长度；② 线路路径及所经主要行政区；③ 现场地形地质情况；④ 主要跨越物；⑤ 地方性材料的采集地点和价格；⑥ 各施工点的驻地情况；⑦ 大小运输距离及道路情况；⑧ 当地疫情等。

2. 答：主牵引机；主张力机；小牵引机；小张力机；主牵引绳、导引绳、大吊车、小吊车、压接设备、走板、旋转连接器、卡线器、锚线架、地锚、临锚钢丝绳、通信设备、压接管保护套、放线滑车等。

3. 答：（1）搭设越线架。

（2）施工通道处理。

（3）展放地线，挂导线绝缘子串及放线滑车。

（4）展放导引钢丝绳。

（5）修筑道路及整修场地。

4. 答：（1）注意铭牌上的额定允许荷重，不得超载工作。

（2）使用前应进行检查，有严重缺陷或不灵活时不得使用。

（3）使用一定时期后逐个进行润滑保养，保证经常处于良好状态。

（4）如有零部件发生损坏，应及时更换。

（5）使用完毕后擦干净，放于不受潮锈蚀的地点。

5. 答：基础验收的项目有：保护层厚度；立柱截面尺寸；同组地脚螺丝中心对立柱中心的偏移；立柱倾斜；地脚螺丝露出基础表面；同组地脚螺丝根开（小根开）。

四、计算题

1. 解：仪表档距

$$L_D=\sqrt{\frac{\sum L_J^3}{\sum L}}$$

$$=\sqrt{\frac{(382^2+415^2+463^2+481^2+395^2+325^2)}{(382+415+436+481+395+325)}}$$

$$=\sqrt{\frac{417\,340\,840}{2434}}=414\text{（m）}$$

答：其仪表档距为 414m。

2. 解：观测档弧垂 f 按下式进行计算，

$$f=(L/L_0)^2 f_0=(460/410)^2\times 12.5=15.7\text{（m）}$$

答：观测档距弧垂为 15.7m。

3. 解：中相导线弧垂 $f=\frac{1}{4}\times\left[\sqrt{a+L(\tan\theta_1-\tan\theta)}\right]^2$

$$=\frac{1}{4}\times\left[\sqrt{19.2+347(\tan\theta_1-\tan\theta)}\right]^2$$

=9.05（m）

因为 9.05m＞9.03m，所以该中相导线的弧垂符合要求。

答：中相导线弧垂符合要求。

4. 解：如下图所示

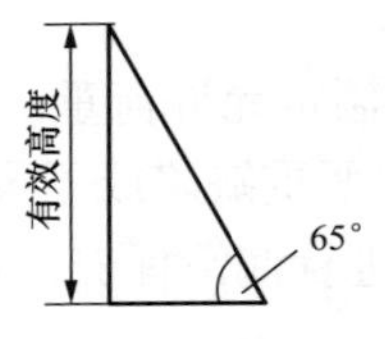

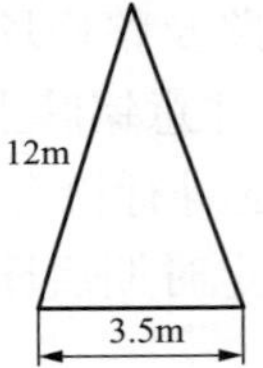

有效长度 $L=\sqrt{12-(3.5/2)^2}$ =11.87（m）

有效高度为 11.87sin65° =10.76（m）

答：有效长度为 11.87m；有效高度为 10.76m。

中级送电线路架设工技能要求试卷答案

一、答紧线前耐张杆横担安装一根临时补强拉线的操作见下表。

编　号	C54A006	行为领域	e	鉴定范围	3
考核时限	40min	题　型	A	题　分	100（20）
试题正文	紧线前耐张杆横担安装一根临时补强拉线的操作				
需要说明的问题和要求	1. 杆上一人，杆下一人均单独操作，设一监护人 2. 或两人一组，杆上、杆下交叉考核 3. 要求着装正确（工作服，工作胶鞋，安全帽） 4. 桩锚已安装好或使用拉棒作为桩锚				
工具、材料、设备、场地	1. 在培训线路上操作 2. 工用具自选，登杆工具自选评				
评分标准	序号	项　目　名　称	质　量　要　求	满分	得分与扣分
	1	工用具准备		6	
	1.1	登杆工具、安全带检查	外观检查无缺陷		
	1.2	登杆工具、安全带冲击试验	在电杆 0.3～0.5m 高处人力冲击无问题		

续表

	序号	项 目 名 称	质 量 要 求	满分	得分与扣分
评分标准	1.3	钢丝绳一根，传递绳一根	直径 10～12.5mm，长度足够		每错、漏一项扣 1 分
	1.4	紧线器	双钩紧线器，再配合用夹钢丝绳的钢丝绳卡头	6	
	1.5	U 形环或卸口 2 只	60～100kN		
	1.6	扎钢丝绳的铁丝	10 号铁丝		
	2	登杆		12	不熟练扣 1～3 分；吊绳没带扣 2 分
	2.1	登杆动作	登杆动作熟练，带吊绳上杆		
	2.2	上横担动作	上横担动作熟练，带吊绳上杆		不正确扣 1～2 分
	2.3	登杆工具放置	上横担后将登杆工具放稳当		
	3	定位置和使用安全带		8	
	3.1	正确使用安全带	安全带系好后应检查扣环是否扣牢		未检查扣 2 分；未扣牢扣 4 分
	3.2	工作位置选择正确	不来回移动		不正确扣 1～3 分
	4	杆上操作		24	
	4.1	将钢丝绳一端头吊至杆上	动作不熟练，吊绳与钢丝绳不缠绕		不正确扣 1～4 分
	4.2	钢丝绳缠绕横担头	缠绕正确，自上而下成 8 字型缠绕		不正确扣 1～4 分
	4.3		钢丝绳不妨碍挂线		妨碍挂线扣 2～4 分
		位置要求	临时拉线靠近挂线点		不正确扣 1～2 分
	4.4	临时拉线方向	方向正确（拉线在紧线挂线点反方向）		不正确不给分
	5	杆下操作		10	
	5.1	用双钩紧线或棘轮紧线器收紧钢丝绳	使临时拉线受力正常		不正确扣 1～4 分

续表

	序号	项目名称	质量要求	满分	得分与扣分
评分标准	5.2	紧线器使用	操作熟练正确	10	不正确扣 1～4 分
	6	技术要求		20	
	6.1	钢丝绳尾在锚桩上或拉棒上绑扎正确	绳尾在钢丝绳上最少要折回两次		不正确扣 1～4 分
	6.2	钢丝绳绑扎时要拉紧	临时拉线受力合适		
	6.3	钢丝绳绑扎	钢丝绳尾绳从折环中穿出		
	6.4	钢丝绳尾用扎丝扎牢或用钢丝绳卡子卡住	扎丝不得小于 10 号，缠扎长度不小于 50mm，钢丝绳卡子不少于 3 只	20	不正确扣 1～4 分
	6.5	拆除紧线工具	动作正确		
	7	其他要求		16	
	7.1	工具用吊绳传递	杆上不能掉东西		每掉一件倒扣 2 分
	7.2	着装正确	工作服，工作胶鞋，安全帽		每漏一项扣 2 分
	7.3	操作动作	动作熟练流畅		动作不熟练扣 2 分
	7.4	按时完成	按要求完成		每超过 2min 倒扣 1 分

二、答单耐张串绝缘子紧线画印及挂线的操作见下表。

编号	C43B020	行为领域	e	鉴定范围	3
考核时限	50min	题型	B	题分	100（30）
试题正文	单耐张串绝缘子紧线画印及挂线的操作				
需要说明的问题和要求	1. 杆塔上单人操作 2. 指挥 1 人，监护 1 人，杆塔下配合 2 人 3. 机动绞磨 1 台（含人员） 4. 弧垂观测人员 5. 导线一端已经挂上，桩锚已设好，临时拉线已装好 6. 可同时鉴定弧垂观测人员及杆塔下配合人员、指挥人员、操作一相导线				

续表

<table>
<tr><td colspan="2">工具、材料、设备、场地</td><td colspan="4">1. 在不带电的培训线路上操作
2. 经纬仪、机动绞磨、牵引钢丝绳、滑车、三角卡线器、钢丝绳套等紧线工具
3. 导线、绝缘子、金具、桩锚、每人带个人工具</td></tr>
<tr><td rowspan="15">评分标准</td><td>序号</td><td>项 目 名 称</td><td>质 量 要 求</td><td>满分</td><td>得分与扣分</td></tr>
<tr><td>1</td><td>登杆</td><td></td><td>8</td><td></td></tr>
<tr><td>1.1</td><td>整理吊绳，登杆</td><td>动作正确，带吊绳</td><td></td><td>不正确扣 1～2 分</td></tr>
<tr><td>1.2</td><td>正确使用安全带</td><td>安全带所系位置正确，并检查扣环是否扣牢</td><td></td><td>不正确扣 1～2 分</td></tr>
<tr><td>2</td><td>安装紧线工具</td><td></td><td>27</td><td>不正确扣 1～3 分</td></tr>
<tr><td>2.1</td><td>站在或坐在横担挂线点附近，将钢丝绳套吊上电杆</td><td>操作正确</td><td></td><td>不正确扣 1～4 分</td></tr>
<tr><td>2.2</td><td>钢丝绳套所挂位置正确</td><td>要求牵引钢丝绳在不妨碍挂线情况下，离挂线点越近越好</td><td></td><td>不正确扣 1～4 分</td></tr>
<tr><td>2.3</td><td>将牵引钢丝绳及紧线滑轮车吊上杆塔</td><td>操作正确</td><td></td><td>不正确扣 1～4 分</td></tr>
<tr><td>2.4</td><td>紧线滑车挂在钢丝绳套上</td><td>要求滑车口离挂线点高差越小越好</td><td></td><td>不正确扣 4 分</td></tr>
<tr><td>2.5</td><td>检查滑车开盖</td><td>切实关好并上保险</td><td></td><td>不正确扣 1～3 分</td></tr>
<tr><td>2.6</td><td>检查并整理牵引钢丝绳</td><td>不得缠绕</td><td></td><td>不正确扣 1～3 分</td></tr>
<tr><td>3</td><td>画印</td><td></td><td>13</td><td></td></tr>
<tr><td>3.1</td><td>导线紧到弧垂合格时，听从指挥画印</td><td>一般用胶带或胶布在牵引钢丝绳上作印记</td><td></td><td>不正确扣 1～3 分</td></tr>
<tr><td>3.2</td><td>看准位置画印</td><td>要求从挂线孔中心的铅垂线与横担中心线平行的铅垂面与牵引钢丝绳交点处为印记处</td><td></td><td>不正确扣 1～5 分</td></tr>
<tr><td>3.3</td><td>印画好后，通知指挥人员将导线落地</td><td>通知语言或手势信号正确</td><td></td><td>不正确扣 1～2 分</td></tr>
</table>

续表

	序号	项 目 名 称	质 量 要 求	满分	得分与扣分
评分标准	4	地面人员卡耐张线夹挂线		15	
	4.1	紧线快到位时，一手拉住直角挂板，另一手拿着直角挂板的螺栓，通知再牵引一点	用正确的语言或手势信号指挥牵引		不正确扣 1～4 分
	4.2	紧线到位后将直角挂板螺栓孔对齐挂线孔，将螺栓穿上	螺栓穿入方向由上向下，拧紧螺母，插上开口销		不正确扣 1～4 分
	4.3	转动绝缘子串，检查弹簧销及线夹位置正确，通知松牵引	使弹簧销一律由上往下穿，线夹位置正确		不正确扣 1～4 分
	5	清理工作现场		17	
	5.1	从导线上取下三角卡线器	用双股吊绳一端挂在碗头处，另一端绑于横担上，人坐在吊绳上，取半三角卡线器		不正确扣 1～4 分
	5.2	人回到横担上，解下吊绳	动作正确		不正确扣 1～3 分
	5.3	将杆塔上工用具用吊绳吊下	动作正确		不正确扣 1～4 分
	5.4	杆下放松临时拉线，杆上拆除临时拉线吊下	操作正确		不正确扣 1～2 分
	6	其他要求		20	
	6.1	着装要求	正确着装		每漏一项扣 2 分
	6.2	动作要求	动作熟练流畅	20	不熟练扣 1～4 分
	6.3	时间要求	按时完成		每超过 2min 倒扣 1 分
	6.4	安全要求	杆上不能掉东西		每掉一件小材料扣 1 分；掉一件工具扣 3 分

三、答：指挥用单抱杆起立15m拔销杆的操作见下表。

<table>
<tr><td>编　号</td><td>C54C038</td><td>行为领域</td><td>e</td><td>鉴定范围</td><td colspan="2">2</td></tr>
<tr><td>考核时限</td><td>60min</td><td>题　　型</td><td>C</td><td>题　　分</td><td colspan="2">100（50）</td></tr>
<tr><td>试题正文</td><td colspan="6">指挥用单抱杆起立15m拔销杆的操作需要</td></tr>
<tr><td>需要说明的问题和要求</td><td colspan="6">1. 工具、材料已在现场，所有锚桩已经安装好
2. 指挥布置工作现场，指挥各道工序，设一安全员协助检查
3. 立电杆的单抱杆用上抱杆起立
4. 准备以下工具：长度10m左右30kN以上抱杆1根，6m左右小抱杆1副，机动绞磨1台，直径11～12.5mm牵引钢丝绳约100m，角铁桩（12～14根）；直径11mm临时拉线，大于20m，4根；30kN滑轮组（两轮、三轮各1只），20kN滑轮1只，钢丝绳套3～4只，大锤3～5把，铁锹2把，夯1只，卸扣，登杆工具，个人工具，吊绳3～4根，花篮螺栓式联板扣5副，钢钎等，红、绿旗，如土质不行应增加角铁桩或地锚
5. 可模拟现场进行考试或采取笔答的方法，个别细节由考官提问回答</td></tr>
<tr><td>工具、材料、设备、场地</td><td colspan="6">培训场地操作</td></tr>
<tr><td rowspan="15">评
分
标
准</td><td>序号</td><td>项　目　名　称</td><td>质　量　要　求</td><td>满分</td><td colspan="2">得分与扣分</td></tr>
<tr><td>1</td><td>工作准备</td><td></td><td>12</td><td colspan="2"></td></tr>
<tr><td>1.1</td><td>检查材料齐备情况</td><td>指定专人检查并亲自抽查</td><td></td><td colspan="2">不正确扣1分</td></tr>
<tr><td>1.2</td><td>检查材料规格型号及质量</td><td>指定专人检查并亲自抽查</td><td></td><td colspan="2">不正确扣1分</td></tr>
<tr><td>1.3</td><td>检查工具齐备情况</td><td>指定专人检查并亲自抽查</td><td></td><td colspan="2">不正确扣1～2分</td></tr>
<tr><td>1.4</td><td>检查工具规格型号、质量及符合安全要求</td><td>指定专人检查并亲自抽查</td><td></td><td colspan="2">不正确扣1～2分</td></tr>
<tr><td>1.5</td><td>检查机动绞磨</td><td>指定专人检查并启动试验</td><td></td><td colspan="2">不正确扣1～2分</td></tr>
<tr><td>1.6</td><td>检查杆坑尺寸</td><td>指定专人检查并亲自参与</td><td></td><td colspan="2">不正确扣1～2分</td></tr>
<tr><td>2</td><td>人员分工（具体落实到人）</td><td></td><td>5</td><td colspan="2" rowspan="6">每错、漏一项扣1分</td></tr>
<tr><td>2.1</td><td>副指挥1人</td><td>具体落实到人</td><td></td></tr>
<tr><td>2.2</td><td>安全员1人</td><td>人员安排正确</td><td></td></tr>
<tr><td>2.3</td><td>临时拉线每点2人，共8人</td><td>人员安排正确</td><td></td></tr>
<tr><td>2.4</td><td>机动绞磨2人</td><td>人员安排正确</td><td></td></tr>
<tr><td>2.5</td><td>杆上人员及机动人员</td><td>人员安排正确</td><td></td></tr>
</table>

续表

	序号	项 目 名 称	质 量 要 求	满分	得分与扣分
评分标准	3	宣传安全事项		9	一项不正确扣1分
	3.1	统一指挥信号	讲解正确		
	3.2	所有工作人员要服从指挥，互相关心施工安全	督促大家执行		
	3.3	所有起重工具认真检查，不合格者不准使用，不准超载	指派安全员或专人负责检查落实		
	3.4	电杆起立时，除指定人员外，其他人员在杆高1.2倍距离以外	督促大家执行		
	3.5	不能站在受力钢丝绳内侧，不准跨越受力钢丝绳	督促大家执行		
	3.6	各桩锚有专人看守	指派专人负责		
	3.7	不准闲人进入工作现场	督促大家执行		
	3.8	现场工作人员应戴安全帽，杆上工作人员应使用安全带	督促大家执行		
	3.9	根据现场情况补充	安全员和大家发言		
	4	起立抱杆准备工作	要求现场实际操作。如果是模拟操作，要仔细分派人员、交待工作、提出要求	27	
	4.1	将四方的临时拉线锚桩安装好	指挥正确，结果也正确。安装距离为杆高1.2～1.3倍，方向各为90°，其中两根应与电杆和抱杆脚连线方向一致，并在一条直线上		每错、漏一项扣1～3分
	4.2	将机动绞磨锚桩安装好	指挥正确，结果也正确。安装方向应与电杆摆设方向一致，距离为电杆高度1.2倍以上		

续表

	序号	项目名称	质量要求	满分	得分与扣分
评分标准	4.3	单抱杆脚应设在离杆坑1m左右，视土质情况，距离近些为好。必要时采取防沉、防塌措施	指挥正确，结果也正确	27	每错、漏一项扣1～3分
	4.4	单抱杆摆放应与电杆同一方向，根部朝机动绞磨方向	指挥正确，结果也正确		
	4.5	在单抱杆根部安一角桩，代替制动，必要时安装抱杆制动系统	指挥正确，结果也正确		
	4.6	小抱杆双脚分开1.8m左右，双脚放在单抱杆根部，向头部方向前进约1.5m，两脚连线与大抱杆垂直	指挥正确，结果也正确		
	4.7	将滑轮组及四方临时拉线挂在单抱杆头部，动滑轮挂在单抱杆根部	指挥正确，结果也正确		
	4.8	四方临时拉线分开拉至各自的锚桩	指挥正确，结果也正确		
	4.9	将牵引钢丝绳放在小抱杆顶部，并用一根吊绳中部绑紧小抱杆头，一端翻过牵引钢丝绳作为小抱杆反向拉绳，另一端作为木抱杆起立拉绳	指挥正确，结果也正确		
	5	起立抱杆	要求现场实际操作。如果是模拟操作，更仔细分派人员、交待工作、提出要求	12	
	5.1	派两人各自稳住木抱杆根部，再派两人扛起小抱杆。两人扛起小抱杆。两人拉起立拉绳的一端将木抱杆拉起至60°左右，并将吊绳两端暂时固定	指挥正确，结果也正确。检查调整使单抱杆中心、小抱杆中心、单抱杆制动中心、牵引中心在一条直线上		一项不正确扣1～3分

续表

	序号	项 目 名 称	质 量 要 求	满分	得分与扣分
评分标准	5.2	收紧牵引钢丝绳，使它受力，松开吊绳两端，开动绞磨并指挥临时拉线使单抱杆平稳立起	指挥正确，结果也正确	12	一项不正确扣1～3分
	5.3	小抱杆快失效时要拉紧小抱杆反向拉绳，使小抱杆轻轻倒下并及时收走	指挥正确，结果也正确		
	5.4	松开动滑轮与抱杆根部的连接，将四方临时拉线调整好并扎紧	指挥正确，结果也正确。使动滑轮自然下垂对准杆坑的边部（抱杆一受力就能对准杆坑中心）		
	6	起立电杆	要求现场实际操作。如果是模拟操作，要仔细分派人员、交待工作、提出要求	21	一项不正确扣1～3分
	6.1	计算出抱杆有效高度并留下0.5m左右余量，确定电杆吊点位置，一定要在重心以上	在不影响工作前提下，吊点高些有利于电杆调直。指挥正确，结果也正确		
	6.2	用大于12.5mm的钢丝绳套套在吊点位置上，并用卸扣与动滑轮连接好，杆梢绑两根棕绳	指挥正确，结果也正确		
	6.3	用大于12.5mm的钢丝扣在抱杆根部，上连接10～20kN的导向滑轮，牵引绳从滑轮穿出	指挥正确，结果也正确		
	6.4	开动绞磨，待电杆离地后认真检查各受力点及各锚桩并冲击检查，确无问题，继续起吊。密切注意电杆重心变化，必要时用钢纤移动电杆，将电杆重心对准杆坑	指挥正确，结果也正确		

续表

	序号	项目名称	质量要求	满分	得分与扣分
评分标准	6.5	电杆根部快离地时，派二人用绳子套住电杆根部，控制电杆摆动，继续起吊，并将电杆对准杆坑，及时停止牵引	指挥正确，结果也正确	21	一项不正确扣1～3分
	6.6	绞磨倒车将电杆慢慢放入杆坑，到位后拉动杆梢绳子，调整电杆铅直，并及时回土分层夯实	指挥正确，结果也正确		
	6.7	杆根牢固后，登杆拆除吊绳及吊点	指挥正确，结果也正确		
	7	其他要求		14	
	7.1	技术要求	指挥熟练、果断、正确、有条理		不正确扣1～5分
	7.2	处理问题	熟练正确		不正确扣1～5分
	7.3	时间要求	按时完成		

6 组卷方案

6.1 理论知识考试组卷方案

技能鉴定理论知识试卷每卷不应少于五种题型，其题量为45～60题（试卷的题型与题量的分配，参照下表）。

试卷的题型与题量分配（组卷方案）表

题　　型	鉴定工种等级		配　　分	
	初级、中级	高级工、技师、高级技师	初级、中级	高级工、技师、高级技师
选　　择	20题（1～2分/题）	20题（1～2分/题）	20～40	20～40
判　　断	20题（1～2分/题）	20题（1～2分/题）	20～40	20～40
简答/计算	5题（6分/题）	5题（5分/题）	30	25
绘图/论述	1题（10分/题）	1题（5分/题） 2题（10分/题）	10	15
总　　计	45～55	47～60	100	100

高级技师试卷，可根据实际情况参照技师试卷例题，综合性、论述性的内容比重加大。

6.2 技能操作考核方案

对于技能操作试卷，库内每一个工种的各技术等级下，应最少保证有5套试卷（考核内容），每套试卷应由2～3项典型操作或标准化作业组成，其选项内容互为补充，不得重复。

技能操作考核由实际操作与口试或技术答辩两项内容组成，初、中级工实际操作加口试进行，技术答辩一般只在高级工、技师、高级技师中进行，并根据实际情况确定其组织方式和答辩内容。